广东省科技计划项目

"潮汕地区抗癌植物资源研究
及数据库的建立"课题经费资助出版

（项目编号：2008B080701018）

唐为萍 陈树思 ◎ 编著

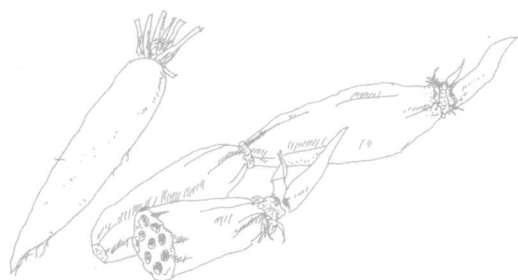

图说

潮汕地区抗癌植物

暨南大学出版社
JINAN UNIVERSITY PRESS

中国·广州

图书在版编目（CIP）数据

潮汕地区抗癌植物图说 / 唐为萍，陈树思编著. —广州：暨南大学出版社，2014.8
ISBN 978 - 7 - 5668 - 0875 - 2

Ⅰ. ①潮…　Ⅱ. ①唐…②陈…　Ⅲ. ①抗癌药（中药）—药用植物—潮州市—图集②抗癌药（中药）—药用植物—汕头市—图集　Ⅳ. ①Q949.95 - 64

中国版本图书馆 CIP 数据核字（2013）第 286398 号

出版发行：暨南大学出版社

地　　址：中国广州暨南大学
电　　话：总编室（8620）85221601
　　　　　营销部（8620）85225284　85228291　85228292（邮购）
传　　真：（8620）85221583（办公室）　85223774（营销部）
邮　　编：510630
网　　址：http：//www.jnupress.com　http：//press.jnu.edu.cn

排　　版：广州良弓广告有限公司
印　　刷：深圳市新联美术印刷厂

开　　本：850mm×1168mm　1/16
印　　张：24.5
字　　数：710千
版　　次：2014 年 8 月第 1 版
印　　次：2014 年 8 月第 1 次

定　　价：128.00 元

（暨大版图书如有印装质量问题，请与出版社总编室联系调换）

前　言

　　癌症是危害人类健康最严重的常见病、多发病之一，据世界卫生组织统计，全球每年有几百万人因患各种恶性肿瘤而死亡。长期以来，由于中草药在治疗癌症方面早已显示出其独特的功效，因而受到广泛的关注，寻找抗癌生物资源与天然药物成为各国医学、药学、化学及生物学家的共同愿望。近年来，世界各国十分重视植物性抗癌药物的研制和开发工作。目前，来自植物的抗肿瘤药物在总抗癌药物中已占相当的比例。

　　潮汕地区位于广东省东部，复杂的地理因素以及山、海、平原兼备的优越自然条件，形成了多种多样的植物种类。本书在查阅大量文献并结合前人的工作的基础上，以图文并茂的形式从植物形态、主要化学成分、抗癌药理作用、抗癌应用等方面对生长于潮汕地区具有抗癌功效的 11 种藻类植物、13 种真菌类、14 种蕨类植物、4 种裸子植物、292 种被子植物进行了描述。

　　在潮汕人民的文化习俗和日常生活中，中草药占有重要的地位，研究和开发中草药植物资源有着重要的意义和广阔的前景。作为科普读物，本书在了解和学习潮汕地区抗癌植物及其资源合理开发利用等方面应能起到积极的作用。

　　特别提示：书中各抗癌植物的功效及应用引自相关文献（主要参考文献附后）和互联网，由于药用植物种类的复杂性及入药的多样性，敬请非专业人士勿按书采药用药，以免发生意外。另本书未按特定的分类系统编排。

　　由于编者水平有限，书中定有疏漏、错误及不妥之处，敬请各位专家学者及读者朋友批评指正。

编者

2014 年 1 月

目　录

裸子植物

被子植物

潮汕地区抗癌植物图说

藻类植物
(Algae)

1　海带

海带（*Laminaria japonica*），别名昆布、江白菜，为海带科海产藻类植物。藻体褐色，长带状，革质，长可达 6m，宽 20～30cm。藻体明显地分为固着器、柄部和带片。固着器假根状，柄部粗短圆柱形，柄上部为宽大长带状的带片。

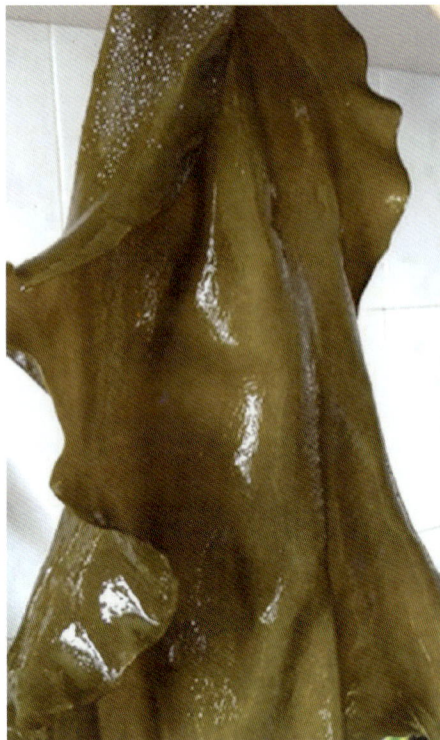

【生境　分布】野生海带生在低潮线下 2～3m 深度的岩石上；分布于陆丰碣石。

【主要化学成分】含藻胶酸、昆布素，半乳聚糖等多糖类，海带氨酸、谷氨酸、天门冬氨酸、脯氨酸等氨基酸，维生素 B_1、维生素 B_2、维生素 C、维生素 P、胡萝卜素、碘、钾、钙等。

【抗癌药理作用】

1. 海带提取物（主要成分为多糖）对小鼠皮下移植的 S180 瘤细胞，按 100mg/kg 剂量给药 5 次，抑制率为 13.6%。

2. 海带热水提取物对于体外的人体 KB 癌细胞培养有明显的细胞毒性作用，可杀灭 50% 以上的癌细胞。

3. 本品所含的碘、碘化物可用来纠正由缺碘引起的甲状腺机能不足。

4. 海带氨酸有降压作用，海带聚糖有降血脂作用，海带多糖有较明显的降糖作用，海带褐藻糖胶具有抗 RNA 及 DNA 病毒作用。

5. "化癌丹"煎剂对艾氏腹水癌有抑制作用；昆布海藻流浸膏对家兔实验性血吸虫病有较明显的治疗作用。

【性味归经】咸、寒；入肝、胃、肾经；消痰软坚、泄热利水、止咳平喘、祛脂降压、散结抗癌。

【毒性】无毒。

【抗癌应用】

1. 用法用量：以干燥品计算，海带含碘量不得少于 0.35%。（《中国药典》）

2. 药剂药方：

（1）治疗食管癌。

昆布（洗净，焙，研末）30g，米皮细糠 100g，共研；用老牛涎、生百合汁各 100ml，慢煎入蜜搅成膏，与末杵丸，如芡实大。每次服 1 丸，含化咽下。（《抗癌本草》）

（2）治疗喉癌。

昆布、海藻各 30g，蝉衣 15～30g，菝葜 30～60g，陈皮 15g，水煎服，每日 1 剂。（《实用抗癌验方 1000 首》）

（3）治疗各种癌症。

昆布 40g，加 100g 小麦同煎，每日分多次服用。（《抗癌本草》）

（4）治疗白血病。

穿山甲 15g，土鳖虫 10g，昆布、海藻、鳖甲各 30g，水煎服。（《癌症秘方验方偏方大全》）

2 石莼

石莼（*Ulva lactuca*），别名石被、纸菜、海莴苣、海白菜、绿菜、猪母菜、青菜婆，为石莼科海产藻类植物。近似卵形的叶片体由两层细胞构成，边缘常略有波状，高 10~40cm，鲜绿色，基部以固着器固着于岩石上。

【生境 分布】生长在海湾内，中、低潮带的岩石上或石沼中；分布于惠来、饶平。

【主要化学成分】藻体含杂多糖、糖蛋白、蛋白质、脂肪、粗纤维、甘露糖、半乳糖、碳、钠、钾、钙、镁、锶、磷、钡、铁、锌、锰、铜、镍、钼、铅、铯、镉等。

【抗癌药理作用】石莼提取物对番木瓜蛋白酶处理过的人红细胞有凝血作用，该凝血作用能被 L－岩藻糖及乙二胺四乙酸（EDTA）抑制，但对热不敏感，60℃时仍能保持活性，但低 pH 则会使其失活。石莼多酚对金黄色葡萄球菌、麦氏弧菌、副溶血性弧菌、创伤弧菌有一定的抑制效果。实验表明，石莼多酚具有一定的抗氧化和抗菌能力，可以作为天然抗氧化剂和抗菌剂的来源。孔石莼多糖通过口服方式、常规剂量给药，对欧利希氏癌细胞的抑制率为 32.6%。糖蛋白（PPF）对肉瘤 S180 的生长也具有明显抑制效果；与蛋白结合而成的有机硒化合物可抑制化学致癌物诱发的肝癌、皮肤癌及淋巴肉瘤等。

【性味归经】甘、咸、寒、平；入肾经；利水消肿、软坚化痰、清热解毒；具有抗凝血、净化血液、抗病毒、降胆固醇、抗衰老、抗癌等作用，对颈淋巴结肿大、瘿瘤有疗效。

【毒性】无毒。

【抗癌应用】

1. 用法用量：内服，煎汤，15~30g。外用，适量，捣敷。（《中华本草》）

2. 药剂药方：

（1）脑瘤的辅助治疗。

礁膜、石莼、海带、羊栖菜各 30g，鸭子 1 只。将鸭子宰杀后去毛及内脏，然后将礁膜、石莼、海带、羊栖菜塞入鸭腹内，蒸食鸭子。（中国日报网）

（2）子宫内膜癌患者术后水肿宜食用石莼。（廊坊新闻网）

3 裙带菜

裙带菜（*Undaria pinnatifida*），别名淡昆布，为翅藻科海产藻类植物。黄褐色，外形很像破的芭蕉叶扇，高 1～2m，宽 50～100cm，明显地分化为固着器、柄及叶片三部分。

【生境　分布】生于低潮线以下 1～4m 深处的岩石上；分布于潮汕沿海各地。

【主要化学成分】含碘、镍、钙、藻胶酸、丙氨酸、甘氨酸、脯氨酸、别异亮氨酸、有机酸、粗蛋白、甘露醇、褐藻酸、岩藻固醇、维生素 A、维生素 B_1、维生素 B_2、维生素 B_{12}、维生素 C、食物纤维等。

【抗癌药理作用】

1. 裙带菜提取物（主要成分为多糖）对小鼠肉瘤 S180，按 100mg/kg 剂量给药 5 次，抑制率为 13.6%。

2. 裙带菜热水提取物对体外的人体 KB 癌细胞培养有明显的细胞毒性作用，可杀灭 50% 以上的癌细胞。

【性味归经】咸、寒；入肝、胃、脾经；软坚散结、消痰、利水。

【毒性】无毒。

【抗癌应用】

1. 用法用量：煎汤，1～3 钱；或入丸、散。（《中药大辞典》）

2. 药剂药方：

（1）治疗食管癌。

①硇砂、海藻、裙带菜各 250g，乌梅 200g，硇砂粉碎加水 70ml，再加醋 30ml，研末过滤，取溶液煮干备用。其余要用水煮，浓缩成流浸膏备用。口服，每次上药 0.5g，每日 3 次。（《抗癌中药大全》）

②裙带菜（洗净，烘焙，研末）30g，米皮糠 100g，共研；用老牛涎、生百合汁各 100ml，慢煎入蜜搅成膏，与末杵丸，如芡实大。每日 1 丸，含化咽下。（《抗癌本草》）

（2）治疗喉癌。

裙带菜、海藻各 30g，蝉衣 15～30g，菝葜 30～60g，陈皮 15g，水煎服，每日 1 剂。（《食用抗癌验方 1000 首》）

（3）防治甲状腺囊肿恶变。

裙带菜、夏枯草、海藻、生牡蛎各 15g，赤芍、穿山甲珠、泽兰各 9g，桃仁、王不留行各 12g，薏苡仁 30g，水煎服。（《中国中医秘方大全》）

（4）治疗白血病。

穿山甲 15g，土鳖虫 10g，裙带菜、海藻、鳖甲各 30g，水煎服。（《癌症秘方验方偏方大全》）

（5）治疗各种癌症。

裙带菜 40g，加 100g 小麦同煎，每日分多次服用。（《抗癌本草》）

4 羊栖菜

羊栖菜（*Sargassum fusiforme*），别名虎茼菜、鹿角尖、海菜芽，为马尾藻科多年生藻类。肉质，黄色，高 7~40cm。固着器纤维状似根。主轴圆柱形，直立，从周围长出分枝和叶状突起。

【生境 分布】 生长在低潮带岩石上；多分布于惠来平海、陆丰碣石、甲子等地。

【主要化学成分】 含藻胶酸、甘露醇、岩藻固醇及羊栖菜多糖等化学成分，并含微量元素、B 族维生素等。

【抗癌药理作用】

1. 对于小鼠肉瘤 S180 和艾氏腹水癌羊栖菜多糖 B 的抑瘤率分别为 48.8% 和 38.5%，羊栖菜多糖 C 的抑瘤率分别为 28.8% 和 12.0%。

2. 我国古代《神农本草经》和《本草纲目》对羊栖菜的药用价值进行了记载。现代医学研究也表明，羊栖菜及其提取物中有多种抗肿瘤和改善人体免疫的活性成分，对高血压、大肠癌等均有一定疗效。

【性味归经】 苦、咸、寒，入肝、胃、肾经；软坚散结、消痰、利水。

【毒性】 无毒。

【抗癌应用】

1. 用法用量：6~12g。（《中国药典》）

2. 药剂药方：

（1）治疗肺癌。

羊栖菜、玳瑁、龟板各 15g，鸦胆子 7.5g，蟾蜍 6g。将前 4 味药放在新瓦片上，再盖以新瓦，放于炭火上，焙至黄色，研为细末，加蟾蜍研末备用。口服，每次 6g，每日 2 次，白开水送服。（《新编中医入门》）

（2）治疗腮腺癌。

羊栖菜、牡蛎、黄药子各 30g，昆布、猫爪草各 15g，水煎服，每日 1 剂。（《实用抗癌药物手册》）

（3）治疗食管癌、直肠癌。

羊栖菜 30g，水蛭 6g，分别用微火焙干，研细后混合。口服，每次 3g，每日 2 次，黄酒冲服。（《抗癌良方》）

（4）治疗胃癌。

焦楂曲、焦麦芽各 9g，煅瓦楞 30g，制内金 6g，川楝子 9g，延胡索 15g，陈皮、广木香、生枳实各 9g，丹参 15g，核仁 12g，羊栖菜 12g，海带 12g，夏枯草 15g，牡蛎 30g，水煎服，每日 1 剂。（上海中医学院曙光医院方，摘自寻医问药网）

（5）治疗甲状腺癌。

羊栖菜、昆布、生牡蛎各 20g，海浮石、黄药子、夏枯草、当归各 15g，穿山甲、枳壳、厚朴、三棱、莪术各 10g，木香 6g，水煎服，每日 1 剂。（《北京中医》）

5　石花菜

石花菜（*Gelidium amansii*），别名琼枝、草珊瑚，为石花菜科海产藻类植物。藻体红带紫色，软骨质，丛生，高20～30cm。主枝亚圆柱形、侧扁，羽状分枝4～5次，藻体固着器假根状。

【生境　分布】生于低潮带的石沼中或水深6～10m的海底岩石上；分布于潮汕沿海各地。

【主要化学成分】主要成分为琼脂糖、琼脂胶、牛磺酸、N，N－二甲基牛磺酸、2，4－亚甲基胆固醇、胆碱及抗病毒多糖等。

【抗癌药理作用】石花菜乙酸乙酯提取物在体外实验中呈剂量及时间依赖性地抑制癌细胞增殖，并可引起肿瘤细胞凋亡。其机制可能是通过增强细胞Caspase－3的活性从而促进细胞凋亡。

【性味归经】甘、咸、寒；入肝、肺经；清热解毒、化瘀散结、缓泻、驱蛔；用于治疗肠炎腹泻、肾盂肾炎、瘿瘤、肿瘤、痔疮出血、慢性便秘、蛔虫症，民间用石花菜治矽肺、体癣、甲状腺肿大等症。

【毒性】无毒。

【抗癌应用】

1. 用法用量：内服，煎汤，15～30g。(《中华本草》、《中药大辞典》)
2. 肛周肿瘤、乳腺癌、子宫颈癌患者食用，每次30g左右。(百度百科)

6 坛紫菜

坛紫菜（*Porphyra haitanensis*），别名紫菜、乌菜，为红毛菜科海产藻类植物。暗绿紫色或淡褐色，膜质，片状，长披针形、长卵形或长亚卵形，一般高 12～28cm，宽 3～5cm，固着器由丝状假根组成。

【生境　分布】生于朝北、东或东北风浪大的高潮带岩石上，或长在人工养殖的竹筏上；分布于陆丰甲子、碣石，潮汕沿海各地均有养殖。

【主要化学成分】含蛋白质、糖类、脂肪、胡萝卜素、多种氨基酸、多种维生素、钙、磷、铁、碘等。

【抗癌药理作用】

1. 坛紫菜中含海带类似成分，对多种动物肿瘤有一定的抑制作用。

2. 坛紫菜的有效成分对艾氏腹水癌的抑制率为 53.2%，有助于脑肿瘤、乳腺癌、甲状腺癌、恶性淋巴瘤等肿瘤的防治。

3. 坛紫菜多糖腹腔注射 150mg/kg 对小鼠肉瘤 S180 有抑制作用，抑制率达 47.55%。

4. 坛紫菜所含的多糖具有明显增强细胞免疫力和体液免疫力的功能，可促进淋巴细胞转化，提高机体的免疫力。

5. 降血脂作用。

【性味归经】甘、咸、寒；入肝、胃、肾三经；化痰软坚、清热利水、补肾养心；用于治疗消化道溃疡、甲状腺肿大、脚气、水肿、慢性支气管炎、淋证、高血压等。

【毒性】无毒。

【抗癌应用】

1. 用法用量：内服，煎汤 15～30g。（《中华本草》、《中药大辞典》）

2. 药剂药方：

（1）预防甲状腺癌、结肠癌。

坛紫菜适量佐食。（《抗癌植物药及其验方》）

（2）防治乳腺癌、子宫颈癌。

坛紫菜、海带、海萝各 20g，水煎服。（《抗癌植物药及其验方》）

7 海萝

海萝（*Gloiopeltis furcata*），别名鹿角，为海萝科海产藻类植物。藻体紫红色，黄褐色至褐色，软革质，高4~10cm，可达15cm，丛生，主枝短，圆柱形或亚圆柱形，固着器盘状。

【生境　分布】生于中、高潮带下部的岩石上，常丛生成群；分布于惠来靖海、南澳。

【主要化学成分】含琼脂二糖二甲基缩醛、甲基 – D – 吡喃半乳糖苷、甲基木糖苷、D – 半乳糖、硫酸多糖、牛磺酸、D – 天冬氨酸、钠、钾、硅、铝、磷、铁、钙、镁、硫、锰、铜、钛、硼等。

【抗癌药理作用】

1. 海萝多糖粗提物有明显的抗突变、抗肿瘤作用。

2. 海萝藻水提物（简称GFW）可增加血液中淋巴细胞数，明显提高艾氏腹水瘤（EAC）小鼠的存活率。

3. 海萝多糖具有降血糖、抗肿瘤和增强免疫力的作用。

【性味归经】咸，寒；入大肠经；清热、消食、祛风除湿、软坚化痰；用于治疗劳热、骨蒸、泄泻、痢疾、风湿痹痛、咳嗽、瘿瘤、痔疾。

【毒性】无毒。

【抗癌应用】内服：煎汤，3~9g；或浸酒。（《中华本草》）

8 鹿角海萝

鹿角海萝（*Gloiopeltis tenax*），别名胶菜、赤菜、红菜，为海萝科海产藻类植物。藻体紫红色，软革质，高5～12cm，丛生，初生枝圆柱形，其后渐扁，宽1～4mm，不规则二叉分枝，枝端常尖细，弯曲似鹿角形。

【生境　分布】生于中、高潮带岩石上；分布于惠来靖海、南澳、饶平、海丰。

【主要化学成分】含大量的微量元素、琼脂二糖二甲基缩醛、含链烷烃、脂肪酸甲酯、固醇等。

【抗癌药理作用】

1. 海萝多糖粗提物有明显的抗突变、抗肿瘤作用。

2. 海萝藻水提物（简称GFW）可增加血液淋巴细胞数，明显提高艾氏腹水瘤（EAC）小鼠的存活率。

3. 海萝多糖具有降血糖、抗肿瘤和增强免疫力的作用。

【性味归经】淡、平；入大肠经；清热、消食、软坚化痰、祛风除湿；用于治疗泄泻、痢疾、风湿痹痛、关节酸痛。

【毒性】无毒。

【抗癌应用】内服：煎汤，3～9g；或浸酒。（《中华本草》）

9 蜈蚣藻

蜈蚣藻（*Grateloupia filicina*），别名海赤菜、冬家烂、膏菜，为蜈蚣藻科海产藻类植物。藻体红紫色，胶质黏滑，丛生，高 7 ~ 30cm，主干单一至顶，亚圆柱形略扁，藻体因生境不同而外形变化甚大。根据其变异情况可分为 4 种类型：标准型、长枝型、中空型及节荚型。

【生境　分布】生于外海及浪较大的中潮带岩石上或石沼中；分布于潮汕沿海各地。

【主要化学成分】含鸟氨酸、蜈蚣藻氨酸、牛磺酸、琼胶、多糖、蛋白质、硫酸盐甾化物、磷酸盐、其他微量元素等。

【抗癌药理作用】蜈蚣藻的多糖提取物具有抑制反转录酶活性的作用，用作反转录病毒的抑制剂。采用体外细胞培养技术，发现蜈蚣藻多糖对抗单纯疱疹 I 型病毒（HSV21）有明显抑制作用，对小鼠白血病肿瘤细胞和人肺癌细胞有明显抑制作用；蜈蚣藻的石油醚萃取部位对 MDA – MB – 468 乳腺癌细胞、HepG2 肝癌细胞、A549 肺癌细胞有明显的抑制作用；蜈蚣藻多糖能够抑制小鼠肉瘤 S180 细胞的生长，其抗肿瘤作用可能与抑制肿瘤血管生成有关，对小鼠肉瘤 S180 细胞生长、肿瘤血管生成的抑制率分别为 100% 和 94%。

【性味归经】咸，寒；入肝、胃、肾经；清热解毒、驱虫；用于治疗喉炎、肠炎、蛔虫病。

【毒性】无毒。

【抗癌应用】内服：煎汤，15 ~ 30g；或研末。（《中华本草》）

10 舌状蜈蚣藻

　　舌状蜈蚣藻（*Grateloupia livida*），别名面菜、佛祖菜（广东），为蜈蚣藻科海产藻类植物。藻体红紫色，质柔软或稍硬，丛生，高 15～30cm，宽约 1cm，扁平，带片状。

　　【生境　分布】生于大干潮线附近的岩礁上和低潮带的石沼中；分布于惠来汕尾沿海、靖海、海丰各地。

　　【主要化学成分】含卡拉胶、蛋白质、牛磺酸、无机盐、微量元素、鸟氨酸、舌状蜈蚣藻氨酸、琼胶、多糖、硫酸盐甾化物等。

　　【抗癌药理作用】同蜈蚣藻。

　　【性味归经】甘、咸、寒；入肝经；清热解毒、驱虫；用于治疗咽喉肿痛、腹痛腹泻、湿热痢疾、蛔虫病。

　　【毒性】无毒。

　　【抗癌应用】入药同蜈蚣藻，内服：煎汤，15～30g；或研末。（《中华本草》）

11　江蓠

　　江蓠（*Gracilaria vervucosa*），别名龙须菜、海菜、线菜，为江蓠科海产藻类植物。藻体淡褐色至暗褐色，有时浅紫褐色或带黄绿色，近软骨质，单生或丛生，一般高5～50cm，有的可达1m或以上，线状，圆柱形，一般具有一个及顶的主干。

【生境　分布】生于高潮带至潮下带肥沃平静的内湾中；我国沿海均有分布，如陆丰碣石、南澳沿海各地。

【主要化学成分】含多糖类、粗纤维、琼脂、半乳糖、藻红素、硼酸、花生四烯酸、藻胆蛋白、硫酸蛋白多糖、前列腺素、蛋白质、脂肪、矿物质和维生素。

【抗癌药理作用】江蓠藻体所含丰富的藻胆蛋白具有抗氧化、抗肿瘤以及提高机体免疫力等重要生理功能。实验结果表明，藻红蛋白粗提物可使环磷酰胺诱发的小鼠骨髓嗜多染红细胞（PCE）微核率明显降低，具有显著的抗突变作用，且呈现一定的剂量效应关系，其对小鼠肉瘤S180的抑瘤率为44%；所含海藻多糖具有免疫调节活性、降血脂、抗氧化、抗凝血、抗病毒、抗肿瘤、抗菌、抗炎等多种生理活性及药用功能。实验表明，其海藻多糖对小鼠肉瘤S180的生长具有抑制作用，江蓠多糖对辐射损伤小鼠的NK细胞有保护作用。

【性味归经】甘、咸、寒；清热化痰、软坚、利水；用于治疗内热、痰结、瘿瘤、小便不利。

【毒性】无毒。

【抗癌应用】内服：煎汤，9～15g。（《中华本草》）

真菌类
（Fungi）

12 木耳

木耳（*Auricularia auricula*），别名黑木耳、云耳、木茸，为木耳科食用真菌。子实体丛生，常覆瓦状叠生。耳状、叶状或近林状，边缘波状，薄，宽 2～6cm，最大者可达 12cm，厚 2mm 左右。

【生境 分布】生于栎、榆、杨、槐等砍伐断木与树桩上；分布于潮汕各地，各地均有人工栽培。

【主要化学成分】含木耳多糖、麦角固醇、黑刺菌素、氨基酸、蛋白质、脂质、糖类、纤维素、胡萝卜素、维生素、各种无机元素等。

【抗癌药理作用】

1. 木耳所含多糖物质有抗肿瘤作用。

2. 抗癌、抗突变作用。

3. 对免疫功能有促进作用。

4. 降血糖作用。

【性味归经】平、甘；入胃、大肠经；凉血、止血；用于治疗肠风、血痢、血淋、崩漏、痔疮。

【毒性】小毒。

【抗癌应用】

1. 用法用量：内服：煎汤，3～10g；或炖汤；或烧炭存性研末。（《中华本草》）

2. 药剂药方：

（1）治疗子宫颈癌、阴道癌。

黑木耳 10g，水煎服，每日 1 次；或黑木耳 10g，当归、白芍、黄芪、龙眼肉、陈皮、甘草各 3g，水煎服。（《抗癌植物药及其验方》）

（2）治疗大肠癌下血。

黑木耳 10g，柿饼 30g，加水煮烂食之；或槐耳 60g（烧灰），干漆 30g（捣碎），共研为细末，温酒调服，每日 3g，每日 2 次。（《抗癌植物药及其验方》）

（3）治疗癌性贫血。

黑木耳 15g，红枣 20 个，水煎服，早晚各 1 次。（《抗癌植物药及其验方》）

（4）治疗肺癌咳嗽。

木耳 10g，雪梨 1 个（去皮核，切片），水煎煮，加蜂蜜服食之。（《抗癌植物药及其验方》）

13 银耳

银耳 (*Tremella fuciformis*)，别名白木耳、雪耳，为银耳科食用真菌。子实体纯白色，胶质，半透明，宽 5～10cm，由多数宽而薄的瓣片组成，新鲜时软，干后收缩。

【生境　分布】生于栎及其他阔叶树腐木上；分布于潮汕各地，野生或栽培。

【主要化学成分】含银耳子实体多糖、银耳孢子多糖、脂质、脂肪酸及萨尼丹宁（A、B、C、D）等。

【抗癌药理作用】

1. 从银耳中提取的多糖对小鼠肉瘤 S180 的抑瘤率为 35.4%。从银耳水提取物中分离出酸性异多糖和中性异多糖，抑瘤率为 45%～91.7%。

2. 艾氏腹水瘤小鼠每日腹腔注射银耳多糖 1mg/10g，共 9 日，可明显抑制小鼠腹水瘤增长，平均抑制率为 42%。

3. 银耳可激活小鼠腹腔巨噬细胞，杀伤肿瘤细胞。

4. 银耳孢糖（TSP）能明显抑制肿瘤。

5. 银耳制剂的抗辐射作用与其抑制辐射敏感组织中的 DNA 合成，致使细胞处于非增殖状态，从而免于射线照射下的死亡。

6. 银耳孢子粗多糖腹腔注射对甲醛所致大鼠足跖肿胀有显著抑制作用。

【性味归经】甘、淡、平；入肺、胃、肾经；滋补生津、润肺养胃；用于治疗虚劳咳嗽、痰中带血、虚热口渴、病后体虚、气短乏力。

【毒性】无毒。

【抗癌应用】

1. 用法用量：内服：煎汤，3～10g；或炖冰糖、肉类服。(《中华本草》)

2. 药剂药方：

(1) 治疗胃癌。

①白木耳 10g，加冰糖 30g，水煮熟食，每日 1 剂，可常服。(《癌症秘方验方偏方大全》)

②西洋参 6g，银耳、冰糖各 15g，文火浓煎，取汁当茶饮。(《抗癌中草药大辞典》)

(2) 治疗膀胱癌。

银耳 20g，水炖服，每日 1 次。(《抗癌中药大全》)

(3) 治疗肺癌咳嗽。

白木耳、竹参各 6g，淫羊藿 3g。先将白木耳及竹参用冷水发胀，然后加水 1 小碗及冰糖、猪油适量调和，最后取淫羊藿切碎，置碗中共蒸，服时去淫羊藿渣。竹参、白木耳连汤内服。(《贵州民间方药集》)

14　猴头菌

　　猴头菌（*Hericium erinaceus*），别名刺猬菌、猴头菇，为齿菌科药食两用的真菌。子实体单生，椭圆形至球形，常常纵向伸长，两侧收缩，团块状。悬于树干上，少数座生，长径5～20cm，最初为肉质，后变硬，个别子实体干燥后菌肉有木栓化倾向，有空腔，松软。新鲜时白色，有时带浅玫瑰色，干燥后黄色至褐色。

　　【生境　分布】生于栎等阔叶树腐木上；分布于饶平，潮汕各地均有栽培。
　　【主要化学成分】含猴头菌酮、猴头菌碱、植物血球凝集素、蛋白质、脂质、食用纤维、葡聚糖、麦角固醇、猴菇菌素、多糖等。
　　【抗癌药理作用】
　　1. 猴头菌所含的多糖体、多肽类对实验小鼠肉瘤 S180 细胞、艾氏腹水癌细胞均有较强的抑制作用。
　　2. 动物实验表明，本品对小鼠肉瘤 S180 细胞有抑制作用，可抑制艾氏腹水癌细胞的 DNA 和 RNA 的合成，阻止胸腺嘧啶脱氧核苷酸和尿嘧啶核苷酸的渗入，其抑制程度与药物浓度有关。
　　【性味归经】甘、平；入脾、胃、肾经；补益脾胃、补肾填髓；用于治疗脾胃虚弱、食欲不振、髓海空虚、头昏耳鸣、失眠健忘、腰膝酸软。
　　【毒性】无毒。
　　【抗癌应用】
　　1. 用法用量：内服：煎汤，10～30g，鲜品30～100g；或与鸡共煮食。（《中华本草》）
　　2. 药剂药方：
　　（1）治疗胃癌、食管癌、贲门癌。
　　① 猴头菌片（每片重0.2g，内含猴头菌干浸膏0.13g），口服，每次3～4片，每日3次。（《抗癌中草药手册》）
　　② 猴头菌糖粉（取猴头菌干浸膏，加糖粉混合制得，每克内含浸膏0.25g），口服，每次2～3g，每日3次。（《抗癌中草药手册》）
　　（2）治疗鼻咽癌。
　　枸骨60g，鸡血藤、穿破石、九节龙各30g，贯众15g，猴头菌3～5个，水煎服，每日1剂。（《抗癌良方》）

15 紫芝

紫芝（*Ganoderma sinensis*），别名紫灵芝、黑芝、中国灵芝、木芝、灵芝草，为多孔菌科药用真菌。菌盖木栓质，多呈半圆形至肾形，少数近圆形，大型个体直径可达20cm，一般个体4.7cm×4cm，小型个体2cm×1.4cm，表面黑色，具漆样光泽，有环形同心棱纹及辐射状棱纹。

【生境　分布】多生于阔叶树木桩旁地上或松木上，或生于针叶树朽木上；分布于粤东山区，野生或栽培。

【主要化学成分】含麦角固醇、有机酸（顺蓖麻酸、延胡索酸等）、氨基葡萄糖、多糖类、树脂、甘露醇、甜菜碱、海藻糖、蛋白质、香豆素、甾体、三萜类化合物、油脂、蜡、挥发性物质等。

【抗癌药理作用】

1. 对小鼠肉瘤S180细胞有抑制作用，并能增强机体免疫功能，增强单核吞噬细胞的功能，对细胞免疫及体液免疫均有抑制作用。

2. 提取物的水溶部分有抗肿瘤作用；紫芝液能使小白鼠腹腔巨噬细胞吞噬百分率和吞噬指数增高；紫芝多糖能显著促进绵羊红细胞诱导的正常小鼠抗体形成细胞反应。

【性味归经】稍苦、温；入心、肺、肝、肾经；滋补强壮、健脑、益胃、消炎、利尿；用于治疗肾虚、失眠、胃痛、消化不良、乳痈、口疮、毒菌中毒。

【毒性】无毒。

【抗癌应用】

1. 用法用量：内服：研末，0.5～1钱；或浸酒服。（《中药大辞典》）

2. 药剂药方：

（1）治疗胃癌。

紫芝50g，米酒1000ml，蜂蜜20g，密封，冷浸15～30日后即可饮用，每日15～50ml。（《实用抗癌药膳》）

（2）治疗各种癌症。

紫芝15～20g，加250ml水煎服，每日3次。（《抗癌本草》）

（3）治疗癌症放化疗后白细胞减少。

紫芝15～20g，大枣50g，蜂蜜5g，水煎服2次，合并煎液，饮用，每日1剂。（《抗肿瘤中草药彩色图谱》）

16 茯苓

茯苓（*Poria cocos*），别名云苓、松苓、茯灵，为多孔菌科药用真菌。菌核球形、卵形、椭圆形至不规则形，长 10～30cm 或者更长，重量也不等，一般重 500～5000g。外面是厚而多皱褶的皮壳，深褐色，新鲜时软干，后变硬；内部白色或淡粉红色，粉粒状。

【生境　分布】寄生于松树根或松树干上；分布于粤东山区，野生或栽培。

【主要化学成分】菌核含 β–茯苓聚糖、茯苓酸、多糖、麦角固醇、辛酸、月桂酸、棕榈酸等。

【抗癌药理作用】

1. 茯苓次聚糖（Pachymaran）具有明显增强免疫功能的作用，并对肿瘤细胞有直接抑制作用。动物实验表明，其与环磷酰胺等化疗药物合用，对小鼠肉瘤 S180 细胞的抑制率可达 96.88%。

2. 对茯苓聚糖、茯苓多糖（即茯苓次聚糖）、羧甲基茯苓多糖分别进行动物体内的抗癌实验，结果除茯苓聚糖外，对小鼠肉瘤 S180 实体型（S180A→S）、子宫颈癌 U14 实体型及腹水转实体型（U14→S）等均有不同程度的抑制作用（抑制率为 8%～37%）。

3. 茯苓多糖体的抑瘤作用与剂量有关。

4. 用去胸腺小鼠证明，羧甲基茯苓多糖的抗肿瘤作用与胸腺有关。羧甲基茯苓多糖对艾氏腹水癌细胞的抑制作用是通过抑制 DNA 合成来实现的。

【性味归经】甘、淡、平；入心、脾、肺、肾经；渗湿利水、健脾和胃、宁心安神；用于治疗小便不利、水肿尿少、痰饮眩悸、脾虚食少、便溏泄泻、心神不安、心悸失眠。

【毒性】无毒。

【抗癌应用】

1. 用法与用量：9～15g。（《中国药典》）

2. 药剂药方：

（1）治疗各种癌症。

茯苓 15g，加水 300ml，水煎，分 3 次服用，每日 1 剂。（《抗癌本草》）

（2）治疗乳腺癌。

黄芪、败酱草、白术各 4g，白茯苓 30g，甘草 2g，研细末，口服，每次 3g，每日 3 次。（《抗癌良方》）

（3）治疗食管癌。

黄雌鸡 130g，切碎，茯苓 66g，白面 200g，做成混沌食之，连吃。（《医学文选》1990 年第 3 期）

（4）治疗恶性黑色素瘤。

茯苓、雌黄、矾石各等份，共研细粉，过 7 号筛，混合均匀备用。实用时，患处常规消毒后外敷此粉即可，每日换药 1～2 次。若患处出血较多，可撒少量三七粉。（《实用抗癌验方》）

17 赤芝

赤芝（*Ganoderma lucidum*），别名红芝、芝、灵芝草、菌芝，为多孔菌科药用真菌。担子果，一年生，有柄，栓质，菌盖半圆形或肾形，直径 10～20cm，盖肉厚 1.5～2cm，盖表褐黄色或红褐色，盖边渐趋淡黄，有同心环纹，微皱或平滑，有亮漆状光泽，边缘微钝。

【生境　分布】生于向阳的壳斗科和松科松属植物等根际或枯树桩；分布于全国各地，但以长江以南为多；潮汕各地均有分布，野生或栽培。

【主要化学成分】含葡萄糖、木糖、阿拉伯糖、灵芝酸、灵芝多糖、多种氨基酸、甘露醇、硬脂酸、棕榈酸、胆碱、甜菜碱、有机锗、钙、镁、钠、锰、铁、锌、铜、硫等。

【抗癌药理作用】

1. 赤芝热水提取物对小鼠肉瘤 S180 的生长有相当好的抑制作用。

2. 赤芝水煎剂对肝癌腹水瘤细胞系 HcaF25/CL－16A3 具抑制作用。

3. 赤芝对用甲基甘氨酸乙酯、亚硝胺诱发食管癌变有一定抑制作用，使肿瘤发生的数目减少，体积变小，并能增强机体免疫机能。

4. 赤芝热水粗提取物对小鼠肉瘤有一定的抑制作用，还能抑制癌细胞株 JTC－26 的增殖。

【性味归经】甘、平；入心、肺、肝、肾经；益精保神、坚筋好色、补肾充耳、祛风除弊；用于治疗脏腑虚损、肝肾不足、腰膝酸软、肾虚耳鸣、久痹、关节屈伸不利。

【毒性】无毒。

【抗癌应用】

1. 用法用量：6～12g。（《中国药典》）

2. 药剂药方：

（1）治疗食管癌。

①赤芝 10g，沙虫 40g，蛤蟆蛆 27g，马勃 7g，西牛黄 4.5g，麝香 2.5g，共为细末，温开水送服，每次 1.2～1.8g，每日 3 次。（《全国中草药新医疗法展览会资料汇编》）

②赤芝 40g，放在猪胃中，和猪胃一起水煎，煎汁 1 次喝完。（《抗癌中药大全》）

（2）治疗胃癌。

赤芝 10g，麝香 4g，水煎服。（《实用抗癌验方》）

（3）治疗白血病。

赤芝 30g，加水煎熬 2 小时，分 3 次服。同时服蜂乳以增强疗效。（《癌症秘方验方偏方大全》）

18 云芝

云芝（*Coriolus versicolor*），别名杂色云芝、黄云芝、灰芝、瓦菌、彩纹云芝，为多孔菌科真菌彩绒革盖菌的子实体。单个呈扇形、半圆形或贝壳形，常数个叠生成覆瓦或莲座状。直径 1 ~ 10cm，厚 1 ~ 4mm。盖面密生灰、褐、蓝、紫黑等颜色的绒毛（菌丝）构成美丽多色的狭窄同心性环带。

【生境 分布】生于多种阔叶树的枯立木、倒木、枯枝及衰老的活立木上，偶见生于落叶松、黑松等针叶树腐木上；分布于潮汕各地，野生或栽培。

【主要化学成分】含丰富的蛋白质、脂肪、多糖、多糖肽、葡聚糖、木质素、氨基酸、维生素和多种无机盐等。

【抗癌药理作用】

1. 云芝对子宫颈癌 U14、小鼠肉瘤 S180、艾氏腹水癌、淋巴细胞白血病 L7212、白血病 P388、腺癌 755 等多种实验动物肿瘤有抑制作用。

2. 研究证明，口服云芝糖肽（PSP）和云芝糖蛋白各 2.5g/kg，连续 28 日，对裸鼠移植的人鼻咽癌有明显的抑制作用，对两者的抑制率分别为 77.2% 和 63.2%。（《中医药理与临床》1994 年第 5 期）

3. 云芝多糖与云芝糖蛋白几乎显示相同之抗肿瘤活性。

4. 云芝体内的多糖体（ATSO）对小鼠肉瘤 S180、肺癌 7432、艾氏腹水癌、N－F 肉瘤等实体瘤均有明显的抑制作用。

5. 云芝糖蛋白和丝裂霉素联合用药，可抑制小鼠肿瘤之生长，延长存活时间，恢复被抑制的免疫功能，联合用药效果比二药单独使用显著。

【性味归经】微甘、寒；入肝、脾、肺经；清热、消炎；用于治疗气管炎、肝炎、肿瘤、妇科病。

【毒性】无毒。

【抗癌应用】

1. 用法用量：内服：煎汤，15 ~ 30g，宜煎 24 小时以上。或制成片剂、冲剂、注射剂使用。（《中华本草》）

2. 药剂药方：

（1）治疗恶性肿瘤。

①云芝糖蛋白，口服，每日 3 ~ 6g。（《抗癌本草》）

②云芝多糖注射液，肌肉注射，每次 40mg，每日 2 次，连用 4 周后停药 2 周，再用 4 周为 1 个疗程。（《抗癌本草》）

（2）治疗白血病。

云芝多糖注射液，静脉滴注，每日 1 次，120 ~ 160mg 加 10% 葡萄糖注射液 300ml，连用 10 次，停药 1 ~ 2 周，再用 10 次为 1 个疗程。（《新中医》1979 年第 6 期）

（3）治疗各种癌症。

云芝 15 ~ 20g，水煎服，每日 3 次。（《抗癌植物药及其验方》）

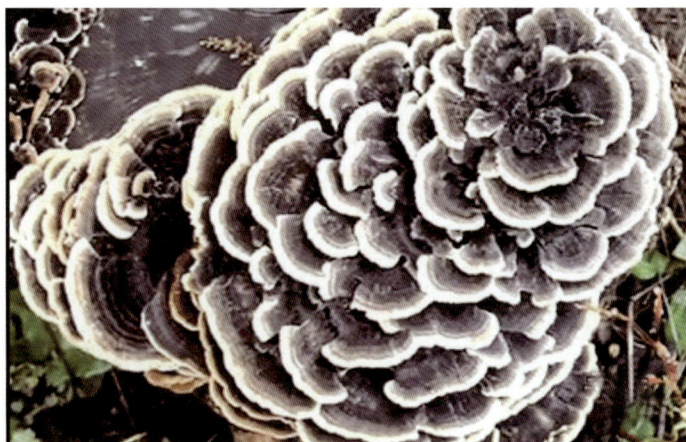

19 凤尾菇

凤尾菇（*Pleurotus sajior – caju*），别名灰平菇，为侧耳科食用真菌。由菌丝体和子实体两部分组成。菌丝体白色，呈绒毛状。子实体由菌盖和菌柄组成。

【生境 分布】 适应性强，生长周期较短，适于生长在较潮湿、避光的环境；潮汕各地栽培。

【主要化学成分】 含粗蛋白、糠类、食用纤维、硫胺素、核黄素、烟酸、钙、铁、钾、钠、磷等。

【抗癌药理作用】 对凤尾菇鲜菇的水提物、醇提物等多个样品进行动物体内、体外抗癌活性测定，发现其对动物可移植性肿瘤 S180 显示一定疗效；凤尾菇多糖对小鼠免疫器官胸腺、脾脏的功能有明显的增强作用。

【性味归经】 甘、平、凉；入肝、胃经；降低血压血脂，提高人体免疫功能，降低胆固醇。

【毒性】 无毒。

【抗癌应用】

肛周肿瘤、乳腺癌、淋巴瘤、食道癌、肠癌的食疗：茄子、凤尾菇炒鹅血。

茄子 125g（洗净、留皮、切块），凤尾菇 150g（洗净、切段），鹅血 96g。先将茄子与凤尾菇用花生油、适量盐在锅中文火炒至七八成熟，然后放入鹅血快炒，上碟佐餐。每日 1～2 剂，可连用 7～10 天，或与其他防癌抗癌食疗方交替食用。（39 健康网、好大夫在线）

20 蘑菇

蘑菇（*Agaricus campestris*），别名蘑菇蕈、肉蕈，为伞菌科药食两用真菌。菌盖呈穹顶形，直径 4～15cm；纯白色，后期盖中央有裂纹，渐向盖缘而光滑；老后中央微现肉桂色泽，菌肉白色，伤后微褐；褶片离生，粉红色。菌柄柱形，近等粗。

【生境　分布】春末至冬初单生或群生于草地、路旁、田野、堆肥场及林间空旷地；潮汕各地均有栽培，也有野生。

【主要化学成分】含蛋白质、脂肪、糖类、磷、铁、钙、粗纤维、氨基酸、硫胺素、核黄素、烟酸、维生素 C、蘑菇多糖、异种蛋白及多种抗病毒成分。

【抗癌药理作用】从蘑菇蕈类中提取的多糖类在动物体内有抗肿瘤作用，对放疗及化疗引起的白细胞减少症亦有治疗作用。

【性味归经】甘、凉；入肺、胃、肠经；补气益胃、化痰理气；用于治疗咳嗽、胃纳减少等。

【毒性】无毒。

【抗癌应用】

1. 用法用量：内服：煎汤，10～15g。（《中药大辞典》）

2. 药剂药方：

治疗胃癌广泛转移：蘑菇、豆腐、油、盐适量，先将蘑菇洗净，豆腐切成小块，加水共煮，熟后再放油、盐等调料。每次吃小半碗，每日服 2 次。（《一味中药巧治病》）

21　香蕈

香蕈（*Lentinus edodes*），别名香菇、香信、冬菇，为口蘑科食用真菌。菌盖半肉质，扁半球形，后渐平展，菱色至深肉桂色，上有淡色鳞片；菌肉厚，白色，味美；菌褶白色，稠密，弯生；柄中生至偏生，白色，内实，常弯曲。

【生境　分布】生于阔叶树枯木上；潮汕各地均有人工栽培。

【主要化学成分】含 1－辛烯－3－醇、2－辛烯－1－醇等挥发性物质，γ－谷氨酰基烟草香素、酵母氨酸等肽类化合物，氨基酸，香菇嘌呤、三磷酸腺苷、二磷酸腺苷等核苷酸类化合物，麦角固醇、5，7－麦角甾二烯－3β－醇、香菇多糖、牛磺酸、甲醛、葡聚糖、水溶性杂半乳聚糖、多酚氧化酶、葡萄糖苷酶、葡萄糖淀粉酶等。

【抗癌药理作用】

1. 香菇多糖双链核糖核酸有抗细胞增殖和抗癌的作用，香菇多糖能促进抗体形成，活化巨噬细胞，降低甲基胆蒽诱发肿瘤的发生率。

2. 应用细胞培养技术观察香蕈对人胃癌 803 细胞株增殖的抑制作用。结果表明，不同浓度的香蕈对癌细胞生长的影响不同，高浓度时在试管中具有一定程度的抑制癌细胞生长的作用。

3. 研究指出，真菌多糖并不能直接杀伤肿瘤细胞，而是作为一种良好的激活剂和免疫调节剂保护正常细胞，防止抗癌药引起的免疫功能下降，可调整癌细胞表面的理化性质而使癌细胞转化为正常细胞。

【性味归经】甘、平；入肝、胃经；扶正补虚、健脾开胃、祛风透疹、化痰理气、解毒、抗癌。

【毒性】无毒。

【抗癌应用】

1. 用法用量：内服：煎汤，6～9g，鲜品 15～30g。（《中华本草》）

2. 药剂药方：

（1）治疗胃癌、子宫癌。

香蕈或鲜蘑菇适量，煮汤服用。（《一味中药巧治病》）

（2）治疗皮肤癌。

香菇适量，泡酒外贴患处。（《抗癌中药大全》）

（3）治疗各种癌症。

①香菇或蘑菇不拘量食用或煎服。（《抗癌本草》）

②香菇多糖，每次 1mg，静脉注射，每周 2 次，总量 10～30mg。（《中国肿瘤临床》1994 年第 9 期）

22 金针菇

金针菇（*Flammulina velutiper*），别名朴菇、冬菇、构菌，为白蘑科食用真菌。菌盖肉质，宽2～7cm，扁半球形，后渐平展，淡黄褐色或黄褐色，中部深肉桂色，边缘乳黄色，无毛，平滑；盖缘初时内卷，后波状或上翘。菌肉较厚，白色或稍带黄色，味美；菌褶弯生，密至稍稀，白色至乳白色或稍带黄色；菌柄长，圆柱形，韧，表皮脆骨质。

【生境　分布】生于阔叶树枯干、倒木和伐桩上；潮汕各地均有栽培。

【主要化学成分】含冬菇火糖、火菇素、维生素 D_2、氨基酸、植物血球血凝素、甲壳质、N－乙酰氨基葡萄糖、多糖、脂肪酸、麦角固醇、冬菇细胞毒素等化学成分。

【抗癌药理作用】金针菇（冬菇）多糖对小鼠移植性肉瘤 S180、肝癌 H22 和 Lewis 肺癌均有明显的抑制作用。

【性味归经】微苦、微咸、寒；清肝利胆、益肠胃；用于治疗肝炎、慢性胃炎等。

【毒性】无毒。

【抗癌应用】

1. 用法用量：内服：煎汤，30～50g。（《中华本草》）

2. 药剂药方：

（1）防治癌症。

金针菇适量，洗净沸水烫后加佐料食用。（《抗癌植物药及其验方》）

（2）治疗甲状腺癌。

金针菇18g，海龙、紫菜、大枣各9g，水煎服，每日1剂。（《实用抗癌验方》）

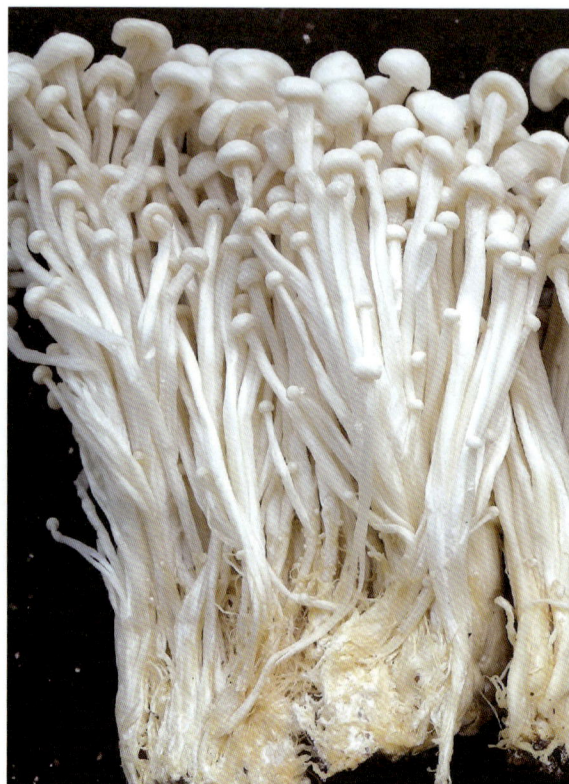

23　草菇

草菇（*Voluariella voluacea*），别名南华菇、秆菇、兰花菇，为光柄菇科食用菌。菌盖宽5～19cm。近钟形，后伸展且中部稍凸起，表面干燥，灰色至灰褐色，中部色较深，具有辐射状条纹；菌肉白色，松软，中部稍厚；菌褶白色后变粉红色，稍密，宽；菌柄近圆柱形，长5～18cm，粗0.8～1.5cm，白色或稍带黄色，光滑，中实。

【生境　分布】生于稻草等草堆上；夏、秋季多人工栽培，潮汕各地均有栽培。

【主要化学成分】含维生素C、脂肪、粗蛋白、氨基酸、D-山梨醇、苞脚菇毒素、狐衣酸、多糖、麦角固醇、γ-麦角固烯醇等化学成分。

【抗癌药理作用】草菇的子实体中含有一种异种蛋白，具有一定的抗癌作用。草菇所含的氮浸出物和嘌呤异种蛋白，也可抑制癌细胞的生长。

【性味归经】甘、寒；入肺、胃经；消暑去热；用于治疗高血压病、齿龈出血、皮疹、坏血病。

【毒性】无毒。

【抗癌应用】

1. 用法用量：内服：煎汤，9～15g，鲜品30～90g；或作食品常服。（《中华本草》）

2. 药剂药方：

（1）治疗胃癌、大肠癌。

鲜草菇、猴头菌各60g，切片，油盐炒后水煮，食之。（《抗癌植物药及其验方》）

（2）治疗食管癌、肝癌。

干草菇、干香菇各15g，泡发，油盐炒后水煎，连汤食之。（《抗癌植物药及其验方》）

24 脱皮马勃

脱皮马勃（*Lasiosphaera fenzlii*），别名牛屎菇、人头菌、鸡肾菌，为灰包科腐生真菌。子实体近球形或近长圆形，幼时白色，成熟时渐变深。外包被薄，成熟时成块状剥落，内包被纸状，浅烟色，成熟时完全破碎消失。内部孢体成紧密团块，灰褐色。

【生境　分布】生于山地腐殖质丰富的地方；分布于潮汕各地。

【主要化学成分】含亮氨酸、酪氨酸、尿素、麦角固醇、类脂质、马勃素、磷酸钠、铝、镁、硅酸、硫酸盐等。

【抗癌药理作用】

1. 止血作用：脱皮马勃对空腔出血性疾患有明显的止血效能，对鼻出血亦有效。

2. 抗菌作用：体外实验显示，脱皮马勃煎剂对金黄色葡萄球菌、绿脓杆菌、变形杆菌、肺炎双球菌有一定的抑制作用，对少数致病真菌也有抑制作用。

【性味归经】辛、平；入肺经；清肺利咽、解毒、止血；用于治疗喉痹咽痛、咳嗽失音、吐血、外伤出血、衄血。

【毒性】无毒。

【抗癌应用】

1. 用法用量：内服：煎汤，2.5～5g；或入丸、散。外用：研末撒、调敷，或作吹药。（《中药大辞典》）

2. 药剂药方：

（1）治疗甲状腺癌。

夏枯草15g，山豆根15g，生牡蛎15g，黄药子15g，白药子15g，橘核12g，留行子12g，天葵子12g，甲珠9g，苏梗9g，射干9g，脱皮马勃9g，昆布30g。（中药创新网）

（2）治疗急性喉炎。

天竺黄6g，脱皮马勃3g，山豆根10g，甘中黄包3g。（中药创新网）

蕨类植物

(Pteridophyta)

25 深绿卷柏

深绿卷柏（*Selaginella doederleinii*），别名石上柏、金龙草、龙鳞草，为卷柏科蕨类植物。近直立，基部横卧，高 25~45cm，无匍匐根状茎或游走茎；根托达植株中部；主茎自下部开始羽状分枝，不呈"之"字形，无关节；侧枝 3~6 对，2~3 回羽状分枝；叶全部交互排列。

【生境　分布】生于林下或阴湿沟中酸性石岩上；潮汕各地均有分布。

【主要化学成分】含生物碱、植物固醇、皂苷。

【抗癌药理作用】本品所含的生物碱对小鼠肉瘤 S180 有较好的抑制作用。

【性味归经】甘、平；入肺、大肠经；清热解毒、活血化瘀；用于治疗咽喉肿痛、风热咳嗽、冷疗、黄疸、肋痛、症瘕。

【毒性】无毒。

【抗癌应用】

1. 用法用量：内服：煎汤，25~50g。外用：捣敷。（《中药大辞典》）

2. 药剂药方：

（1）治疗肺癌、咽喉癌、绒毛膜癌。

石上柏 60~120g，水煎服。（《抗癌食药本草》）

（2）治疗肝癌。

石上柏、半枝莲各 30~60g，蜈蚣粉末 3g。半枝莲、石上柏水煎取汁，冲入蜈蚣粉末，口服。（《现代治癌验方精选》）

（3）治疗鼻窦及副鼻窦恶性肿瘤。

石上柏 60g（鲜者 90~180g），加猪精肉 30~60g，清水 6~8 碗，煎至 1 碗或半碗，分 2 次服下，一般 15~20 日为 1 个疗程。（《癌症秘方验方偏方大全》）

（4）治疗鼻咽癌。

瓜蒌、苍耳各 15g，沙参、生南星各 15~150g，石上柏 100g，水煎服，每日 1 剂。（《实用肿瘤学》）

（5）治疗绒毛膜癌、恶性葡萄胎。

石上柏全草 25~50g，加猪精肉 50~100g 或红枣数枚，清水 8~9 碗，煎 6 小时成 1 碗左右，口服，每日 1 剂，连服 1 至数月。（《抗癌中药大全》）

（6）治疗多种癌症。

石上柏经水醇法提取制片，每片重 0.5g，内含药量相当于石上柏生药 5g。口服，每次 6~8 片，每日 3 次，15~30 日为 1 个疗程。（《抗癌中药大全》）

26 卷柏

卷柏（*Selaginella tamariscina*），别名一把抓、老虎爪、长生草、万年松、九死还魂草，为卷柏科蕨类植物。土生或石生，呈垫状；根托只生于茎的基部；根多分叉，密被毛，和茎及分枝密集形成树状主干，高可达数十厘米；主茎自中部开始羽状分枝或不等二叉分枝，不呈"之"字形；侧枝2～5对，2～3回羽状分枝；主茎上的叶较小枝上的略大，覆瓦状排列。

【生境　分布】野生干旱岩石缝中；分布于潮州、普宁、惠来。

【主要化学成分】含黄酮、酚性成分、氨基酸、海藻糖等多糖类、鞣质。

【抗癌药理作用】卷柏全草的热水提取物，用总细胞定容积法测定，对小鼠肉瘤S180的抑制率为61.2%，乙醇提取物的抑制率为18.6%。体内实验显示，本品对小鼠艾氏腹水癌有一定的抑制作用，并能延长移植肿瘤动物的寿命。

【性味归经】辛、平；入脾、肝经；破血散瘀、活血止血、止咳化痰、通经活络；用于治疗腹痛、闭经、症瘕、血症、跌打损伤、崩漏、咳嗽、痿躄。

【毒性】无毒。

【抗癌应用】

1. 用法与用量：4.5～9g。（《中国药典》）

2. 药剂药方：

（1）治疗鼻咽癌。

干卷柏30～60g（鲜品90～120g），加猪精肉50～100g，清水6～8碗，煎至1碗或半碗，分1～2次服，每日1剂，一般15～20日为1个疗程，用药量可酌情增减。（《抗癌本草》）

（2）治疗肝癌。

卷柏、石见穿、岗稔根各30g，穿山甲、茯苓、白花蛇舌草各9g，海蛆3g，水煎服。（《抗癌本草》）

（3）治疗肺癌。

卷柏60g，白花蛇舌草30g，水煎服，每日1剂。（《辨证施治》）

27 紫萁

紫萁（*Osmunda japonica*），别名紫萁贯众、高脚贯众、老虎台、老虎牙、水骨菜，为紫萁科蕨类植物。植株高 50~80cm 或更高。根状茎短粗，或呈短树干状而稍弯。叶簇生，直立，柄长 20~30cm，禾秆色，幼时被密绒毛，不久脱落；叶片为三角广卵形，顶部一回羽状，其下为二回羽状；羽片 3~5 对，对生，长圆形。

【生境　分布】生于林下或溪边强酸性土上；分布于潮汕各地。

【主要化学成分】含甾类化合物、氨基酸、钾、钠、钙、镁、锌、铜、铁、钴、磷、硅、硒等。

【抗癌药理作用】腹腔注射对腹水型 ARS、子宫颈癌 U14、肉瘤 S180、脑癌 B22、Lewis 肺癌、乳癌 MA737、白血病腹水型 P388 有效；实验结果表明，紫萁间苯三酚类化合物有抑制肿瘤细胞呼吸、损伤线粒体、干扰肿瘤细胞能量代谢、抑制肿瘤生长的作用。

【性味归经】苦、微寒；入脾、胃经；清热解毒、祛瘀止血、杀虫；用于治疗痢疾、崩漏、白带异常。

【毒性】微毒。

【抗癌应用】

1. 用法用量：内服：煎汤，3~15g；或捣汁；或入丸、散。外用：适量，鲜品捣敷；或研末调敷。（《中华本草》）

2. 药剂药方：

（1）治疗子宫颈癌。

山豆根、坎炁（干脐带）、紫萁根茎各30g，白花蛇舌草60g，水煎后，制成浸膏。口服，每日3次，每次3g。（豆丁网）

（2）治疗脑肿瘤。

紫萁根茎、白花蛇舌草、蛇六谷、菝葜、野菊花各30g，水煎服，每日1剂。（《实用抗癌验方1000首》）

28 海金沙

海金沙（*Lygodium japonicum*），别名金沙藤、蛤蟆藤，为海金沙科多年生攀缘草本。植株高1～4m，叶轴上面有两条狭边，羽片多数，平展，不育羽片呈尖三角形。

【生境　分布】生于向阳林缘及山坡灌丛中；分布于潮汕各地。

【主要化学成分】含脂肪酸、香豆酸、咖啡酸及多种黄酮类化合物。

【抗癌药理作用】

1. 体外实验噬菌体法显示，本品对肿瘤细胞有抑制作用。

2. 抑菌作用：对金黄色葡萄球菌、绿脓杆菌、福氏痢疾杆菌、伤寒杆菌均有抑制作用。

3. 海金沙中香豆酸有利胆作用，主要增加胆汁中的水分泌。

【性味归经】甘、淡、寒；入小肠、膀胱经；清热解毒、利尿通淋；用于治疗淋证、白浊、白带异常、咽痛、痢疾、皮肤湿疹。

【毒性】无毒。

【抗癌应用】

1. 用法与用量：6～15g，入煎剂，宜包煎。（《中国药典》）

2. 药剂药方：

（1）治疗膀胱癌、肾盂癌、肾癌。

海金沙（布袋包）6～12g，水煎服。或海金沙草15～30g，水煎服。（《抗癌中药大全》）

（2）治疗肝癌。

斑蝥2个（去足，翅）、海金沙40g，煎水，分几次服用。服用时必须吃12g生绿豆粉和大剂量维生素C（每次2g）。（《实用抗癌验方》）

（3）治疗乳腺癌。

海金沙叶，捣敷患处。（《一味中药巧治病》）

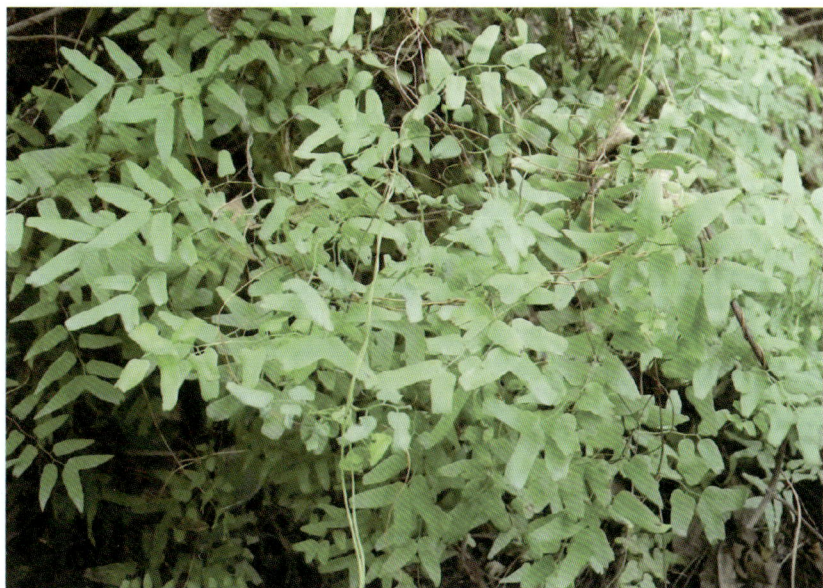

29 金毛狗

金毛狗（*Cibotium barometz*），别名金狗仔、金毛狗脊、黄狗毛，为蚌壳蕨科陆生蕨类植物。根状茎卧生，粗大，顶端生出一丛大叶，柄长达120cm，粗2~3cm，棕褐色，基部被有一大丛垫状的金黄色茸毛。叶片大，三回羽状分裂，下部羽片为长圆形；中脉两面凸出，侧脉两面隆起；叶几为革质或厚纸质，干后上面褐色，有光泽，下面为灰白或灰蓝色。

【生境　分布】生于山脚沟边及林下阴处酸性土上；分布于潮汕各地。

【主要化学成分】含绵马酚、淀粉、山柰醇、鞣质，非常丰富的铁、钙、镁、镍、锌、锰、铜等多种人体必需的元素。

【抗癌药理作用】用噬菌体法筛选，金毛狗有抗噬菌体作用，对肿瘤细胞有抑制作用。

【性味归经】甘、苦、温；入肝、肾经；补肝肾、强筋骨、壮腰膝、祛风湿、温补固涩、生肌止血；用于治疗腰背酸痛、痹症、小便不禁、遗精、带下过多、金疮跌损。

【毒性】无毒。

【抗癌应用】

1. 用法用量：6~12g。（《中国药典》）

2. 药剂药方：

（1）治疗骨肉癌、癌性骨折。

金毛狗6~10g，水煎服。（《抗癌中药大全》）

（2）治疗乳腺癌、子宫颈癌。

金毛狗15g，党参、黄芪各20g，绞股蓝30g，三七粉0.5g（冲服），水煎服。（《抗癌植物药及其验方》）

30 乌蕨

乌蕨（*Stenoloma chusanum*），别名乌韭、金花茇（潮汕）、孔雀尾（揭西）、金花草，为鳞始蕨科蕨类植物。植株高达65cm，根状茎短而横走，粗壮，密被赤褐色的钻状鳞片。叶柄长达25cm，禾秆色至褐禾秆色，有光泽；叶片披针形，长20～40cm，宽5～12cm，先端渐尖，基部不变狭，四回羽状，羽片15～20对，互生；叶坚草质，干后棕褐色，通体光滑。

【生境　分布】生于山坡路边、溪沟边、路旁、岩石缝或草丛中，以阴湿山坡最多；分布于潮汕各地。

【主要化学成分】含牡荆素、丁香酸、原儿茶醛、原儿茶酸、黄酮、有机酸、酚类、内酯、甾体、糖类、挥发油等。

【抗癌药理作用】

1. 乌蕨提取物对小鼠砷中毒有解毒作用，可使砷中毒小鼠的死亡率明显降低。

2. 对金黄色葡萄球菌高度敏感，对福氏痢疾杆菌、结核杆菌有抑制作用。

3. 水煎液对钩端螺旋体有抑制作用。（《全国中草药汇编》）

【性味归经】苦、寒；入肝、肺、大肠经；清热解毒、利湿、止血；用于治疗风热感冒、中暑发痧、泄泻、痢疾、白浊、白带异常、咳嗽、吐血、便血、尿血、牙疳、痈肿。

【毒性】无毒。

【抗癌应用】内服：煎汤，1～2两；或捣汁饮。外用：捣敷或研末撒患处。（《中药大辞典》）

31　大叶骨碎补

　　大叶骨碎补（*Davallia formosana*），别名华南骨碎补、凤尾草、木石鸡，为骨碎补科蕨类植物。植株高达1m，根状茎粗壮，长而横走，粗达1cm，密被蓬松的鳞片；鳞片阔披针形，红棕色，膜质。叶远生，与叶轴均为亮棕色或暗褐色，叶片大，三角形或卵状三角形，四回羽状或五回羽裂。

　　【生境　分布】生于山谷岩石上、树上；分布于潮汕各地。

　　【主要化学成分】含柚皮苷、四环三萜类、β-谷固醇、骨碎补酸、左旋表儿茶精、原矢车菊素等。

　　【抗癌药理作用】

　　1. 大叶骨碎补体外实验显示，其对肿瘤细胞有抑制作用。

　　2. 柚皮苷具有抗菌、活血祛瘀和增强心肌细胞机能的作用。

　　3. 对骨性关节炎模型大鼠，大叶骨碎补炮制品能改善软骨细胞的功能，推迟细胞退行性变，降低骨关节病病变率。

　　【性味归经】苦、温；入肝、肾经；补肾、活血、止血；用于治疗肾虚久泻、腰痛、风湿痹痛、齿痛、耳鸣、跌打闪挫、骨伤、肠痈、斑秃、鸡眼。

　　【毒性】无毒。

　　【抗癌应用】

　　1. 用法与用量：3～9g；鲜品6～15g。外用鲜品适量。（《中国药典》）

　　2. 药剂药方：

　　（1）治疗子宫颈癌。

　　吊马桩、骨碎补各50～100g，水煎服，每日1剂。（《抗癌中药大全》）

　　（2）治疗骨头癌。

　　骨碎补、地鳖虫、寻骨风各30g，补骨脂20g，露蜂房、莪术各10g，蜈蚣3条，水煎服。（《抗癌植物药及其验方》）

32 剑叶凤尾蕨

剑叶凤尾蕨（*Pteris ensiformis*），别名三叉草、井边茜，为凤尾蕨科蕨类植物。植株高 30～50cm，根状茎细长，斜升或横卧，被黑褐色鳞片；叶密生，二型，柄长，与叶轴同为禾秆色，叶片长圆状卵形，二回羽状，叶干后草质，灰绿色至褐绿色，无毛。

【生境　分布】生于溪边或山坡林下潮湿的酸性土上；分布于潮州、潮阳。

【主要化学成分】含黄酮苷、酚类、氨基酸、有机酸、贝壳杉烷（烯）化合物。

【抗癌药理作用】煎剂在 10%～20% 浓度时能抑制弗氏痢疾杆菌及宋内氏痢疾杆菌，但不能杀菌。叶部的抑菌作用较根茎及叶柄强。

【性味归经】甘、苦、微辛；入肝、大肠、膀胱经；清热、利尿、解毒；用于治疗痢疾、疟疾、黄疸、淋病、下血、血崩、跌打损伤、扁桃体炎、腮腺炎、疮毒、湿疹。

【毒性】小毒。

【抗癌应用】内服：煎汤，15～30g，大剂量可用至 60～120g。外用：适量，煎水洗或捣敷。（《中华本草》）

33 井栏边草

井栏边草（*Pteris multifida*），别名凤尾草、井口边草（《本草纲目》）、五爪苤（潮汕），为凤尾蕨科多年生草本。植株高 30～45cm，根状茎短而直立。叶多数，密而簇生，明显二型，叶干后草质，暗绿色，遍体无毛；叶轴禾秆色，稍有光泽。

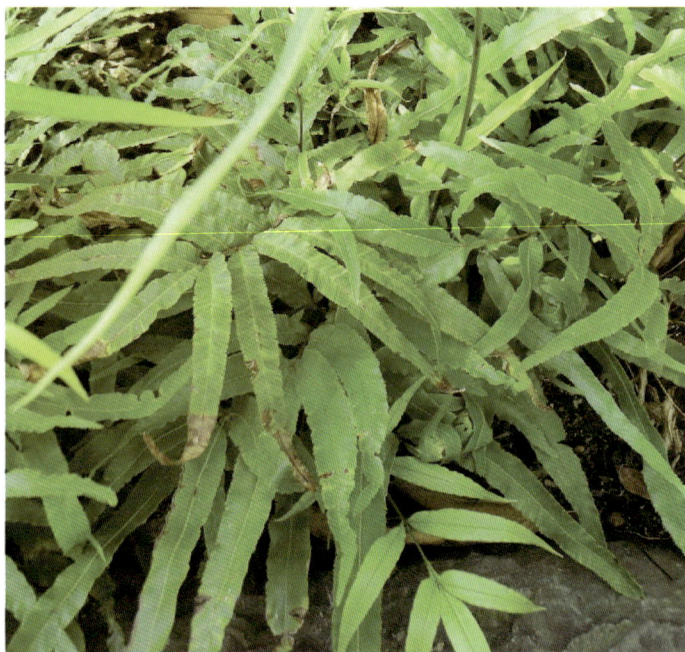

【生境　分布】生于阴湿墙缝、井和石灰岩上；分布于潮汕各地。

【主要化学成分】含黄酮类、鞣质、氨基酸、内酯或酯类、酚、木犀草素、蕨素、葡萄糖苷等。

【抗癌药理作用】

1. 本品对小鼠肉瘤 S180、小鼠肉瘤 S37 和瓦克肉癌 W256 有抑制作用。

2. 抑菌实验：井栏边草对金黄色葡萄球菌、大肠杆菌、痢疾杆菌、人型结核杆菌均有抑制作用。

【性味归经】淡、微苦、凉；入大肠、肾、心、肝经；清热利湿、凉血止血、消肿解毒；用于治疗黄疸型肝炎、肠炎、菌痢、淋浊、带下、吐血、便血、尿血、扁桃体炎、腮腺炎、痈肿疮毒、湿疹。

【毒性】微毒。

【抗癌应用】

1. 用法用量：内服：煎汤，0.5～1 两。外用：水煎洗或捣敷。（《中药大辞典》）

2. 药剂药方：

（1）治疗肺癌。

凤尾草、半枝莲、楤木、地茄子各30g，水煎服，每日1剂。（《常见肿瘤的防治》）

（2）治疗大肠癌。

凤尾草、菝葜、赤石脂、余粮石各30g，水煎服，每日1剂。（《实用抗癌药物手册》）

（3）治疗急性白血病。

凤尾草、沙氏鹿尾草各30g，虎杖15g，水煎服，每日1剂。（《抗癌中草药制剂》）

（4）治疗子宫颈癌。

① 凤尾草、石上柏各30g，水煎服，每日1剂。（《抗癌中草药制剂》）

② 鲜凤尾草75～150g，水煎服，每日1剂，可长期服用。（《实用抗癌验方》）

（5）治疗绒毛膜上皮癌、恶性葡萄胎。

凤尾草、水杨梅根各60g，向日葵盘1只，水煎服，每日1剂，连服6个月。（《千家妙方》）

（6）治疗子宫颈癌放疗直肠反应。

野麻草、凤尾草各30g，煎汤代茶，每日1剂。（《实用抗癌验方》）

34 乌毛蕨

乌毛蕨（*Blechnum orientale*），别名贯众、过沟菜（潮汕）、龙船蕨，为乌毛蕨科植物。植株高0.5～2m，根状茎直立，粗短，木质，黑褐色。叶簇生于根状茎顶端，坚硬，基部往往为黑褐色，向上为棕禾秆色或棕绿色，无毛；叶片卵状披针形，长1m左右，宽20～60cm，一回羽状，羽片多数，二形，互生，无柄。

【生境 分布】生于灌丛中或溪边；分布于潮汕各地。

【主要化学成分】含绿原酸、类脂、固醇类、氨基酸、淀粉。

【抗癌药理作用】体外实验显示，乌毛蕨有较强抗腺病毒（Ad3）活性，有抑制肿瘤细胞呼吸、损伤线粒体、干扰肿瘤细胞能量代谢、抑制肿瘤生长的作用。

【性味归经】苦、凉；入肝、胃经；清热解毒、凉血止血、驱虫；用于治疗风热感冒、温热斑疹、吐血、衄血、肠风便血、血痢、血崩、带下，用于驱绦虫、蛔虫、蛲虫等。

【毒性】无毒。

【抗癌应用】

1. 用法与用量：内服：煎汤，6～15g，大剂量可用至60g。外用：适量，捣敷；或研末调涂。（《中华本草》）

2. 药剂药方：

（1）治疗子宫颈癌。

山豆根、坎炁（干脐带）、乌毛蕨块根各30g，白花蛇舌草60g，水煎后，制成浸膏。口服，每日3次，每次3g。（豆丁网）

（2）治疗脑肿瘤。

乌毛蕨块根、白花蛇舌草、蛇六谷、菝葜、野菊花各30g，水煎服，每日1剂。（《实用抗癌验方1000首》）

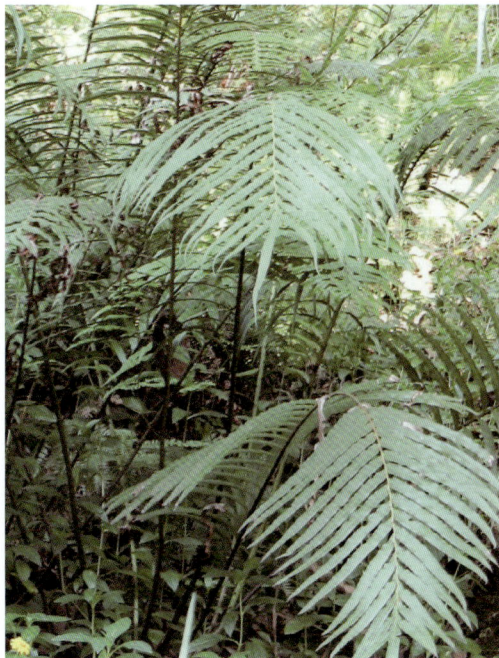

35 苏铁蕨

苏铁蕨（*Brainia insignis*），别名贯众，为乌毛蕨科蕨类植物。植株高达 1.5m，主轴直立或斜上，粗 10～15cm，单一或分叉，黑褐色，木质，坚实，顶部与叶柄基部均密被鳞片。叶簇生于主轴的顶部，略呈二形，叶柄长 10～30cm，粗 3～6mm，棕禾秆色，坚硬，光滑或下部略显粗糙，叶片椭圆披针形，长 50～100cm，一回羽状；羽片 30～50 对，对生或互生。

【生境　分布】野生于干旱荒坡上或路边；分布于潮汕各地。

【主要化学成分】含东北贯众素、葡萄糖、半乳糖、阿拉伯糖、木糖、甘露糖。

【抗癌药理作用】

1. 苏铁蕨水提液对 Ad3 病毒有强度治疗作用，对 HSV1 病毒有一定治疗作用。

2. 水提液在杀灭猪蛔虫实验中对猪蛔虫杀伤作用较强。

【性味归经】微涩、凉；入肝、肺经；驱虫、清热、解毒、凉血、止血；用于治疗风热感冒、湿热斑疹、吐血、衄血、肠风便血、血痢、血崩、带下、蛔虫病。

【毒性】小毒。

【抗癌应用】

1. 用法与用量：内服：煎汤，6～15g。外用：适量，捣敷。（《中国药典》）

2. 药剂药方：

（1）治疗子宫颈癌。

山豆根、坎炁（干脐带）、苏铁蕨块根各 30g，白花蛇舌草 60g，水煎后，制成浸膏。口服，每日 3 次，每次 3g。（豆丁网）

（2）治疗脑肿瘤。

苏铁蕨块根、白花蛇舌草、蛇六谷、拔葜、野菊花各 30g，水煎服，每日 1 剂。（《实用抗癌验方 1000 首》）

36 狗脊蕨

狗脊蕨（*Woodwardia japonica*），别名狗脊、黑狗脊，为乌毛蕨科的蕨类植物。植株高 80 ~ 120cm。根状茎粗壮，横卧，暗褐色；鳞片披针形或线状披针形，长约 1.5cm，先端长渐尖，略有光泽。叶近生，叶片长卵形，长 25 ~ 80cm，下部宽 18 ~ 40cm，先端渐尖，二回羽裂。

【生境　分布】野生于疏林下潮湿处及山谷中、河边阴处，为酸性土指示植物；分布于潮汕各地。

【主要化学成分】含东北贯众素、淀粉、鞣质、山柰酚、儿茶酚衍生物、山柰素、狗脊蕨酸、β-谷固醇、胡萝卜苷。

【抗癌药理作用】

1. 狗脊蕨的根茎及叶柄基部的煎剂稀释到浓度为 16% 时，体外对猪蛔虫头段有不同程度的抑制和松弛作用。

2. 有抑制肿瘤细胞呼吸、损伤线粒体、干扰肿瘤细胞能量代谢、抑制肿瘤生长的作用。

【性味归经】苦、凉；入肝、胃、肾、大肠经；清热解毒、杀虫、止血、祛风湿；用于治疗风热感冒、时行瘟疫、恶疮痈肿、虫积腹痛、小儿疳积、痢疾、便血、崩漏、外伤出血、风湿痹痛。

【毒性】有毒。

【抗癌应用】

1. 用法用量：内服：煎汤，9 ~ 15g，大剂量可用至 30g；或浸酒；或入丸、散。外用：适量，捣敷；或研末调涂。（《中华本草》）

2. 药剂药方：

（1）治疗子宫颈癌。

山豆根、坎炁（干脐带）、狗脊蕨块根各 30g，白花蛇舌草 60g，水煎后，制成浸膏。口服，每日 3 次，每次 3g。（豆丁网）

（2）治疗脑肿瘤。

狗脊蕨块根、白花蛇舌草、蛇六谷、菝葜、野菊花各 30g，水煎服，每日 1 剂。（《实用抗癌验方 1000 首》）

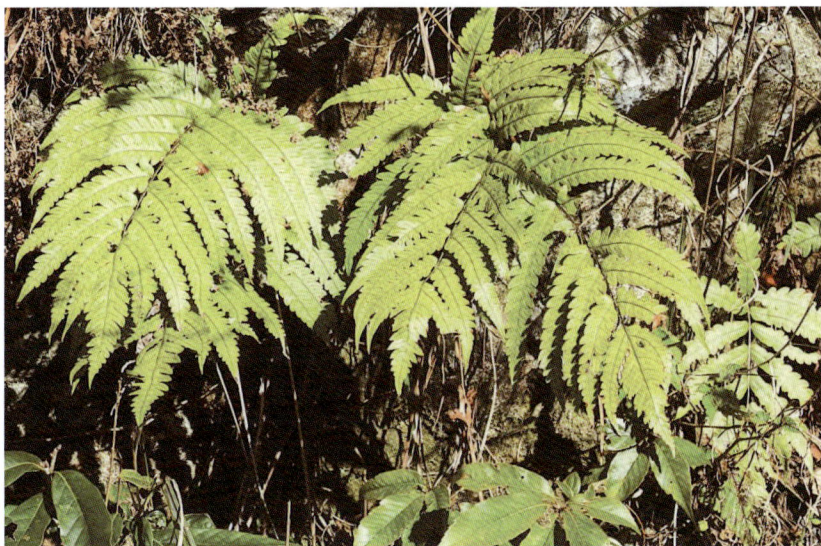

37　槲蕨

槲蕨（*Drynaria fortunei*），别名骨碎补（通称）、崖姜（潮汕）、猴姜，为水龙骨科蕨类植物。通常附生于岩石上，匍匐生长，或附生于树干上，螺旋状攀缘。叶二型，基生不育叶圆形，正常能育叶叶柄具明显的狭翅，叶片深羽裂到距叶轴2～5mm处，叶干后纸质，仅上面中肋略有短毛。

【生境　分布】野生，附生于树干或石山；分布于南澳、饶平。

【主要化学成分】含柚皮苷、柚皮素、葡萄糖、鼠李糖、β-谷固醇、豆固醇等。

【抗癌药理作用】

1. 柚皮苷具抗菌、活血祛瘀和增强心肌细胞机能的作用。

2. 槲蕨炮制品对骨性关节炎模型大鼠，能改善软骨细胞的功能，推迟细胞退行性变，降低骨关节病病变率。

3. 槲蕨可促进骨折动物的骨对钙的吸收，提高血钙和血磷水平，有利于钙化和骨质的形成。

4. 可预防实验动物血清蛋白固醇增高，对胆固醇血症动物有降脂作用，可防止主动脉壁粥样硬化斑的形成。

5. 双氢黄酮苷可增强心脏收缩功能，提高实验动物耐缺氧能力，并有明显的镇静与镇痛作用。

6. 可预防或减轻卡那霉素对豚鼠耳蜗的毒性作用。

7. 对骨肿瘤病灶周围的正常骨细胞有保护和促进生长的作用，有利于抑制肿瘤的发展。

【性味归经】苦、温；入肝、肾经；补肾、壮骨、祛风湿；用于活血止痛，治疗跌打损伤、肾虚久泻、腰痛、风湿痹痛、齿痛、耳鸣、骨伤、肠痈、斑秃、鸡眼。

【毒性】无毒。

【抗癌应用】

1. 用法与用量：3～9g；鲜品6～15g。外用鲜品适量。（《中国药典》）

2. 药剂药方：

（1）治疗子宫颈癌。

吊马桩、骨碎补各50～10g，水煎服，每日1剂。（《抗癌中药大全》）

（2）治疗骨肉癌。

骨碎补、地鳖虫、寻骨风各30g，补骨脂20g，露蜂房、莪术各10g，蜈蚣3条，水煎服。《抗癌植物药及其验方》

38 石韦

石韦（*Pyrrosia lingua*），别名石剑、潭剑，为水龙骨科多年生草本。植株通常高 10～30cm，根状茎长而横走，密被鳞片；叶远生，近二型，叶柄与叶片大小和长短变化很大。

【生境　分布】附生于树干或岩石上；分布于潮汕各地。

【主要化学成分】含 β - 谷固醇、绵马三萜、绿原酸、芒果苷、皂苷、延胡索酸、咖啡因、山奈酸、槲皮素、异槲皮苷、三叶豆苷、富马酸、绿原酸、蔗糖等。

【抗癌药理作用】有某些抗癌作用，并能增强机体单核细胞的吞噬活性。其中所含 β - 谷固醇对小鼠腺癌 715、Lewis 肺癌和大鼠肉癌 W256 均有抑制作用。

【性味归经】甘、苦、微寒；入膀胱、肺经；利尿通淋、清热止血；用于治疗热淋、血淋、石淋、小便不通、淋漓涩痛、吐血、衄血、尿血、崩漏、肺热咳。

【毒性】无毒。

【抗癌应用】

1. 用法与用量：6～12g 。（《中国药典》）

2. 药剂药方：

（1）治疗膀胱癌。

①石韦、瞿麦、淡竹叶、生薏苡仁各 60g，猪苓 30g，王不留行 15g，水煎服。（《抗癌植物药及其验方》）

②石韦、当归、蒲黄、芍药各等份，研末，口服，每次 3～5g，每日 2 次。（《抗癌植物药及其验方》）

（2）治疗膀胱癌、肾癌、肺癌。

石韦 60g，白英、土茯苓各 30g；或石韦 100g，草河车 30g；或石韦 60g，海金沙 30g，水煎服。（《抗癌植物药及其验方》）

（3）治疗肾癌、膀胱癌、前列腺癌。

石韦、马鞭草、羊蹄根、半枝莲、蛇莓、鬼针草、竹叶各 30g，白花蛇舌草 60g，水煎服。（《抗肿瘤中药的临床应用》）

（4）治疗癌症放化疗引起的白细胞下降。

石韦 30g，红枣 15g，甘草 3g，水煎服。（《抗肿瘤中药的临床应用》）

裸子植物

(Gymnosperm)

39　苏铁

苏铁（*Cycas revolute*），别名铁树、凤尾蕉，为苏铁科常绿木本植物。树干高约2m，稀达8m或更高，圆柱形；羽状叶从茎的顶部生出，下层向下弯，上层斜上伸展，羽状裂片达100对或以上，条形，厚革质，坚硬。

【生境　分布】喜强烈的阳光、温暖干燥的环境，喜肥沃湿润和微酸性的土壤，也能耐干旱；潮汕各地均有栽培。

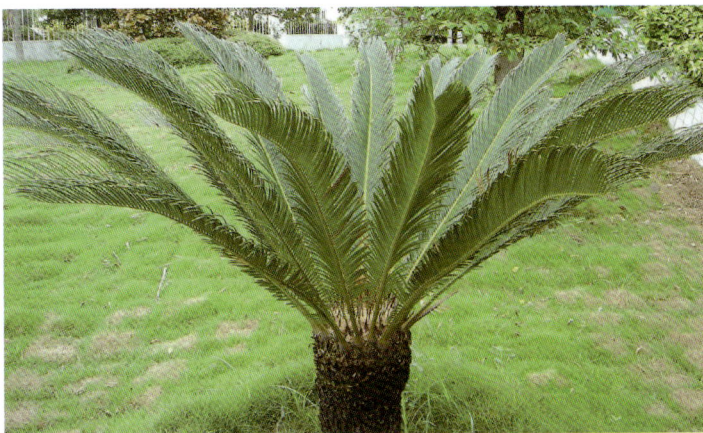

【主要化学成分】含苏铁双黄酮、扁柏双黄酮、穗花杉双黄酮、苏铁苷、新苏铁苷、圆柏酸、桧酸、木糖、葡萄糖、半乳糖、昆布二糖、油脂、葫芦巴碱、胆碱、苹果酸、酒石酸等。

【抗癌药理作用】苏铁叶热水浸出物对人子宫颈癌JTC – 26细胞的抑制率为50% ～70%；动物实验证明，苏铁苷对多种肿瘤都有抗癌作用。

【性味归经】甘、微温；入肝、肺经；活血祛瘀、收敛止血、理气止痛、益肾固精、降血压、祛风活络；用于治疗闭经、难产、吐血、咯血、跌打损伤、肝胃气痛。

【毒性】有毒。

【抗癌应用】

1. 用法用量：内服：煎汤，9～15g；或烧存性，研末。外用：适量，烧灰；或煅存性研末敷。（《中华本草》）

2. 药剂药方：

（1）治疗胃癌。

铁树叶、薏苡仁、半边莲、蜀羊泉各30g，水煎服，每日1剂。（《武汉草药展览方》）

（2）治疗原发性肝癌。

铁树叶约30cm，薏苡仁50g，大枣10枚，每日下午煮粥当点心服用。（《江苏中药杂志》1985年第10期）

（3）治疗肺癌。

苏铁叶100g，大枣10枚，水煎服，每日1剂，分2次服用完。（《抗癌良方》）

（4）治疗子宫颈癌。

①苏铁叶200g，红枣12枚，水煎服。服1周后，再用赤地利200g，茅莓100g，椰榆脾50g，蛇床子20g，水煎服。（《实用抗癌验方》）

②苏铁叶200g，红枣12枚，水煎服。（《中国民间单验方》）

（5）治疗多种癌症。

苏铁叶经提取制片，每片重0.3g，内含药量相当于苏铁叶生药3g。口服，每日2～3片。每日3次。（《抗癌中药大全》）

40 罗汉松

罗汉松（*Podocarpus macrophyllus*），别名罗汉杉、土杉，为罗汉松科常绿乔木。枝开展或斜展，较密；叶螺旋状着生，条状披针形。

【生境　分布】半阳性树种，喜温暖湿润和肥沃沙质壤土；潮汕各地均有栽种。

【主要化学成分】含促蜕皮甾酮、尖叶土杉甾酮、扁柏黄酮、金松黄酮、榧双黄酮、罗汉松黄酮、穗花杉黄酮、新侧柏黄酮、土杉内酯、鞣质、树脂、挥发油、对香酸、芹菜素。

【抗癌药理作用】从罗汉松中得到 2 个对鼻咽癌 KB 细胞等具有细胞毒性的新二萜酸成分 pseu-dolarix acid A、B。本品成分竹柏内酯 F 对吉田肉瘤细胞体外培养有抑制作用；罗汉松水提取液对小鼠抑制性肿瘤如 S180、EAC、U14 和腹水肝癌 HepA 均有抑制作用。

【性味归经】甘、微温；活血、止痛、杀虫；用于治疗跌打损伤、疥癣、胃痛。

【毒性】无毒。

【抗癌应用】

1. 用法用量：罗汉松果实：3～9g；根皮外用适量，加黄酒捣烂敷患处。（《全国中草药汇编》）

2. 药剂药方：

（1）治疗胃癌。

罗汉松、黄芪各 15g，丹参、白术、茯苓、枸杞子、山药各 12g，延胡索、乌药各 10g，甘草 3g，水煎服，每日 1 剂。（《抗肿瘤中草药彩色图谱》）

（2）治疗肺癌。

罗汉松、仙鹤草、紫珠草、百合各 15g，侧柏炭 9g，茯苓、北沙参、牡丹皮各 10g，山药 12g，甘草 3g，水煎服，每日 1 剂，连服 5～7 剂。（《抗肿瘤中草药彩色图谱》）

（3）治疗白血病。

罗汉松果实 60g，紫草 30g，天龙 20g，藏红花 10g（单煎，另饮），水煎服。（《抗癌植物药及其验方》）

41 三尖杉

三尖杉（*Cephalotaxus fortunei*），别名头形杉，为三尖杉科常绿乔木。树皮褐色或红褐色，裂成片状脱落；枝条较细长，稍下垂；树冠广圆形；叶排成两列，披针状条形，通常微弯，上面深绿色，中脉隆起，下面气孔带白色；雌球花的胚珠 3～8 枚发育成种子。

【生境　分布】野生于溪边或山间林间；分布于潮州。

【主要化学成分】含三尖杉碱、三尖杉酮碱、乙酰三尖杉碱、表三尖杉碱、去甲基三尖杉碱、桥氧三尖杉碱、三尖杉酯碱、高三尖杉酯碱、脱氧三尖杉酯碱、异三尖杉酯碱、内消旋肌醇、挥发油等。

【抗癌药理作用】

1. 从三尖杉中分离出的三尖杉碱，对三种移植性肿瘤的动物进行实验，均表明其为广谱抗癌药。

2. 三尖杉酯碱和高三尖杉酯碱对白血病 L615、L1210、L615 耐 6－MP 株、小鼠脑瘤 B22、艾氏腹水癌及大鼠瓦克肉瘤 W256 等都有显著的抑制作用，对体外培养的肉瘤、乳腺癌、卵巢癌、子宫颈癌、腺癌、黑色素瘤等具有抑制作用。

3. 高三尖杉酯碱对动物移植性结肠癌 C38 和乳腺癌 CD8FI 有治愈疗效。

4. 对癌细胞生物大分子合成有抑制作用。

5. 对癌细胞杀伤动力学有影响。

6. 三尖杉酯碱、高三尖杉酯碱、脱氧三尖杉酯碱、异三尖杉酯碱有效剂量范围较大。

【性味归经】种子：甘、涩、平；枝、叶：苦、涩、寒；用于治疗痹症、肿痛、癌症。

【毒性】有毒。

【抗癌应用】

1. 用法用量：种子：5～6 钱，水煎，早晚饭前各服 1 次，或炒熟食。枝、叶：总碱用量为成人每天 2±0.5mg/kg 体重，分两次肌注。（《全国中草药汇编》）

2. 药剂药方：

（1）治疗白血病。

①三尖杉酯碱用量为成人每次 0.5mg，大于 10 岁小儿 0.4mg，小于 9 岁小儿 0.3mg；高三尖杉酯碱用量为成人每次 0.3～0.5mg，小儿 0.3mg。确诊为白血病者，常规鞘内注射上述二药之一（1 次），注射时用生理盐水稀释至 4～5ml，2～3 分钟内注完。如确诊为中枢神经系统白血病，以后每 5～7 日鞘内注药 1 次（少数病人 4 日 1 次），待脑脊液转阴后，改为每 2 周 1 次，连用 2 次停药。（《抗癌中药大全》）

②三尖杉酯碱 0.05～0.1mg/kg 连用 14～28 日为 1 个疗程，白细胞减至 1×10^9/L 左右或有其他严重副作用时停药 7～14 日，治疗 2～3 个疗程。同时用长春新碱 0.35～0.36mg/kg 每周 1 次，泼尼松 1～1.5mg/kg 每日 1 次。（《《抗癌中药大全》》）

（2）治疗恶性淋巴癌、绒毛癌、恶性葡萄胎、肺癌。

三尖杉酯碱注射液 5mg。静脉注射，每日 1 次。（《抗癌植物药及其验方》）

42 粗榧

粗榧（*Cephalotaxus sinensis*），别名粗榧杉、中国粗榧，为三尖杉科灌木或小乔木。树皮灰色或灰褐色，裂成薄片状脱落；叶条形，排列成两列，通常直，稀，微弯，上面深绿色，中脉明显，下面有 2 条白色气孔带；雄球花 6 ~ 7 聚生成头状；种子通常 2 ~ 5 个着生于轴上，卵圆形、椭圆状卵形或近球形。

【生境　分布】生于高山、平地及荫地；分布于饶平。

【主要化学成分】含三尖杉碱、三尖杉酯碱、异三尖杉酯碱、脱氧三尖杉酯碱、高三尖杉酯碱等。

【抗癌药理作用】

1. 粗榧液灌胃，对小鼠肉瘤 S180 有一定的抑制作用，但毒性大；此外，粗榧碱、异粗榧碱、高粗榧碱、脱氧粗榧碱对小鼠实验性白血病 P388 和白血病 L1210 都有显著的抑制作用。

2. 三尖杉碱有显著的抗癌作用，亦能抑制 HeLa 细胞核、真核细胞中蛋白质的合成。

【性味归经】甘、温；入脾经；消积杀虫；用于治疗疳积、蛔虫病。

【毒性】有毒。

【抗癌应用】

1. 用法用量：内服：煎汤，15 ~ 30g。（《中华本草》）

2. 药剂药方：

（1）治疗白血病。

粗榧经提取制成口服液，每 100ml 内含药量相当于粗榧生药 100g。口服，每次 100ml，每日 3 次。（《抗癌中草药制剂》）

（2）治疗急性淋巴细胞白血病。

三尖杉酯碱注射液，每次 1 ~ 4mg 加 10% 葡萄糖液 250 ~ 500ml，静脉注射，每日 1 次，7 ~ 10 次为 1 个疗程。（《新编药物学》）

被子植物

(Angiosperm)

43 鱼腥草

鱼腥草（*Houttuynia cordata*），别名蕺菜、狗贴耳、臭腥草，为三白草科多年生草本植物。茎下部伏地，节上轮生小根，上部直立，有时带紫红色；叶薄纸质，有腺点，卵形或阔卵形，下部与叶柄合生成鞘，略抱茎；雄蕊长于子房，花丝长为花药的 3 倍，结蒴果，顶端有宿存的花柱，花期为 4～7 月。

【生境　分布】野生于湿地或水旁；分布于潮汕各地。
【主要化学成分】含甲基正壬酮、月桂烯、月桂醛、癸醛、癸酸、蕺菜碱、丁癸酰—乙醛、槲皮素、槲皮苷、异槲皮苷、金丝桃苷、氯化钾、硫酸钾、鱼腥草素等。

【抗癌药理作用】

1. 全草药中得到一种熔点为 140℃的针状结晶，证明其对胃癌治疗有效。

2. 由鱼腥草中提得一种黄色油状物，对各种微生物（尤其是酵母菌和霉菌）均有抑制作用。

3. 对流感病毒和埃可病毒均有抑制作用。

4. 灌胃能延缓实验性结核病病变的发展，降低小鼠死亡率。合成鱼腥草素能提高白细胞吞噬能力和提高血清备解素，能调节动物机体本身的防御机制。

【性味归经】辛、微寒；入肺经；清热解毒、消痈排脓、利尿通淋；用于治疗肺痈吐脓、痰热喘咳、热痢、热淋、痈肿疮毒。

【毒性】微毒。

【抗癌应用】

1. 用法与用量：5～25g，不宜久煎；鲜品用量加倍，水煎或捣汁服。外用适量，捣敷或煎汤熏洗患处。（《中国药典》）

2. 药剂药方：

（1）治疗各种癌症。

鱼腥草茎叶 20～30g，加 400ml 水煎，长期代茶饮。（《抗癌本草》）

（2）治疗阑尾肿瘤。

鱼腥草、白花蛇舌草、紫花地丁各 30g，薏苡仁 15g，水煎服，每日 1 剂。（《抗癌中药大全》）

（3）治疗肛门癌。

鱼腥草适量，煎汤，熏洗。（《上海常用中草药》）

（4）治疗肺癌。

①鱼腥草、白花蛇舌草、蛇六谷各 30g，生地黄、银柴胡、桔梗各 10g，地骨皮、秦艽各 12g，沙参、麦冬、玉竹、杏仁、党参各 15g，甘草 6g，水煎服，每日 1 剂。（《抗癌中药大全》）

②魔芋、龙葵、鱼腥草各 50g，白毛藤 75g，蛇果草 40g，羊乳、兔儿菜各 25g，水煎服，每日 1 剂。（《抗癌良方》）

（5）治疗癌性胸水。

鱼腥草注射液每毫升含生药 1g，每次常规抽胸水后注入鱼腥草注射液 20ml，隔日 1 次，7 次为 1 个疗程。（《抗癌中药大全》）

（6）治疗癌性胸腹水。

鱼腥草 30g，赤小豆 90g，水煎服，每日 1 剂。（《肿瘤的诊断与防治》）

44　三白草

三白草（*Saururus chinensis*），别名塘边藕、水茳、百节藕、水边兰、天性草，为三白草科多年生草本。茎粗壮，有纵长粗棱和沟槽，下部伏地，常带白色，上部直立，绿色；叶纸质，密生腺点，阔卵形至卵状披针形，顶端短尖或渐尖，基部心形或斜心形，两面均无毛，茎顶端的2～3片于花期常为白色，呈花瓣状；花序白色，苞片近匙形，雄蕊6枚，花药长圆形，果近球形，花期为4～6月。

【生境　分布】野生低湿地；分布于潮汕各地。

【主要化学成分】含水解鞣质、槲皮素、金丝桃苷、异槲皮苷、挥发油（甲基正壬酮、肉豆蔻醚）等。

【抗癌药理作用】

1. 经药理研究证实其有抗癌作用。三白草煎剂对移植性肿瘤细胞有抑制作用。

2. 三白草乙醇提取物有降血糖作用，可拮抗肾上腺素对小鼠的升血糖作用，对四氧嘧啶性糖尿病小鼠和家兔血糖有明显的降低作用。

【性味归经】甘、辛、寒；入肺、膀胱经；利水除湿、清热解毒；用于治疗胫肿、淋浊、带下、痈肿、疥癣。

【毒性】无毒。

【抗癌应用】

1. 用法用量：5～30g，外用鲜品使用适量，捣烂敷患处。（《中国药典》）

2. 药剂药方：

（1）治疗肝癌。

①天性草根、野芥菜根各120g，分别水煎，去渣后加白糖适量用之。上午服用天性草根汤，下午服用野芥菜根汤。（《千家妙方》）

②三白草、龙葵、石见穿、鳖甲各20g，半枝莲、半边莲、大蓟根、牡蛎各30g，郁金、丹参各15g，水煎服，每日1剂。（《抗肿瘤中草药彩色图谱》）

③三白草60g，大蓟、地骨皮各30g，水煎服。（《抗癌植物药及其验方》）

（2）治疗肾癌、膀胱癌、前列腺癌。

三白草100～200g；或三白草100g，龙葵、半枝莲各30g；或三百草、大蓟根各100g，水煎服，每日1剂，每周服5日。（《抗癌植物药及其验方》）

45　杨梅

杨梅（*Myrica rubra*），别名朱红、珠蓉、树梅，为杨梅科带绿乔木。树皮灰色，老时纵向浅裂，树冠圆球形；叶革质，无毛，生存至 2 年脱落，常密集于小枝上端部分；花雌雄异株，雄花序单独或数条丛生于叶腋，圆柱状，雌花序常单生于叶腋；核果球状，外表面具乳头状凸起，外果皮肉质，成熟时深红色或紫红色。4 月开花，6～7 月果实成熟。

【生境　分布】生于低山丘陵向阳山坡或山谷中；潮汕各地栽培于山地。

【主要化学成分】含杨梅苷、大麻苷、鞣质、杨梅素、糖类、树胺、挥发油、葡萄糖、果糖、氨基酸、柠檬酸、苹果酸、草酸、乳酸、棕榈酸、有机酸、油酸、亚油酸、纤维素、矿质元素、蛋白质、脂肪、果胶、单宁等。

【抗癌药理作用】

1. 实验发现，杨梅核仁对胃癌（803，823）细胞在体外培养条件下，具有明显的杀伤和抑制作用。杨梅黄素体外对人鼻咽癌 KB 细胞的有效浓度为 15μg/ml，体内对黑素瘤 B16 和淋巴白血病 L1210 有抑制作用。

2. 抑菌作用：树皮、根皮水煎液对痢疾杆菌、大肠杆菌、金黄色葡萄球菌等均有抑菌作用。

3. 止血作用：根皮干粉，对大犬股动脉游离半切断，加压 2 分钟，即见止血。

【性味归经】苦、辛、温；入脾、肺经；用于治疗跌打损伤、骨折、痢疾、胃溃疡、十二指肠溃疡、牙痛，外用治创伤出血、烧烫伤等。

【毒性】无毒。

【抗癌应用】

1. 用法用量：内服：生啖、浸酒、腌食或烧存性研末。外用：捣敷、烧存性研末调敷。（《中药大辞典》）

2. 药剂药方：

（1）治疗胃癌、肺癌。

苦参、补骨脂、白术各 10g，半枝莲、灵芝、薏苡仁各 30g，三棱、莪术各 8g，杨梅 5 枚，水煎服。（《抗癌中药大全》）

（2）防治癌症。

百合、山药、枸杞子各 15g，薏苡仁 30g，杨梅、红枣各 5 枚，胡萝卜 60g，同煮食。（《抗癌中药大全》）

46 柘树

柘树（*Cudrania tricuspidata*），别名黄蛇根、奴柘、穿破石，为桑科落叶灌木或小乔木。小枝无毛，有棘刺；叶卵形或菱状卵形，偶为三裂，先端渐尖，基部楔形至圆形，表面深绿色，背面绿白色，无毛或被柔毛；雌雄异株，雌雄花序均为球形头状花序，单生或成对腋生，雄花有苞片2枚，附着于花被片上，花被片数量为4，内面有黄色腺体2个，雄蕊4个，与花被片对生，雌花花被片与雄花同数，内面下部有2个黄色腺体；聚花果近球形。花期为5~6月，果期为6~7月。

【生境　分布】野生于阳光充足的荒坡、灌木丛中；分布于潮汕各地。

【主要化学成分】茎含β-谷固醇、β-谷固醇葡萄糖苷、桂木生黄素、降桂木生黄亭等；叶含山柰酚、桑色素等；根皮含柘树咕吨酮、柘树二氢黄酮、柘树黄酮、环桂木生黄素、杨属苷、槲皮黄苷等。

【抗癌药理作用】本品对动物移植性肿瘤，如小鼠肉瘤S180、艾氏腹水瘤、子宫颈癌27等均有抑制作用。

【性味归经】甘、温；入肝、脾经；化瘀止血、清肝明目、截疟；用于治疗妇人崩中血结、月经过多、疟疾。

【毒性】无毒。

【抗癌应用】

1. 用法用量：茎叶内服：煎汤，3~5钱。外用：煎水洗或捣敷。（《中药大辞典》）

2. 药剂药方：

（1）治疗消化道恶性肿瘤、子宫颈癌、卵巢癌。

柘木60~120g，水煎服，每日1剂。（《实用抗癌药物手册》）

（2）治疗肺癌。

铁包金、柘树根各50g，紫草、灵芝各15g，水煎服，每日1剂。（《实用抗癌验方》）

（3）治疗胰腺癌。

柘树根50g，水煎服。（《中国民间单验方》）

（4）治疗多种癌症。

①柘木经水提取制成口服液，每100ml内含药量相当于柘木生药200g。口服，每次24ml，每日3次。（《抗癌中草药制剂》）

②柘木经提取制片，每片重0.5g，内含药量相当于柘木生药5g。口服，每次3~5片，每日3次。（《抗癌中药一千方》）

③柘木经提取制成注射剂，每支2ml，内含药量相当于柘木生药4g。肌肉注射，每次2~4ml，每日2次，3个月为1个疗程。（《抗癌中药大全》）

47 大麻

　　大麻（*Cannabis sativa*），别名火麻仁、胡麻，为桑科一年生直立草本。枝具纵沟槽，密生灰白色贴伏毛；叶掌状全裂，裂片披针形或线状披针形；叶柄密被灰白色贴伏毛，托叶线形。雄花序长达25cm，花黄绿色，花被数量为5，雄蕊数量为5，雌花绿色，花被数量为1，紧包子房；瘦果。花期为5~6月，果期为7月。

　　【生境　分布】适土层深厚、保水保肥力强、土质松软肥沃、排水良好的砂质壤土；潮汕各地均有栽培。

　　【主要化学成分】含脂肪酸、油酸、亚油酸、亚麻酸、葫芦巴碱、异亮氨酸甜菜碱、白色蕈毒素、植酸钙镁、蛋白质、麻仁球朊酶、维生素 B_1、维生素 B_2、蕈毒素、胆碱、挥发油、卵磷脂、固醇、葡萄糖醛酸、大麻酚、大麻二酚、四氢大麻酚、大麻环萜酚、大麻二酚酸、大麻萜酚、大麻螺醇、乙酰大麻螺醇、大麻螺烷、大麻螺酮、大麻烯、大麻碱、碳酸钙等。

　　【抗癌药理作用】

　　1. 大麻酚及四氢大麻酚能抑制小鼠 Lewis 肺癌发展而不伤害正常骨髓细胞。后者对人鼻咽癌 KB 细胞有较强活性，对小鼠白血病 L1210 体外有效。

　　2. 大麻仁酊剂去酒精做成乳剂应用，麻醉猫的十二指肠内给2g/kg，半小时后血压开始缓缓下降，2小时后降至原水平一半左右，心率及呼吸未见显著变化。正常大鼠灌服2~10g/kg，血压亦有显著降低。高血压患者服5~6周，血压亦可降低，且无不良反应。（《中华本草》）

　　【性味归经】辛、苦、温；入脾经；祛风、解毒、活血、止痛；用于治疗痛风、痹症、癫狂、失眠、咳喘、跌打损伤。

　　【毒性】有毒。

　　【抗癌应用】

　　1. 用法用量：果实称火麻仁，9~15g。（《中国药典》）

　　2. 药剂药方：

　　治疗脑膜瘤：大麻仁、瓜蒌仁、石菖蒲、远志、胆星、姜半夏、生牡蛎、夏枯草、生地黄、蔻仁、蛇六谷、蛇莓、芙蓉叶、天龙、紫草根、黄连各适量，水煎服，并服用安宫牛黄丸。（《抗癌植物药及其验方》）

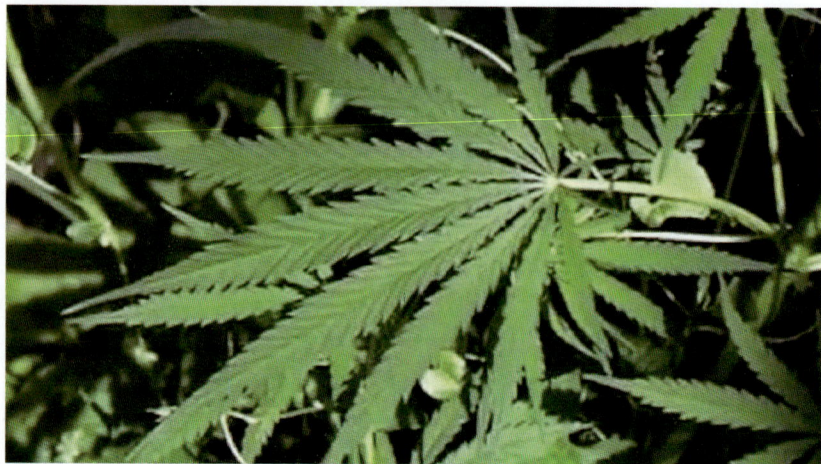

48 无花果

无花果（*Ficus carica*），别名映日果、蜜果、树地瓜、文先果、明目果，为桑科落叶灌木。树皮灰褐色，皮孔明显，小枝直立，粗壮；叶互生，厚纸质，广卵圆形，长宽近相等，通常 3～5 裂，叶柄粗壮。雌雄异株，雄花和瘿花同生于一榕果内壁，雄花生内壁口部，花被片数量为 4～5，雄蕊数量为 3，有时为 1 或 5，瘿花花柱侧生，短，雌花花被与雄花同，花柱侧生，柱头 2 裂，线形；榕果单生叶腋，大而梨形，顶部下陷，成熟时呈紫红色或黄色。花果期为 5～7 月。

【生境　分布】喜温暖湿润气候，耐瘠，抗旱，不耐寒，不耐涝；潮汕各地均有栽培。

【主要化学成分】含葡萄糖、果糖、枸橼酸、苹果酸、延胡索酸、琥珀酸、丙二酸、奎宁酸、莽草酸、蛋白水解酶、多种维生素、多种氨基酸、微量元素、豆固醇、香柠檬内酯、补骨脂素、芦丁、蛋白质等。

【抗癌药理作用】

1. 乳胶汁中含有抑制大鼠移植性肉瘤之成分。干果的水提取物经活性炭、丙酮处理后有抗艾氏肉瘤的作用。无花果对小鼠腹水癌、肉瘤、肝癌及肺癌均有抑瘤作用。

2. 无花果对小鼠肝癌和 Lewis 肺癌有抑制作用。

3. 无花果叶含的补骨脂素和挥发油的酚性成分有抗细菌和抗真菌的作用。

4. 无花果含丰富的营养成分，供食用。在便秘时，可用作食物性轻泻剂。

5. 干果的水提取物经活性炭、丙酮处理后所得之物质有抗艾氏肉瘤的作用。

【性味归经】苦、酸、平；入肺、胃、大肠经；健胃清肠、消肿解毒；用于治疗泄泻、痢疾、便秘、痔疮、喉痛、痈疮疥癣。

【毒性】无毒。

【抗癌应用】

1. 用法用量：内服：煎汤，1～2 两；或生食 1～2 枚。外用：煎水洗、研末调敷或吹喉。（《中药大辞典》）

2. 药剂药方：

（1）治疗食管癌。

鲜无花果 500g，猪精肉 100g，加水炖半小时，服汤食肉。（《实用单方验方大全》）

（2）治疗膀胱癌。

无花果 30g，木通 15g，水煎服，每日 1 剂。（《中医肿瘤的防治》）

（3）治疗胃癌、肠癌。

无花果 5g，饭后生食，或干果水煎饮。（《抗癌食药本草》）

（4）治疗肺癌、咽喉癌、肠癌。

无花果 30g，水煎服。（《实用抗癌药物手册》）

（5）治疗乳腺癌破溃。

无花果研末，麻油调涂患处。（《实用抗癌验方》）

（6）治疗皮肤癌。

①无花果树枝切开后流出的乳白色分泌物，收集后涂在患处。（《妙药奇方》）

②鲜无花果捣烂敷于患处，或用干燥果实磨粉，撒于创面。（《抗癌食物中药》）

（7）治疗喉癌、口腔癌、肺癌。

无花果 60g，蜜枣 2 枚，水煎服。（《临症经验方》）

49　薜荔

　　薜荔（*Ficus pumila*），别名凉粉果、木馒头、大扁抛，为桑科攀缘或匍匐灌木。叶两型，不结果枝节上生不定根，叶卵状心形，薄革质，结果枝上无不定根，革质，卵状椭圆形；榕果单生叶腋，瘿花果梨形，雌花果近球形；雄花，生榕果内壁口部，多数，雄蕊2枚，瘿花具柄，花柱侧生，短，雌花生另一植株榕果内壁，花柄长，花被片数量为4~5。瘦果近球形，果期为5~8月。

【生境　分布】生于旷野树上或村边残墙破壁上或石灰岩山坡上；分布于潮汕各地。
【主要化学成分】含丰富肌醇、芦丁、β-谷固醇、蒲公英固醇乙酸酯、β-香树精乙酸酯、多糖、果胶、维生素C、维生素E、胡萝卜素、粗蛋白、粗纤维、氨基酸、硒等。
【抗癌药理作用】
1. 动物实验证明其对肉瘤S180、淋巴肉瘤、腹水肝癌细胞等有抑制作用。
2. 薜荔果多糖对小鼠实体型肿瘤、腹水瘤具有明显的抑制作用。
3. 能使网状细胞肉瘤腹水型的癌细胞核分裂明显减少，而退变型细胞增加。

【性味归经】甘、平、凉；入心、肝、肾经；补肾固精、活血、催乳；用于治疗遗精、阳痿、乳汁不通、闭经、乳糜尿。
【毒性】无毒。
【抗癌应用】
1. 用法用量：内服：煎汤，3~5钱（鲜品2~3两）；捣汁、浸酒或研末。外用：捣汁涂或煎水熏洗。（《中药大辞典》）
2. 药剂药方：
（1）治疗癌症。
　　薜荔、黄芪各20g，白英、太子参、败酱草、紫草、女贞各15g，半枝莲18g，牡丹皮、茯苓各10g，水煎服，每日1剂。（《抗癌中草药彩色图谱》）
（2）治疗肝癌。
　　木馒头、岩珠、焦三仙、岩扬、平地木、牡蛎、鸟不宿各30g，海马3g，猫人参60g（先煎2小时），鳖甲煎丸12g，水煎服。（《常见病食疗验方》）
（3）治疗乳腺癌。
　　薜荔果、海藻各30g，王不留行12g，水煎服。（《实用抗癌药物手册》）
（4）治疗子宫颈癌、胃癌、肠癌、肝癌。
　　薜荔果15~30g，水煎服。（《辨证施治》）
（5）治疗宫颈癌、乳腺癌、大肠癌、食管癌、恶性淋巴瘤。
　　干薜荔果焙干研末，每次用开水送服9g，每日2次；也可用薜荔果2个与猪脚爪1只，同煨煮食并喝汤。（《抗癌食物中药》）
（6）治疗肾癌。
　　龟板15g，补骨脂9g，白花蛇舌草、菝葜、石打穿、瞿麦、薜荔果各30g，水煎服，每日1剂。（《实用抗癌验方》）
（7）治疗多种癌症。
　　薜荔果经提取制片，每片重0.5g，内含药量相当于薜荔果生药5g。口服，每次3~5片，每日3次。（《抗癌中草药制剂》）

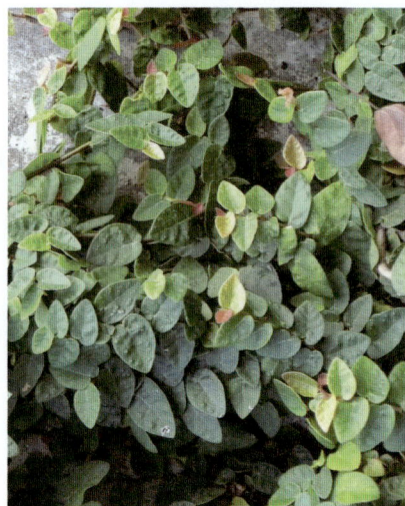

50 桑

桑（*Morus alba*），别名桑垂、桑树，为桑科乔木或灌木。叶卵形或广卵形，先端急尖、渐尖或圆钝，基部圆形至浅心形，边缘锯齿粗钝，有时叶为各种分裂，叶柄具柔毛，托叶早落；花单性，雄花序下垂，雌花序长 1～2cm，被毛，柱头 2 裂；聚花果卵状椭圆形，长 1～2.5cm，成熟时红色或暗紫色。花期为 4～5 月，果期为 5～8 月。

【生境　分布】生于丘陵、山坡、村旁、田野等处；潮汕各地多为人工栽培。

【主要化学成分】叶含芦丁、槲皮素、异槲皮苷、桑苷、牛膝甾酮、蜕皮甾酮、豆固醇、菜油固醇、羽扇豆醇、氨基酸、腺嘌呤、胆碱、葫芦巴碱、铜、锌、硼、锰等；枝含鞣质、游离蔗糖、果糖、水苏糖、葡萄糖、麦芽糖、棉子糖、阿拉伯糖、木糖、桑素、桑色烯、苹果酸、胡萝卜素、伞形花内酯、东莨菪素和黄铜成分。

【抗癌药理作用】

1. 桑枝所含桑色素具有较强的抗癌活性，体内对腺癌 755，淋巴白血病 L1210、P388 和 S180 有抑制活性的作用。

2. 桑葚所含胡萝卜素可阻止致癌物质引起的细胞突变，对癌细胞有抗癌活性。

3. 桑白皮热水提取物对小鼠腹水型肉瘤 S180 的抑制率达 51.8%。

4. 桑色素对腹水型肝癌细胞 AH 具有光敏感杀伤作用。

【性味归经】桑枝：苦、平，入肝经；桑葚：甘、酸、凉，入肝、肾经；桑白皮：甘、寒，入肺、脾经。桑枝祛风利湿、利关节、行水，可治疗风寒湿痹、四肢拘挛、脚气浮肿；桑葚补肝益肾、养血滋阴、祛风，可治疗耳聋目昏、须发早白、失眠、便秘、痹症、消渴、瘰疬；桑白皮泻肺平喘、行水消肿，用于治疗非热咳喘、吐血、水肿、脚气、小便不利。

【毒性】无毒。

【抗癌应用】

1. 用法用量：桑叶：5～9g；桑枝、桑葚：5～15g。（《中国药典》）

2. 药剂药方：

（1）治疗食管癌。

①桑枝、槐枝、桃枝、柳枝、两头尖、巴豆、莪术、三棱、露蜂房、红花、白芷、大黄、生南星、生地黄、穿山甲、赤芍、肉桂、玄参、独活、羌活、没药、芒硝、阿魏各 15g，京丹 210g，过山龙 250g，木鳖子 10 个，蜈蚣 5 条，麻油 1120g，蟾蜍 7 只。以上主要用麻油熬炼至枯，捞除药渣后，再熬炼至滴水成珠，纱布过滤，除尽残渣后再加入京丹，熬成膏药，稍冷后加入阿魏、芒硝、红花、没药等细粉，搅合均匀，收膏，即成。贴敷于癌灶外皮肤及上脘穴、中脘穴，每日换药 1 次。（《抗癌中草药制剂》）

②桑白皮、米醋各 150g，锅内煮半小时，可加少许白糖，每日分 3～5 次服完。（《实用抗癌验方》）

（2）治疗鼻咽癌。

桑葚、薏苡仁、淮山药、白茅根、莲子、党参各 15g，白术、茯苓、鸡内金 10g，水煎服。（《抗癌植物药及其验方》）

（3）治疗食管癌、胃癌。

取鲜桑白皮（不去粗皮）30g，加米醋 90g，炖 1 小时后，1 次服下或分多次服完。（《抗癌本草》）

（4）治疗各种癌症。

桑的根皮 15g，加 250ml 水煎，3 次分服。（《抗癌本草》）

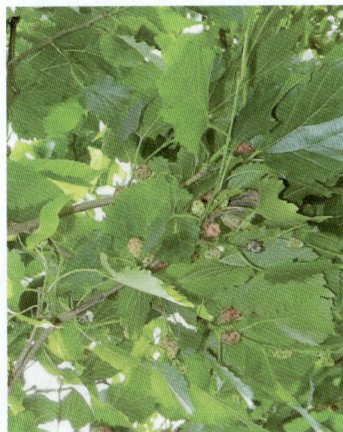

51 红花寄生

红花寄生（*Scurrula parasitica*），别名柠檬寄生、柏寄生，为桑寄生科灌木。小枝灰褐色，具皮孔。叶对生或近对生，厚纸质，卵形至长卵形，顶端钝，基部阔楔形；侧脉 5~6 对，两面均明显；总状花序，花红色，副萼环状。果梨形，红色，果皮平滑。花果期为 10 月至翌年 1 月。

【生境　分布】常寄生于柚、桔、桃、油茶、普洱茶等多种植物上；分布于潮汕各地。

【主要化学成分】含槲皮素、扁蓄苷等。

【抗癌药理作用】

1. 动物体内实验显示其对肿瘤细胞有抑制作用。

2. 对乙型肝炎病毒表面抗原有抑制作用。

【性味归经】苦、甘、平；入肝、肾经；补肝肾、强筋骨、祛风湿、安胎元；用于治疗风湿痹痛、腰膝酸软、筋骨无力、崩漏经多、妊娠漏血、胎动不安、高血压。

【毒性】无毒。

【抗癌应用】

1. 用法用量：9~15g。（《中国药典》）

2. 药剂药方：

（1）治疗食管癌。

榆树寄生、丹参各 30g，露蜂房 6g，水煎服。（《中国民间单验方》）

（2）治疗贲门癌。

生桑寄生捣汁 1 盏，服之。（《濒湖集简方》）

（3）治疗恶性淋巴瘤。

石榴树上寄生，醋磨，频频涂擦患处。（《验方新编》）

（4）治疗膀胱癌。

桑寄生、猪茯苓、白花蛇舌草各 30g，沙苑子、山慈姑各 15g，水煎，分 2 次服，每日 1 剂。（《抗癌中药大全》）

52　广寄生

广寄生（*Taxillus chinensis*），别名桑寄生（广东）、桃树寄生（广东），为桑寄生科灌木。小枝灰褐色，具细小皮孔。叶对生或近对生，厚纸质，卵形至长卵形，顶端圆钝，基部楔形或阔楔形；侧脉3~4对，略明显。伞形花序，花褐色，花托椭圆状或卵球形，副萼环状。果椭圆状或近球形，果皮密生小瘤体，具疏毛，成熟果浅黄色，果皮变平滑。花果期为4月至翌年1月。

【生境　分布】寄生于桑树、桃树、李树、龙眼、荔枝、杨桃、油茶、马尾松、水松等多种植物上；寄生于夹竹桃上的有毒，不能做桑寄生入药。分布于潮汕各地。

【主要化学成分】含槲皮素、扁蓄苷、齐墩果酸、黄酮苷、广寄生苷等。

【抗癌药理作用】

1. 动物体内实验显示，其对肿瘤细胞有抑制作用。

2. 对乙型肝炎病毒表面抗原有抑制作用。

【性味归经】苦、甘、平；入肝、肾经；补肝肾、益精血、通筋络、养血脉、安胎元；用于治疗腰膝酸痛、筋骨痿弱、眩晕、发枯齿落、风寒湿疹、久痹、胎漏下血、胎动不安。

【毒性】无毒。

【抗癌应用】

1. 用法用量：9~15g。（《中国药典》）

2. 药剂药方：

同红花寄生。

53 大叶马兜铃

大叶马兜铃（*Aristolochia kaempferi*），别名朱砂莲、金狮藤，为马兜铃科草质藤本。嫩枝细长，密被倒生长柔毛，毛渐脱落，老枝无毛，明显具纵槽纹。叶纸质，叶形各式；叶上面嫩时疏生白色短柔毛；侧脉每边 3～4 条；花单生，稀 2 朵聚生于叶腋。蒴果长圆状或卵形，成熟时暗褐色。种子倒卵形。花期为 4～5 月，果期为 6～8 月。

【生境　分布】生于石灰岩山上或山地灌丛中；分布于潮汕各地。

【主要化学成分】含马兜铃酸、木兰花碱、轮换藤酚碱和巴婆碱。

【抗癌药理作用】

1. 马兜铃酸具有抗癌作用，对腺癌 755 有抑制活性作用，对小鼠腹水癌有抑制作用。

2. 大叶马兜铃水提取液对人子宫颈癌 JTC－26 有抑制作用，体外实验表明其抑制率为 50%～70%。

3. 马兜铃酸对肉瘤 AK 的生长亦有一定的抑制作用。

【性味归经】苦、辛、寒；入心、肺、肝经；清火消肿、散血止痛、解蛇毒；用于治疗红白痢疾、胸腹喉痛、毒蛇咬伤、高血压、小儿腹泻。

【毒性】无毒。

【抗癌应用】

1. 用法与用量：内服：煎汤，0.5～1 钱；或研末。（《中药大辞典》）

2. 药剂药方：

治疗癌性疼痛：取朱砂莲块根，刮粉，用白开水或白酒吞服，每次服 0.5～1g，每日 1～2g；或用其鲜叶 3～5 片，每次咀嚼服用。（《四川中医》1985 年第 1 期）

54   虎杖

虎杖（*Reynoutria japonica*），别名大叶蛇总管、马龙鱼、黄肉马龙符（南澳），为蓼科多年生草本。根状茎粗壮，横走；茎直立，粗壮，空心，具明显的纵棱，散生红色或紫红斑点；叶宽卵形或卵状椭圆形，近革质，托叶鞘膜质，早落；花单性，雌雄异株，花序圆锥状，花被5深裂，淡绿色，雄花花被片具绿色中脉，雌花花被片外面3片背部具翅；瘦果卵形，具3棱。花期为8~9月，果期为9~10月。

【生境　分布】野生于山谷溪边湿地；分布于潮州、饶平、揭阳、揭西。

【主要化学成分】含大黄素、大黄酸、虎杖苷、白藜芦醇、蒽苷、大黄酚、迷人醇、原儿茶酸、葡萄糖、鼠李糖、瑞诺苷、氨基酸、铜、铁、锰、锌、钾及钾盐等。

【抗癌药理作用】

1. 虎杖煎剂经口给药10日，对小鼠艾氏腹水癌有明显的抑制作用，抑制率为35.3%，重复性实验抑制率为37.2%，并能延长动物的存活时间。

2. 虎杖中的大黄素对小鼠肉瘤S180、小鼠肝瘤、小鼠乳腺癌、小鼠艾氏腹水癌、小鼠淋巴肉瘤、小鼠黑色素瘤及大鼠瓦克肉癌等7个瘤株均有显著疗效，抑制率都在30%以上。

3. 大黄素能抑制人早幼粒白血病细胞（HL－60）的生长，其作用机理主要是抑制细胞的DNA和RNA的合成。

4. 虎杖根热水浸出物，小鼠体内试验，对腹水型肉瘤S180抑制率高达68%。

【性味归经】微苦、微寒；入肝、胆、肺经；祛风利湿、散瘀定痛、止咳化痰；用于治疗关节痹痛、湿热黄疸、经闭、症瘕、咳嗽痰多、水火烫伤、跌打损伤、痈肿疮毒等。

【毒性】无毒。

【抗癌应用】

1. 用法与用量：9~15g；外用适量，制成煎液或油膏涂敷。（《中国药典》）

2. 药剂药方：

（1）治疗胃癌。

虎杖根30g，制成糖浆60ml。每次口服20~30ml，每日2~3次。（《实用肿瘤学》）

（2）治疗癌症放疗所致的白细胞下降。

虎杖、鸡血藤各30g，当归、甘草各9g，水煎服，每日2次。（《抗癌本草》）

（3）治疗肝癌。

乌骨藤、虎杖各60g，陈皮、枳壳各15g，昆布12g，水煎服，每日1剂。（《实用抗癌验方》）

（4）治疗白血病。

①虎杖30g，仙鹤草50g（单煎），阿胶20g（烊化），水煎服，每日1剂。（《实用抗癌验方》）

②虎杖15g，水煎服，每日1剂。（《实用抗癌验方》）

55 何首乌

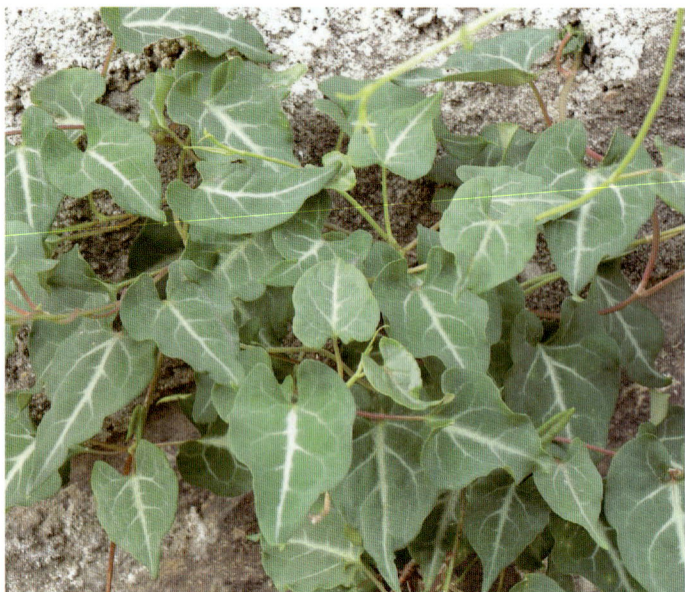

何首乌（*Polygonum multiflora*），别名多花蓼、紫乌藤、夜交藤，为蓼科多年生草本。块根肥厚，长椭圆形，黑褐色；茎缠绕，多分枝，下部木质化；叶卵形或长卵形，顶端渐尖，基部心形或近心形；花序圆锥状，顶生或腋生，花被5深裂，白色或淡绿色，花被片椭圆形；瘦果卵形，具3棱。花期为8～9月，果期为9～10月。

【生境 分布】生于山坡石缝、林下、山脚阳处或灌木丛中；潮汕均有分布。

【主要化学成分】含大黄素、苷蓿素、胡萝卜苷、没食子酸、卵磷脂、淀粉、粗脂肪、多种微量元素等。

【抗癌药理作用】

1. 能阻止胆固醇在肝内沉积，有减轻动脉粥样硬化的作用。

2. 可增强机体细胞免疫功能，对体液免疫功能有调整作用。

【性味归经】苦、甘、涩、温；入肝、心、肾经；补肝肾、益精血、养心安神、润肠、解毒散结；用于治疗神经衰弱、贫血、须发早白、头晕、失眠、盗汗、胆固醇过高、腰膝酸痛、遗精、白带异常、阴血不足之便秘、淋巴结结核、痈疖。

【毒性】无毒。

【抗癌应用】

1. 用法用量：用量6～12g。（《中国药典》）

2. 药剂药方：

（1）治疗脑肿瘤。

龟板胶、鹿角胶、熟地黄、当归各15g，补骨脂15g，巴戟天、何首乌、黄芪、狗脊各30g，水煎服，每日1剂。（《抗癌良方》）

（2）治疗恶性脂肪肉瘤。

生何首乌250g，生蚤休60g，将二药放石臼内捣如泥，敷于肿瘤部，盖以油纸，外敷纱布垫，裹以绷带，每日早、晚各换药1次。（《抗癌中药大全》）

（3）治疗胃癌。

何首乌15g，向日葵杆心5～6g，大枣10枚，水煎喝汤食枣，每日1剂，20～30天为1个疗程。（《现代治癌验方精选》）

56   红蓼

红蓼（*Polygonum orientale*），别名荭草、东方蓼、狗尾巴花、马了缴（潮汕），为蓼科一年生草本。茎直立，粗壮；叶宽卵形、宽椭圆形或卵状披针形，托叶鞘筒状，膜质，通常沿顶端具草质、绿色的翅；总状花序呈穗状，顶生或腋生，花被5深裂，淡红色或白色；瘦果近圆形，黑褐色。花期为6~9月，果期为8~10月。

【生境　分布】生于村边路旁和水边湿地；分布于潮汕大部分山区。

【主要化学成分】含牡荆素、异牡荆素、荭草素、异荭草素、槲皮素、木犀草素、芹菜素、黄酮类荭草素、荭草苷等。

【抗癌药理作用】该药具有抗急性心肌缺血、扩张血管、降血压、抗菌和抗肿瘤等广泛的药理活性。

【性味归经】微寒、咸；归肝、胃经；祛风除湿、清热解毒、活血、截疟；用于治疗风湿痹痛、痢疾、腹泻、吐泻转筋、水肿、脚气、痈疮疔疖、蛇虫咬伤、小儿疳积疝气、跌打损伤、疟疾。

【毒性】小毒。

【抗癌应用】

1. 用法用量：25~50g。（《全国中草药汇编》）

2. 药剂药方：

（1）抗癌散［鄂药制（2001）第BZ44－005］对脑癌、肝癌、肺癌等恶性肿瘤的治疗具有很好的疗效。（《湖北中医杂志》2005年第10期）

57　杠板归

　　杠板归（*Polygonum perfoliatum*），别名刺犁头、贯叶蓼、刺苋（潮汕），为蓼科一年生草本。茎攀缘，多分枝，具纵棱，沿棱具稀疏的倒生皮刺。叶三角形，薄纸质，上面无毛，下面沿叶脉疏生皮刺；叶柄盾状着生于叶片的近基部；托叶鞘叶状，草质。总状花序呈短穗状，不分枝顶生或腋生，花被5深裂，白色或淡红色，花被片椭圆形。瘦果球形。花期为6~8月，果期为7~10月。

　　【生境　分布】生于山谷灌木丛中、水沟旁及荒地；分布于潮汕各地。

　　【主要化学成分】含黄酮苷、蒽苷、强心苷、山柰酚、咖啡酸甲酯、倾皮素、咖啡酸、原儿茶酸、对香豆酸、阿魏酸、香草酸、熊果酸、白桦脂酸、白律脂醇等。

　　【抗癌药理作用】

　　1. 对多种动物肿瘤有抑制作用，体外实验表明，本品有抗癌活性。

　　2. 对放疗及化疗引起的白细胞减少有防治作用。

　　【性味归经】酸、苦、平；入肾、肝、肺、大肠、膀胱经；利水消肿、清热解毒、活血；用于治疗水肿、黄疸、泄泻、疟疾、痢疾、百日咳、淋浊、丹毒、湿疹、疥癣。

　　【毒性】无毒。

　　【抗癌应用】

　　1. 用法用量：内服：煎汤，10~15g，鲜品20~45g。外用：适量，捣敷；或研末调敷；或煎水熏洗。（《中华本草》）

　　2. 药剂药方：

　　（1）治疗各种癌症。

　　①杠板归20~30g，鲜品可用至60g，水煎服。（《中医肿瘤学》）

　　②杠板归、棉花根各30g，橘核15g，乌药9g，水煎服，每日1剂，分2次服。（《抗癌中草药制剂》）

　　（2）治疗扁桃体癌。

　　蛇牙草、鱼腥草、金丝桃、斑庄根各30g，虎掌草、赤芍、夏枯草各15g，水煎服。（《云南抗癌中草药》）

　　（3）治疗睾丸癌。

　　杠板归、白英、棉花根各30g，橘核15g，乌药9g，水煎服，每日1剂。（《实用抗癌验方》）

58 羊蹄

羊蹄（*Rumex japonicus*），别名牛舌头、东方宿、连虫陆、鬼目、败毒菜根、羊蹄大黄，为蓼科酸模属多年生草本。根粗大，断面黄色；茎直立，通常不分枝；单叶互生，具柄，叶片长圆形至长圆状披针形，基生叶较大；总状花序顶生，花两性，花被片数量为6，淡绿色；瘦果宽卵形。花期为4月，果期为5月。

【生境　分布】生于山野、路旁等湿地；分布于潮汕各地。

【主要化学成分】含大黄酚、大黄素、大黄甲醚、酸模素、胡萝卜素、维生素 C 等。

【抗癌药理作用】

1. 对急性单核细胞型及急性淋巴细胞型白血病细胞有抑制作用，并有抗病毒作用。

2. 大黄素对小鼠黑色素瘤有抑制作用，对艾氏腹水癌细胞呼吸有抑制作用。

【性味归经】苦、酸、寒；入心、脾、肝、大肠经；清热解毒、止血、通便、杀虫；用于治疗鼻出血、功能性子宫出血、血小板减少性紫癜、慢性肝炎、肛门周围炎、大便秘结，外用治外痔、急性乳腺炎、黄水疮、疖肿、皮癣。

【毒性】小毒。

【抗癌应用】

1. 用法用量：3～5钱，鲜品1～2两；外用适量，煎水洗或捣烂敷患处。（《全国中草药汇编》）

2. 药剂药方：

（1）治疗急性白血病。

①羊蹄根 30～60g，水煎服，每日 1剂。（《内科手册》）

②羊蹄根、紫草根各 30g，猪殃殃 60g，牡丹皮 9g，水煎服，每日 1 剂。（《实用抗癌药物手册》）

（2）治疗急性白血病、恶性淋巴瘤。

白花蛇舌草 30～60g，羊蹄根、狗舌草各 30g，水煎服。（《中医肿瘤学》）

（3）治疗多种癌症。

羊蹄根经水提取制片，每片 0.5g，内含药量相当于羊蹄根生药5g，口服，每次 4～6 片。每日 3 次。（《抗癌中药一千方》）

59 土大黄

土大黄（*Rumex madaio*），别名红筋大黄、返魂丹（潮州），为蓼科多年生草本植物。根肥厚而大，黄色；茎直立，紫绿色，有多数纵沟；基生叶具长柄，茎生叶卵状披针形，互生，托叶膜质；夏季开淡绿色小花，轮生多数，排列成大型圆锥花序；瘦果卵形。

【生境　分布】生于山脚、路边、田野；潮汕各地均有分布。

【主要化学成分】含蒽醌类衍生物大黄酚、大黄素甲醚、大黄素、大黄酸样物质。

【抗癌药理作用】

1. 本品含有的大黄素、大黄酸对小鼠黑色素瘤、乳腺癌及艾氏腹水癌细胞均有抑制作用和杀伤作用。

2. 对急性单核细胞型及急性淋巴细胞型白血病细胞均有抑制作用。

【性味归经】辛、苦、凉；入肺、脾、大肠经；清热解毒、行瘀、杀虫；用于治疗咯血、肺痈、腮腺炎、大便秘结、痈疡肿毒、湿疹、疥癣、跌打损伤、烫伤。

【毒性】无毒。

【抗癌应用】

1. 用法用量：根、叶3～5钱（鲜品0.5～1两）；外用适量，研末敷患处。（《全国中草药汇编》）

2. 药剂药方：

（1）治疗白血病。

①土大黄100g，水煎服，每日1剂，分2次服。（《实用抗癌验方》）

②土大黄、猪殃殃、紫草根各30g，牡丹皮15g，水煎服，每日1剂。（《实用抗癌验方1000首》）

③土大黄、白英、半枝莲、板蓝根各30g，七叶一枝花、紫草各15g，射干9g，干蟾皮12g，水煎服。（《抗癌植物药及其验方》）

（2）治疗恶性淋巴瘤、急性白血病。

土大黄、紫草各15g，生首乌、连翘各30g，胡桃枝60g，水煎服。（《抗癌植物药及其验方》）

（3）治疗肺癌、肝癌。

土大黄叶30g，翻白草30～60g，竹黄10～30g，水煎服。（《抗癌植物药及其验方》）

（4）治疗膀胱癌。

土大黄、白花蛇舌草、龙葵、白英、土茯苓、蛇莓、蛇六谷（先煎1小时）各30g，水煎服。（《抗癌植物药及其验方》）

（5）治疗子宫颈癌。

土大黄、红糖各9g，将土大黄焙干，研为细末，每日分2次，用红糖水送服。（《中国民间单验方》）

60 莙荙菜

莙荙菜（*Beta vulgaris* var. *cicla*），别名厚瓣菜（潮汕）、猪（姆）菜、红牛皮菜，为藜科二年生草本植物。茎直立，多少有分枝，具条棱及色条；基生叶矩圆形，具长叶柄，茎生叶互生，较小，卵形或披针状矩圆形；花2~3朵团集，花被裂片条形或狭矩圆形；胞果下部陷在硬化的花被内，上部稍肉质；种子双凸镜形。花期为5~6月，果期为7月。

【生境　分布】适于温凉湿润、排水良好的土壤环境；潮汕各地均有栽培。

【主要化学成分】含氨基酸、红牛皮菜黄嘌呤Ⅰ、红牛皮菜黄嘌呤Ⅱ、生物碱、胍、杂黄嘌呤、柚苷、蛋白质、脂肪、糖类、粗纤维、钙、磷、铁、碘、胡萝卜素、烟酸、维生素C、叶酸等。

【抗癌药理作用】莙荙菜所含叶酸能有效预防食道癌、宫颈癌、结肠癌、直肠癌和脑瘤的发生；莙荙菜所含碘能够阻断亚硝胺在体内的生成，碘尤其可抑制食道癌变的发生，减少致癌物质在体内的吸收并加速其排泄，有保证正常细胞遗传因子不受致癌物侵袭的作用。（百度百科）

【性味归经】甘、凉；入肺、肾、大肠经；清热解毒、行瘀止血；用于治疗痔疮、麻疹透发不畅、吐血、热毒下痢、闭经、淋浊、痈肿、跌打损伤、蛇虫伤。

【毒性】微毒。

【抗癌应用】

用法用量：内服：煎汤，0.5~1两（鲜者2~4两）；或捣汁。外用：捣敷。（《中药大辞典》）

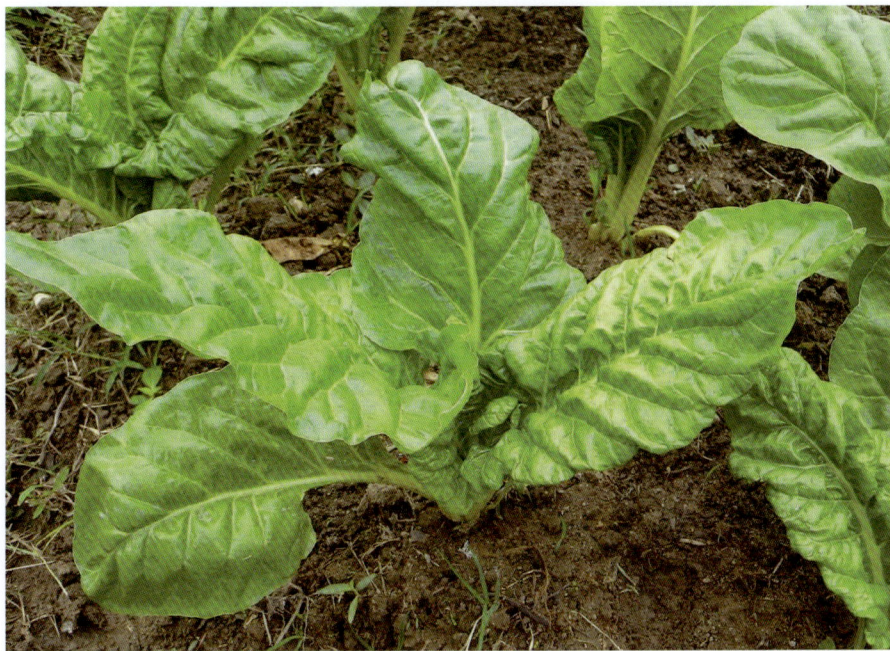

67 土牛膝

土牛膝（*Achyranthes aspera*），别名倒钩草、倒梗草，为苋科多年生草本植物。根细长，土黄色；茎四棱形，有柔毛，节部稍膨大，分枝对生；叶片纸质，宽卵状倒卵形或椭圆状矩圆形；穗状花序顶生，直立，苞片披针形，常带紫色，花被片披针形；胞果卵形；种子卵形。花期为 6~8 月，果期为 10 月。

【生境　分布】生于山坡林下、河边及山谷稍阴湿处；分布于潮汕各地。

【主要化学成分】含皂苷、齐墩果酸、生物碱、多糖类物质等。

【抗癌药理作用】土牛膝含有多糖类物质，能增强机体免疫力，对肿瘤有一定抑制作用。其煎剂在体内有抗肿瘤作用。

【性味归经】苦、酸、平；入肝、肾经；活血散瘀、祛湿利尿、清热解毒；用于治疗淋病、尿血、经闭、症瘕、痹症、脚气、水肿、痢疾、疟疾、白喉、痈肿、跌打损伤。

【毒性】无毒。

【抗癌应用】

1. 用法用量：

（1）内服：煎汤，9~15g，鲜品 30~60g。（《中华本草》）

（2）根、全草各 0.5~1 两。（《全国中草药汇编》）

2. 药剂药方：

（1）治疗鼻腔未分化癌。

鲜土牛膝、鲜野荞麦、鲜汉防己各 30g，水煎服，每日 1 剂。另用灯芯草捣碎，口含；垂盆草捣烂，外敷。（《千家妙方》）

（2）治疗食管癌。

土牛膝、丹参、黄芪、沙参、党参各 9g，黄芩、川贝母、鸡内金各 6g，金银花 15g，白英 30g，水煎，送服云南白药 2g。（《抗癌植物药及其验方》）

（3）治疗膀胱癌。

土牛膝 15~30g，土木贼 15g，水煎服。（《抗癌植物药及其验方》）

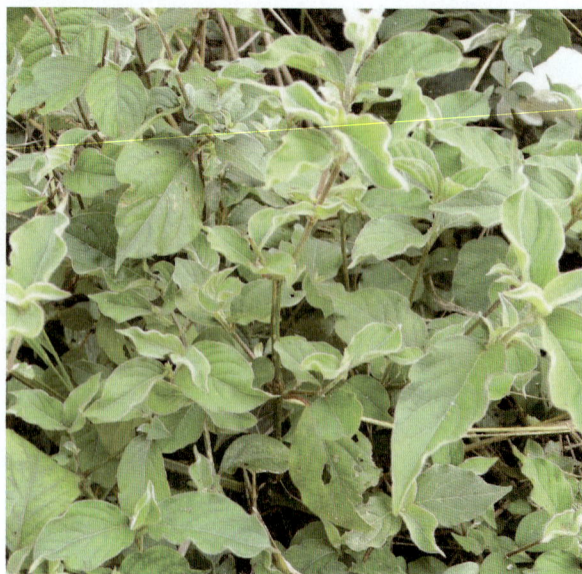

62 牛膝

牛膝（*Achyranthes bidentata*），别名牛磕膝，为苋科多年生草本植物。根圆柱形，土黄色；茎有棱角或四方形，绿色或带紫色，分枝对生；叶片椭圆形或椭圆披针形，顶端尾尖；穗状花序顶生及腋生，花多数，花被片披针形；胞果矩圆形；种子矩圆形，黄褐色。花期为 7～9 月，果期为 9～10 月。

【生境　分布】栽培或野生于山野路旁；分布于潮汕各地。

【主要化学成分】含三萜皂苷、齐墩果酸、牛膝甾酮、红苋甾酮、多糖类物质等。

【抗癌药理作用】

1. 体外实验表明，其对肿瘤细胞有抑制作用。

2. 体内实验，牛膝多糖 50mg/kg 腹腔注射或 250mg/kg 灌服，能显著抑制移植性小鼠肉瘤 S180 的生长，牛膝热水提取物对小鼠肉瘤 S180 的抑制率为 56.7%，牛膝所含齐墩果酸能抑制 S180 瘤株的生长。

【性味归经】甘、苦、酸、平；入肝、肾经；散瘀血、消痈肿、补肝肾、强筋骨；用于治疗腰膝骨痛、四肢拘挛、痿痹、淋病、经闭、症瘕、难产、胞衣不下、喉弊、痈肿、跌打损伤。

【毒性】无毒。

【抗癌应用】

1. 用法用量：根、全草各 0.5～1 两。（《全国中草药汇编》）

2. 药剂药方：

（1）治疗膀胱癌。

牛膝、川芎、葛根各 30g，地龙、三棱各 15g，水煎服，每日 1 剂。（《抗癌中药大全》）

（2）治疗软组织恶性肿瘤。

川牛膝、伸筋草、透骨草各 30g，生黄芪、金银花藤各 15g，白术、党参各 10g，紫草 18g，水煎服。（《抗癌中药大全》）

（3）治疗喉癌。

川牛膝 20g，威灵仙 15g，山豆根 10g，水煎服。（《抗癌植物药及其验方》）

（4）治疗前列腺癌。

牛膝、党参、淫羊藿、枸杞子、制何首乌、重楼、白芍各 12g，黄芪、穿山甲、土茯苓、白花蛇舌草各 15g，肉苁蓉、巴戟天、制大黄、知母、炙甘草各 6g，炒黄柏 10g，水煎服。（《著名中医治疗癌症放药及实例》）

63　柳叶牛膝

　　柳叶牛膝（*Achyranthes longifolia*），别名山牛膝（《纲目拾遗》）、剪刀牛膝，为苋科多年生草本植物。本种和牛膝相近，区别为：柳叶牛膝叶片披针形或宽披针形，长 10～20cm，宽 2～5cm，顶端尾尖；小苞片针状，长 3.5mm，基部有 2 耳状薄片，仅有缘毛；退化雄蕊方形，顶端有不显明牙齿。花果期为 9～11 月。

　　【生境　分布】生于沟边路旁；分布于潮汕各地。

　　【主要化学成分】含牛膝甾酮、齐墩果酸等。

　　【抗癌药理作用】

　　1. 柳叶牛膝提取液皮下注射可对抗巴豆油性小鼠耳肿胀，腹腔注射对甲醛性大鼠足跖肿胀有抑制作用。

　　2. 提取液皮下注射对小鼠巨噬细胞金黄色葡萄球菌、鸡红细胞的吞噬指数均明显提高。

　　【性味归经】甘、微苦、微酸、寒；入肝、肾经。生用于破血行瘀，治闭经、血尿、淋痛、痈肿、难产；熟用于补肝肾、强腰膝。

　　【毒性】无毒。

　　【抗癌应用】

　　1. 用法用量：内服：煎汤，9～15g，鲜品 30～60g；外用：适量，捣敷。（《中华本草》）

　　2. 药剂药方：

　　治肝硬化水肿：鲜品六钱至一两（干品 4～6 钱）。水煎，饭前服，日服 2 次。（《福建民间草药》）

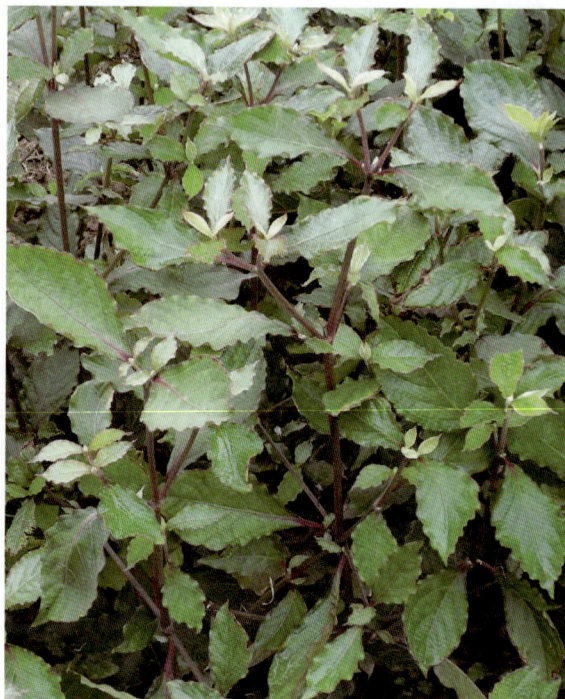

64 刺苋

刺苋（*Amaranthus spinosus*），别名勒苋菜、白骨刺苋，为苋科一年生草本植物。茎直立，圆柱形或钝棱形，多分枝；叶片菱状卵形或卵状披针形；圆锥花序腋生及顶生，花被片为绿色，顶端急尖，雄花者矩圆形，雌花者矩圆状匙形；胞果矩圆形；种子近球形。花果期为 7 ~ 11 月。

【生境 分布】野生旷地、荒地、村边路旁沟旁及园地；分布于潮汕各地。

【主要化学成分】含黄酮苷、氨基酸、有机酸、糖类、α - 菠菜固醇、混合皂苷、蛋白质、脂肪、膳食纤维、维生素 C、钠、钾、钙、镁等。

【抗癌药理作用】体内实验显示，其有抗肿瘤活性的作用，对小鼠艾氏癌实体型 ECS 有抑制作用。

【性味归经】甘、淡、寒；入肺、肝经；清热解毒、利湿、消肿、止泻；用于治疗痢疾、泄泻、淋证、白带异常、瘰疬、便血、水肿、胁痛、胃痛、湿疹、痔疮、毒蛇咬伤、脓肿。

【毒性】无毒。

【抗癌应用】

1. 用法用量：用量 30 ~ 60g；外用适量，鲜品捣烂敷患处。（《全国中草药汇编》）

2. 药剂药方：

（1）治疗子宫颈癌。

刺苋菜、连翘、女贞子、白花蛇舌草、太子参各 15g，金银花、茯苓、白术、山药各 12g，薏苡仁 30g，黄芪 20g，水煎服，每日 1 剂。连服 7 ~ 14 剂。（《抗肿瘤中草药彩色图谱》）

（2）治疗子宫颈癌、肠癌。

刺苋菜 30 ~ 60g，水煎服。（《抗癌植物药及其验方》）

65 紫茉莉

紫茉莉（*Mirabilis jalapa*），别名胭脂花、入地老鼠、粉花头、鼓首花头，为紫茉莉科一年生草本植物。根肥粗，倒圆锥形；茎直立，圆柱形，多分枝，节稍膨大；叶片卵形或卵状三角形，顶端渐尖，基部截形或心形，全缘；花常数朵簇生枝端，总苞钟形，裂片三角状卵形，顶端渐尖，花被紫红色、黄色、白色或杂色，高脚碟状；瘦果球形，黑色。花期为 6～10 月，果期为 8～11 月。

【生境　分布】温和而湿润的气候条件，不耐寒；潮汕各地栽培或逸为野生。

【主要化学成分】含葫芦巴碱、半乳糖、氨基酸、有机酸、淀粉、甜菜黄素等。

【抗癌药理作用】

1. 抗癌作用：同属植物多花紫茉莉根的水提取物，10mg/kg 对小鼠肉瘤 S180、12mg/kg 对小鼠 Lewis 肺癌及 P1798 淋巴肉瘤、45mg/kg 对瓦克肉瘤 W256 均有抑制作用。紫茉莉粗制剂 22mg/kg 剂量对肉瘤 S180 的抑制率达 84%。（《抗癌中药大辞典》）

2. 抗生育作用：用本植物种子的乙醇提取物 600mg/kg 给雌鼠灌胃，预先给药，5 天后与雄鼠合笼，再继续给药 14 天，对雌性小鼠有明显抗生育作用。（《中华本草》）

3. 根含树脂，对皮肤、黏膜有刺激性。花在晚上吐出浓郁的香气，可麻醉及驱除蚊虫。同属植物多花紫茉莉之水提取物，在初步动物筛选实验中表明其有抗肿瘤作用。（《纲目拾遗》）

【性味归经】咸、微辛、寒；入膀胱经；清热解毒、活血散瘀、利尿消肿；用于治疗淋浊、肺痨吐血、带下、疝气疼痛、痈疽发背、跌打损伤、痹症。

【毒性】无毒。

【抗癌应用】

1. 用法用量：内服：煎汤，3～5 钱（鲜者 0.5～1 两）。外用：捣敷。（《中药大辞典》）

2. 药剂药方：

治疗肾癌：紫茉莉根 30～60g，茯苓 9～15g，水煎服。（《抗癌植物药及其验方》）

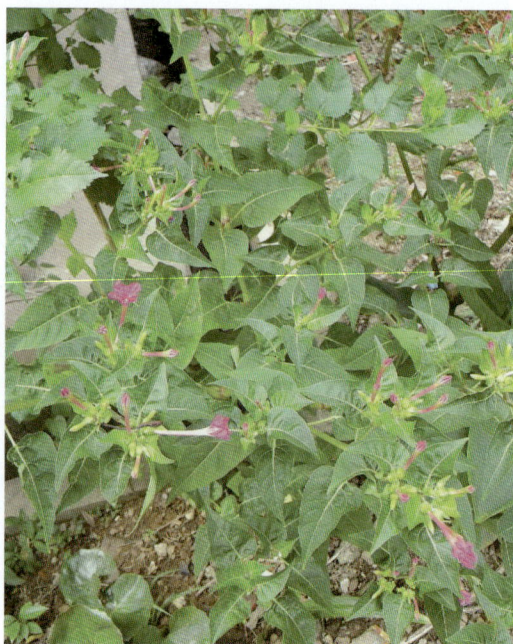

66　商陆

商陆（*Phytolacca acinosa*），别名章柳，为商陆科多年生草本植物。根肥大，肉质，倒圆锥形；茎直立，圆柱形，有纵沟，肉质，绿色或红紫色，多分枝；叶片薄纸质，椭圆形、长椭圆形或披针状椭圆形，叶柄粗壮；总状花序顶生或与叶对生，圆柱状，直立，密生多花，花两性，白色、黄绿色；果序直立，浆果扁球形；种子肾形，黑色。花期为5~8月，果期为6~10月。

【生境　分布】生于上坡疏林下、村边及路旁；分布于潮州、饶平。

【主要化学成分】含商陆皂苷元、商陆皂苷、商陆酸、商陆多糖等。

【抗癌药理作用】

1. 商陆皂苷元、商陆酸对小鼠肉瘤 S180、肉瘤 S37 有一定抗癌作用。

2. 商陆多糖 10mg/kg、20mg/kg 腹腔注射能显著抑制小鼠肉瘤 S180 的生长，最高抑制率可达 51.7%。

3. 商陆中的糖蛋白（PWM）对骨髓瘤细胞 DNA 的合成有抑制作用。

4. 商陆皂苷能诱生 γ-干扰素，还能诱生白细胞介素-2 及淋巴毒素。实践证明，含有数种淋巴因子的制品，对人的肺癌细胞株、HeLa 细胞、人肝癌细胞株等均有不同程度的细胞毒性作用。

【性味归经】苦、寒；入肺、脾、肾、大肠经；逐水消肿、通利二便、解毒散结；用于治疗水肿胀满、二便不通、痈肿疮毒。

【毒性】有毒。

【抗癌应用】

1. 用法用量：3~9g。外用鲜品捣烂或干品研末涂敷。(《中国药典》)

2. 药剂药方：

（1）治疗唇癌。

单味商陆制成片剂，口服，每次 3~10g，每日 3 次。(《中成药研究》)

（2）治疗皮肤癌。

生商陆根适量砸烂，加盐少许，外敷患处。同时以阳和汤（熟地黄 30g，鹿角胶 9g，炒白芥子 6g，肉桂、生甘草各 3g，姜炭、麻黄各 1.5g，）冲服犀黄丸（牛黄 0.9g，麝香 4.5g，乳香、没药各 60g，制成米粒大丸），每次 5g，每日 1 次。(《抗癌中药大全》)

67　马齿苋

　　马齿苋（*Portulaca oleracea*），别名马苋、红花猪母菜、猪母苋、五方菜、老鼠耳，为马齿苋科一年生草本植物。茎平卧或斜倚，伏地铺散，多分枝，圆柱形，淡绿色或带暗红色；叶互生，有时近对生，叶片扁平，肥厚，倒卵形；花无梗，常3～5朵簇生枝端，午时盛开，萼片2，对生，花瓣5，稀4，黄色，倒卵形；蒴果卵球形，盖裂；种子细小，多数，黑褐色。花期为5～8月，果期为6～9月。

　　【生境　分布】野生于田间、地边、路旁；分布于潮汕各地。
　　【主要化学成分】含左旋去肾上腺素、多巴明、多种维生素、胡萝卜素、皂苷、鞣质、苹果酸、生物碱、香豆精、黄酮、强心苷等。
　　【抗癌药理作用】本品对肿瘤有治疗作用。由于马齿苋含丰富的维生素A样物质，故能促进上皮细胞的生理功能趋于正常。
　　【性味归经】酸、寒；入大肠、肝、脾经；清热利湿、凉血解毒；用于治疗痢疾、热淋、血淋、带下、痈肿恶疮、丹毒。
　　【毒性】无毒。
　　【抗癌应用】
1. 用法用量：9～15g；鲜品30～60g。外用适量捣敷患处。（《全国中草药汇编》）
2. 药剂药方：
（1）治疗唇癌。
马齿苋、小蓟、野白菜各20g，水煎成200ml，加白糖20g冲服，每日1剂，常服。（《癌症秘方验方偏方大全》）
（2）治疗口腔腺样囊性癌。
马齿苋水煎浓缩为丸，每丸重10g。口服，每次1丸，每日3次。（《实用抗癌验方》）
（3）治疗食管癌。
鲜马齿苋60～100g，洗净切碎，煮烂，然后放入事先用凉水调成的稀米面或稀山药面或稀黄豆面，边搅拌边加热成粥。吃时可加蜂蜜或红糖，每日2～3次。（《实用抗癌验方》）

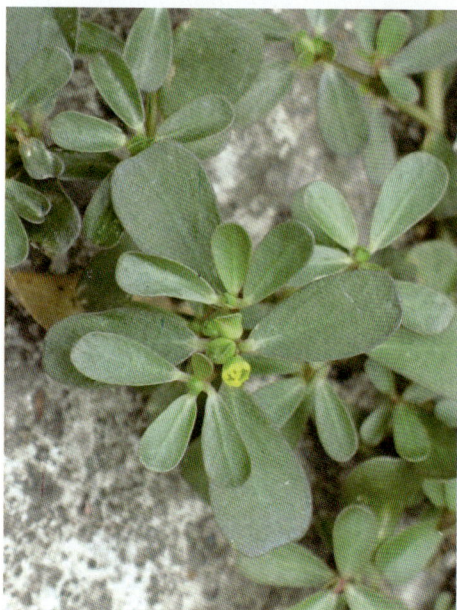

（4）治疗子宫颈癌、阴道癌。
墓头回12g，仙茅、石见穿、蜀羊泉、马齿苋各30g，水煎服，每日1剂。（《肿瘤的防治》）
（5）治疗大肠癌。
马齿苋160g，鸡蛋花20g，加水4碗煎至1碗，早晚空腹服，每日1剂。（《实用抗癌验方》）
（6）治疗阴茎癌。
马齿苋120g，水煎服，每日1剂。药渣可外敷患处，每2日1次，每次30～60分钟。（《实用抗癌验方》）
（7）治疗慢性白血病。
马齿苋100g，阿胶15g，水煎服，每日1～2剂。（《实用抗癌验方》）
（8）治疗子宫颈癌。
白花蛇舌草、爵床草、马齿苋、白茅根各15g，金银花、石斛各9g，煎水代茶，连服1～2个月为1个疗程。（《抗癌中药大全》）

68 石竹

石竹（*Dianthus chinensis*），别名剪春罗、石菊、绣竹、常夏、日暮草、瞿麦草，为石竹科多年生草本植物。茎直立，上部分枝；叶片线状披针形，顶端渐尖，基部稍狭；花单生枝端或数花集成聚伞花序，紫红色、粉红色、鲜红色或白色，花瓣顶缘不整齐齿裂；蒴果圆筒形；种子黑色，扁圆形。花期为 5~6 月，果期为 7~9 月。

【生境 分布】 盆栽花卉，生于山地、田间或路旁；潮汕各地均有栽培。

【主要化学成分】 含皂苷、丁香酚、苯乙醇、苯甲酸苄酯、水杨酸甲酯、维生素 A 等。

【抗癌药理作用】 石竹根乙醇制剂经药敏实验表明其对人体贲门癌及膀胱癌细胞有抑制作用。

【性味归经】 苦、寒；入膀胱经；清热利尿、破血通经；用于治疗泌尿系统感染、结石、小便不利、尿血、闭经、皮肤湿疹、肿瘤。

【毒性】 无毒。

【抗癌应用】

1. 用法用量：全草 3~9g；根 24~30g。（《全国中草药汇编》）

2. 药剂药方：

（1）治疗食管癌、直肠癌。

鲜瞿麦根 30~60g，将根用米泔水洗净，煎水，口服，每日 1 剂。（《抗癌食药本草》）

（2）治疗食管癌、贲门癌。

石竹根 24~30g，党参、茯苓、白术、甘草各 9g，水煎服，每日 1 剂。（《抗癌食药本草》）

（3）治疗鼻咽癌、胃癌。

石竹根 30~60g，水煎服，每日 1 剂。（《中级医刊》1986 年第 9 期）

（4）治疗直肠癌。

瞿麦根晒干，研末，撒于直肠癌肿瘤创面，每隔 1 日换 1 次。（《实用抗癌验方》）

（5）治疗肠癌。

石竹根 50g，党参、茯苓、白术、甘草各 15g，水煎服，每日 1 剂。或鲜石竹根用米泔水洗净，每日 50~100g，水煎服。（《抗癌良方》）

69　莲

　　莲（*Nelumbo nucifera*），别名莲花（《本草纲目》）、美蕖（《尔雅》）、美蓉（《古今注》）、菡萏（《诗经》）、荷花（通称），为睡莲科多年生水生草本植物。根状茎横生，肥厚，节间膨大，内有多数纵行通气孔道，节部缢缩，上生黑色鳞叶，下生须状不定根；叶圆形，盾状，全缘稍呈波状，上面光滑，具白粉，下面叶脉从中央射出，叶柄粗壮，圆柱形，外面散生小刺；花美丽、芳香，花瓣红色、粉红色或白色，花托（莲房）直径 5～10cm；坚果椭圆形或卵形，果皮革质，坚硬，熟时黑褐色；种子（莲子）卵形或椭圆形，种皮红色或白色。花期为 6～8 月，果期为 8～10 月。

　　【生境　分布】生于池塘、水田或作为盆栽；分布于潮汕各地。
　　【主要化学成分】含棉子糖、β-谷固醇、淀粉、莲子油、蛋白质、氨基酸、脂肪酸、铜、锰、钛、钙、磷、铁等。
　　【抗癌药理作用】近代药理发现，莲子所含的氧化黄心树宁碱有抑制鼻咽癌的作用。
　　【性味归经】苦、寒；入心、肾经；健脾止泻、养心益肾；用于治疗脾虚腹泻、便溏、遗精、白带异常。
　　【毒性】无毒。
　　【抗癌应用】
1. 用法用量：2～5g。（《中国药典》）
2. 药剂药方：
（1）治疗大肠癌泄泻。
老莲子60g（去心），为末，口服，每次 3g，陈米汤调服。（《抗癌中药》）
（2）治疗肺癌干咳。
莲子、龙眼肉、大枣各30g，煮熟食用。（《抗癌植物药及其验方》）

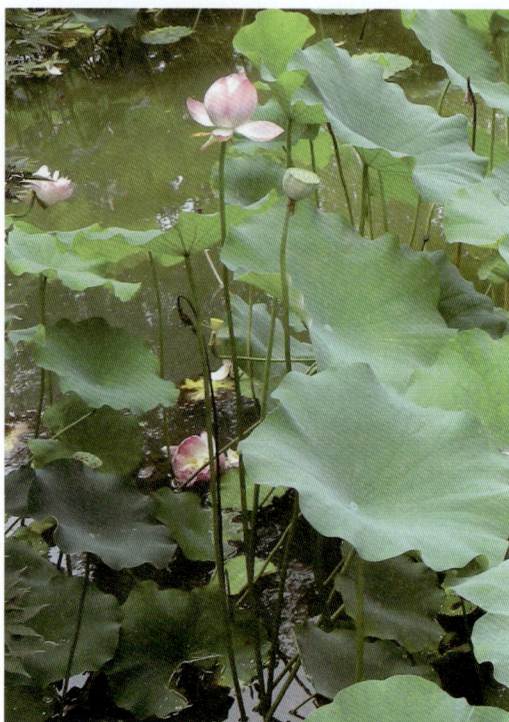

70 威灵仙

　　威灵仙（*Clematis chinensis*），别名灵仙根、灵仙藤（新会、揭阳）、百根藤（澄海、南澳）、老虎须（陆丰、饶平）、乌骨胆草（潮阳），为毛茛科木质藤本植物。茎、小枝近无毛或疏生短柔毛；一回羽状复叶，小叶片纸质，卵形至卵状披针形，或为线状披针形、卵圆形；常为圆锥状聚伞花序；瘦果扁。花期为6~9月，果期为8~11月。

【生境　分布】生于山谷、山坡林边或灌木丛中；分布于潮汕各地。

【主要化学成分】含白头翁素、白头翁醇、固醇、糖类、皂苷等。

【抗癌药理作用】

1. 体外实验表明，本品对人子宫颈癌JTC-26细胞、HeLa癌细胞、肝癌H22细胞有抑制作用。

2. 有对抗组织胺的作用。

3. 能使动物离体肠管兴奋性增强，由节律性收缩变为蠕动。

4. 威灵仙根茎煎剂有抗疟作用，使小鼠红细胞疟原虫感染率明显降低。

【性味归经】辛、咸、微苦、温；归膀胱、肝经；祛风除湿、通络止痛；用于治疗风湿痹痛、肢体麻木、筋脉拘挛、屈伸不利、脚气肿痛、疟疾、骨哽咽喉。

【毒性】小毒。

【抗癌应用】

1. 用法用量：6~9g。（《中国药典》）

2. 药剂药方：

（1）治疗食管癌、贲门癌、胃癌。

①威灵仙60g，青盐3g，捣如泥，加水1杯，搅匀后去渣，调狗宝末0.3g，口服，每日2次。（《中医肿瘤学》）

②威灵仙30g，水煎服。（《中医肿瘤学》）

③威灵仙60g，板蓝根、猫眼草各30g，人工牛黄6g，硇砂3g，制南星9g，制成浸膏粉，口服，每次1.5g，每日4次。（《抗癌中药大全》）

（2）治疗食管癌、胃癌、肠癌。

威灵仙全草50g，水煎服；或威灵仙1把，醋、蜜各半碗，水煎服，每日1剂。（《实用抗癌验方》）

（3）治疗食管癌。

①威灵仙100g，猫眼草50g，人工牛黄10g，紫硇砂5g，制南星15g，半枝莲、穿山甲各50g，制成浸膏干粉，每次5g，每日3次。（《中医诊疗特技精典》）

②威灵仙、石打穿各30g，水煎服，每日1剂。（《实用单方验方大全》）

③威灵仙、川楝子各60g，血竭、乳香、没药各30g，共研为细末，制成散剂。口服，每次2g，每日2~3次。（《抗癌中药大全》）

（4）治疗肠癌。

①威灵仙研末，炼蜜丸如梧桐子大，口服，每次用生姜汤送下10~20丸，每日1次。（《实用抗癌验方》）

②威灵仙全草40g，水煎随时当茶饮。（《实用抗癌验方》）

（5）治疗各种癌症。

威灵仙、生蜂蜜各30g，水煎服。（《中国民间单验方》）

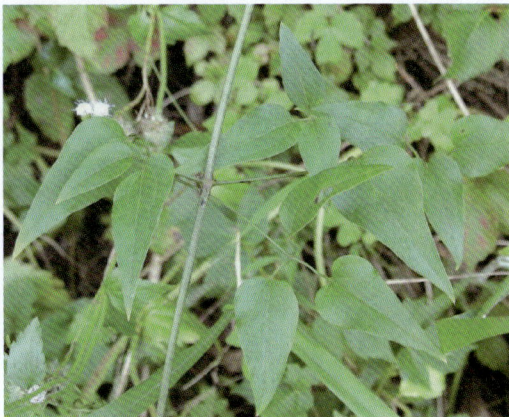

71 黄连

黄连（*Coptis chinensis*），别名味连、川连、鸡爪黄连（潮州），为毛茛科草本植物。根状茎黄色，常分枝；叶有长柄，叶片稍带革质，卵状三角形，三全裂；花葶1~2条，二歧或多歧聚伞花序，萼片黄绿色，花瓣线形或线状披针形；蓇葖果；种子7~8粒。花期为2~3月，果期为4~6月。

【生境 分布】生于山地林木潮湿处；分布于全区各地。

【主要化学成分】含黄连素、黄连碱、甲基黄连碱、掌叶防己碱、非洲防己碱、黄柏酮、黄柏内酯等。

【抗癌药理作用】

1. 体外实验显示其可抑制小鼠肉瘤 S180 细胞 DNA、蛋白质及脂肪的合成。

2. 小檗碱及其一些衍生物有抗癌活性。

3. 体外实验显示其对艾氏腹水癌和淋巴瘤 NK/LY 细胞有一定抑制作用。

【性味归经】苦、寒；入心、脾、胃、肝、胆、大肠经；清热燥湿、泻火解毒；用于治疗湿热痞满、呕吐、泻痢、黄疸、高热神昏、心火亢盛、心烦不寐、血热吐衄、目赤吞酸、牙痛、消渴、痈肿疔疮。

【毒性】微毒。

【抗癌应用】

1. 用法用量：2~5g。外用适量。（《中国药典》）

2. 药剂药方：

（1）治疗中耳癌。

黄连 30g，明矾 15g，加猪胆汁 30g，阴干后再研为细粉，每次取适量吹入耳内，每日 1~2 次。（《肿瘤的诊断与防治》）

（2）治疗食管癌。

①黄连 1.5g，瓜蒌仁 3g，半夏 6g。以水 500ml 先煎瓜蒌仁，再入另 2 味，煎取 250ml，分 3 次温服。（《实用抗癌验方》）

②广木香、川黄连各 15g，牛黄 5g，共为细末，制成蜜丸 7 个。每日含化 1 丸，7 日为 1 个疗程。（《抗癌良方》）

（3）治疗皮肤癌。

黄连素 15g，白砒 7.5g，明矾 10g，马钱子 5g，普鲁卡因 2g。先将白砒、明矾研成细末，在瓦罐上煅至青烟尽，白烟出，上下通红，24 小时后与黄连素、马钱子细粉及普鲁卡因等混合制成外用散剂。外用，撒布于癌肿创面，每日或隔日换药 1 次。（《抗癌中药一千方》）

72　木通

木通（*Akebia quinata*），别名山通草、五叶木通，为木通科落叶木质藤本植物。茎纤细，圆柱形，缠绕；掌状复叶互生或在短枝上的簇生，通常有小叶5片；伞房花序式的总状花序腋生，基部有雌花1~2朵，雄花4~10朵；果孪生或单生，成熟时为紫色；种子多数，种皮褐色或黑色，有光泽。花期为4~5月，果期为6~8月。

【生境　分布】生于山坡或疏林；分布于潮汕各地。

【主要化学成分】含白桦脂醇、马兜铃酸、齐墩果酸、常春藤皂苷元、木通皂苷、豆固醇、β-谷固醇、胡萝卜苷、肌醇、蔗糖、钾盐、矢车菊、维生素 C、粗蛋白质、赖氨酸、色氨酸、苯丙氨酸、蛋氨酸、苏氨酸、异亮氨酸、亮氨酸、缬氨酸等。

【抗癌药理作用】

1. 木通热水提取液，经减压蒸馏，制得的干燥粉末，以 500μg/ml 在体外对人子宫颈癌 JTC-26 的抑制率为90%以上。

2. 木通乙醇提取物对小鼠肉瘤 S180（腹水型）具抑制作用。

3. 木通所含的马兜铃酸有抑制肿瘤细胞生长的作用。

【性味归经】苦、凉；入心、小肠、膀胱经；泻火行水、通利血脉；用于治疗小便赤涩、淋浊、水肿、胸中烦热、喉痹咽痛、遍身拘痛、妇女经闭、乳汁不通。

【毒性】有毒。

【抗癌应用】

1. 用法用量：用量 3~9g。（《全国中草药汇编》）

2. 药剂药方：

（1）治疗各种癌症。

木通藤叶15g，加300ml水煎，分3次在饭前半小时服用。（《抗癌食药本草》）

（2）治疗胰腺癌、胆囊癌、胆管癌、口腔癌、恶性淋巴瘤。

消症片（每片含木通、车前子各 0.027g，斑蝥 0.015g，滑石粉 0.003g）口服，每次 1~2 片，每日 2 次。（《抗癌中药大全》）

（3）治疗泌尿系统癌症。

木通、山药各12g，金银花、车前草、玉米须、羊蹄根各10g，白英20g，墨旱莲15g，甘草3g，水煎服，每日1剂，连服10~20剂。（《抗肿瘤中草药彩色图谱》）

73 大血藤

大血藤 (*Sargentodoxa cuneata*)，别名红藤、鸡血藤 (饶平、海丰)，为木通科落叶木质藤本植物。藤茎无毛，当年生枝条暗红色；老茎皮有时纵裂；三出复叶，或兼具单叶，小叶革质；总状花序，雄花与雌花同序或异序，同序时，雄花生于基部；浆果，成熟时黑蓝色；种子卵球形，种皮黑色，光亮平滑。花期为 4～5 月，果期为 6～9 月。

【生境　分布】生于山坡疏林中；分布于潮汕各地山区。

【主要化学成分】含鞣质、大黄素、大黄素甲醚、胡萝卜苷、β-谷固醇、硬脂酸、毛柳苷、鹅掌楸苷等。

【抗癌药理作用】

1. 用抗噬菌体法筛选，提示本品有抗癌活性作用，在体内有抗肿瘤的作用。

2. 大血藤煎液对金黄色葡萄球菌及乙型链球菌均有较强的抑制作用；对大肠杆菌、白色葡萄状球菌、卡塔球菌、甲型链球菌及绿脓杆菌亦有一定的抑制作用。

【性味归经】苦、涩、平；入肝、大肠经；清热解毒、活血通络、祛风杀虫；用于治疗肠痈、风湿痹痛、赤痢、血淋、月经不调、疳积、虫痛、跌打损伤。

【毒性】无毒。

【抗癌应用】

1. 用法用量：9～15g。(《中国药典》)

2. 药剂药方：

(1) 治疗大肠癌。

①红藤 15g，苦参、草河车、白头翁、白槿花各 9g，半枝莲 30g，水煎服。(《中国中医秘方大全》)

②大血藤、薏苡仁、苦参、料姜石、焦山楂各 30g，枳实 9g，地榆 15g，石榴皮 18g，水煎服，每日 1 剂，分 2 次温服。(《中医癌瘤证治学》)

③大血藤、瞿麦根各 50g，水煎服。(《抗癌植物药及其验方》)

④大血藤、白花蛇舌草、龙葵、白英、半枝莲、忍冬藤、败酱草各 30g，蒲公英、地榆、槐角各 15g，水煎服。(《抗癌植物药及其验方》)

(2) 治疗肝癌。

大血藤、白毛藤、白花蛇舌草、败酱草、生薏苡仁、丹参、七叶一枝花、生牡蛎各 30g，八月札、海藻、夏枯草、皂角刺各 15g，炮穿山甲、地鳖虫、党参各 12g，水煎服。(《抗癌植物药及其验方》)

(3) 治疗胰腺癌。

八月札、炮穿山甲、干蟾皮、香附各 12g，枸杞子、红藤、龙葵、平地木、夏枯草、蒲公英、石见穿各 30g，丹参 15g，郁金、川楝子、广木香各 9g，水煎服，每日 1 剂。(《抗癌中草药制剂》)

74 豪猪刺

豪猪刺（*Berberis julianae*），别名三颗针、土黄连、九连小檗，为小檗科常绿灌木。老枝黄褐色或灰褐色，幼枝淡黄色，茎刺粗壮，三分叉；叶革质，椭圆形，披针形或倒披针形，叶缘平展，每边具 10～20 刺齿；花 10～25 朵簇生，黄色；浆果长圆形，蓝黑色。花期为 3 月，果期为 5～11 月。

【生境　分布】生于山坡林下、林缘或沟边等山地；分布于潮州凤凰山。

【主要化学成分】含小檗碱、小檗胺、巴马汀、药根碱、九连碱等生物碱。

【抗癌药理作用】三颗针所含双苄基异喹啉生物碱对大鼠瓦克肉瘤 W256 有明显的抑制作用，小檗胺对大鼠瓦克肉瘤 W256 有显著的治疗作用，异汉防己碱对艾氏腹水癌具有抗癌作用。

【性味归经】苦、寒；入肝、胃、大肠经；清热利湿、清肝明目、散瘀消肿；用于治疗黄疸、赤痢、咽痛、目赤肿痛、跌打损伤。

【毒性】无毒。

【抗癌应用】

1. 用法用量：3～5 钱；外用适量，研粉调敷。（《全国中草药汇编》）

2. 药剂药方：

（1）治疗支气管肺癌。

三颗针、鱼腥草、蒲公英各 15g，地骨皮、金银花、山药、白术各 10g，石韦、北沙参、茯苓各 12g，甘草 3g，水煎服，每日 1 剂，连服 10～20 剂。（《抗肿瘤中草药彩色图谱》）

（2）治疗原发性肝癌。

三颗针、半枝莲、太子参各 15g，积雪草、茯苓各 12g，半边莲 18g，车前子、黄芪、生晒参、郁金各 10g，水煎服，每日 1 剂，连服 10～30 剂。（《抗肿瘤中草药彩色图谱》）

75 八角莲

八角莲（*Dysosma versipellis*），别名独叶一枝花、六角莲、独脚莲，为小檗科多年生草本植物。根状茎粗壮，横生，多须根；茎直立，不分枝，无毛，淡绿色。茎生叶2枚，薄纸质，盾状，4～9掌状浅裂。花梗纤细下弯，花深红色，5～8朵簇生于离叶基部不远处，下垂。浆果椭圆形。花期为3～6月，果期为5～9月。

【生境　分布】主要生长于林荫湿处；分布于普宁、潮阳。

【主要化学成分】含鬼臼毒素、脱氧鬼臼毒素、苦鬼臼脂素、异苦鬼臼脂素、紫云英苷、β-谷固醇等。

【抗癌药理作用】

1. 本品提取物鬼臼毒素、脱氧鬼臼毒素有抗癌作用，对多种动物肿瘤、瓦克肉瘤 W256、肉瘤 S180 有明显的抑制作用。

2. 本品同属植物盾叶鬼臼提取的树脂，再与鬼臼毒素发生反应的人工合成物，作用类似于秋水仙碱，其抗癌机理是使细胞分裂停止于中期，对急性单核细胞性白血病和急性粒细胞性白血病、霍奇金病、恶性淋巴瘤、乳腺癌、小细胞支气管肺癌、睾丸癌均有抑制作用。

【性味归经】苦、辛、平；入心、肺、肾经；清热解毒、化痰散结、祛瘀消肿；用于治疗痈肿疔疮、瘰疬、咽喉肿痛、跌打损伤、风湿痹痛、毒蛇咬伤。

【毒性】小毒。

【抗癌应用】

1. 用法用量：用量 3～9g。（《全国中草药汇编》）

2. 药剂药方：

（1）治疗肺癌。

八角莲末 1.5g，吞服，每日 2 次。（《实用抗癌药物手册》）

（2）治疗食管癌。

①八角莲、扶芳藤、石竹、箬竹各 30g，生白术 9g，陈皮 6g，水煎服，每日 1 剂，分数次服。（《抗癌本草》）

②八角莲 9g，每日水煎代茶饮用。（《辨证施治》）

（3）治疗恶性淋巴瘤。

八角莲 30～60g，黄酒 60g，加水适量煎服，每日 1 剂。（《福建民间草药》）

（4）治疗皮肤癌、子宫颈癌。

用八角莲 10%～20% 的鬼臼草脂悬液，局部外涂。（《实用抗癌药物手册》）

（5）治疗腮腺癌。

八角莲、山豆根各 30g，共研为细末，加凡士林制成 50% 的软膏外涂腮腺部。（《实用抗癌验方》）

（6）治疗皮肤癌。

七叶莲、八角莲各 15g，半酒水炖穿山甲肉 120g，或以清水炖亦可。若无穿山甲，改用猪瘦肉炖服之。每个疗程 20～30 剂，隔日 1 次。（《实用抗癌验方》）

76 阔叶十大功劳

阔叶十大功劳（*Mahonia bealei*），别名土黄连、土黄蘗，为小蘗科常绿灌木。茎表面土黄色或褐包，粗糙，断面黄色；叶互生，厚革质，具柄，基部扩大抱茎，奇数羽状复叶，小叶 7～15 片；总状花序生于茎顶，直立，花黄褐色；浆果卵圆形，成熟时蓝黑色，被白粉。花期为 8～10 月，果期为 10～12 月。

【生境　分布】主要生长于山坡及灌丛中；分布于潮州。

【主要化学成分】主要含小蘗碱。

【抗癌药理作用】阔叶十大功劳叶用噬菌体法筛选，显示其对肿瘤细胞有抑制活性的作用。

【性味归经】苦、寒；归肝、胃、大肠经；养阴清热、解毒、润肺止咳；用于治疗虚劳内热、温病发热、肺痨咳嗽、湿热痢疾、目赤肿痛、痈肿疮毒、风火牙痛。

【毒性】无毒。

【抗癌应用】

1. 用法用量：内服：煎汤，6～9g。外用：适量，研末调敷。（《中华本草》）

2. 药剂药方：

（1）治疗肝癌。

阔叶十大功劳叶 30g，龙葵叶 30～60g，水煎服，每日 1 剂，分 2 次服。（《草药手册》）

（2）治疗肺癌脑转移。

阔叶十大功劳叶 15g，蛇六谷（先煎）、猪殃殃、石决明各 30g，僵蚕、钩藤各 9g，全蝎 6g，水煎服，每日 1 剂。（《上海中医药杂志》1979 年第 3 期）

（3）治疗鼻咽癌。

①阔叶十大功劳叶 60g、鲜石黄皮 120g、夏枯草 45g、甘草 9g，水煎服，每日 1 剂，早晚 2 次分服。（《肿瘤良方大全》）

②阔叶十大功劳叶 30g，鲜石榴皮、夏枯草各 20g，甘草 5g，水煎服，每日 1 剂。（《实用抗癌验方》）

（4）治疗绒毛膜癌、恶性葡萄胎。

龙葵 90g，阔叶十大功劳根、白英、白花蛇舌草、菝葜根各 30g，水煎服，每日 1 剂。（《千家妙方》）

77 华南十大功劳

华南十大功劳（*Mahonia japonica*），别名十大功劳、功劳叶，为小檗科常绿灌木。茎直立，分枝少，枝、茎断面为黄色；叶互生，奇数羽状复叶，叶厚革质；总状花序下垂，约10个簇生，花黄色；浆果。花期为6～7月。

【生境　分布】主要生长于山坡灌丛、路边，可栽培于庭园；分布于潮汕各地。

【主要化学成分】含异汉防己碱、小檗碱、掌叶防己碱、药根碱、木兰花碱。

【抗癌药理作用】华南十大功劳叶中的异汉防己碱对小鼠艾氏腹水癌有抑制作用。

【性味归经】苦、寒；入肝、胃、大肠经；养阴清热、解毒、润肺止咳；用于治疗虚劳内热、温病发热、肺痨咳嗽、湿热痢疾、目赤肿痛、痈肿疮毒、风火牙痛。

【毒性】无毒。

【抗癌应用】

1. 用法用量：内服：煎汤，10～15g，鲜品30～60g。外用：适量，捣烂或研末调敷。（《中华本草》）

2. 药剂药方：

与阔叶十大功劳相同。

78 木防己

木防己（*Cocculus orbiculatus*），别名金锁匙、青藤根、百解薯，为防己科木质藤本植物。小枝被绒毛至疏柔毛；叶纸质至近革质，形状变异极大，自线状披针形至阔卵状近圆形、狭椭圆形至近圆形，两面被密柔毛至疏柔毛，掌状脉3条；聚伞花序少花，腋生；核果近球形，红色至紫红色。花果期为5~10月。

【生境　分布】主要生长于山地、丘陵路旁；分布于潮汕各地。

【主要化学成分】含木防己碱、异木防己碱、高木防己碱、木防己胺、去甲毛木防己碱、木兰碱、表千金藤碱、木防己新碱。

【抗癌药理作用】

1. 从木防己中分得一个对P388细胞具有抑制活性的成分N-氧化异木防己碱，分得一新吗啡烷类生物碱，具抑制肉瘤S180A和P388白血病活性的作用。

2. 木防己体外实验显示其对人体鼻咽癌KB细胞有明显抑制作用；体内实验显示其对大鼠W256细胞有抑制作用。

【性味归经】苦、辛、寒；入肺、脾、肾经；祛风通络、止痛、行水；用于治疗水肿、风湿疼痛、痰饮、结气痛肿。

【毒性】无毒。

【抗癌应用】

1. 用法用量：2~5钱。（《全国中草药汇编》）

2. 药剂药方：

（1）治疗癌性疼痛。

木防己25g，忍冬藤、石楠藤、党参各15g，秦艽、木瓜、白屈菜、山药各10g，延胡索、茯苓、白术各12g，甘草3g，水煎服，每日1剂，连服7~14剂。（《抗肿瘤中草药彩色图谱》）

（2）治疗癌性胸腹水。

木防己、车前草、半边莲各15g，猪苓、泽泻、瞿麦、茯苓、白术各12g，黄芪30g，甘草3g，水煎服，每日1剂，连服7~20剂。（《抗肿瘤中草药彩色图谱》）

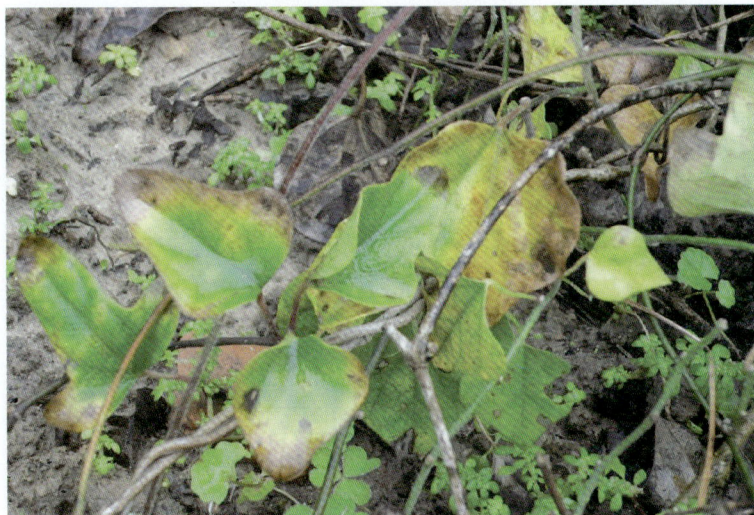

79 金线吊乌龟

金线吊乌龟（*Stephania cepharantha*），别名白药子、头花千金藤，为防己科草质藤本植物。块根团块状或近圆锥状，褐色；小枝紫红色，纤细；叶纸质，三角状扁圆形至近圆形，掌状脉 7～9 条；雌雄花序同形，均为头状花序，具盘状花托；核果阔倒卵圆形，成熟时红色。花期为 4～5 月，果期为 6～7 月。

【生境　分布】主要生长于村边、田野和山地的灌丛或草丛中，亦生长于石灰质石山上；分布于潮汕各地。

【主要化学成分】含左旋异可利定、千金藤碱、异粉防己碱、小檗胺、轮环藤宁碱、头花千金藤醇灵碱、头花千金藤胺、高阿罗莫灵碱、头花千金藤酮、木防己碱、粉防己碱、奎宁、罂粟碱、可待因、吗啡、小檗碱、去氢千金藤碱、类胡萝卜素、脂肪酸、薯蓣皂苷元。

【抗癌药理作用】

1. 本品所含的粉防己碱对小鼠艾氏腹水癌、小鼠肝癌 129、大鼠瓦克癌 W256 细胞有明显抑制作用，对鼻咽癌 KB 细胞也有明显抑制作用。

2. 千金藤碱体外实验表明其对 HeLa 和 HeLa–S3 人体癌细胞的生长有抑制作用。

【性味归经】苦、辛、寒；入脾、肺、肾经；清热解毒、凉血止血、散瘀消肿；用于治疗胃痛、肋痛、肠痛、痹症、咽喉肿痛、跌打损伤、吐血、衄血、肺脓肿、鼓胀。

【毒性】无毒。

【抗癌应用】

1. 用法用量：内服：煎汤，3～5 钱；或入丸、散。外用：捣敷或研末撒于患处。（《中药大辞典》）

2. 药剂药方：

（1）治疗甲状腺癌。

白药子、黄药子、生牡蛎、山豆根、夏枯草各 15g，橘核、王不留行、天葵子各 12g，穿山甲珠、苏梗、射干、马勃各 9g，昆布 30g，水煎服。（《抗癌植物药及其验方》）

（2）治疗喉癌。

白药子、朴硝各等份为末，以小管吹入患处。（《抗癌植物药及其验方》）

80　粉防己

　　粉防己（*Stephania tetrandra*），别名汉防己、石蟾蜍、山乌龟，为防己科草质藤本植物。主根肉质，柱状；小枝有直线纹；叶纸质，阔三角形，有时三角状近圆形，掌状脉 9～10 条；花序头状，雄花花瓣数量为 5，肉质，雌花的萼片和花瓣与雄花的相似；核果，红色。花期夏季，果期秋季。

【生境　分布】主要生长于山坡、丘陵地带的草丛及灌木林缘；分布于潮汕各地。

【主要化学成分】含粉防己碱、防己诺林碱、轮环藤酚碱、二甲基粉防己碱、小檗胺等。

【抗癌药理作用】

1. 汉防己甲素有明显的抗癌作用，对鼻咽癌 KB 细胞、人子宫颈癌 HeLa 细胞及 HeLa S3 瘤细胞有明显细胞毒作用，对人肝癌细胞株有抑制作用。

2. 体内对艾氏腹水癌、B 型及 T 型肝癌小鼠瘤株、大鼠瓦克肉癌 W256 有明显抑制作用。

【性味归经】苦、辛、寒；入膀胱、肺、脾、肾经；利水消肿、祛风止痛；用于治疗水肿脚气、小便不利、风湿痹痛、湿疹疮毒、高血压。

【毒性】有毒。

【抗癌应用】

1. 用法用量：4.5～9g；外用适量，鲜根捣烂敷患处。（《全国中草药汇编》）

2. 药剂药方：

（1）治疗肺癌。

汉防己研为细末，每次服 9g，水煎和渣服之。（《实用抗癌验方》）

（2）治疗鼻咽癌。

鲜汉防己、鲜野荞麦、鲜土牛膝各 30g，水煎服。另取灯芯草捣碎口含，同时用垂盆草捣烂外敷。（《全国中草药新医疗法展览会资料会编》）

（3）治疗大肠癌。

汉防己经加工制成粉防己碱栓剂，每支 180mg；粉防己碱片，每片 60mg。栓剂每日 2 次，每次 1 支塞入直肠内，同时口服粉防己碱片，每次 1 片，每日 3 次。（阿里医药网）

81 青牛胆

青牛胆（*Tinospora sagittata*），别名金果榄，为防己科草质藤本植物。枝纤细，有条纹，常被柔毛；叶纸质至薄革质，披针状箭形或有时披针状戟形，掌状脉 5 条；花序腋生，常数个或多个簇生，聚伞花序或分枝成疏花的圆锥状花序，花瓣数量为 6，肉质，常有爪；核果红色，近球形。花期为 4 月，果期为秋季。

【生境　分布】主要生长于山谷溪边疏林下或石隙中；分布于潮汕各地。

【主要化学成分】含青牛胆苦素、掌叶防己碱、呋喃二萜苷—金果榄苷、药根碱及其他微量生物碱。

【抗癌药理作用】

1. 青牛胆体外实验显示其对肿瘤细胞有抑制作用。

2. 掌叶防己碱能使幼年小鼠胸腺萎缩，说明其具有明显的刺激动物垂体促肾上腺皮质分泌的作用。

3. 动物实验证明，掌叶防己碱具有抗肾上腺素的作用。

4. 抑菌实验表明，其对金黄色葡萄球菌、抗酸性分枝杆菌均有较强的抑制作用。

【性味归经】苦、寒；入肺、脾、肝经；清热解毒、清肝明目、止咳；用于治疗咽痛、痈肿、疔疮、目痛、咳嗽。

【毒性】无毒。

【抗癌应用】

1. 用法用量：3～9g；外用适量，磨汁涂于患处。（《全国中草药汇编》）

2. 药剂药方：

（1）治疗淋巴瘤。

鲜青牛胆根，磨溶于高粱酒中，外涂，每日 3～4 次。（《抗癌本草》）

（2）治疗胃癌。

金果榄、半枝莲各 12g，白花蛇舌草 30g，水煎服。（《抗癌植物药及其验方》）

（3）治疗肺癌。

金果榄、薏苡仁、全瓜蒌、海浮石各 15g，薤白、杏仁、鱼腥草、百部、桑白皮、海藻、昆布、葶苈子、射干、竹沥、半夏各 9g，水煎服。（《抗癌植物药及其验方》）

82 蝙蝠葛

蝙蝠葛（*Menispermum dauricum*），别名北豆根，为防己科草质藤本植物。根状茎褐色，垂直生；一年生茎纤细，有条纹，无毛；叶纸质或近膜质，心状扁圆形，边缘有 3～9 角或 3～9 裂，很少近全缘，掌状脉 9～12 条；圆锥花序单生或有时双生，有花数朵至 20 余朵；核果紫黑色。花期为 6～7 月，果期为 8～9 月。

【生境 分布】主要生长于山坡、路旁、灌木丛中；分布于潮汕各地。

【主要化学成分】含山豆根碱、汉防己碱、蝙蝠葛碱、木兰花碱、青藤碱、尖防己碱、粉防己碱、双青藤碱、光千金藤碱、去羟尖防己碱。

【抗癌药理作用】蝙蝠葛所含粉防己碱，体外实验显示其对 HeLa 癌细胞有细胞毒作用，体内实验显示其对小鼠艾氏腹水癌和小鼠肉瘤 S180 的细胞有抗癌活性。

【性味归经】苦、寒；入肺、胃、大肠经；清热解毒、祛风止痛；用于治疗咽喉肿痛、肠炎痢疾、风湿痹痛。

【毒性】小毒。

【抗癌应用】

1. 用法用量：根内服煎汤，0.5～3 钱。（《中药大辞典》）外用：适量，捣敷，或水煎加酒熏洗。（《中华本草》）

2. 药剂药方：

（1）治疗喉癌。

北豆根、干蟾皮、北沙参各 15g，大青叶、牡蛎、海藻、白英各 30g，白花蛇舌草 60g，当归 9g，水煎服。（《浙江验方》）

（2）治疗骨肉瘤。

北豆根 30g，光慈姑 12g，菊花、三棱、皂角刺各 9g，莪术、制马钱子各 6g，海藻 15g，水煎服。（《抗癌中药大全》）

（3）治疗食管癌。

北豆根、紫草、黄芪、金银花、白花蛇舌草、紫参、黄柏、薏苡仁各 150g，香橼 75g，研细末，炼蜜为丸，每丸重 9g。口服，每次 2 丸，每日 3 次。（《抗癌中药大全》）

83 八角

八角（*Illicium verum*），别名八角茴香、大茴香，为木兰科乔木。树皮深灰色；枝密集；叶不整齐互生，革质至厚革质，倒卵状椭圆形，在阳光下可见密布透明油点；花粉红至深红色，单生叶腋或近顶生，花被片为 7～12 片，雄蕊有 11～20 枚，心皮数量通常为 8；聚合蓇葖果，呈八角形。正糙果 3～5 月开花，9～10 月果熟；春糙果 8～10 月开花，翌年 3～4 月果熟。

【生境　分布】主要生长于土壤疏松的阴湿山地，野生或栽培；分布于普宁、揭阳。

【主要化学成分】含黄酮类化合物、有机酸类化合物、挥发油等。

【抗癌药理作用】

1. 体外实验显示，其对肿瘤细胞有抑制作用，抑制率为 70%～90%。茴香醚有增加白细胞的作用。

2. 抑菌实验：八角的乙醇提取物对金黄色葡萄球菌、肺炎球菌、白喉杆菌、枯草杆菌、霍乱弧菌、伤寒杆菌、副伤寒杆菌、痢疾杆菌、大肠杆菌及常见致病性皮肤真菌均有较强的抑制作用。本品水煎剂对人型结核杆菌及枯草杆菌有抑制作用。

3. 八角制剂对正常的狗有增加白细胞数量的作用。临床观察本品对卵巢癌、宫颈癌等病人因化疗或放疗引起的白细胞减少症有明显的升白效果。

4. 本品挥发油中的茴香醚具有刺激作用，能促进肠胃蠕动，可缓解腹部疼痛；对呼吸道分泌细胞有刺激作用，从而促进其分泌，可用于祛痰。

【性味归经】辛、甘、温；入肝、肾、脾、胃经；温中散寒、行气止痛、温补肾阳、辟恶除秽；用于治疗呕吐、霍乱、脘腹胀痛、疝气疼痛、阳虚肢冷、腰膝酸冷、肾虚泄泻、口气臭秽。

【毒性】无毒。

【抗癌应用】

1. 用法用量：内服：煎汤，1～2 钱；或入丸、散。(《中药大辞典》)

2. 药剂药方：

（1）治疗胃肠癌。

八角茴香 8g，木香、陈皮各 10g，丁香 6g，砂仁 9g，党参、芡实各 15g，白术、茯苓、山药各 12g，甘草 3g，水煎服，每日 1 剂。(《抗肿瘤中草药彩色图谱》)

（2）治疗癌症呕吐。

八角茴香、吴茱萸、丁香各 6g，法半夏、陈皮各 9g，生姜 4 片，柿蒂 10 枚，茯苓、白术各 12g，甘草 3g，水煎服，每日 1 剂。(《抗肿瘤中草药彩色图谱》)

84 紫玉兰

紫玉兰（*Magnolia liliflora*），别名辛夷、木兰，为木兰科落叶灌木。常丛生，树皮灰褐色，小枝绿紫色或淡褐紫色；叶椭圆状倒卵形或倒卵形，先端急尖或渐尖；花蕾卵圆形，被淡黄色绢毛，花叶同时开放，花被片为9~12片，外轮3片萼片状，紫绿色，内两轮肉质，外面紫色或紫红色，里面带白色，花瓣状；聚合果深紫褐色。花期为3~4月，果期为8~9月。

【生境　分布】主要生长于海拔400~2 400m的山坡林中；潮汕各地均有栽培。

【主要化学成分】含β-蒎烯、1,8-桉叶素、樟脑、α-蒎烯、水芹烯、香桧烯、叔丁基苯、水化香桧烯、沉香醇、丁香烯、β-芹子烯、香榧醇、月桂烯、樟烯、莰烯、牻牛儿醇、甲基丁香油酚、榄香醇、香榧醇、橙花叔醇、金合欢醇、芳樟醇、松脂酚二甲醚、望春花素等。

【抗癌药理作用】体外实验显示其对肿瘤细胞有抑制作用。

【性味归经】辛、温；入肺、胃经；祛风、通窍；用于治疗头痛、鼻塞不通、齿痛。

【毒性】微毒。

【抗癌应用】

1. 用法用量：内服：煎汤，1~3钱；或入丸、散。外用：研末塞鼻或水浸蒸馏滴鼻。（《中药大辞典》）

2. 药剂药方：

（1）治疗鼻咽癌。

蒟蒻（水煎1小时）、石见穿、苍耳草、蒲公英、白毛藤各50g，夏枯草、黄药子各25g，辛夷花15g，水煎服，每日1剂。（上海华龙医院方）

（2）治疗脑干肿瘤。

辛夷花、苍术各9g，生黄芪、炒党参各15g，钩藤（后下）、蔓荆子、夏枯草、黄柏各10g，白芍12g，升麻、防风、炙甘草各3g，柴胡、葛根各6g，制川乌、制草乌各9g，水煎服，每日1剂。（《新中医》1985年第4期）

85 玉兰

玉兰（*Magnolia denudata*），别名白玉兰、望春花，为木兰科落叶乔木。树皮深灰色，粗糙开裂，小枝梢粗壮，灰褐色；叶纸质，倒卵形、宽倒卵形或倒卵状椭圆形；花先叶开放，直立，芳香，花被片为9片，白色，基部常带粉红色，近相似；聚合果圆柱形；种子心形。花期为2~3月，果期为8~9月。

【生境　分布】多栽培或野生于阔叶林中；潮汕各地均有分布。

【主要化学成分】含柠檬醛、丁香油酚、1，8－桉叶素、木兰花碱、芍药素。

【抗癌药理作用】体外实验显示其对肿瘤细胞有抑制作用。

【性味归经】辛、温；入肺、胃经；祛风、通窍；用于治疗头痛、鼻渊、鼻塞不通、齿痛。

【毒性】小毒。

【抗癌应用】

1. 用法用量：内服：煎汤，1~3钱；或入丸、散。外用：研末塞鼻或水浸蒸馏滴鼻。（《中药大辞典》）

2. 药剂药方：

同紫玉兰。

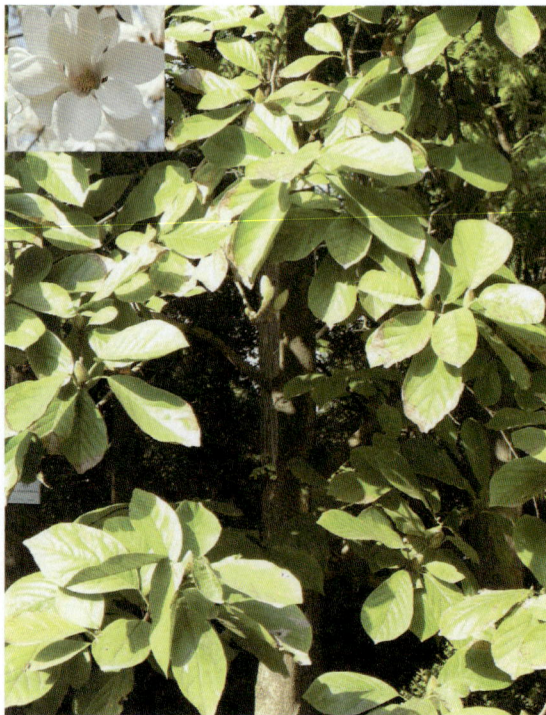

86 番荔枝

番荔枝（*Annona squamosa*），别名林檎，为番荔枝科落叶小乔木。树皮薄，灰白色，多分枝；叶薄纸质，排成两列，椭圆状披针形，或长圆形；花单生或 2～4 朵聚生于枝顶或与叶对生，青黄色，下垂，外轮花瓣狭而厚，肉质，长圆形，内轮花瓣极小，退化成鳞片状；聚合浆果圆球状或心状圆锥形。花期为 5～6 月，果期为 6～11 月。

【生境　分布】喜热带气候，年平均气温在 20℃ 以上，不耐寒；以肥沃、排水良好的壤土栽培为宜。潮汕各地均有分布。

【主要化学成分】含蛋白质、脂肪、糖类、维生素 C、番荔枝碱、番荔枝宁、新番荔枝宁、番荔枝辛、皂苷；又从种子油中得到一种抗癌有效成分：多鳞番荔枝斯坦定。

【抗癌药理作用】从番荔枝种子油分离出的双四氢呋喃衍生物为新类型化合物，该类化合物可抑制 L1210 肿瘤细胞和 L5178Y 白血病细胞的生长。

【性味归经】苦、涩、寒；入大肠、心经；清热解毒、解郁、止血、杀虫；用于治疗痢疾、精神抑郁、恶疮肿毒。

【毒性】无毒。

【抗癌应用】

1. 用法用量：内服：煎汤，一次 10～30g；也可作水果食用。外用：适量，捣敷。（《中华本草》）

2. 药剂药方：

治疗肺癌、乳腺癌、胃癌：番荔枝果实、枝叶各 60g，仙鹤草、半枝莲各 80g，水煎服，每日 1 剂。（《抗癌中药大全》）

87 阴香

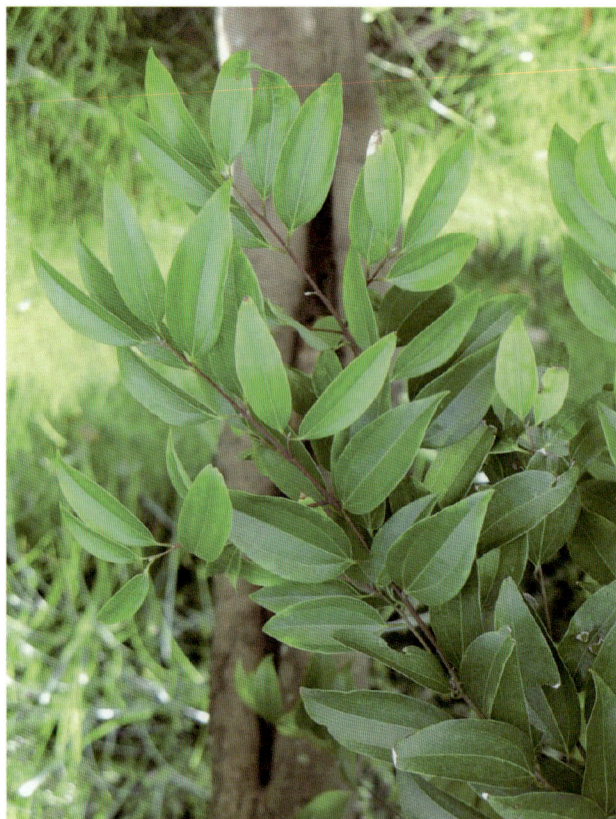

阴香（*Cinnamomum burmanni*），别名（土）桂皮、山肉桂，为樟科乔木。树皮光滑，灰褐色至黑褐色，内皮红色，味似肉桂；枝条纤细，绿色或褐绿色，具纵向细条纹，无毛；叶互生或近对生，稀对生，卵圆形、长圆形至披针形，革质，具离基三出脉；圆锥花序腋生或近顶生，花绿白色；果卵球形。花期主要在秋、冬季，果期主要在冬末及春季。

【生境 分布】主要生长于疏林、丘陵山坡；分布于潮汕各地。

【主要化学成分】含桂皮醛、丁香酚、黄樟醚、芳樟醇等。

【抗癌药理作用】

1. 阴香有抗肿瘤作用。用 50μg/ml 的桂皮醛给小鼠注射，表明其对 SV40 病毒引起的肿瘤抑制率为 100%。

2. 镇痛、解痉作用：阴香油能解除内脏平滑肌痉挛，缓解肠道痉挛性疼痛。

3. 解热作用：桂皮醛对小鼠正常体温及伤寒、副伤寒混合疫苗引起的人工发热均有降温的作用。

4. 对血液和心血管系统的影响：动物实验表明，桂皮醛可使外周血管扩张，血压下降。肉桂具缓解肢体疼痛的效应，可以用其扩张血管。

5. 抗菌作用：阴香煎剂在体外对真菌有抑制作用，阴香油、桂皮醛、丁香醛等均具有较强的杀菌力。

6. 升白细胞作用：桂皮醛有升高白细胞数量的作用。

【性味归经】辛、温；入心、肝、脾、肾经；暖脾胃、散风寒、通血脉；用于治疗腹冷胸满、呕吐噎膈、风湿痹痛、跌损瘀滞、血痢肠风。

【毒性】无毒。

【抗癌应用】

1. 用法用量：阴香根的用法为内服：煎汤，3～9g。阴香叶的用法为内服：煎汤，3～6g。外用：适量，研末敷或煎水洗。阴香皮的用法为内服：煎汤，6～9g；或研末服，每次 1.5～3g。外用：适量，研末用酒调敷；或浸酒搽。（《中药大辞典》）

2. 药剂药方：

治疗胃癌：桂皮 10g，仙鹤草、灵芝、天门冬、半枝莲各 50g，制大黄、生甘草各 5g，水煎服。（《抗癌中药大全》）

88   乌药

乌药（*Lindera aggregata*），别名乌台、猫药（潮州）、千打锤，为樟科常绿灌木或小乔木。根有纺锤状或结节状膨胀；树皮灰褐色，幼枝青绿色，具纵向细条纹；叶互生，卵形，椭圆形至近圆形，革质或近革质，三出脉；伞形花序腋生，无总梗，常 6～8 花序集生于短枝上，每花序一般有花 7 朵，黄色或黄绿色；核果卵形或近圆形。花期为 3～4 月，果期为 5～11 月。

【生境 分布】主要生长于向阳山坡的灌丛中；分布于潮州。

【主要化学成分】含龙脑、柠檬烯、葎草烯、壬酸、钓樟环氧内酯、钓樟内酯、异钓樟内酯、新钓樟内酯、钓樟烯酮、钓樟烯醇、钓樟烯、新木姜子碱、谷固醇等。

【抗癌药理作用】

1. 乌药对小鼠肉瘤 S180 细胞的抑制率为 44.8%。体外实验表明，乌药对癌细胞生长有抑制作用。

2. 乌药所含挥发油内服时，有兴奋大脑皮质的作用，并有促进呼吸、兴奋心肌、加速血循环、升高血压及发汗的作用。

3. 乌药的挥发油局部涂用时可使局部血管扩张、血循环加速，缓和肌肉痉挛性疼痛。

4. 乌药根的正己烷提取物及由此提取物分得的钓樟萜烯，给小鼠或大鼠口服，可抑制四氯化碳所致的血清转氨酶活性的升高；钓樟萜烯能抑制乙硫氨酸对血清转氨酶活性的增加及可保护肝脏免受脂肪浸润。

5. 抑菌实验：本品对金黄色葡萄球菌、甲型溶血性链球菌、伤寒杆菌、变形杆菌、绿脓杆菌、大肠杆菌均有抑制作用。

【性味归经】辛、温；入肺、脾、肾、膀胱经；顺气止痛、温肾散寒；用于治疗胸腹胀痛、气逆喘息、膀胱虚冷、遗尿、尿频、疝气、痛经。

【毒性】无毒。

【抗癌应用】

1. 用法用量：3～9g。（《中国药典》）

2. 药剂药方：

（1）治疗各种癌症。

乌药根 10g，加 300ml 水煎，3 次分服。（《抗癌食药本草》）

（2）治疗胃癌。

乌药、南五味子根皮各等份，共研为细末，口服，每次 3g，每日 3 次，温开水送服。（《江西草药》）

（3）治疗乳腺癌。

乌药 15g，藤梨根 30g，红木香 25g，共研为细末，口服，每次 15g，每日 3 次。（《抗癌植物药及其验方》）

89 延胡索

延胡索（*Corydalis yanhusuo*），别名延胡、玄胡索、元胡索、元胡，罂粟科多年生草本植物。块茎圆球形，质黄；茎直立，常分枝。叶二回三出或近三回三出，小叶三裂或三深裂，具全缘的披针形裂片，下部茎生叶常具长柄。总状花序疏生 5～15 花，花紫红色。蒴果线形，具 1 列种子。花期为 3～4 月，果期为 4～5 月。

【生境　分布】宜生长在阳光充足、地势高燥、排水良好、表土层疏松而富含腐殖质的砂壤土和冲积土中。栽培。

【主要化学成分】含延胡索碱、黄连碱、去氢延胡索甲素、延胡索胺碱、去氢延胡索胺碱等。

【抗癌药理作用】体外实验显示，其有抑制肿瘤细胞的作用。体内实验显示，延胡索粉对脱氧胆酸诱发的大鼠大肠癌具有显著的抑制作用。

【性味归经】辛、苦、温；入肝、胃经；活血、散瘀、理气、止痛；用于治疗心腹腰膝诸痛、月经不调、症瘕、崩中、产后血晕、恶露不尽、跌打损伤。

【毒性】无毒。

【抗癌应用】

1. 用法用量：3～9g；研末吞服，1 次 1.5～3g。（《中国药典》）

2. 药剂药方：

（1）治疗癌性疼痛。

熟地黄、山萸肉、云茯苓、补骨脂、地鳖虫、肉苁蓉各15g，骨碎补、黄芪各20g，白花蛇、乳香、没药各10g，蜈蚣2 条，延胡索12g，蟾酥0.6g，熟附子4.5g。上药加凉水 1000ml 浸泡 30 分钟后，文火煎熬成 300ml，滤出再加水 700ml，熬成 200ml 滤出，2 次药液混合分装两瓶，每瓶250ml 备用，每次服 1 瓶，必要时 6 小时后再服 1 瓶。（《抗癌中药大全》）

（2）治疗胰头癌。

醋大黄、红花、延胡索、制香附、佛手片各6g，参三七（吞）、京三棱、蓬莪术各3g，青皮、陈皮、台乌药、广木香各4.5g，王不留行12g，水煎服，每日 1 剂。（《抗癌中药大全》）

90 卷心菜

卷心菜（*Brassica oleracea* var. capitata），别名甘蓝、包菜，为十字花科二年生草本植物。矮且粗壮，一年生茎肉质，不分枝，绿色或灰绿色；基生叶多数，质厚，层层包裹成球状体，扁球形；二年生茎有分枝，具茎生叶；总状花序顶生及腋生，花淡黄色；长角果圆柱形；种子球形。花期为4月，果期为5月。

【**生境　分布**】喜温和气候，能抗严霜和较耐高温；潮汕各地均有栽培。

【**主要化学成分**】含葡萄糖芸薹素、吲哚-3-乙醛、11种葡萄糖异硫氰酸酯类、菜子固醇、芥酸、亚油酸、亚麻酸、多种氨基酸、维生素E、胡萝卜素、莱菔子素等。

【**抗癌药理作用**】

1. 卷心菜含有维生素E、胡萝卜素、莱菔子素等多种抗癌成分。卷心菜对强致癌启动因子TPA诱发的炎症具有抑制效果。

2. 卷心菜中富含的二硫酚硫酮，动物实验表明其可抑制肿瘤生长，减少辐射损害。

3. 卷心菜可抑制人体内亚硝胺的合成。卷心菜中含有的吲哚-3-甲醇（I-3-C）能减少诱发乳腺癌的雌激素16甲羟雌酮的含量。

4. 种子提取物有某些抑菌作用。

【**性味归经**】甘、平；入肺、胃经；益肾、填髓脑、利五脏、调六腑；用于治疗动脉硬化、心肌缺血、胆石症、胆囊炎、失眠、关节痹痛、腰膝酸软、消化不良。

【**毒性**】无毒。

【**抗癌应用**】

1. 用法用量：内服：绞汁饮，200～300ml；或适量拌食、煮食。（《中华本草》）

2. 药剂药方：

（1）治疗消化道恶性溃疡。

鲜甘蓝洗净，捣烂绞汁1杯（200～300ml），略加温，空腹饮服，每日2～3次。（《抗癌食物中药》）

（2）预防大肠癌、胃癌、食管癌。

甘蓝常吃。（《抗癌植物药及其验方》）

91 花椰菜

花椰菜（*Brassica oleracea* var. *botrytis*），别名菜花、花菜，为十字花科二年生草本植物。茎直立，粗壮，有分枝；基生叶及下部叶长圆形至椭圆形，不卷心，茎中上部叶较小且无柄，抱茎；茎顶端有 1 个由总花梗、花梗和未发育的花芽密集成的乳白色肉质头状体，总状花序顶生及腋生，花淡黄色，后变成白色；长角果圆柱形；种子宽椭圆形。花期为 4 月，果期为 5 月。

【生境 分布】主要生长于低海拔地区的田野、荒地；潮汕各地均有栽培。

【主要化学成分】含有大量具有很强抗氧化作用的成分 β－胡萝卜素、黄体素、维生素 A、维生素 C、硒、十六烷、谷胱甘肽、葡聚糖苷、蛋白质、脂肪、糖类、膳食纤维、硫胺素、核黄素、烟酸、维生素 E、钙、磷、钾、钠、镁、铁、锌、铜、锰等。

【抗癌药理作用】花椰菜的主要成分具有抗癌作用。花椰菜有天然化学物质，有助于修复细胞内的 DNA，可阻止正常细胞转化为恶性肿瘤细胞，对胃癌细胞的生长和细胞癌化等有抑制作用。

【性味归经】甘、平；入肝、脾经；解毒、消食；用于治疗食欲不振、胸闷腹胀、食积。

【毒性】无毒。

【抗癌应用】

1. 用法用量：花椰菜已被各国营养学家列入人们的抗癌食谱。花椰菜含有抗氧化、防癌症的微量元素，长期食用可以减少乳腺癌、直肠癌及胃癌等癌症的发病几率。（百度百科）

2. 药剂药方：

（1）治疗直肠癌。

菜花、木槿花、黑木耳、地榆、地锦草各 9g，木贼草 6g，无花果、甜瓜子、墓头回、血见愁各 15g，水煎服。（《抗癌植物药及其验方》）

（2）预防前列腺癌、大肠癌、乳腺癌。

花椰菜大量食用。（《抗癌植物药及其验方》）

92 荠菜

荠菜 (*Capsella bursa - pastoris*)，别名菱角菜、耳勺菜，为十字花科一年或二年生草本植物。茎直立，单一或从下部分枝；基生叶丛生呈莲座状，大头羽状分裂，茎生叶窄披针形或披针形，抱茎；总状花序顶生及腋，花瓣白色；短角果倒三角形或倒心状三角形；种子2行，浅褐色。花果期为4~6月。

【生境　分布】主要生长于田边和路旁；潮汕各地均有分布。

【主要化学成分】含草酸、酒石酸、苹果酸、丙酮酸、对氨基苯磺酸、延胡索酸、精氨酸、天冬氨酸、脯氨酸、蛋氨酸、亮氨酸、谷氨酸、甘氨酸、丙氨酸、胱氨酸、半胱氨酸、蔗糖、山梨糖、乳糖、氨基葡萄糖、山梨糖醇、甘露醇、侧金盏花醇、钾、钙、钠、铁、氯、磷、锰、胆碱、乙酸胆碱、马钱子碱、皂苷、芦丁、橙皮苷、香叶木苷、刺槐乙素、黑芥子苷、谷固醇等。

【抗癌药理作用】对动物肿瘤以及致癌物诱发的肿瘤有抑制作用。

【性味归经】甘、平；入肝、心、肺经；和脾益胃、利水消肿、止血活血、凉肝明目；用于治疗胃脘疼痛、痢疾、水肿、淋证、吐血、便血、血崩、目赤。

【毒性】无毒。

【抗癌应用】

1. 用法用量：0.5~2两。(《全国中草药汇编》)

2. 药剂药方：

(1) 治疗胃贲门癌。

金刚刺、荠菜各2 500g，蛇莓1 250g，枳壳500g，广木香250g，水煎煮，过滤，加蔗糖，约得4 000ml。口服，每次50ml，每日3次。(《实用抗癌验方》)

(2) 治疗胰腺癌。

鲜佛甲草120g，鲜荠菜180g，(两者干品均可减半)。水煎，早晚分服，每日1剂，服3周为1个疗程，也可连续服用。(《千家妙方》)

(3) 治疗肝癌。

野荠菜根、天性草根各90g，分别水煎服，上午服天性草根，下午服野荠菜根，每日1剂。(《抗癌中药一千方》)

93 萝卜

萝卜（*Raphanus sativus*），别名菜头、莱菔，为十字花科二年或一年生草本植物。直根肉质，长圆形、球形或圆锥形，外皮绿色、白色或红色；茎有分枝，无毛，稍具粉霜；基生叶和下部茎生叶大头羽状半裂，上部叶长圆形，有锯齿或近全缘；总状花序顶生及腋生，花白色或粉红色；长角果圆柱形；种子卵形，微扁。花期为4～5月，果期为5～6月。

【生境　分布】潮汕各地均广泛栽培，主要生长在富含腐殖质、土层深厚、排水良好、疏松透气的土壤中。

【主要化学成分】含葡萄糖、蔗糖、果糖、香豆酸、咖啡酸、阿魏酸、苯丙酮酸、龙胆酸、羟基苯甲酸、多种氨基酸、维生素C、锰、硼、莱菔苷、挥发油、芥酸、亚油酸、亚麻酸、芥子酸甘油酯、莱菔素等。

【抗癌药理作用】

1. 萝卜所含的酶类能将亚硝胺分解，使致癌物质失去作用。

2. 萝卜所含的抗癌物质吲哚可抑制动物肿瘤的生长，所含的纤维木质素能明显抑制小鼠癌细胞的增殖，并能杀灭小鼠体内80%的癌细胞。

3. 萝卜所含的大量维生素C亦有抑制癌细胞生长的作用。

【性味归经】辛、甘、凉；入肺、胃经；消积滞、化痰热、下气、宽中、解毒；用于治疗食积胀满、痰咳失音、吐血、衄血、消渴、痢疾、偏头痛。

【毒性】无毒。

【抗癌应用】

1. 用法用量：内服：捣汁饮，1～3两；煎汤或煮食。外用：捣敷或捣汁滴鼻。（《中药大辞典》）

2. 药剂药方：

（1）治疗肝癌湿热。

空心萝卜60g，煎茶时时饮之。（《实用抗癌验方》）

（2）治疗食管癌、贲门癌吞咽不顺。

萝卜汁100g～150g（或加姜汁25g），蜂蜜50g，兑入温开水或米汤1杯，频频呷下。（《抗癌食物中药》）

（3）治疗肝癌。

萝卜叶20g，萝卜子30g，牛肉40g，水煮熟食，常服。（《癌症秘方验方偏方大全》）

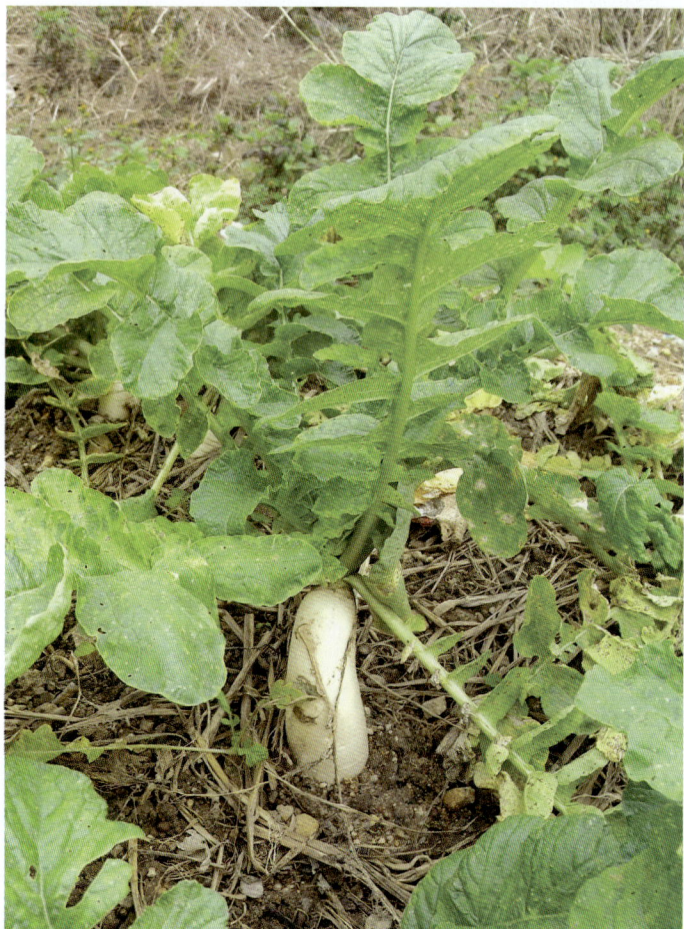

94 佛甲草

佛甲草（*Sedum lineare*），别名指甲草、鼠牙半支莲、瓜只玉（潮州），为景天科多年生草本植物。茎高 10～20cm；多为 3 叶轮生，叶线形，先端钝尖，基部无柄；花序聚伞状，顶生，疏生花，花瓣数量为 5，黄色，披针形；菁葵略叉开；种子小。花期为 4～5 月，果期为 6～7 月。

【生境　分布】主要生长于山坡岩石上、路旁、山沟边等处；分布于普宁、揭西。

【主要化学成分】含金圣草素、红车轴草素、香豌豆苷、谷固醇等。

【抗癌药理作用】动物实验证明其有抑制肿瘤和癌细胞的作用。

【性味归经】甘、淡、寒；入心、肺、肝、脾经；解毒消肿、清热利湿；用于治疗疮毒、疔疮走黄、毒蛇伤、丹毒、白痢、黄疸。

【毒性】微毒。

【抗癌应用】

1. 用法用量：外用：适量，鲜品捣敷；或捣汁含漱、点眼。内服：煎汤，9～15g，鲜品 20～30g；或捣汁。（《中华本草》）

2. 药剂药方：

（1）治疗胰腺癌。

①佛甲草 60～120g，荠菜 90～180g，（均鲜品，干品减半）。加水同煎，早晚分服。（《抗癌食药本草》）

②金银花 15g，鱼腥草、白毛藤、荠菜各 30g，木香、麦冬、延胡索各 9g，佛甲草 60g，水煎服，每日 1 剂。（《抗癌中药大全》）

（2）治疗胰腺癌、食管癌、胆管癌。

佛甲草 250g，先用水泡，再煎服热汁，每日 1 剂。（《抗癌食药本草》）

（3）治疗胃癌。

佛甲草 90g，捣烂冲入冷开水少许，绞汁置杯内加冰糖少许，隔水炖开，分 2 次服；或佛甲草 90g，水煎（也可加瘦肉同煎）服。（《福州中草药临床手册》）

（4）治疗口腔癌、唇癌、舌癌。

佛甲草汁 12g，玫瑰蜜 30g，没药 6g，龙脑 15g，研末摊于棉纱布上，贴患处，常常替换。（《抗癌中药大全》）

（5）治疗喉癌。

佛甲草不拘量捣汁，加陈京墨磨汁，和匀漱喉，咽下，每日 4～5 次。（《抗癌良方》）

（6）治疗肺癌。

①鲜佛甲草 30～60g，昆布、海带、桑白皮、夏枯草各 15g，黄芩、山栀子、连翘各 9g，金银花 12g，生石膏 30g，水煎服，每日 1 剂。（《实用抗癌验方》）

②白毛藤、狗牙半支（佛甲草）各 50g，水煎服，每日 1 剂。（《实用抗癌验方》）

（7）治疗鼻咽癌。

鲜佛甲草 30～60g，昆布、海藻、玄参、生地黄各 12g，夏枯草、旱莲草各 15g，川楝子、白芍各 9g，青黛 3g，水煎服，每日 1 剂，2～3 次分服。（《抗癌食药本草》）

（8）治疗子宫颈癌。

鲜白英藤、山楂炭、土茯苓、红枣各 30g，鲜佛甲草 45g，虎杖 15g，制龟板 24g，水煎服，每日 1 剂。（《抗癌中草药制剂》）

95 常山

常山（*Dichroa febrifuga*），别名土常山、鸡骨常山，为虎耳草科灌木。小枝圆柱状或稍具四棱，常呈紫红色；叶形状大小变异大，常椭圆形、倒卵形、椭圆状长圆形或披针形；伞房状圆锥花序顶生，有时叶腋有侧生花序，花蓝色或白色，花瓣长圆状椭圆形，稍肉质，花后反折；浆果，蓝色；种子具网纹。花期为2～4月，果期为5～8月。

【生境　分布】主要生长于林荫湿润山地；分布于普宁、揭西、揭阳、饶平。

【主要化学成分】含常山碱甲、常山碱乙、常山碱丙（三者为互变异构体）、常山次碱、4-喹唑酮、伞花内酯、常山素B、三甲胺等。

【抗癌药理作用】常山总碱对小鼠艾氏腹水癌、肉瘤S180及腹水型肝癌有抑制作用。

【性味归经】苦、辛、寒；入肺、肝、心经；截虐、截痰；用于治疗疟疾。

【毒性】有毒。

【抗癌应用】

1. 用法用量：5～9g。（《中国药典》）

2. 药剂药方：

治疗胃癌：常山、威灵仙、陈皮、砂仁、茯苓各10g，三七1.5g（研冲），枸杞子、山药、白术各12g，丁香8g，党参15g，黄芪20g，甘草6g，水煎服，每日1剂，连服10～30剂。（《抗肿瘤中草药彩色图谱》）

96 虎耳草

虎耳草（*Saxifraga stolonifera*），别名老虎耳、金丝芙蓉、丝线吊芙蓉，为虎耳草科多年生草本植物。匍枝细长，密被卷曲长腺毛，具鳞片状叶，茎被长腺毛，具 1~4 枚苞片状叶；基生叶具长柄，叶片近心形、肾形至扁圆形，浅裂，边缘具不规则齿牙和腺睫毛，茎生叶披针形；聚伞花序圆锥状，花两侧对称，花瓣白色；蒴果卵圆形，先端 2 深裂，呈喙状。花期为 5~8 月，果期为 7~11 月。

【生境　分布】生于阴湿处、溪旁树荫下、山间小溪旁或岩石上；潮汕各地均有分布。

【主要化学成分】含生物碱、硝酸钾、氯化钾、熊果酚苷、熊果酸等。

【抗癌药理作用】

1. 对小鼠艾氏癌实体型 ECS 细胞有抑制作用，其所含的熊果酸对体外肝癌细胞的培养有非常显著的抑制率，并能延长荷艾氏腹水癌小鼠的生命。

2. 强心作用：对离体蛙心滴加虎耳草压榨的鲜汁滤液或 1∶1 乙醇提取液 0.01ml，均显示一定的强心作用。

【性味归经】辛、苦、微寒；入肺、肝经；清热解毒、凉血止血、消肿散结；用于治疗中耳炎、无名肿毒、咳嗽、风疹、丹毒、肿痛、崩漏、痔疮。

【毒性】小毒。

【抗癌应用】

1. 用法用量：3~5 钱，外用适量。（《全国中草药汇编》）

2. 药剂药方：

（1）治疗胃癌。

虎耳草 15g，重楼、仙鹤草、薏苡仁、白花蛇舌草各 30g，水煎服。（《云南抗癌中草药》）

（2）治疗中耳癌。

虎耳草、薏苡仁各 15g，半枝莲 20g，金银花、茯苓、白术各 12g，北沙参 10g，甘草 3g，水煎服。（《抗肿瘤中草药彩色图谱》）

97 枫香树

枫香树（*Liquidambar formosana*），别名枫树、路路通、枫树脂，为金缕梅科落叶乔木。树皮灰褐色，方块状剥落，小枝被柔毛，略有皮孔；叶薄革质，阔卵形，掌状3裂，中央裂片较长，先端尾状渐尖，掌状脉3~5条，在上下两面均显著；雄性短穗状花序常多个排成总状，雄蕊多数，花丝不等长，雌性头状花序有花24~43朵，子房下半部藏在头状花序轴内，上半部游离；头状果序圆球形，木质，蒴果下半部藏于花序轴内，有宿存花柱及针刺状萼齿；种子多数，褐色。4月上旬开花，10月下旬果实成熟。

【生境　分布】生长于平原或丘陵地区；潮汕各地均有栽培。

【主要化学成分】含α-蒎烯、β-蒎烯、莰烯、γ-松油烯、柠檬烯、α-松油烯、倍半萜、倍半萜烯酸、苏合树烯、路路通酸、黄酮苷、酚类、糖类、桂皮醇等。

【抗癌药理作用】

1. 枫香树提取物对某些肿瘤细胞有抑制作用。体外实验显示，本品对癌细胞的生长有一定抑制作用。

2. 果序能明显促进大鼠甲醛化关节炎肿胀的消退，并能治疗蛋清性关节炎。

【性味归经】苦、平；入肝、胃经；祛风通络、利水除湿；用于治疗乳汁不通、月经不调、风湿关节痛、腰腿痛、小便不利、荨麻疹、胃脘痛。

【毒性】无毒。

【抗癌应用】

1. 用法用量：根内服：煎汤，0.5~1两；或捣汁。外用：捣敷。皮内服：煎汤，1~2两。外用：煎水洗或研末调敷。叶内服：煎汤，鲜者0.5~1两；捣汁或烧存性研末。外用：捣敷或煎水洗。（《中药大辞典》）

2. 药剂药方：

（1）治疗脑膜瘤。

路路通30g，菊花、生石膏、桑枝各50g，蔓荆子、钩藤、贯众、白芍各20g，白僵蚕15g，葛根10g，蜈蚣1条，水煎服。（《抗癌植物药及其验方》）

（2）治疗骨肉瘤。

路路通、水红花子、地龙、盘龙参、紫草、刘寄奴、莪术、血竭各10g，威灵仙、徐长卿、透骨草各20g，水蛭、虻虫、䗪虫、黑丑各6g，水煎服。（《抗癌植物药及其验方》）

98 龙牙草

龙牙草（Agrimonia pilosa），别名仙鹤草、流明草、止血草，为蔷薇科多年生草本植物。根多呈块茎状；茎被疏柔毛及短柔毛；叶为间断奇数羽状复叶，托叶草质，绿色；花序穗状总状顶生，分枝或不分枝，花序轴被柔毛，花瓣黄色；果实倒卵圆锥形。花果期为 5～12 月。

【生境　分布】生长于山野、草坡、路旁；分布于潮州、饶平、揭西、普宁、澄海、揭阳。

【主要化学成分】含仙鹤草素、仙鹤草内酯、鞣质、固醇、有机酸、皂苷、仙鹤草酚、香草酸、鞣花酸、伪绵马素、钙、胡萝卜素、维生素 B、维生素 C、粗蛋白、粗脂肪、钾、磷、镁、钠、铁、锰、锌、铜等。

【抗癌药理作用】

1. 龙牙草水浸膏在体外对癌细胞 JTC－26 有强烈的抑制作用，抑制率达 100%。

2. 仙鹤草酚对肉瘤 S37 和鼠子宫颈癌 U14 具有明显的治疗作用。

3. 仙鹤草酚对肝癌腹水癌动物有明显的延长生命的作用。

【性味归经】辛、涩、温；入肺、大肠、肝经；收涩止痢、活血调经、解毒消肿、杀虫；用于治疗赤白痢疾、妇女闭经、肿毒、绦虫病。

【毒性】无毒。

【抗癌应用】

1. 用法用量：6～12g。外用适量。（《全国中草药汇编》）

2. 药剂药方：

（1）治疗乳腺癌。

天门冬、灵芝、龙牙草根、半枝莲、夏枯草各 30g，丽江山慈姑 15g，水煎服，每日 1 剂。（《抗癌中药大全》）

（2）治疗肺癌。

灵芝、龙牙草根、石上柏、薏苡仁、南沙参、石斛各 30g，半枝莲 60g，水煎服，每日 1 剂。（《抗癌中药大全》）

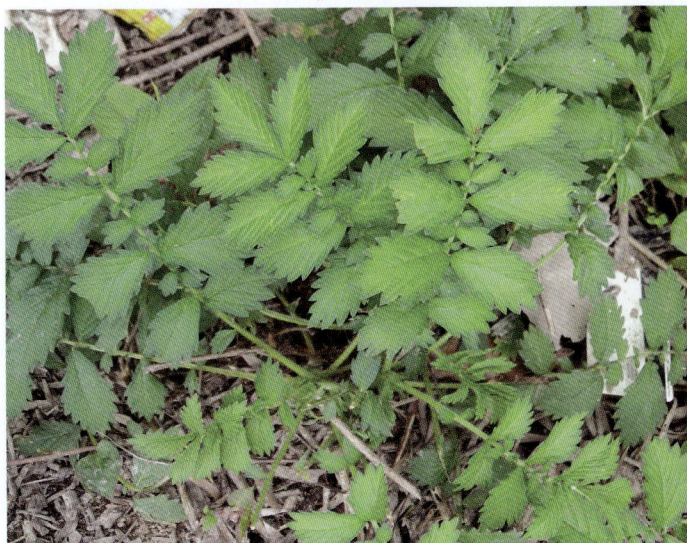

99　草莓

草莓（*Fragaia ananassa*），别名红莓、洋莓、地莓，为蔷薇科多年生草本植物。茎低于叶或近相等；叶三出，小叶具短柄，质地较厚，倒卵形或菱形；聚伞花序，有花 5～15 朵，花序下面具一短柄的小叶，花两性，花瓣白色，近圆形或倒卵椭圆形；聚合果大，鲜红色，瘦果尖卵形。花期为 4～5 月，果期为 6～7 月。

【生境　分布】生长于阳光充足、疏水性好的土壤里；潮汕各地均有栽培。

【主要化学成分】含鞣花酸、环阿廷醇、糖类、蛋白质、苹果酸、柠檬酸、维生素 B_1、维生素 B_{12}、维生素 C、胡萝卜素、钙、磷、铁等。

【抗癌药理作用】草莓的根、叶和果实中都含有抗癌活性颇高的鞣花酸。草莓中所含的鞣花酸有较强的抗癌活性，可防止致癌性物质的形成，对致癌性化合物（多环芳香烃、亚硝胺盐、黄曲霉菌毒素、芳香胺）均具有较高的对抗活性。鞣花酸可使致癌物诱发的大鼠的食管癌发生率明显降低，并可抑制黄曲霉菌毒素对小鼠诱发的肺组织病变及肝癌的发生。鞣花酸可抑制因烟草烃类所诱发的小鼠皮肤癌和肺癌。鞣花酸对艾滋病病毒（HIV）的增殖也有抑制作用。

【性味归经】苦、凉；入脾、胃、肺经；消食健胃、清凉止渴、祛风、清热解毒；用于治疗风热咳嗽、百日咳、口腔炎、痢疾、尿血、疮疖。

【毒性】无毒。

【抗癌应用】

1. 用法用量：内服：煎汤，3～5 钱。外用：捣敷。（《中药大辞典》）

2. 药剂药方：

（1）治疗肺癌。

草莓全草 30g，水煎服，每日 1 剂。（《上海常用中草药》）

（2）治疗白血病。

草莓生食，每日 250g 左右，须连吃 15 日。（《抗癌中药》）

100 山楂

山楂（*Crataegus pinnatifida*），别名山里红果、酸枣、山梨，为蔷薇科落叶乔木。树皮粗糙，暗灰色或灰褐色，小枝圆柱形，老枝灰褐色；叶片宽卵形或三角状卵形，通常两侧各有 3～5 片羽状深裂片，边缘有不规则重锯齿；伞房花序具多花，花瓣倒卵形或近圆形，白色；果实近球形或梨形，深红色。花期为 5～6 月，果期为 9～10 月。

【生境 分布】生于荒山坡、溪边、路边灌木丛中；普宁有栽培。

【主要化学成分】含山楂酸、酒石酸、枸橼酸、黄酮类、内酯、苷类、解脂酶、槲皮素、绿原酸、咖啡酸、齐墩果酸、苹果酸、维生素 C、核黄素、鞣质、果糖、胡萝卜素、钙、磷、铁、熊果醇、豆固醇、香草醛、延胡索酸、琥珀酸、蛋白质、脂肪等。

【抗癌药理作用】

1. 在胃液的 pH 条件下，山楂提取液能够消除合成亚硝胺的前体物质，即能阻断合成亚硝胺。山楂提取液对大鼠和小鼠体内诱癌的甲基苄基亚硝胺的合成有显著的阻断作用。

2. 山楂对黄曲霉素 BI 的致突变作用有显著的抑制效果，说明山楂可能对预防肝癌有作用。

【性味归经】酸、甘、微温；入脾、胃、肝经；消食健胃、行气散瘀；用于治疗肉食积滞、胃脘胀满、泻痢腹痛、瘀血闭经、产后瘀阻、心腹刺痛、疝气疼痛、高脂血症。

【毒性】无毒。

【抗癌应用】

1. 用法用量：9～12g。（《中国药典》）内服：煎汤，3～10g；或入丸、散。外用：适量，煎水洗或捣敷。（《中华本草》）

2. 药剂药方：

（1）治疗胃癌。

焦山楂、乌梅各 500g，炒山药 2000g，茯苓 250g，共研为末。另以卤水 4000ml 煎至 400ml，与药末混合，炼蜜为丸，每丸重 6g。每日服 3 丸，早、中、晚饭前饭后各服半丸。（《陕西中草药》）

（2）治疗胃癌、胰腺癌。

鲜山楂适量，常服。（《癌症秘方验方偏方大全》）

（3）治疗子宫绒毛膜上皮癌。

露蜂房 10g，当归、穿山甲珠各 15g，知母 20g，丹参 25g，山楂 30g，水煎服，每日 1 剂，5 剂为 1 个疗程。（《实用抗癌验方》）

（4）治疗卵巢癌。

山楂 30g，益母草 15g，当归、延胡索、紫草各 9g，川芎 6g，水煎服，每日 1 剂。（《抗癌中药大全》）

（5）治疗鼻咽癌。

瘦猪肉、山楂、石上柏各 50g，加水 1500ml，煮熟，吃肉喝汤，每日 1 剂。连服 7 日为 1 个疗程，休息 3 日，再用，可服用 10 个疗程。（《癌症秘方验方偏方大全》）

101 蛇莓

蛇莓（*Duchesnea indica*），别名鸡冠果、地莓、蛇含草，为蔷薇科多年生草本植物。根茎短，粗壮，匍匐茎多数；小叶片倒卵形至菱状长圆形；花单生于叶腋，花瓣倒卵形，黄色，花托在果期膨大，海绵质，鲜红色，有光泽；瘦果卵形。花期为6~8月，果期为8~10月。

【生境　分布】生长于山坡草丛、田边及路旁；潮汕各地均有分布。

【主要化学成分】含甲氧基去氢胆固醇、低聚缩合鞣质、没食子酸、己糖、戊糖、糖醛酸、蛋白质、熊果酸、委陵菜酸、野蔷薇葡萄糖酯、刺梨苷、杜鹃素、硬脂酸、白桦苷等。

【抗癌药理作用】体外实验表明，蛇莓水提取物对癌细胞生长有较强的抑制作用，经过对60种中草药的粗筛，发现蛇莓有较强的抗癌作用。

【性味归经】甘、苦、寒；入肺、肝、大肠经；清热解毒、散瘀消肿、凉血止血；用于治疗热病惊痫、咳嗽、吐血、咽喉肿痛、痢疾、痈肿疔疮、蛇虫咬伤、感冒、黄疸、目赤、口疮、跌打肿痛。

【毒性】小毒。

【抗癌应用】

1. 用法用量：0.3~1两；外用适量，鲜品捣烂外敷。（《全国中草药汇编》）

2. 药剂药方：

（1）治疗各种癌症。

蛇莓9~30g，水煎服。（《中药大辞典》）

（2）治疗肺癌。

蛇莓15~30g，龙葵、蜀羊泉、山海螺、鱼腥草、杏香兔耳风各30g，水煎分服。（《中医肿瘤学》）

（3）治疗食管癌。

①蛇莓15~30g，龙葵、蜀羊泉、半枝莲、石见穿、石打穿各30g，水煎分服。（《中医肿瘤学》）

②蛇莓、白花蛇舌草各30g，山豆根15g，水煎服。（《中国民间单验方》）

（4）治疗胃癌。

①白英、蛇莓、龙葵各30g，丹参15g，当归、郁金各9g，水煎服。（《抗癌中药大全》）

②蛇含草60g，天茄、白毛藤、薏苡仁各30g，半夏15g，水煎服。（《云南抗癌中草药》）

（5）治疗乳腺癌。

蛇莓15~30g，蒲公英、龙葵、蜀羊泉各30g，七叶一枝花、薜荔果各15g，水煎分服。（《中医肿瘤学》）

（6）治疗卵巢癌。

白毛藤、龙葵、马鞭草、蛇莓各37.5g，水煎服，每日1剂，早、晚空腹服用。（《实用抗癌验方》）

102 枇杷

枇杷（*Eriobotrya japonica*），别名卢橘，为蔷薇科常绿小乔木。小枝粗壮，黄褐色，密生锈色或灰棕色绒毛；叶片革质，披针形、倒披针形、倒卵形；圆锥花序顶生，具多花，总花梗和花梗密生锈色绒毛，花瓣白色，长圆形或卵形；果实球形或长圆形，黄色或橘黄色，外有锈色柔毛；种子球形或扁球形。花期为 10 ～ 12 月，果期为 5 ～ 6 月。

【生境　分布】常栽种于村边、平地或坡地；潮汕各地均有分布。

【主要化学成分】含皂苷、苦杏仁苷、乌索酸、齐墩果酸、丁香素、枸橼酸盐、鞣质、维生素 B_1、维生素 C、微量砷、苦杏仁苷、脂肪油、蜡醇等。

【抗癌药理作用】

1. 枇杷叶的氰酸配糖体（苦杏仁苷）治疗癌症效果明显。苦杏仁苷水解产生苯甲醛，据报道，此物质是强效抗癌药物。

2. 苦杏仁苷能分离出氢氰酸，且有一定的止咳、镇痛作用。

3. 苦杏仁苷水解产生苯甲醛在消化道内有抑制酵母的作用，防止发酵。

4. 枇杷叶的油脂质有轻度祛痰作用。

5. 动物实验证明，枇杷叶水煎液及其乙酸乙酯提取部分有抑菌、平喘和祛痰作用。

6. 抑菌实验：枇杷叶及其乙酸乙酯提取部分对白色葡萄球菌、金黄色葡萄球菌、肺炎双球菌及福氏痢疾杆菌均有较明显的抑制作用。

【性味归经】苦、微寒；入肺、胃经；清热化痰、止咳平喘、和胃降逆、清热解毒；用于治疗风热痰咳、气喘、胃热呕哕、痈疮。

【毒性】无毒。

【抗癌应用】

1. 用法用量：内服：生食或煎汤，30 ～ 60g。（《中华本草》）

2. 药剂药方：

（1）治疗皮肤癌。

枇杷叶火烤后贴患处，每日 3 次。（《抗癌食药本草》）

（2）治疗肺癌。

枇杷叶、鱼腥草、通光散、猪苓、薏苡仁、白花蛇舌草各 30g，水煎服。（《云南抗癌中草药》）

（3）治疗子宫颈癌。

枇杷叶切细，以湿粗纸包裹，于灰中煨热，装入布袋，趁热温熨患处，冷则换，每日 2 ～ 3 次。（《一味中药巧治病》）

（4）治疗阴茎癌。

枇杷叶 50g，水煎代茶，每日 1 剂。（《实用抗癌验方》）

103 梅

梅（*Prunus mume*），别名乌梅、青竹梅、酸梅树，为蔷薇科小乔木。树皮浅灰色；小枝绿色，光滑无毛；叶片卵形或椭圆形，先端尾尖，基部宽楔形至圆形，叶边常具小锐锯齿；花单生或有时2朵同生于1芽内，香浓，先叶开放，花瓣倒卵形，白色至粉红色；果实近球形，黄色或绿白色，被柔毛，核椭圆形。花期为冬春季，果期为5～6月。

【生境 分布】生于阳光充足、排水良好的砂质壤土；潮汕各地均有栽培。

【主要化学成分】含枸橼酸、苹果酸、草酸、琥珀酸、延胡索酸、苯甲醛、苯甲醇、棕榈酸、苦杏仁苷、苦味酸、超氧化物歧化酶（SOD）。

【抗癌药理作用】

1. 体外实验显示，梅对癌细胞生长有抑制作用。

2. 梅具有抑制人原始巨核白血病细胞和人早幼粒白血病细胞生长的作用。

3. 梅对豚鼠的蛋白质过敏性及组织胺休克具有对抗作用。

【性味归经】酸、涩、平；入肝、脾、肺、大肠经；敛肺、涩肠、生津、安蛔；用于治疗肺虚久咳、久痢滑肠、虚热消渴、胆道蛔虫症。

【毒性】无毒。

【抗癌应用】

1. 用法用量：内服：煎汤，0.8～1.5钱；或入丸、散。外用：煅研干撒或调敷。（《中华本草》）

2. 药剂药方：

（1）治疗食管癌、胃癌。

乌梅、半枝莲各100g。半枝莲加水1 000ml，煎成750ml，过滤去渣；乌梅放入500ml水中浸泡24小时，再煮沸半小时去渣，浓缩成50ml，倾入半枝莲煎剂中即成。每次服50ml，每日3次。（《癌症秘方验方偏方大全》）

（2）治疗食管癌。

乌梅27个，卤水600ml。将卤水煎沸，加入乌梅，再用小火煮20分钟，取汁，每次5ml，饭前、饭后各服1次，每日6次。（《中国民间单验方》）

（3）治疗胃癌。

鲜乌梅，常服。（《癌症秘方验方偏方大全》）

（4）治疗皮肤癌。

乌梅50g，熟地黄10g（以上两味煅成炭），轻粉3g，碾粉和匀，撒在肿瘤表面。（《江西中医药》1988年第2期）

（5）治疗阴茎癌、子宫颈癌。

取卤水1 000ml，加乌梅27个，放砂锅或搪瓷缸内，煮沸后细火持续20分钟，放置24小时过滤备用。服用时，禁吃红糖、白酒、酸、辣等物。口服，每次3ml，饭前、饭后各服1次，每日6次。（《全国中草药汇编》）

（6）治疗肠癌。

①乌梅、僵蚕、穿山甲、丹参、茯苓、白术各15g，甘草10g，水煎服。（《抗癌植物药及其验方》）

②乌梅30g、绿茶15g、甘草10g，水煎过滤，取汤液100ml保留灌肠。（《抗癌植物药及其验方》）

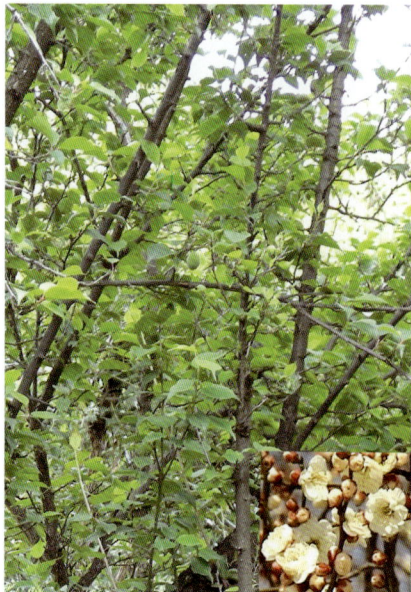

104 桃

桃（*Prunus persica*），别名桃花，为蔷薇科乔木。树皮暗红褐色，老时粗糙呈鳞片状；小枝细长，无毛，具大量小皮孔；叶片长圆披针形、椭圆披针形或倒卵状披针形，先端渐尖，基部宽楔形，叶边具细锯齿或粗锯齿；花单生，先叶开放，花瓣长圆状椭圆形至宽倒卵形，粉红色；果实卵形、宽椭圆形或扁圆形；核大。花期为3~4月，果期通常为8~9月。

【生境　分布】多生长于石灰岩的山谷中；潮汕各地均有栽培。

【主要化学成分】含苦杏仁苷、苦杏仁酶、尿囊素酶、乳糖酶、维生素 B_1、桃苷、柚素、儿茶精、奎宁酸、番茄红、胡萝卜素、蛋白质、脂肪、糖类、粗纤维、钙、磷、铁、硫胺素、核黄素、烟酸、维生素 C、苹果酸、柠檬酸、葡萄糖、果糖、蔗糖、木糖。

【抗癌药理作用】

1. 桃仁体外实验显示，其对肿瘤细胞有抑制作用，对艾氏腹水癌细胞有抑制作用。

2. 苦杏仁苷能帮助体内胰蛋白酶消化癌细胞的透明样黏蛋白，使白细胞能接近癌细胞。其水解产物的进一步代谢产物，能改善肿瘤病人的贫血症状并缓和患者的疼痛。

3. 桃叶水煎剂对小鼠肉瘤 S180 细胞有抑制作用。

【性味归经】桃仁：苦、甘、平；入心、肝、大肠经；破血行瘀、润燥滑肠；用于治疗闭经、热病蓄血、风痹、疟疾、跌打损伤、瘀血肿痛、血燥便秘。桃叶：苦、平；入脾、肾经；祛风湿、清热、杀虫；用于治疗头风、头痛、风痹、疟疾、湿疹、疮疡、癣疮。

【毒性】微毒。

【抗癌应用】

1. 用法用量：1~2钱。（《全国中草药汇编》）内服：煎汤，1~2钱；或研末；外用：捣敷或研末调敷。（《中药大辞典》）

2. 药剂药方：

（1）治疗大肠癌、子宫颈癌、膀胱癌、肺癌。

桃仁、大黄各12g，桂枝、炙甘草、芒硝（后冲）各6g，水煎服，芒硝以汤液冲服。（《抗癌良方》）

（2）治疗肝癌。

①水蛭（炒黑研末分吞）、雷丸、红花、枳实、白芍、牛膝各10g，当归15g，桃仁40粒（去皮尖），剧痛加罂粟壳10g，便秘加大黄10g，水煎服，每日1剂，疼痛缓解后隔日1剂。在以本方治疗的同时，尚以斑蝥烧鸡蛋（鸡蛋1只，打1小孔，斑蝥3只去足、头、翅，放入蛋内，一层砂纸封包，再裹以湿泥，灶火中煨熟，去斑蝥吃蛋，每日1只）和蟾蜍汤（癞蛤蟆1只，去头及内脏，剥皮，煮熟汤肉并吃下，每日1只。肝剧痛时，取蛤蟆皮敷于痛处）服用。（《实用抗癌验方》）

②王不留行150g，生牡蛎120g，全蝎、蜈蚣各10g，蟾蜍10只，桃叶5 000g，煎膏外敷于肿块处，每日或隔日换药1次。（《实用抗癌验方》）

（3）治疗鼻腔癌。

桃叶嫩心，杵烂塞之，经常更换。（《抗癌中药大全》）

105 李

李（*Prunus salicina*），别名嘉应子、山李子，为蔷薇科落叶乔木。树皮灰褐色，老枝紫褐色或红褐色，小枝黄红色；叶片长圆倒卵形、长椭圆形，稀长圆卵形；花通常3朵并生，花瓣白色，长圆倒卵形；核果球形、卵球形或近圆锥形，黄色或红色；核卵圆形或长圆形。花期为4月，果期为7~8月。

【生境　分布】生长于山沟路旁或灌木林内；潮汕各地均有栽培。

【主要化学成分】含赤霉素、胡萝卜类色素、叶黄素、维生素A、天门冬、谷酰胺、丝氨酸、甘氨酸、脯氨酸、苏氨酸、丙氨酸、γ-氨基丁酸等。

【抗癌药理作用】果汁所含的3-羟基-2-樱桃酮可抑制致癌物N-亚硝基化合物的形成。李子种仁含的苦杏仁苷有抑制癌细胞的作用。

【性味归经】甘、酸、平；入肝、肾经；生津、利水、清肝、退虚热；用于治疗虚劳、骨蒸发热、消渴、腹水。

【毒性】无毒。

【抗癌应用】

1. 用法用量：内服：煎汤，10~15g；鲜者，生食，每次100~300g。（《中华本草》）

2. 药剂药方：

（1）治疗癌性发热。

李子100~200g，去核捣碎，绞取汁液，加蜂蜜少许服用。（《抗癌植物药及其验方》）

（2）治疗肝癌腹水。

鲜李子，食用，不拘多少。（《抗癌中药大全》》）

（3）治疗前列腺癌。

李树根30g，水酒煎服。（《滇南本草》）

106 月季

月季（*Rosa chinensis*），别名月月红、月桂花，为蔷薇科直立灌木。小枝粗壮，圆柱形，近无毛，有短粗的钩状皮刺或无刺；小叶 3~5，稀 7，小叶片宽卵形至卵状长圆形，先端渐尖，基部近圆形或宽楔形，边缘有锐锯齿，两面近无毛，顶生小叶片有柄，侧生小叶片近无柄，总叶柄较长，有散生皮刺和腺毛；花几朵集生，稀单生，花瓣重瓣至半重瓣，红色、粉红色至白色，倒卵形，先端有凹缺，基部楔形；果卵球形或梨形，红色。花期为 4~9 月，果期为 6~11 月。

【生境　分布】生长于山坡或路旁；潮汕各地均有栽培。

【主要化学成分】含香茅醇、橙花醇、丁香油酚、苯乙醇、壬醇、苯甲醇、芳樟醇、乙酸苯乙酯、槲皮苷、苦味质、鞣质、脂肪油、没食子酸、红色素、黄色素、蜡质、β－胡萝卜素等。

【抗癌药理作用】体外实验显示，其有抑制肿瘤细胞的作用。本品所含没食子酸对吗啉加亚硝酸钠所致的小鼠肺腺瘤有强抑制作用。

【性味归经】甘、温；入肝经；活血调经、消肿解毒；用于治疗月经不调、经来腹痛、跌打损伤、血瘀肿痛、痈疽肿毒。

【毒性】无毒。

【抗癌应用】

1. 用法用量：花 1~2 钱；根 3~5 钱；鲜花或叶外用适量，捣烂敷患处。（《全国中草药汇编》）

2. 药剂药方：

（1）治疗各种癌症。

月季花、生地黄、茯苓各 12g，玄参、白芍各 10g，石决明 30g，丹参 15g，牡丹皮 9g，甘草 4g，水煎服。（《抗肿瘤中草药彩色图谱》）

（2）治疗甲状腺癌。

月季花 12g，猫爪草 30g，丹参、夏枯草、昆布各 20g，浙贝母、牡蛎、莪术、三棱各 15g，水煎服，每日 1 剂。（《抗肿瘤中草药彩色图谱》）

107　玫瑰

玫瑰（*Rosa rugosa*），别名刺玫花、湖花，为蔷薇科直立灌木。茎粗壮，丛生；小枝密被绒毛，并有针刺和腺毛，有直立或弯曲、淡黄色的皮刺；小叶 5～9，小叶片椭圆形或椭圆状倒卵形，先端急尖或圆钝，基部圆形或宽楔形，边缘有尖锐锯齿，上面深绿色，无毛，叶脉下陷，有褶皱，下面灰绿色，中脉突起；花单生于叶腋，或数朵簇生，花瓣倒卵形，重瓣至半重瓣，芳香，紫红色至白色；果扁球形。花期为 5～6 月，果期为 8～9 月。

【生境　分布】生长于肥沃的沙质土壤；潮汕各地均有栽培。

【主要化学成分】含左旋香茅醇、香叶醇、苯乙醇、壬醛、芳樟醇、丁香酚、橙花醇、枸橼醛、槲皮素、鞣质、芳香油、没食子酸、花青苷—矢车菊双苷、β-胡萝卜素、黄色素、维生素C、葡萄糖、果糖、蔗糖、木糖、枸橼酸、苹果酸、奎尼酸、异槲皮苷等。

【抗癌药理作用】体外实验显示，本品有抑制肿瘤细胞生长的作用。

【性味归经】甘、微苦、温；入肝、脾经；理气解郁、和血散瘀；用于治疗肝胃气痛、吐血咯血、月经不调、赤白带下、痢疾、乳痈、肿毒。

【毒性】无毒。

【抗癌应用】

1. 用法用量：1.5～6g。（《中国药典》）

2. 药剂药方：

（1）治疗胃癌、肝癌、乳腺癌。

玫瑰花研末，开水冲服，每次服 1～1.5g。（《中医肿瘤学》）

（2）治疗乳腺癌。

玫瑰花、橘叶、白僵蚕、山慈姑各30g，川郁金、青皮、陈皮、赤芍、白芍、当归各60g，瓜蒌120g，共研为细末，炼蜜为丸，每丸重6g。口服，每次2丸，每日3次。（《中医肿瘤学》）

（3）治疗恶性淋巴瘤。

玫瑰花6g，炒白术、黄药子、八月札各12g，制苍术、橘皮、橘叶各9g，水红花子30g，天龙3条，水煎服，每日1剂，分3次服用。（《肿瘤的辨证施治》）

108 儿茶

儿茶（*Acacia catechu*），别名儿茶膏、孩儿茶、黑儿茶，为豆科落叶小乔木。树皮棕色，常呈条状薄片开裂，但不脱落；小枝被短柔毛；二回羽状复叶；托叶下面常有一对扁平、棕色的钩状刺或无，叶轴被长柔毛；穗状花序，花淡黄或白色；荚果带状，棕色，有 3～10 颗种子。花期为 4～8 月，果期为 9 月至翌年 1 月。

【生境　分布】适宜种植在温暖的地方，耐旱、耐寒、抗瘠、忌积水；潮汕各地均有栽培。

【主要化学成分】含儿茶鞣酸、儿茶精、鞣红鞣质、非瑟素、槲皮素、槲皮万寿菊素、山柰酚、二氢山柰酚、花旗松素、异鼠李素、双聚原矢车菊素、黄曲霉毒素、脂肪、树胶、类胡萝卜素等。

【抗癌药理作用】体外实验显示，儿茶对艾氏腹水癌有抑制作用。儿茶精有抗放射、增加白细胞和抗肿瘤作用，并因能抑制瘤细胞与纤维蛋白粘连而阻止瘤细胞的扩散。

【性味归经】苦、涩、微寒；入心、肺经；收湿、生肌、敛疮；用于治疗溃疡不敛、湿疹、口疮、跌打伤痛、外伤出血。

【毒性】无毒。

【抗癌应用】

1. 用法用量：内服：煎汤，0.3～1 钱；或入丸、散。外用：研末撒或调敷。（《中药大辞典》）

2. 药剂药方：

（1）治疗胃癌。

①干蟾粉、儿茶各 50g，明雄黄 25g，共研为细末，面糊为丸，如大豆粒大。口服，每次 3 丸，每日 3 次，1 周后改为每次 3 丸，每日 4 次。另用生薏苡仁 1kg，每日早晨用薏苡仁 30g 煮粥顿服。（《抗癌食药本草》）

②干蟾皮、儿茶各 0.5g，延胡索 0.3g，云南白药 0.4g。上药共研为细末，口服，每次 1g，每日 1 次。1 周后每次增量至 1.2g，2 周后每次增量至 1.4～1.5g，3 周为 1 个疗程。（《肿瘤的辨证施治》）

（2）治疗扁桃体鳞状细胞癌。

山豆根、山慈姑各 120g，孩儿茶、杏仁各 150g，急性子 50g，共研为细末，炼蜜为丸，每丸重 3g，含化，徐徐咽下，每日 6 粒。（《抗癌中药大全》）

109　合欢

合欢（*Albizia julibrissin*），别名夜合树，为豆科落叶乔木。小枝有棱角，嫩枝、花序和叶轴被绒毛或短柔毛；二回羽状复叶，总叶柄近基部及最顶 1 对羽片着生处各有 1 枚腺体；羽片 4～12 对；头状花序于枝顶排成圆锥花序，花粉红色，花萼、花冠外均被短柔毛；荚果带状。花期为 6～7 月，果期为 8～10 月。

【生境　分布】生长于山谷、林缘及坡地；潮汕各地栽于庭院中或为行道树。

【主要化学成分】含合欢三萜内酯、皂苷、鞣质、合欢氨基、槲皮苷、维生素 C 等。

【抗癌药理作用】从合欢皮分离出多糖，用于诊断抗癌活性实验，实验显示其对小鼠移植性 S180 肉瘤有 73.0% 的抑制率。

【性味归经】甘、平；入心、肝经；解郁、和血、宁心、消痈肿；用于治疗心神不安、忧郁失眠、肺痈、痈肿、瘰疬、筋骨折伤。

【毒性】无毒。

【抗癌应用】

1. 用法用量：4.5～9g。（《中国药典》）内服：煎汤，1～3 钱；或入丸、散。《（中药大辞典》）

2. 药剂药方：

（1）治疗乳腺癌。

全瓜蒌 30g，当归 15g，白僵蚕、山慈姑、赤芍、鲜橘叶、青皮、郁金、合欢皮各 10g，水煎服，每日 1 剂。（《抗癌中草药大辞典》）

（2）治疗脑肿瘤。

制马钱子 1.5g，合欢花 4.5g，白茅根、白毛藤各 15g，老君须、海藻、白僵蚕、白蒺藜、藁本各 9g，水煎服，每日 1 剂。（《抗癌良方》）

110 榼藤

榼藤（*Entada phaseoloides*），别名榼藤子、过岗龙、皮带藤，为豆科常绿、木质大藤本。茎扭旋；枝无毛；二回羽状复叶，羽片通常 2 对，顶生 1 对羽片变为卷须，小叶 2～4 对，对生，革质；穗状花序，单生或排成圆锥花序式，花细小，白色，密集，略有香味；荚果长达 1 米，弯曲，扁平，木质，成熟时逐节脱落，每节内有 1 粒种子；种子近圆形，扁平，暗褐色。花期为 3～6 月，果期为 8～11 月。

【生境　分布】生长于海拔 600～1 600m 的山坡灌木丛中，以及混合林中；分布于潮汕各地。

【主要化学成分】含氢氰酸、肉豆蔻酸、棕榈酸、硬脂酸、花生酸、山萮酸、油酸、亚油酸、亚麻酸、榼藤酰胺、榼藤子苷、蛋白质、糖类。

【抗癌药理作用】从种子中提出的皂苷元有抗肿瘤作用。

【性味归经】涩、甘、平；入胃、肝、大肠经；涩肠止血、解毒利湿、解药毒；用于治疗大肠风毒、血痢泻血、五痔、脱肛、黄疸、喉痹肿痛、水肿、药物中毒。

【毒性】有毒。

【抗癌应用】

1. 用法用量：内服：煎汤，15～16g；或浸酒。外用：适量，捣敷或煎水洗。（《中华本草》）

2. 药剂药方：

（1）治疗直肠癌。

榼藤子适量，烧炭存性，研末。口服，每次 6g，每日 2 次，米汤调服。（《实用抗癌草药》）

（2）治疗喉癌。

榼藤子 9g，烧研细末，分 3 次用龙葵、白英各 50g，野荞麦根、七叶一枝花各 30g，蛇莓、灯笼草各 25g 的水煎液送服。（《抗癌植物药及其验方》）

111 望江南

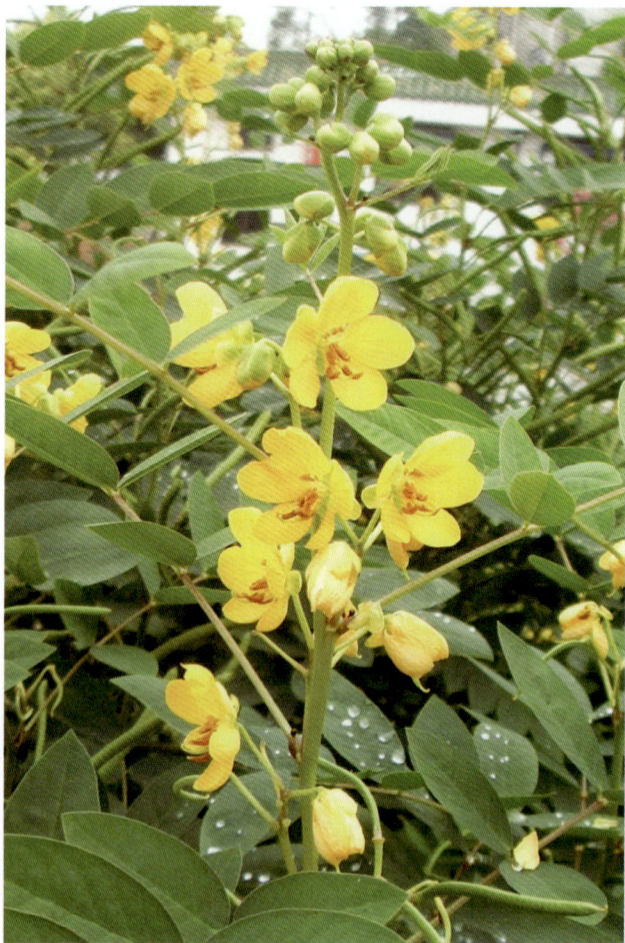

望江南（*Cassia occidentalis*），别名草决明、羊角豆、山绿豆，为豆科直立、少分枝的亚灌木或灌木。枝带草质，有棱；根黑色；小叶4~5对，膜质，卵形至卵状披针形，托叶膜质；花数朵组成伞房状总状花序，腋生和顶生，花瓣黄色；荚果带状镰形，褐色，压扁；种子30~40颗。花期为4~8月，果期为6~10月。

【生境 分布】生长于山坡、路旁、草丛以及灌木丛中；分布于潮州、南澳、潮阳、饶平、澄海、普宁。

【主要化学成分】含大黄素、柯桠素、鞣酸、毒蛋白、脂肪、黏液质、山扁豆素等。

【抗癌药理作用】

1. 望江南有抑制人体癌细胞增殖的作用。其所含成分大黄素对艾氏腹水癌细胞呼吸有明显的抑制作用。

2. 望江南种子中含大黄素，有致泻作用。

3. 根煎剂可改善消化、消除痉挛，并有驱虫作用。

【性味归经】苦、寒；入肺、肝、胃经；止咳平喘、清肝明目、和胃消食、解毒、利尿、通便；用于治疗咳喘、目赤、疗疮肿毒、虫蛇咬伤、脘腹胀满、嗳腐吞酸、血淋、热秘。

【毒性】有小毒。

【抗癌应用】

1. 用法用量：内服：煎汤，6~9g，鲜品15~30g；或捣汁。外用：适量，鲜叶捣敷。（《中华本草》）

2. 药剂药方：

（1）治疗胃癌、肝癌。

望江南9~15g，水煎服，每日1剂。（《辨证施治》）

（2）治疗肺癌、鼻咽癌、喉癌。

望江南10~15g，水煎服。或将种子研末，口服，每次1.5~3g，每日2次。（《中医肿瘤学》）

（3）治疗子宫颈癌。

望江南25g，白花牻牛儿苗20g，水煎服，或代茶饮，每日1剂。（《近世妇科中药处方集》）

（4）治疗肺癌。

鱼腥草、望江南、夏枯草、白花蛇舌草、藤梨根各30g，南沙参、穿山甲、制鳖甲各15g，水煎服，每日1剂。（《抗癌良方》）

112　决明子

决明子（*Cassia tora*），别名草决明，为豆科一年生直立亚灌木状草本植物。叶长 4～8cm，叶柄上无腺体，叶轴上每对小叶间有棒状的腺体 1 枚，小叶 3 对，膜质，倒卵形或倒卵状长椭圆形；花腋生，通常 2 朵聚生，花瓣黄色；荚果纤细，近四棱形，膜质；种子菱形，光亮。花果期为 8～11 月。

【生境　分布】生长于砂质土壤的山坡或河边，现多栽培；分布于潮州、潮阳、南澳、饶平、普宁、惠来。

【主要化学成分】含葡萄糖、黄素、大黄素甲醚、大黄酸、大黄酚、芦荟大黄素、大黄酚蒽酮、决明子内酯、甜菜碱、蛋白质、色素、脂肪油、葫芦巴碱、水苏碱、胆碱等。

【抗癌药理作用】体外筛选结果显示，其对人子宫颈癌 JTC－26 有抑制作用。本品所含大黄素、大黄酸有抗癌作用。

【性味归经】甘、苦、凉；入肝、肾、大肠经；清热明目、润肠通便；用于治疗目赤涩痛、头痛、鼓胀、热结便秘。

【毒性】无毒。

【抗癌应用】

1. 用法用量：内服：煎汤，9～15g。（《中国药典》）

2. 药剂药方：

（1）治疗眼睑腺癌。

决明子、九里光、薏苡仁各 30g，夏枯草、黄芩、半夏、辛夷花、羊蹄根各 15g，旱莲草 10g，水煎服。（《云南抗癌中草药》）

（2）治疗子宫颈癌、阴道癌。

决明子、牻牛儿苗、鱼腥草各适量，煎汤代茶饮。（《抗癌植物药及其验方》）

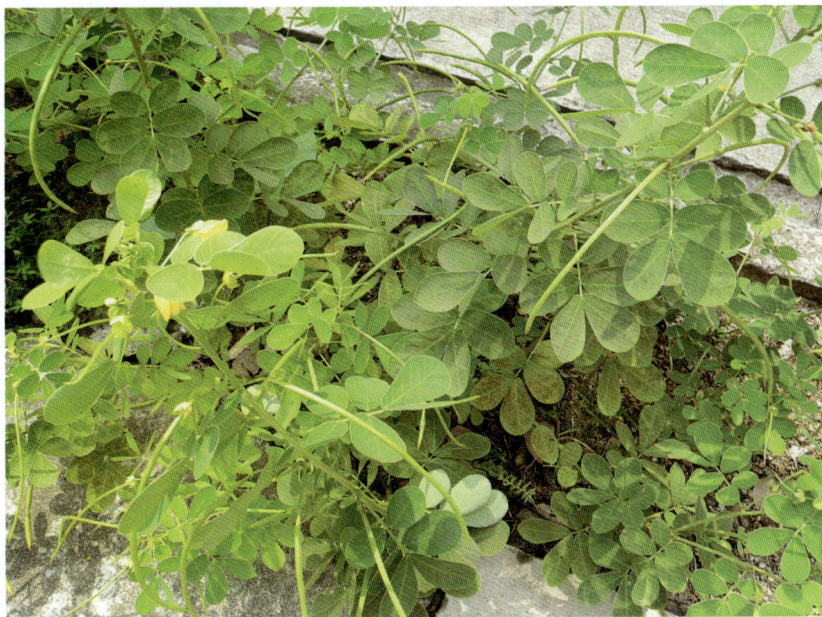

113 落花生

落花生（*Arachis hypogaea*），别名地豆、花生、长生果，为豆科一年生草本植物。根部有丰富的根瘤；茎直立或匍匐，茎和分枝均有棱；叶通常具小叶 2 对，小叶纸质，卵状长圆形至倒卵形；花冠黄色或金黄色，旗瓣开展，先端凹入，翼瓣与龙骨瓣分离，翼瓣长圆形或斜卵形，细长，龙骨瓣长卵圆形，内弯；荚果。花果期为 6～8 月。

【生境　分布】生于疏林或灌木丛中；分布于潮汕各地。

【主要化学成分】含卵磷脂、氨基酸、花生碱、甜菜碱、胆碱、维生素 B_1、泛酸、维生素 C、β-谷固醇、菜油固醇、胆固醇、木聚糖、葡萄甘露聚糖、铬、铁、锌等。

【抗癌药理作用】

1. 落花生果实的外壳中所含的木犀草素对 NK/LY 腹水癌细胞体外培养有抑制生长的作用。

2. 曾有较多报告称，服用花生对多种血凝障碍患者的出血有不同程度的缓解效果，如血友病、血小板减少性紫癜等，但对严重出血患者疗效差。

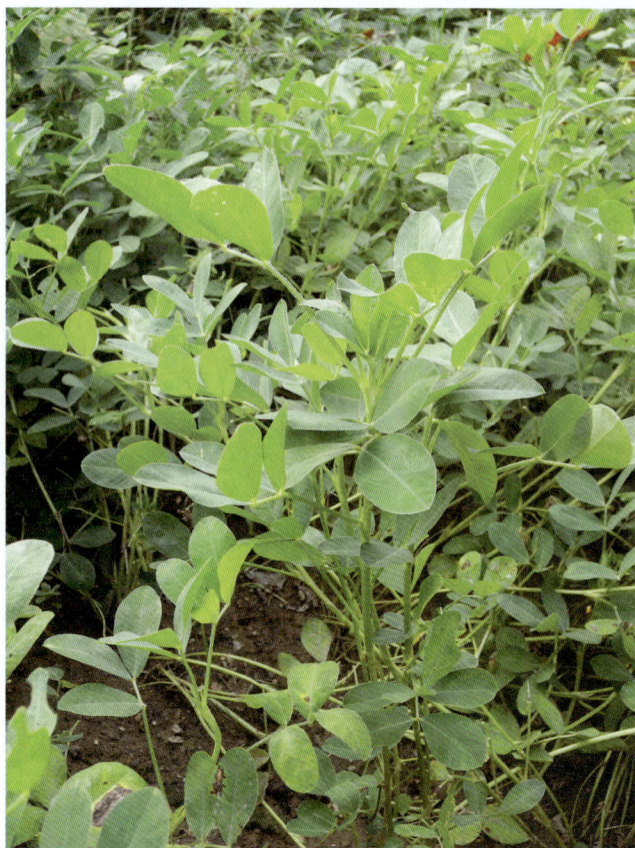

3. 从落花生中提得的花生凝集素能使经神经氨酸酶处理的红细胞凝集，也能使胸腺细胞、急性淋巴细胞性白血病细胞凝集。

【性味归经】甘、平；入脾、肺经；润肺、和胃、补脾、止血；用于治疗燥咳、反胃、脚气、乳妇奶少、血小板缺乏症。

【毒性】无毒。

【抗癌应用】

1. 用法用量：内服：煎汤，30～100g；生研冲汤，每次 10～15g；炒熟或煮熟食，30～60g。（《中华本草》）

2. 药剂药方：

（1）治疗癌症放化疗后血小板下降。

花生果衣 10g，大枣 10 枚，水煎煮食，每日 1 剂。（《中医肿瘤学》）

（2）治疗恶性肿瘤贫血。

花生仁 100g，大枣 50g，红糖适量，水煎煮食。（《食物防癌指南》）

114　刀豆

刀豆（*Canavalia gladiata*），别名关刀豆、刀板豆，为豆科缠绕草本植物。羽状复叶具 3 小叶，小叶卵形；总状花序具长总花梗，有花数朵生于总轴中部，花冠白色或粉红，旗瓣宽椭圆形，顶端凹入，翼瓣和龙骨瓣均弯曲，具向下的耳；荚果带状，略弯曲；种子椭圆形或长椭圆形，种皮红色或褐色。花期为 7~9 月，果期为 10 月。

【生境　分布】生长于气候较暖的地区；分布于潮汕各地。

【主要化学成分】含刀豆球蛋白、刀豆氨酸、尿酸、蛋白质、淀粉、可溶性糖、类脂物、纤维等。

【抗癌药理作用】刀豆素 A（ConA）有血凝活性，能刺激淋巴细胞转化，对 L7712 和 S180 实体瘤有抑制作用。

【性味归经】甘、平；入脾、胃、大肠、肾经；温中下气、益肾补气、祛痰平喘、行气止痛；用于治疗呃逆、呕吐、腹胀、腰痛、痛经。

【毒性】无毒。

【抗癌应用】

1. 用法用量：内服：煎汤，9~15g；或烧存性，研末。（《中华本草》）

2. 药剂药方：

（1）治疗肾癌。

①赤小豆、黑大豆、刀豆子各 60g，姜半夏、山楂、白术、山药各 15g，水煎服，每日 1 剂。（《实用抗癌验方》）

②刀豆子 50g，猪腰 1 个，切成腰花，与刀豆子同煮汤吃，于 1 日内分次服完。伴有血尿时，可加乌梅 2 枚，荠菜花 30g 同煎饮。（《抗癌食物中药》）

③刀豆子、生薏苡仁、赤小豆、黑豆各 60g，水煎服，每日 1 剂。（《实用抗癌验方 1000 首》）

（2）治疗食管癌、胃癌。

以老刀豆研粉，每次冲服 30g，每日 2~3 次，30 天为 1 个疗程。（《抗癌食物中药》）

（3）治疗胃癌。

刀豆子 30g，黄芪 30~50g，人参、麦冬、白术、掌叶半夏、制南星各 10g，猪苓、巴戟天、锁阳、莪术各 15g，肉桂 3g，水煎服，每日 1 剂。（《抗癌中药大全》）

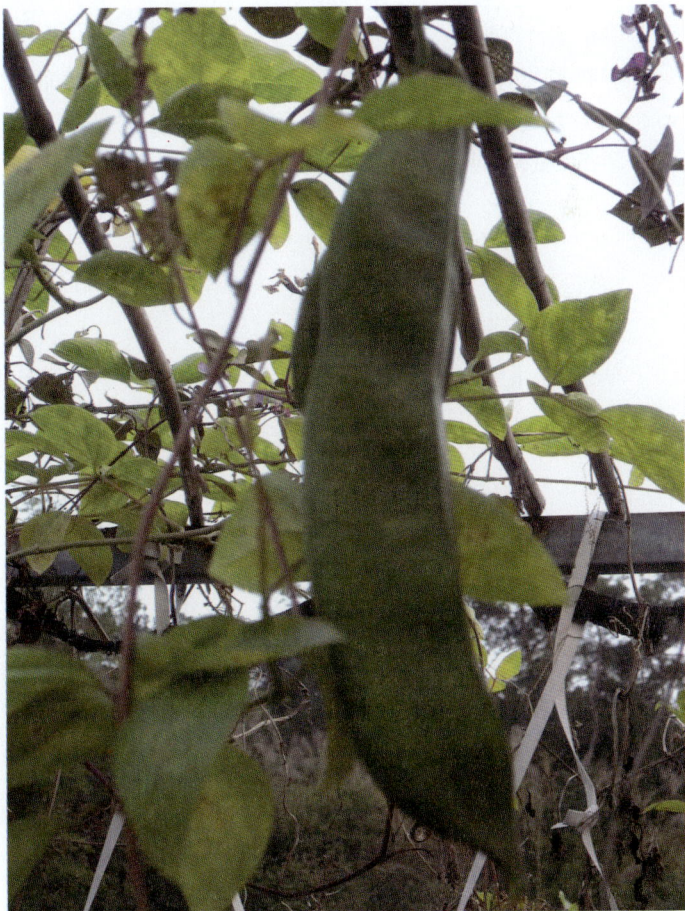

115 假地蓝

假地蓝（*Crotalaria ferruginea*），别名响铃草、黄花野百合、荷猪草，为豆科草本植物。茎直立或铺地蔓延，具多分枝，被棕黄色伸展的长柔毛；单叶，叶片椭圆形，两面被毛；总状花序顶生或腋生，有花 2～6 朵，花萼二唇形，花冠黄色，旗瓣长椭圆形，翼瓣长圆形，龙骨瓣与翼瓣等长；荚果长圆形。花果期为 6～12 月。

【生境　分布】生长于山间路旁或灌木丛中；分布于潮汕各地。

【主要化学成分】含猪屎豆碱、次猪屎豆碱、光萼猪屎豆碱、尼勒吉扔碱、猪屎青碱、β-谷固醇、木犀草素、牡荆素、有机酸、糖类、多糖、苷类、植物固醇、野百合碱等。

【抗癌药理作用】本品所含成分野百合碱对小鼠肉瘤 S180、白血病 L615、大鼠瓦克肉瘤 W256 等均有一定的抑制作用。

【性味归经】甘、微苦、平；入肺经；益气、补肾、消肿解毒；用于治疗久咳痰血、耳鸣、耳聋、梦遗、水肿、小便涩痛、石淋、乳蛾、瘰疬、疔毒、恶疮。

【毒性】无毒。

【抗癌应用】

1. 用法用量：内服：煎汤，15～30g。外用：适量，鲜品捣敷。（《中华本草》）

2. 药剂药方：

（1）治疗肺癌。

响铃草全草 15～30g，煎汤内服或炖肉服。（《抗肿瘤中药的临床应用》）

（2）治疗皮肤癌。

新鲜响铃草 60g，捣成糊状，外敷患处，每日 1 换。（《抗癌中药大全》）

116 凸尖野百合

凸尖野百合（*Crotalaria assamica*），别名大猪屎豆、大猪屎青自消容，为豆科直立高大草本植物。茎枝粗壮，圆柱形，被锈色柔毛；单叶，叶片质薄，倒披针形或长椭圆形，先端钝圆，具细小短尖，基部楔形；总状花序顶生或腋生，有花 20～30 朵，花萼二唇形，花冠黄色，旗瓣圆形或椭圆形，翼瓣长圆形，龙骨瓣弯曲，中部以上变狭形成长喙，伸出萼外；荚果长圆形；种子 20～30 颗。花果期为 5～12 月。

【生境　分布】生长于山坡灌丛、潮湿河岸边或荒地；潮汕各地均有分布。

【主要化学成分】含野百合碱、大叶猪屎青碱等。

【抗癌药理作用】

1. 对小鼠肉瘤 S180、小鼠肉瘤 S37 及淋巴肉瘤 1 号腹水型细胞的生长，有显著的抑制作用。

2. 大叶猪屎青碱对小鼠移植性肿瘤细胞具有明显的破坏作用，对瘤细胞的有丝分裂或增殖发育有较明显的抑制作用，主要在于破坏细胞的蛋白质合成和代谢，从而促进其退行性变。

3. 近年来试用于抗肿瘤有效，主要对鳞状上皮癌、基底细胞癌疗效较好。

【性味归经】苦、寒；入肺、脾经；清热凉血、解毒止痛；用于治疗发热咳嗽、吐血、疮毒、恶疮肿胀、牙痛。

【毒性】有毒。

【抗癌应用】

1. 用法用量：内服：煎汤，6～9g。外用：适量，煎水洗，或研末调敷，或捣烂敷。（《中华本草》）

2. 药剂药方：

（1）治疗皮肤癌。

①在损害面上先撒不稀释的单猪屎豆碱粉，然后再涂 10% 的单猪屎豆碱软膏。（《中西医结合资料汇编》）

②鲜大猪屎青叶适量，捣敷患处。（《抗癌植物药及其验方》）

（2）治疗胃癌。

大猪屎青叶 15g，浓煎，每日 2 次服用。（《抗癌植物药及其验方》）

（3）治疗白血病、食管癌、肺癌、皮肤癌、子宫颈癌、恶性淋巴瘤。

野百合碱注射剂，每日 100ml，静脉注射。（《抗癌植物药及其验方》）

117 野百合

野百合（*Crotalaria sessiliflora*），别名农吉利、狗铃草、鼠蛋草、紫花野百合，为豆科直立草本植物。基部常木质，单株或茎上分枝；单叶，叶片形状常变异较大，通常为线形或线状披针形，两端渐尖；总状花序顶生、腋生或密生枝顶形似头状，亦有叶腋生出单花，花冠蓝色或紫蓝色，旗瓣长圆形，翼瓣长圆形或披针状长圆形，龙骨瓣中部以上变狭，形成长喙；荚果短圆柱形。花果期为5月至翌年2月。

【生境　分布】生长于山坡草地、路边或灌丛；分布于潮汕各地。

【主要化学成分】含野百合碱、黄酮类、鞣质、树脂、油脂、黏液质、氨基酸等成分。

【抗癌药理作用】

1. 野百合水浸液和醇浸液对多种实验动物的肿瘤均有抑制作用。

2. 野百合碱能抑制人体肝癌细胞株 BEL7402 细胞、鼻咽癌 KB 细胞的生长。

【性味归经】苦、凉；入肺、肝、大肠经；清热解毒、除湿消积；用于治疗湿热黄疸、下痢、食积腹胀、痈肿疔疮。

【毒性】有毒。

【抗癌应用】

1. 用法与用量：内服：煎汤，0.5～1两。外用：捣敷。（《中华本草》）

2. 药剂药方：

（1）治疗慢性粒细胞性白血病。

野百合、地榆炭、熟地黄各15g，党参、天冬各30g，水煎服，每日1剂。（《青海常见肿瘤的防治》）

（2）治疗急性白血病、慢性白血病。

野百合、猪脾脏（烤干）各100g，研末混合，装入胶囊内，口服，每次2～3粒，每日3次。（《肿瘤的诊断与防治》）

（3）治疗食管癌。

野百合碱盐酸盐的灭菌溶液，每2ml含野百合碱50mg，肌肉注射，每次4ml，每日3次。（《全国中草药汇编》）

（4）治疗子宫颈癌、阴茎癌、直肠癌。

局部敷贴用。鲜农吉利全草捣成糊状，干全草则碾成细粉，用水调成糊状，按病灶大小适量外敷患处，每日2次，直至疮面愈合。离子透入法取药如上，将药糊适量涂于纱布上，放在疮面上，然后放上阳极，以轻刺激为宜，每日1次，每次20～30分钟，以12次为1个疗程，间隔7日再进行下个疗程。（《抗癌食药本草》）

（5）治疗皮肤癌。

农吉利研末，油调外敷，或做成浸膏外涂，每日换药1次。（《中医肿瘤学》）

（6）治疗阴茎癌。

农吉利新鲜全草制成粉末，高压消毒后，以生理盐水调成糊状，外敷患处；或新鲜全草捣烂直接外敷，每日换药2～3次。（《实用抗癌验方》）

118 扁豆

扁豆 (*Lablab purpureus*)，别名百花乌仔豆、鹊仔豆、白花雀仔豆，为豆科多年生缠绕藤本。茎长可达 6m，常呈淡紫色；羽状复叶具 3 小叶，小叶宽三角状卵形；总状花序直立，花两至多朵簇生于每一节上，花冠白色或紫色，旗瓣圆形，翼瓣宽倒卵形，龙骨瓣呈直角弯曲；荚果长圆状镰形；种子 3~5 颗。花期为 4~12 月。

【生境　分布】生长于林下山坡间及田野、路旁；潮汕各地均有栽培。

【主要化学成分】含蛋白质、蔗糖、葡萄糖、麦芽糖、水苏糖、棉子糖、L-哌可酸、植物血球凝集素、棕榈酸、亚油酸、反油酸、油酸、硬脂酸、花生酸、山萮酸、葫芦巴碱、蛋氨酸、亮氨酸、苏氨酸、维生素 B_1、维生素 C、胡萝卜素、甾体等。

【抗癌药理作用】

1. 体外实验显示，扁豆有抑制肿瘤细胞生长的作用。

2. 植物血球凝集素能使恶性肿瘤细胞发生凝集反应，肿瘤细胞表面发生变化，进而发挥细胞毒的作用。

3. 可促进淋巴细胞的转化，从而增强对肿瘤的免疫能力。

【性味归经】甘、微温；入脾、胃经；化湿解暑、健脾和中、除湿止带、生津止渴、解毒、消积化症。

【毒性】无毒。

【抗癌应用】

1. 用法用量：内服：煎汤，10~15g；或生品捣研水绞汁；或入丸、散。外用：适量，捣敷。

2. 药剂药方：

（1）治疗胃癌。

鲜扁豆叶 750g，压榨青汁，不拘多少，时时饮之。（《抗癌食物中药》）

（2）治疗癌性水肿。

扁豆 1000g，炒黄，磨成粉，每日三餐前服 9g，灯芯草汤调服。（《抗癌食物中药》）

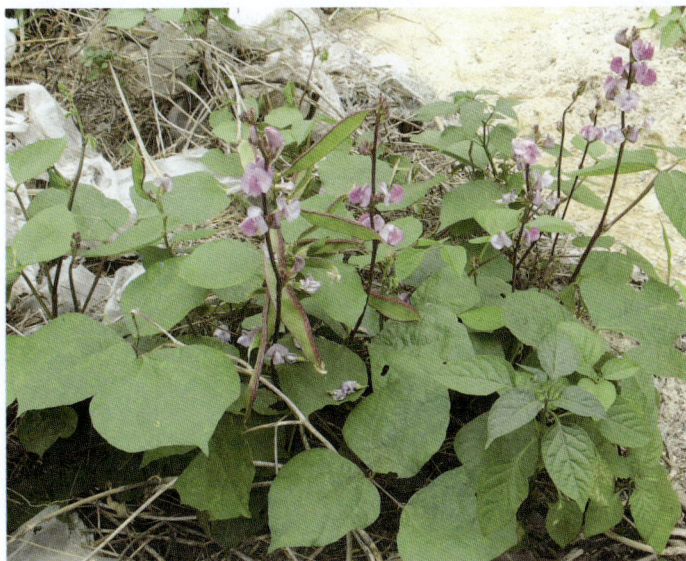

119 大豆

　　大豆（*Glycine max*），别名黄豆、黑大豆、菽，为豆科一年生草本植物。茎粗壮，直立，或上部近缠绕状；叶通常具3小叶，小叶纸质，宽卵形，近圆形或椭圆状披针形，顶生一枚较大；总状花序，通常有5~8朵无柄、紧挤的花，花紫色、淡紫色或白色，旗瓣倒卵状近圆形，翼瓣篦状，龙骨瓣斜倒卵形；荚果肥大，长圆形，稍弯，下垂，黄绿色；种子2~5颗。花期为6~7月，果期为7~9月。

　　【生境　分布】多生长于山野以及河流沿岸、湿草地、湖边、沼泽附近或灌丛中；潮汕各地均有分布。

　　【主要化学成分】含天冬酰胺、胆碱、黄嘌呤、次黄嘌呤、蛋白质、脂肪、糖类、胡萝卜素、维生素 B_1、维生素 B_2、烟酸、大豆黄酮苷、大豆皂醇等。

　　【抗癌药理作用】

1. 普通大豆中已发现有抗癌成分存在。

2. 动物实验表明，大豆皂苷对肿瘤细胞均有细胞毒性作用，并有明显的量效关系。

3. 大豆黄酮可明显抑制肿瘤细胞 DNA 的合成。

　　【性味归经】甘、平；入脾、大肠经；健脾宽中、解毒消肿、利水消积；用于治疗脾虚疳积、泻痢、腹胀羸瘦、疮痈肿毒、妊娠中毒、食物中毒、便秘、浮肿。

　　【毒性】无毒。

　　【抗癌应用】

　　1. 用法用量：内服：煎汤，30~90g；或研末。外用：捣敷；或炒焦研末调敷。

　　2. 药剂药方：

　　（1）治疗食管癌、胃癌。

　　黑大豆、绿豆各49粒，白草霜15g，乳香3g，雄黄、硇砂各6g，乌梅肉13个。将乌梅捣烂，其他药研末，与乌梅肉泥一起和匀为丸，如弹子大，阴干，每日空腹含化1丸。（《抗癌中药》）

　　（2）治疗各种癌症。

　　大豆黄卷（黑大豆发芽后晒干而成）30g，经常食用。（《抗癌中药大全》）

　　（3）治疗癌性胸腹水。

　　大豆黄卷（醋拌炒肝）、大黄各30g，共研为散，每晚睡前服3~5g，以陈皮煎汤送服。（《抗癌中药》）

120 香花崖豆藤

香花崖豆藤（*Millettia dielsiana*），别名山鸡血藤、老人藤，为豆科攀缘灌木。茎皮灰褐色，枝无毛或被微毛；羽状复叶，小叶2对，纸质，披针形、长圆形至狭长圆形；圆锥花序顶生，花冠紫红色，旗瓣阔卵形至倒阔卵形，密被锈色或银色绢毛，翼瓣甚短，龙骨瓣镰形；荚果线形至长圆形，果瓣薄，近木质；种子3～5粒。花期为5～9月，果期为6～11月。

【生境 分布】生长于石隙、岩边、林缘、灌木以及丘陵山地；分布于潮汕各地。

【主要化学成分】含刺芒柄花素、阿弗洛莫生、飞机草、毛蕊异黄酮、大豆素、巴拿马黄橙异黄酮、异—紫苜蓿异黄烷、异—木可马妥醇、垂崖豆藤异黄烷醌、驴食草酚、鹰嘴豆芽素、异甘草苷元、染料木素、菜油固醇、豆固醇、谷固醇、蒲公英赛酮、鸡血藤醇、植物血球凝集素等。

【抗癌药理作用】体外实验表明，热水提取物对人子宫颈癌 JTC－26 细胞的抑制率为94.4%；香花崖豆藤藤茎乙醇提取物对人胃癌细胞有抑制作用。

【性味归经】苦、甘、温；入心、脾经；活血化瘀、舒筋通络、补中暖胃；用于治疗月经过少、麻木瘫痪、腰膝酸痛、暑湿痧证。

【毒性】无毒。

【抗癌应用】

1. 用法用量：内服：煎汤，9～30g；或浸酒；或熬膏。外用：适量，煎水洗；或鲜根、叶捣烂敷。（《中华本草》）

2. 药剂药方：

（1）治疗胃癌。

生黄芪、太子参、香花崖豆藤各30g，白术、茯苓各10g，枸杞子、女贞子、菟丝子各15g，水煎服，每日1剂。（《中国中西医结合杂志》1994年第6期）

（2）治疗食管癌。

香花崖豆藤60g，山慈姑、红花、石菖蒲各30g，儿茶15g，制成浸膏，口服，每次3g，每日3次。（《现代治癌验方精选》）

（3）治疗白血病。

①香花崖豆藤30g，水煎服，每日1剂，长期服用。（《中草药学》）

②香花崖豆藤、白及、生地榆各30g，阿胶3g（烊冲），丹参15g，水煎服。（《肿瘤的防治》）

（4）治疗皮肤癌变前期巨大皮角症。

香花崖豆藤25g，夏枯草30g，三棱、莪术各15g，地骨皮、白鲜皮、土槿皮各50g，水煎熏洗，每次20～30分钟，每日1次。（《抗癌本草》）

121　亮叶崖豆藤

　　亮叶崖豆藤（*Millettia nitida*），别名亮叶鸡血藤、血藤、血节藤，为豆科攀援灌木。茎皮锈褐色，粗糙；羽状复叶，小叶2对，硬纸质，卵状披针形或长圆形；圆锥花序顶生，花冠青紫色，旗瓣密被绢毛，翼瓣短而直，龙骨瓣镰形；荚果线状长圆形，顶端具尖喙；种子4~5粒。花期为5~9月，果期为7~11月。

　　【生境　分布】主要生长于山坡、山谷林下或灌草丛中；分布于潮汕各地。

　　【主要化学成分】含鸡血藤醇、黄酮类、酚类、三萜、固醇类等。

　　【抗癌药理作用】同香花崖豆藤。

　　【性味归经】苦、温；入心、脾经；活血、舒筋；用于治疗腰膝酸痛、麻木瘫痪、月经不调、贫血、急性菌痢。

　　【毒性】无毒。

　　【抗癌应用】

　　1. 用法用量：内服：煎汤，9~30g；或浸酒；或熬膏。外用：适量，煎水洗；或鲜根、叶捣烂敷。（《中华本草》）

　　2. 药剂药方：

　　（1）治疗胃癌。

　　生黄芪、太子参、亮叶崖豆藤各30g，白术、茯苓各10g，枸杞子、女贞子、菟丝子各15g，水煎服，每日1剂。（《中国中西医结合杂志》1994年第6期）

　　（2）治疗食管癌。

　　亮叶崖豆藤60g，山慈姑、红花、石菖蒲各30g，儿茶15g，制成浸膏，口服，每次3g，每日3次。（《现代治癌验方精选》）

　　（3）治疗白血病。

　　①亮叶崖豆藤30g，水煎服，每日1剂，长期服用。（《中草药学》）

　　②亮叶崖豆藤、白及、生地榆各30g，阿胶3g（烊冲），丹参15g，水煎服。（《肿瘤的防治》）

　　（4）治疗皮肤癌变前期巨大皮角症。

　　亮叶崖豆藤25g，夏枯草30g，三棱、莪术各15g，地骨皮、白鲜皮、土槿皮各50g，水煎熏洗，每次20~30分钟，每日1次。（《抗癌本草》）

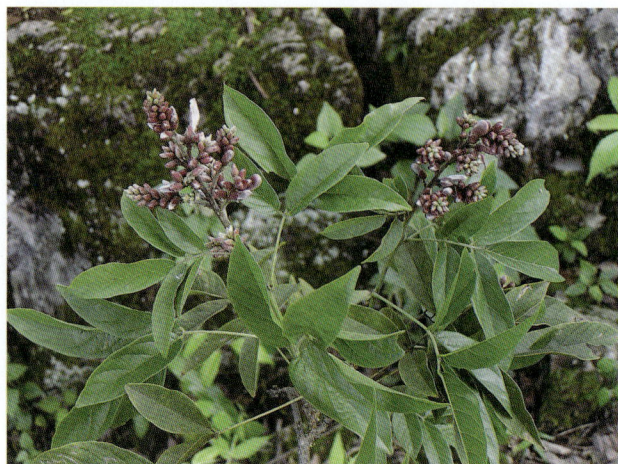

122 白花油麻藤

白花油麻藤（*Mucuna birdwoodiana*），别名勃氏黎豆、格血龙、白花黎豆，为豆科常绿大型木质藤本。老茎外皮灰褐色，断面淡红褐色，有3~4个偏心的同心圆圈，断面先流白汁，2~3分钟后有血红色汁液形成；羽状复叶具3片小叶，小叶近革质，顶生小叶椭圆形、卵形或略呈倒卵形，通常较长而狭；总状花序生于老枝上或生于叶腋，有花20~30朵，常呈束状，花冠白色或带绿白色，旗瓣先端圆，翼瓣先端圆；荚果木质，带形，种子深紫黑色，近肾形。花期为4~6月，果期为6~11月。

【生境 分布】喜温暖、湿润气候和肥沃土壤，较耐阴，在山间林下生长甚佳；分布于潮汕各地。

【主要化学成分】主要含鸡血藤醇、黄酮类、酚类、三萜及固醇类等。

【抗癌药理作用】研究表明，白花油麻藤的水提取物有抗噬菌体的作用，能抑制肿瘤，起到抗癌作用，对子宫颈癌的抑制率能达到94.4%；白花油麻藤藤茎的乙醇提取物具有抗动脉粥样硬化活性的作用。

【性味归经】苦、甘、温；入心、脾经；活血化瘀、舒筋通络、补中暖胃；用于治疗月经过少、麻木瘫痪、腰膝酸痛、暑湿痧证。

【毒性】无毒。

【抗癌应用】

1. 用法用量：0.3~1两。（《全国中草药汇编》）

2. 药剂药方：

（1）治疗胃癌。

生黄芪、太子参、白花油麻藤各30g，白术、茯苓各10g，枸杞子、女贞子、菟丝子各15g，水煎服，每日1剂。（《中国中西医结合杂志》1994年第6期）

（2）治疗食管癌。

白花油麻藤60g，山慈姑、红花、石菖蒲各30g，儿茶15g，制成浸膏，口服，每次3g，每日3次。（《现代治癌验方精选》）

（3）治疗白血病。

①白花油麻藤30g，水煎服，每日1剂，长期服用。（《中草药学》）

②白花油麻藤、白及、生地榆各30g，阿胶3g（烊冲），丹参15g，水煎服。（《肿瘤的防治》）

（4）治疗皮肤癌变前期巨大皮角症。

白花油麻藤25g，夏枯草30g，三棱、莪术各15g，地骨皮、白鲜皮、土槿皮各50g，水煎熏洗，每次20~30分钟，每日1次。（《抗癌草本》）

123　绿豆

绿豆（*Vigna radiata*），别名青小豆，为豆科一年生直立草本植物。茎被褐色长硬毛；羽状复叶具3片小叶；总状花序腋生，有花4至数朵，旗瓣近方形，外面黄绿色，里面有时粉红，翼瓣卵形，黄色，龙骨瓣镰刀状，绿色而染粉红，右侧有显著的囊；荚果线状圆柱形，种子8~14颗，淡绿色或黄褐色。花期为初夏，果期为6~8月。

【生境　分布】生长于温热地带的田野中；潮汕各地均有分布。

【主要化学成分】含胡萝卜素、蛋氨酸、色氨酸、酪氨酸、磷脂酸胆碱、磷脂酸乙醇胺、磷脂酰肌醇、磷脂酰甘油、磷脂酰丝氨酸、磷脂酸、糖类、钙、磷、铁、维生素 B_1、维生素 B_2、烟酸等。

【抗癌药理作用】体外实验表明本品对癌细胞生长有一定的抑制作用。

【性味归经】甘、凉；入心、胃经；清热解毒、消暑、利水；可治疗暑热烦渴、水肿、泻痢、丹毒、痈肿、解热药毒。

【毒性】无毒。

【抗癌应用】

1. 用法用量：内服：煎汤，15~30g，大剂量可用120g；研末；或生研绞汁。外用：适量，研末调敷。（《中华本草》）

2. 药剂药方：

（1）治疗甲状腺癌、皮肤癌。

将绿豆用口嚼碎，敷在患处，用蜡纸包裹之，每2日换1次。另挑选完好绿豆15g，分3次嚼碎，用白开水吞下，每隔6小时服1次。连服3日，停1日后再连续服3日。如此内服外敷，直至痊愈。（《汉方总集》）

（2）治疗肝癌。

猪肝尖3块，绿豆50g，陈仓米75g，水煮粥食。（《实用抗癌验方》）

（3）治疗绒毛膜癌。

绿豆30g，紫草15g，白糖1匙。将紫草倒入小瓦罐内，加冷水1大碗浸没，文火烧开后，只煎5分钟，倒出头汁，再加水1大碗，烧开后，煎15分钟，滤出二汁。绿豆洗净后，倒入小锅内，用紫草头汁煎绿豆，文火烧开后约3分钟，至绿豆尚未胀开时，离火，倒出药液，留下绿豆，并略留余汁。将紫草二汁倒入绿豆锅内，小火烧半小时许，将绿豆烧烂，约剩汁大半碗时离火。紫草绿豆汁加白糖少许，分2次饮服。（《现代治癌验方精选》）

124 菜豆

菜豆（*Phaseolus vulgaris*），别名云扁豆、刀豆、四季豆、白饭豆，为豆科一年生缠绕或近直立草本植物。茎被短柔毛或老时无毛；羽状复叶具 3 片小叶，小叶宽卵形或卵状菱形；总状花序，有数朵生于花序顶部的花，花冠白色、黄色、紫堇色或红色，旗瓣近方形，翼瓣倒卵形，龙骨瓣先端旋卷；荚果带形，稍弯曲，种子长椭圆形或肾形，白色、褐色、蓝色或有花斑。花期在春夏季。

【生境　分布】适宜在温带和热带高海拔地区种植，适合中性和稍嗜酸性土壤；潮汕各地均有分布。

【主要化学成分】含甘露糖、葡萄糖胺、阿拉伯糖、木糖、岩藻糖、胱氨酸、芳香族氨基酸、豆固醇、谷固醇、菜油固醇、矢车菊素、飞燕草素、山奈酚、槲皮素、杨梅素、蹄纹天竺素、矮牵牛素、脂肪、膳食纤维、维生素 A、胡萝卜素、维生素 B_1、维生素 B_2、烟酸、维生素 C、维生素 E、钙、磷、钠、镁、铁、锌、硒、铜等。

【抗癌药理作用】

1. 菜豆或菜豆属种子中含植物血球凝集素（PHA），对肿瘤病人进行反复注射，可观察到其有显著消退肿瘤的作用。

2. 在体外，PHA 能抑制人体食管癌、肝癌细胞株及小鼠淋巴母细胞白血病 L5198Y 细胞株的生长。

3. 本品对移植性肿瘤如小鼠肉瘤 S180、大鼠瓦克癌肉瘤 W256、小鼠艾氏腹水癌等均有抑制作用。

4. 本品能使癌细胞发生凝集（对正常细胞的凝集作用较弱），凝集后不但可改变癌细胞的特性，而且能抑制肿瘤细胞核糖核酸及脱氧核糖核酸的合成；能改变癌细胞膜的通透性，使化学药物更容易进入细胞内；对癌细胞有一定的细胞毒作用，尤其是在高浓度时更为明显，可使癌细胞萎缩坏死。

【性味归经】甘、淡、平；入脾、肝经；利尿消肿、滋阴清热；用于治疗水肿、阴虚内热、脚气病。

【毒性】茎及叶有毒。

【抗癌应用】

1. 用法用量：内服：30～120g，煎汤。（《中华本草》）

2. 药剂药方：

（1）治疗胃癌、乳腺癌。

菜豆 100g，煮食或水煎服。（《抗癌食物中药》）

（2）治疗癌性胸腹水。

菜豆 120g，大蒜 15g，白糖 30g，水煎服。（《抗癌食物中药》）

125 豌豆

豌豆（*Pisum sativum*），别名荷兰豆、雪豆、番豆、戎菽，为豆科一年生攀缘草本植物。全株绿色，光滑无毛，被粉霜；叶具小叶 4~6 片；花于叶腋单生或数朵排列，为总状花序，花冠颜色多样，随品种而异，但多为白色和紫色；荚果肿胀，长椭圆形，种子圆形，青绿色，干后变为黄色。花期为 6~7 月，果期为 7~9 月。

【生境 分布】适宜排水良好的土壤或新垦地且疏松含有机质较高的中性土壤；潮汕各地均有分布。

【主要化学成分】含豌豆素、止权酸、赤霉素、植物凝集素、蛋白质、人体必需的 8 种氨基酸、糖类、胡萝卜素、脂肪、叶酸、膳食纤维、维生素 B_1、维生素 B_2、烟酸、维生素 C、维生素 E、钙、磷、钾、钠、碘、镁、铁、锌、硒、铜、锰等。

【抗癌药理作用】

1. 豌豆素具有一定的抗癌活性及抗真菌作用。豌豆中的蛋白质含量丰富、质量好，包含人体所必需的各种氨基酸，经常食用对生长发育大有益处。

2. 豌豆所含的止权酸、赤霉素和植物凝集素等物质，具有抗菌消炎、增强新陈代谢的功能。

3. 在豌豆荚和豆苗的嫩叶中富含的维生素 C 和能分解体内亚硝胺的酶，具有防癌抗癌的作用。

【性味归经】甘、酸、平；入脾、胃经；和中下气、利小便、解疮毒；用于治疗霍乱转筋、脚气病、痈肿等。

【毒性】无毒。

【抗癌应用】

1. 用法用量：内服，煎汤。（《中药大辞典》）

2. 药剂药方：

治疗各种癌症：豌豆 50g，车前叶 10g，水煎服。（《抗癌植物药及其验方》）

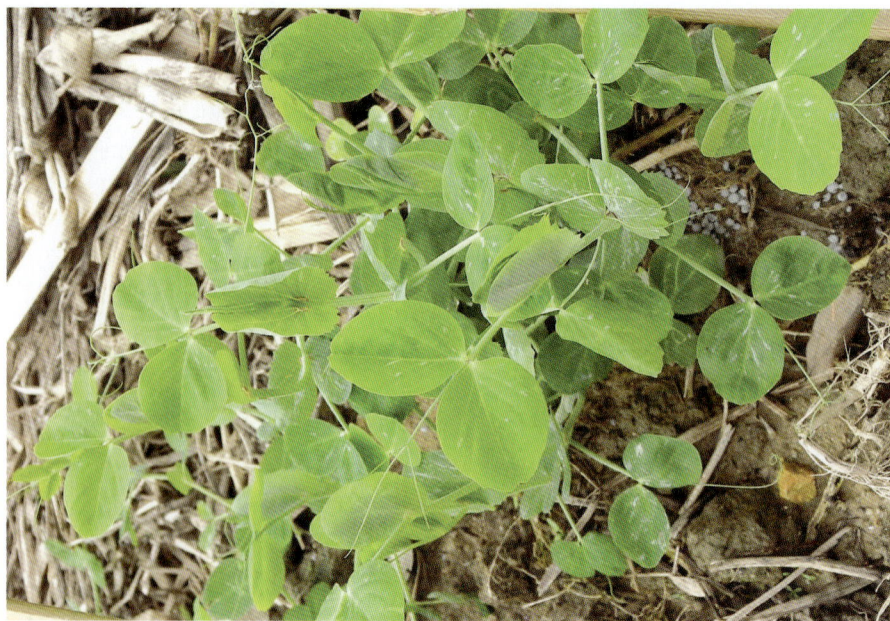

126 国槐

国槐（*Sophora japonica*），别名槐树、金药树、护房树、白槐、豆槐，为豆科乔木。树皮灰褐色，具纵裂纹，当年生枝绿色；羽状复叶，叶柄基部膨大，包裹芽，小叶4~7对，对生或近互生，纸质，卵状披针形或卵状长圆形；圆锥花序顶生，常呈金字塔形，花冠白色或淡黄色，旗瓣近圆形，翼瓣卵状长圆形，龙骨瓣阔卵状长圆形；荚果串珠状，种子卵球形，淡黄绿色，干后黑褐色。花期为7~8月，果期为8~10月。

【生境 分布】生长于山坡原野；潮汕各地庭园均有栽培。

【主要化学成分】含芦丁、白桦脂醇、槐花二醇、葡萄糖、葡萄糖醛酸、槐花甲素、乙酸、染料木素、槐定碱、槐属双苷、山柰酚糖苷、槐属黄酮苷、槐糖、脂肪酸等。

【抗癌药理作用】

1. 本品所含的芦丁，对植入羊毛球的发炎过程有明显的抑制作用。

2. 芦丁具有维持血管抵抗力、降低其通透性、减少脆性等作用，对脂肪浸润的肝有祛脂作用，与谷胱甘肽合用祛脂效果更明显。

3. 对水疱性口炎病毒有最大的抑制作用。

4. 槐角含杀菌物质，能对抗葡萄球菌及大肠杆菌。

5. 槐定碱对小鼠Lewis肺癌、小鼠肉瘤S180具有抑制作用。

【性味归经】槐花：苦、微寒；入肝、大肠经；凉血止血、清肝泻火；用于治疗血症、血痢、崩漏、白带异常、风热目赤、高血压病、视网膜炎、中风失音、疔疮肿毒、银屑病、颈淋巴结结核。槐角：苦、寒；入肝、大肠经；清热、润肝、凉血、止血；用于治疗肠风泻血、痔血、崩漏、血淋、血痢、心胸烦闷、风眩欲倒、阴疮湿痒。槐白皮：苦、平；入肺、心、肝、大肠经；祛风除湿、清热解毒、凉血止血；用于治疗风湿痹证、热病口疮、牙疳、喉痹、肠风下血、阴部痒痛。

【毒性】槐花：无毒。槐角：无毒。槐白皮：无毒。

【抗癌应用】

1. 用法用量：槐花、槐角各5~9g。（《中国药典》）槐枝：内服：煎汤，0.5~1两；浸酒或入散剂。外用：煎水熏洗或烧沥涂。（《中药大辞典》）

2. 药剂药方：

槐花：

（1）治疗子宫颈癌。

炒槐花、土贝母、炒川楝子、青皮各15g，败酱草、半枝莲、夏枯草、薏苡仁各30g，土茯苓、金银花各20g，五灵脂炭10g，甘草3g，水煎服，每日1剂。（《抗癌中药一千方》）

（2）治疗大肠癌。

槐花、黄精、败酱草、马齿苋、仙鹤草、白英、枸杞子、鸡血藤各15g，黄芪30g，水煎服，每日1剂。（《抗肿瘤中草药彩色图谱》）

槐角：

（1）治疗消化系统肿瘤。

①槐角糖浆（含槐角1.25g/ml），口服，每次50ml，每日2次；或槐角30g，置热水瓶中，冲入开水浸泡，当茶饮。（《抗癌本草》）

②槐角蜜丸（每丸重约9g），口服，每次1丸，每日3次。（《中药现代临床应用手册》）

（2）治疗膀胱癌尿血。

槐角子9g，车前草、茯苓、木通各6g，甘草2.1g，水煎服。（《抗癌中药大全》）

（3）治疗食管癌。

槐角 100g，水煎服，每日 1 剂，分 2 次服。（《实用抗癌验方》）

槐白皮：

治疗喉癌：槐白皮、土牛膝、射干、蒲公英各 15g，玄参、白花蛇舌草各 30g，蝉衣、生甘草各 5g，水煎服。（《抗癌中药大全》）

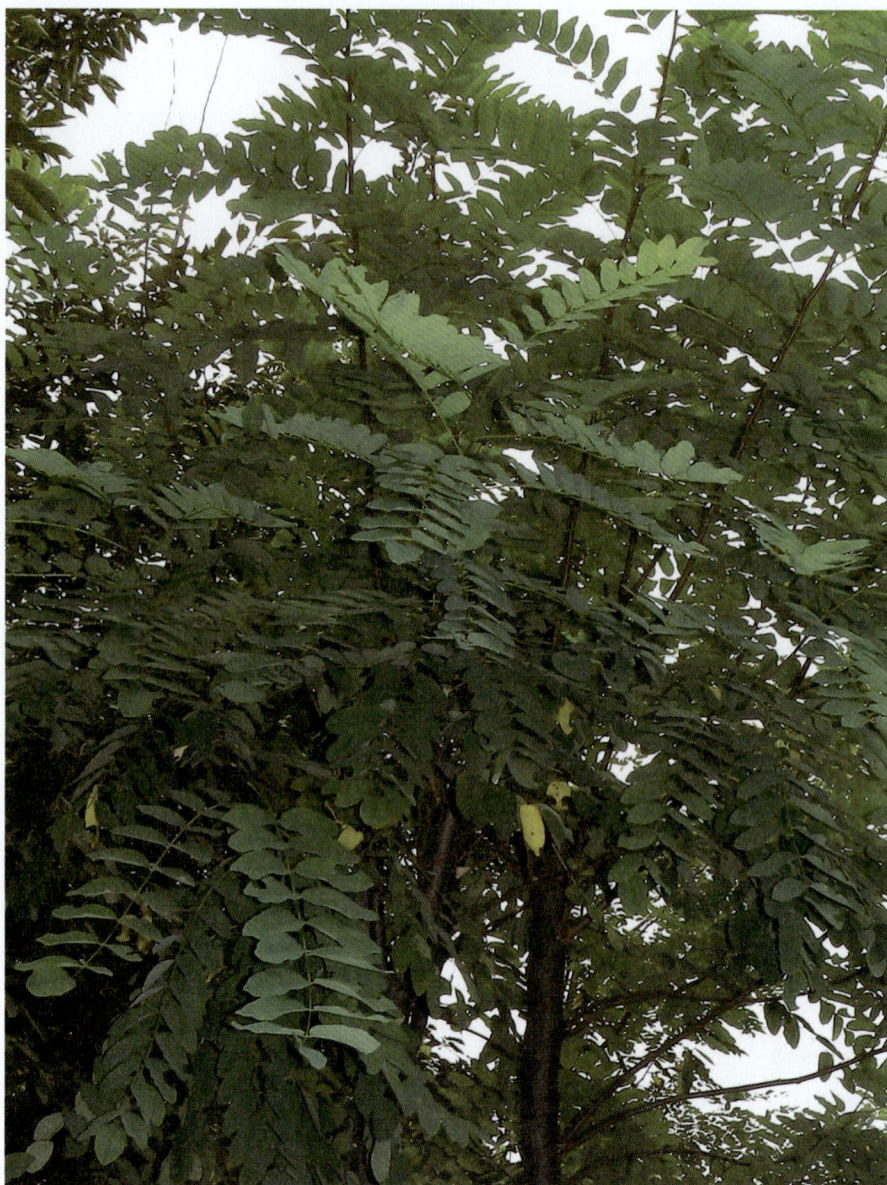

127 密花豆

密花豆（*Spatholobus suberectus*），别名鸡血藤、血风藤，为豆科攀缘藤本植物。小叶纸质或近革质，异形；圆锥花序腋生或生于小枝顶端，花瓣白色，旗瓣扁圆形，翼瓣斜楔状长圆形，龙骨瓣倒卵形；荚果近镰形，密被棕色短绒毛，种子扁长圆形，种皮紫褐色，薄而脆，光亮。花期为 6 月，果期为 11～12 月。

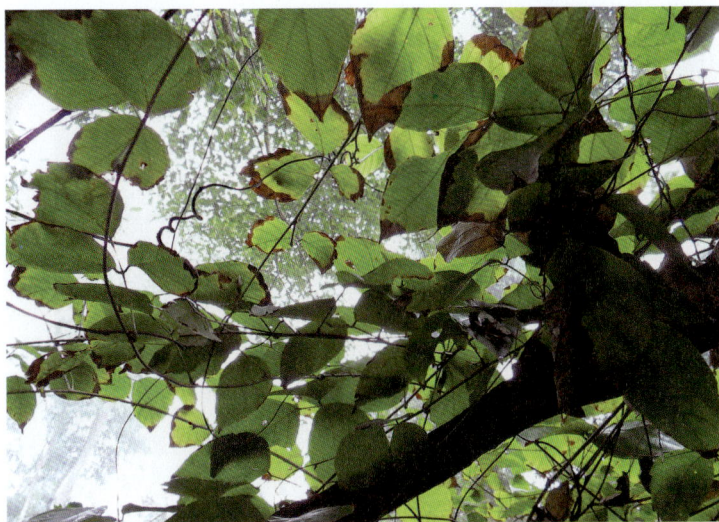

【生境　分布】生长于山谷林间、溪边及灌丛中；分布于潮汕各地。

【主要化学成分】含胡萝卜苷、β-谷固醇、刺芒柄花素、芒柄花苷、樱黄素、阿佛洛莫生、大豆黄素、甲氧基二氢黄酮醇、表儿茶精、异甘草苷元、甘草查尔酮、苜蓿酚、原儿茶酸、甲氧基香豆雌酚、大豆异黄酮等。

【抗癌药理作用】

1. 抗癌作用：体外实验显示浓度为 500 毫微克/毫升的密花豆热水提取物，对子宫颈癌细胞 JTC-26 的抑制率为 94.4%；经噬菌体法筛选抗肿瘤药物，显示本品有抗噬菌体的作用。

2. 对造血系统的作用：密花豆藤煎剂（100%）对实验性家兔贫血有补血作用，能使血细胞增加、血红蛋白升高。

【性味归经】苦、甘、温；入心、脾经；活血化瘀、舒筋通络、补中暖胃；用于治疗月经过少、麻木瘫痪、腰膝酸痛、暑湿痧证。

【毒性】无毒。

【抗癌应用】

1. 用法用量：9～15g。（《中华本草》）

2. 药剂药方：

（1）治疗胃癌。

生黄芪、太子参、密花豆各 30g，白术、茯苓各 10g，枸杞子、女贞子、菟丝子各 15g，水煎服，每日 1 剂。（《中国中西医结合杂志》1994 年第 6 期）

（2）治疗食管癌。

密花豆 60g，山慈姑、红花、石菖蒲各 30g，儿茶 15g，制成浸膏，口服，每次 3g，每日 3 次。（《现代治癌验方精选》）

（3）治疗白血病。

①密花豆 30g，水煎服，每日 1 剂，长期服用。（《中草药学》）

②密花豆、白及、生地榆各 30g，阿胶 3g（烊冲），丹参 15g，水煎服。（《肿瘤的防治》）

（4）治疗皮肤癌变前期巨大皮角症。

密花豆 25g，夏枯草 30g，三棱、莪术各 15g，地骨皮、白鲜皮、土槿皮各 50g，水煎熏洗，每次 20～30 分钟，每日 1 次。（《抗癌本草》）

128 灰叶

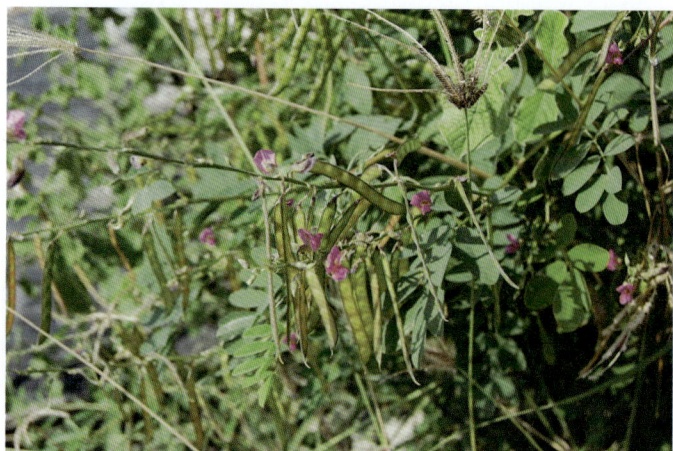

灰叶（*Tephrosia purpurea*），别名山青、野蓝，为豆科灌木状草本植物。多分枝，茎基部木质化；羽状复叶，小叶4~8对；总状花序顶生，与叶对生或生于上部叶腋，花冠淡紫色，旗瓣扁圆形，翼瓣长椭圆状倒卵形，龙骨瓣近半圆形；荚果线形，稍上弯，顶端具短喙，种子6粒，灰褐色。花期为3~10月。

【生境 分布】生长于山坡、旷野间、河边、村旁草丛中；分布于潮汕各地。

【主要化学成分】含灰叶素、披针灰叶素、异灰叶素、鱼藤素、去氢鱼藤素、水黄皮二酮、熊果酸、菠菜固醇、谷固醇、羽扁豆醇、芦丁、生物碱、槲皮素、灰叶酮、氯化矢车菊素、氯化飞燕草素、咖啡酸、棕榈酸、棕榈油酸、硬脂酸、油酸、亚油酸、亚麻酸、赖氨酸、组氨酸、苏氨酸、缬氨酸、苯丙氨酸、酪氨酸、蛋氨酸、亮氨酸、异亮氨酸、羟基茜草素、异合生果素、水黄皮素、灰叶甲醚等。

【抗癌药理作用】

1. 灰叶全草提取物黄酮成分 DMDG 对鼻咽癌 KB 细胞显示了极显著的抗肿瘤活性。

2. 灰叶全草提取物对小鼠 Schwartz 白血病（腹水型）无明显抗肿瘤活性。

【性味归经】微苦、凉；入肺、脾经；清热消滞；用于治疗胃痛、消化不良、风热感冒、湿疹、皮炎等症。

【毒性】有毒。

【抗癌应用】

1. 用法用量：灰叶全草或根3钱。外用：适量，全草煎水洗患处。（《全国中草药汇编》）

2. 药剂药方：

（1）治疗鼻咽癌。

灰叶30g，生甘草10g，天龙3条，水煎服。（《抗癌植物药及其验方》）

（2）治疗肺癌。

灰叶25g，红参5g，玄参20g，白术10g，天龙2条，水煎服。（《抗癌植物药及其验方》）

（3）治疗胃癌。

灰叶根、岩黄根、两面针、蒲公英、芦根各20g，蝉蜕15g，水煎服，每日1剂。（《实用抗癌草药》）

129 紫藤

紫藤（*Wisteria sinensis*），别名藤萝、紫金藤、朱藤，为豆科落叶藤本。枝较粗壮；奇数羽状复叶，小叶 3～6 对，纸质，卵状椭圆形至卵状披针形；总状花序发自种植一年短枝的腋芽或顶芽，花冠紫色，旗瓣圆形，先端略凹陷，翼瓣长圆形，基部圆，龙骨瓣较翼瓣短，阔镰形；荚果倒披针形，密被绒毛，种子 1～3 粒，褐色，扁平。花期为 4 月中旬至 5 月上旬，果期为 5～8 月。

【生境 分布】生长于山坡、疏林缘、溪谷两旁、空旷草地；栽培于潮汕各地庭园内。

【主要化学成分】含紫藤苷、树脂、木犀草素、芹菜素、谷固醇、三十烷醇、原固醇、山柰酚、忍冬苦苷、野漆树苷、尿囊素、尿囊酸、夏至草素、苯甲醛、芳樟醇、苯甲醇、苯乙醇、苯甲酸甲酯、金合欢烯、异丁香油酚、棕榈酸乙酯、硬脂酸等。

【抗癌药理作用】本品有抗癌作用。紫藤茎上所结紫藤瘤亦有抗癌作用，紫藤瘤的热水提取物对艾氏腹水癌有较强的抑制效果。紫藤瘤的热水提取物对雄性小鼠肉瘤 S180（腹水型）有治疗作用，紫藤茎、根有抗白血病细胞的活性的作用。

【性味归经】甘、温；入肾经；利水消积；用于治疗呕吐、腹泻、腹痛、蛲虫病。

【毒性】小毒。

【抗癌应用】

1. 用法用量：内服：煎汤，9～15g。（《中华本草》）

2. 药剂药方：

（1）治疗胃癌。

①紫藤瘤（无瘤则用茎、叶）3～6g，生薏苡仁、野菱、诃子各等量，水煎服，每日 1 剂，分 2 次服。（《中医肿瘤学》）

②紫藤根 30g，诃子 6g，菱角 20 个，薏苡仁 30g，水煎服，每日 1 剂。（《广西中医药》1983 年第 4 期）

③紫藤瘤研末，口服，每次 5g，每日 3 次。（《民间方》）

（2）治疗胃癌、子宫颈癌、肝癌。

紫藤瘤、诃子、薏苡仁、菱角各 10g；或紫藤根 30g，诃子 6g，菱角 20 个，薏苡仁 30g；或菱角 80g，薏苡仁、紫藤瘤、诃子各 9g，水煎服，每日 1 剂，分 2～3 次服用。（《抗癌良方》）

（3）治疗子宫颈癌、肝癌。

菱角 15g，莴苣、紫藤瘤各 12g，草决明 20g，水煎服，每日 1 剂。（《抗癌良方》）

（4）治疗肠癌。

薏苡仁、菱角、诃子、紫藤瘤各 10g，水煎服，每日 3 次，每日 1 剂。（《抗癌良方》）

130 蚕豆

蚕豆（*Vicia faba*），别名佛豆、胡豆、马齿豆，为豆科一年生草本植物。主根短粗，多须根，根瘤粉红色，密集；茎粗壮，直立，具4棱，中空、无毛；偶数羽状复叶，小叶通常1~3对，互生；总状花序腋生，花冠白色，具紫色脉纹及黑色斑晕，旗瓣中部缢缩，基部渐狭，翼瓣短于旗瓣，长于龙骨瓣；荚果肥厚，表皮绿色，被绒毛，内有白色海绵状横隔膜，成熟后表皮变为黑色，种子扁矩圆形，种皮革质，青绿色、灰绿色至棕褐色。花期为4月，果期为5~6月。

【生境　分布】通常生长于田中或田岸；潮汕各地广为栽培。

【主要化学成分】含卵磷脂、磷脂酰乙醇胺、磷脂酰肌醇、半乳糖基甘油二酯、磷脂、胆碱、哌啶-2-酸、腐胺、精胺、去甲精胺、维生素C、巢菜碱苷、伴巢菜碱苷、延胡索酸、白桦脂醇等。

【抗癌药理作用】蚕豆所含的植物凝集素有防癌抗癌的作用。植物凝集素能使动物肿瘤细胞发生凝集反应，使肿瘤细胞表面结构发生变化。

【性味归经】甘、平；入脾、胃经；健脾、利湿；用于治疗噎嗝、水肿。

【毒性】无毒。

【抗癌应用】

1. 用法用量：内服：煎汤，30~60g；或研末；或作食品。外用：适量，捣敷；或烧灰敷。（《中华本草》）

2. 药剂药方：

（1）治疗乳腺癌。

蚕豆500g，松萝茶200g，烧酒500ml，加水1500ml煮至豆熟为度，吃豆饮汤，每日早晚各服1次，以上为15次的剂量。（《实用抗癌验方》）

（2）治疗食管癌、胃癌。

干蚕豆磨成粉，口服，每次25g，用红糖水调服，每日2次。（《抗癌植物药及其验方》）

131 香叶天竺葵

香叶天竺葵（*Pelargonium graveolens*），别名香叶、香艾，为牻牛儿苗科多年生草本植物。全株芳香，密被短毛或淡黄色小腺毛；茎基部木质化，节处膨大；叶互生，宽心形或近圆形，近掌状5～7深裂，两面密被毛；伞形花序与叶对生，花小，花瓣为5片，玫瑰红色或粉红色，有紫脉纹；蒴果5裂。花期在春夏季。

【生境　分布】适宜生长于肥沃、疏松和排水良好的砂质壤土；潮汕地区均有栽培。

【主要化学成分】含甲酸酯、牻牛儿醇、香茅醇、薄荷酮、有机酸、甲硫醇、环氧芳樟醇、甲基庚烯酮、月桂烯、柠檬烯、对—聚伞花素、柠檬醛等。

【抗癌药理作用】

1. 香葵油是从香叶天竺葵茎叶中蒸馏提取而得的精油。香葵油对小鼠多种移植性肿瘤如肉瘤S180、瓦克癌肉瘤W256、Lewis肺癌、肉瘤S37有较好的抑制效果，对艾氏腹水癌和子宫颈癌He-La细胞有较明显的杀伤作用，对人体鳞状上皮细胞癌有较好的疗效，尤其对菜花型、糜烂型等子宫颈癌有较明显的抑制和治疗作用。

2. 甲酸香草醇酯对小鼠肉瘤、艾氏腹水癌实体型有较明显的抑制活性的作用。

3. 香叶醇对白血病细胞株HL－60有轻度诱导分化作用，对腹腔注射香叶醇、香茅醇、甲酸香茅酯和乙酸香茅酯等表现了一定程度的活性，能延长患S180腹水型的动物寿命。香叶醇能抑制肝肿瘤细胞和黑素瘤细胞的增生，也能抑制胰腺肿瘤细胞的生长。

【性味归经】辛、温；入肺、肝经；清热解毒；用于治疗风湿痛、疝气、阴囊湿疹、疥癣。

【毒性】无毒。

【抗癌应用】

1. 用法用量：内服：煎汤，3～5钱（鲜者1～1.5两）。外用：煎水洗或捣敷。（《中药大辞典》）

2. 药剂药方：

治疗子宫颈癌：香葵油栓（每颗含香葵油1g，每日1颗）塞于子宫颈口，同时口服香葵油胶囊（每粒含香葵油110mg），每次4粒，每日3次，1～2月为1个疗程。（《《抗癌中药大全》）

132 降真香

降真香（*Acronychia pedunculata*），别名花梨母，为芸香科乔木。树皮灰白色至灰黄色，平滑，不开裂，内皮淡黄；当年生枝通常中空；叶有时略呈不整齐对生，单小叶，叶片椭圆形至长圆形，或倒卵形至倒卵状椭圆形；花两性，黄白色，花瓣狭长椭圆形；果序下垂，核果黄色，近圆球形而略有棱角，种子倒卵形，种皮褐黑色、骨质。花期为 4~8 月，果期为 8~12 月。

【生境 分布】生长于低湿丘陵地及阔叶疏林中；分布于潮州、澄海、南澳、普宁、惠来。

【主要化学成分】含去甲山油柑素、山油柑素、山油柑双素、山油柑萜醇、柠檬烯、吴茱萸碱、香草木宁等。

【抗癌药理作用】

1. 山油柑碱对网状细胞白血病 L615 有显著的治疗作用，当口服浓度为 40mg/kg 时，若小鼠生存时间超过 60 日，可以认为能 100% 治愈。其对网织细胞腹水瘤亦有治疗作用。对小鼠子宫颈癌 U14，口服给药，抑瘤率高达 57.1%。对小鼠肝癌，抑瘤率平均为 52.5%，有明显的治疗效果。对动物骨髓性白血病 C-1498、浆细胞性骨髓瘤、腺癌 755 均有抑制活性的作用。

2. 山油柑碱能降低吉田腹水瘤细胞的分裂指数，能影响癌细胞核酸的合成，显著降低 L615 小鼠脾中 RNA 的含量，而对正常动物组织中的 RNA、DNA 含量无显著影响。

【性味归经】甘、平；入肺、肝、脾、胃、肾经；行气活血、健脾除湿、祛风止咳、解毒消肿；用于治疗跌打瘀痛、心胃气痛、外感咳喘、风湿腰腿痛、疮疖痈肿。

【毒性】无毒。

【抗癌应用】

1. 用法用量：内服：煎汤，3~5 钱。外用：捣敷。（《中药大辞典》）

2. 药剂药方：

（1）治疗各种癌症。

降真香根皮或树皮 15~30g，水煎服，或研末服。（《抗癌本草》）

（2）治疗胃癌、霍奇金病、骨纤维肉瘤。

山油柑碱 50mg，口服，每日 2~3 次，4 周为 1 个疗程。（《抗癌本草》）

133　酸橙

酸橙（*Citrus aurantium*），别名枳壳、香圆、代代花、枸橘，为芸香科小乔木。枝叶茂密，刺多；叶色浓绿，质地颇厚，翼叶倒卵形，基部狭尖；总状花序有花少数，有时兼有腋生单花，花大小不等；果圆球形或扁圆形，橙黄至朱红色，果肉味酸，种子多且大，常有肋状棱。花期为4～5月，果期为9～12月。

【生境　分布】宜生长在气候温暖、阳光充足、雨量充沛、排水良好的沙质或砾质壤土；潮汕各地均有栽培。

【主要化学成分】含橙皮苷、新橙皮苷、柚皮苷、辛弗林、N－甲基酪胺、野漆树苷、忍冬苷、川陈皮素、柠檬苦素类、宜昌橙苦素、去乙酸闹米林、黄柏酮、异柠檬酸等。

【抗癌药理作用】

1. 抗癌作用：川陈皮素对鼻咽癌 KB 细胞的半数有效量为 3～28μg/ml，在体内对小鼠 Lewis 肺癌和大鼠瓦克癌肉瘤 W256 亦有效。体外筛选显示本品对肿瘤细胞有抑制作用。

2. 抗血球凝集作用：大鼠服用酸橙中的成分川陈皮素后显示其有抑制血小板凝集的作用，对大鼠有明显的抗血栓形成作用。

3. 抗炎、抗真菌作用：用 Ungar 法测得川陈皮素抗炎的 ED25 浓度为 20mg/kg，抗炎强度为 50 单位/克，对 DeuterophomaTCMLIBacheiphila 真菌有较强的抑制作用。

【性味归经】苦、辛、酸、微寒；入脾、胃经；理气宽中、行滞消胀；用于治疗胸胁气滞、胀满疼痛、食积不化、痰饮内停、胃下垂、脱肛、子宫脱垂。

【毒性】无毒。

【抗癌应用】

1. 用法用量：3～9g。（《中国药典》）

2. 药剂药方：

（1）治疗肺癌。

郁金、仙鹤草、酸橙、净火硝、白矾各 18g，干漆 6g，五灵脂 15g，制马钱子 12g，制成片剂，每片 0.48g，口服，每次 4～8 片，每日 3 次，连续服 3 个月为 1 个疗程。（《抗癌中药大全》）

（2）治疗肝癌。

酸橙、陈皮、海藻、昆布各 15g，乌骨藤 60g，虎杖 45g，水煎服，每日 1 剂。（《抗肿瘤中药的临床应用》）

（3）治疗脑肿瘤。

枳实、白芍各 5g，桔梗、山豆根末各 2g，共研为细末，加鸡蛋黄 1 个，搅烂混匀，用白开水分 2 次送服，每日 1 剂。（《抗癌中药大全》）

（4）治疗胃癌。

乌骨藤、石见穿、藤梨根、白花蛇舌草、半枝莲、薏苡仁各 30g，蚤休 15g，枳实 9g，水煎服。（《抗癌中药大全》）

134 柚

柚（*Citrus maxima*），别名气柑、文旦，为芸香科乔木。嫩枝、叶背、花梗、花萼及子房均被柔毛，嫩叶通常暗紫红色，嫩叶扁且有棱。叶质颇厚，色浓绿，阔卵形或椭圆形。果扁圆形，少有近圆球形，果皮甚粗糙、甚芳香，果皮厚，果肉淡黄色，甚酸，常带苦味，种子略多，有略明显的脊棱。果期为 9~12 月。

【生境 分布】主要生长于丘陵或低山地带；潮汕各地均有栽培。

【主要化学成分】含有糖类、维生素 B_1、维生素 B_2、维生素 C、维生素 P、胡萝卜素、钾、枸橼酸、柚皮苷、新橙皮苷、脂肪油、黄柏酮、黄柏内酯、蛋白质、脂肪、粗纤维、钙、铁、烟酸等。

【抗癌药理作用】

1. 柚皮所含的抗癌成分对人体子宫颈癌有抑制作用。

2. 柚皮的热水提取物对人体子宫颈癌 JTC-26 细胞、HeLaS3 细胞、肝癌细胞等均有抑制作用。

3. 柚子可以预防大肠癌的发生。

【性味归经】甘、辛、平；入肝、脾、胃经；消食化痰、健脾和胃、行气解酒、止咳化痰；用于治疗食欲不振、气滞腹胀、胃痛、咳嗽气喘、疝气痛。

【毒性】无毒。

【抗癌应用】

1. 用法用量：果皮、叶均为 3~5 钱。（《全国中草药汇编》）

2. 药剂药方：

（1）治疗胃癌。

连皮柚子 1 个，切条块状，白糖 15g，水煎汤液后冲鸡蛋服，每日 1 剂。（《抗癌中药》）

（2）治疗肺癌咳嗽。

柚肉 4 瓣，黄芪 9g，白菜 50g，煎汤煮食。（《抗癌植物药及其验方》）

135 橙

橙（*Citrus sinensis*），别名黄橙、金橙、鹄壳，为芸香科乔木。枝少刺或近于无刺；叶通常比柚叶略小，翼叶狭长，叶片卵形或卵状椭圆形；花白色，总状花序有花少数，或兼有腋生单花；果圆球形、扁圆形或椭圆形，橙黄至橙红色，果肉淡黄、橙红或紫红色，种子少或无。花期为 3～5 月，果期为 10～12 月。

【生境　分布】喜温暖环境，不耐寒；潮汕各地均有栽培。

【主要化学成分】含橙皮苷、枸橼酸、苹果酸、琥珀酸、糖类、果胶、维生素、牻牛儿醛、柠檬烯、匙叶桉油烯醇、柠檬苦素、闹米林、去乙酰闹米林、宜昌橙苦素、闹米林酸、去乙酸闹米林酸、异柠檬酸内酯、异黄柏酮酸、蛋白质、脂肪、钙、磷、铁、胡萝卜素等。

【抗癌药理作用】橙子含的橙皮油有抗癌作用。橙皮油中的主要成分苎烯能使培养皿中的人体癌细胞减少，有干扰癌细胞修饰某些对细胞生长至关重要的蛋白质的能力。

【性味归经】甘、平；入肺、肝、胃经；健脾开胃、消食理气；用于治疗乳腺炎、乳汁不通、消化不良、高血压病、心肌梗死、脂肪肝、气管炎。

【毒性】无毒。

【抗癌应用】

1. 用法用量：内服：干品研细末，6g；或鲜品适量，捣汁。（《中华本草》）

2. 药剂药方：

（1）防治食管癌、胃癌。

经常食用鲜橙汁或甜橙。（《抗癌植物药及其验方》）

（2）治疗乳腺癌。

橙核、毛慈姑、煅牡蛎各 60g，土贝母、两头尖、海浮石各 30g，郁金 24g，共研为细末，用 60g 生麦芽煎汤，泛制成丸。用橙叶煎汤送服，每次 9g，每日 2 次。（《抗癌植物药及其验方》）

136　黄皮

黄皮（*Clausena lansium*），别名黄皮子、黄弹、金弹子，为芸香科小乔木。小枝、叶轴、花序轴、未张开的小叶背脉上散生甚多明显凸起的细油点且密被短直毛；叶有小叶5～11片，小叶卵形或卵状椭圆形；圆锥花序顶生，花瓣长圆形；果圆形、椭圆形或阔卵形，淡黄至暗黄色，种子1～4粒。花期为4～5月，果期为7～8月。

【生境　分布】生长于溪边疏林或常绿阔叶林中；潮汕各地均有栽培。

【主要化学成分】含黄皮新肉桂酰胺、新黄皮内酰胺、异新黄皮内酰胺、黄皮内酰胺、环黄皮内酰胺、高黄皮内酰胺、八角黄皮内酯、黄皮酰亚胺、黄皮呋喃香豆精、九里香碱、维生素C、糖类、有机酸、果胶、蛋白质、钙、磷、铁等。

【抗癌药理作用】

1. 本品对肿瘤细胞具有一定的抑制作用。

2. 抑菌实验：黄皮叶对流感病毒有一定的抑制作用。

3. 动物实验证明，黄皮叶浸膏对肾上腺素升高血糖的作用有明显的对抗作用。

【性味归经】苦、辛、平；入肺、胃经；疏风解表、除痰消积、行气止痛、健脾消肿；用于治疗温病身热、咳嗽哮喘、气胀腹痛、黄肿、疟疾、小便不利。

【毒性】无毒。

【抗癌应用】

1. 用法用量：内服：煎汤，0.5～1两。（《中药大辞典》）

2. 药剂药方：

（1）治疗鼻咽癌。

鲜黄皮120g，十大功劳叶60g，夏枯草45g，甘草9g，水煎服。（《抗癌植物药及其验方》）

（2）治疗肺癌。

黄皮、党参、白术各30g，半枝莲、白花蛇舌草各50g，苦参、莱菔子、南沙参各10g，生甘草5g，水煎服。（《抗癌中药大全》）

137 吴茱萸

吴茱萸（*Evodia rutaecarpa*），别名吴萸、茶辣、辣子树，为芸香科小乔木或灌木。嫩枝暗紫红色；叶有小叶5~11片，小叶薄至厚纸质，卵形、椭圆形或披针形，小叶两面及叶轴被长柔毛；花序顶生，雄花序的花彼此疏离，雌花序的花密集或疏离；果密集或疏离，暗紫红色，有大油点，种子近圆球形。花期为4~6月，果期为8~11月。

【生境　分布】生长于低海拔向阳的疏林下或林缘旷地；潮汕各地均有栽培。

【主要化学成分】含吴茱萸烯、罗勒烯、吴茱萸内酯、吴茱萸内酯醇、吴茱萸酸、吴茱萸碱、吴茱萸次碱、吴茱萸因碱、羟基吴茱萸碱、吴茱萸卡品碱、吴茱萸啶酮、吴茱萸精、吴茱萸苦素、亚油酸、亚麻酸、十四碳三烯酸、棕榈酸、壬二酸、硬脂酸、阿魏酸、香草酸等。

【抗癌药理作用】

1. 从吴茱萸中分离出来的细胞毒素为黄色粉末，在用人鼻咽癌 KB 细胞和小鼠白血病 P388 细胞所做的细胞毒实验中，只有此种黄色粉末显示抗癌活性。

2. 动物体内筛选显示吴茱萸对多种实验性肿瘤如小鼠肉瘤 S180、EAC 肿瘤细胞等有抑制作用。

3. 吴茱萸的乙醇提取物对中国仓鼠肺癌 V79 细胞有细胞毒活性。

【性味归经】辛、苦、热；入肝、脾、胃、肾经；散寒止痛、降逆止呕、助阳止泻；用于治疗厥阴头痛、寒疝腹痛、寒湿脚气、经行腹痛、脘腹胀痛、呕吐泄泻、口疮、高血压病。

【毒性】小毒。

【抗癌应用】

1. 用法用量：1.5~4.5g，外用适量。(《中药大辞典》)

2. 药剂药方：

（1）治疗贲门癌。

吴茱萸4.5g，法半夏、陈皮各9g，丁香6g，党参、山药各15g，茯苓、白术、枸杞子各12g，甘草3g，黄芪30g，水煎服，每日1剂。(《抗肿瘤中草药彩色图谱》)

（2）治疗脑肿瘤。

吴茱萸100g，研成细末，用镇江米醋调成糊状贴敷于两足心，用麝香风湿膏固定。用前应用热水洗净双足，2日1换。(《抗癌植物药及其验方》)

（3）治疗胃肠癌。

吴茱萸4.5g，补骨脂10g，五味子6g，肉豆蔻7g，茯苓12g，黄芪30g，甘草3g，水煎服，每日1剂。(《抗肿瘤中草药彩色图谱》)

138 秃叶黄皮树

秃叶黄皮树（*Phellodendron chinense var. glabriusculum schne*），别名黄柏、黄蘗，为芸香科乔木。枝条无毛，灰褐色；羽状复叶通常有小叶 7~11 片，小叶厚纸质，椭圆状卵形，叶缘具浅波状齿至近全缘；果轴及果梗粗壮，密被短柔毛，果密集，近圆形，黑色。花期为 6~7 月，果熟期为 9~10 月。

【生境　分布】生长于山上、沟边的杂木林中；潮汕各地均有栽培。

【主要化学成分】含四氢小蘗碱、四氢掌叶防己碱、D－四氢药根碱、黄柏碱、木兰花碱、β－谷固醇、月桂烯、黄柏苷、去氢黄柏苷、黄柏环合苷、黄柏双糖苷、去氢黄柏双糖苷、去甲淫羊藿异黄酮次苷、异黄柏苷、金丝桃苷、阿拉伯糖、鼠李糖、半乳糖等。

【抗癌药理作用】总细胞容积法显示本品的热水提取物对小鼠肉瘤 S180 的抑制率为 82%。体外实验显示其对子宫颈癌细胞 JTC－26 的抑制率在 90% 以上。

【性味归经】苦、寒；入肾、膀胱经；清热、燥湿、泻火、解毒；用于治疗热痢、泄泻、消渴、黄疸、痿躄、梦遗、淋浊、痔疮、便血、赤白带下、骨蒸痨热、目赤肿痛、口舌生疮、疮疡肿毒。

【毒性】无毒。

【抗癌应用】

1. 用法用量：3~12g；外用适量。（《中国药典》）

2. 药剂药方：

（1）治疗皮肤分化性鳞状上皮癌。

黄柏粉、黄升丹各 10g，枯矾 30g，煅石膏 20g，共研为细末，以熟油调敷患处，每日 2 次。（《陕西中医》1984 年第 4 期）

（2）治疗舌癌。

黄柏末时时点之。（《癌症家庭防治大全》）

（3）治疗子宫颈癌。

①黄柏、山豆根、干脐带、贯众各 30g，白花蛇舌草 60g，加水煎煮，每日 1 剂或制成浸膏后，干燥，研粉，口服，每次 3g，每日 3 次。（《安徽单验方选集》）

②蜈蚣 3 条，轻粉、雄黄各 9g，黄柏 30g，冰片 1.5g，麝香 0.9g，共研为细末，制成散剂，外用。（《抗癌中药大全》）

潮汕地区抗癌植物图说

144

139 枸桔

枸桔（*Poncirus trifoliata*），别名枳、枸橘，为芸香科小乔木。枝绿色，嫩枝扁；叶柄有狭长翼叶，通常指状 3 出叶；有完全花及不完全花，后者雄蕊发育，雌蕊萎缩，花有大、小二型，花瓣白色；果近圆球形或梨形，大小差异较大，果皮暗黄色，粗糙，种子 20～50 粒，阔卵形，乳白或乳黄色。花期为 5～6 月，果期为 10～11 月。

【生境 分布】适合生长于湿润、光照充足的环境；多栽培于路旁、庭园作绿篱。

【主要化学成分】含枳属苷、橙皮苷、野漆树苷、柚皮苷、新橙皮苷、菌芋碱、α－蒎烯、β－蒎烯、月桂烯、柠檬烯、樟烯、γ－松油烯、丁香烯、蛋白质、钾、钙、锌、铁、磷等。

【抗癌药理作用】经动物实验显示其对腹水型癌有抑制作用。

【性味归经】辛、苦、温；入肝、胃经；疏肝理气、止痛、祛风止痒、解酒毒；用于治疗脘腹胀满、乳房结块、寒疝气疼、胃脘疼痛、跌打损伤、风疹瘙痒、饮酒过量。

【毒性】无毒。

【抗癌应用】

1. 用法用量：内服：煎汤，9～15g；或煅研粉服。外用：适量，煎水洗；或熬膏涂。（《中华本草》）

2. 药剂药方：

（1）治疗乳腺癌、恶性淋巴瘤、胃癌、肝癌。

枸桔 10～15g，水煎服。（《中医肿瘤学》）

（2）治疗乳腺癌。

①鲜枸桔李，切片晒干，研成细末。口服，黄酒送服，每次 7g，每日 1 次，连服 1 个月为 1 个疗程。（《中医肿瘤学》）

②金银花、生黄芪各 25g，当归 15g，甘草 7.5g，枸桔叶 50 片，水、酒各半煎服。（《实用抗癌验方》）

140 两面针

两面针（*Zanthoxylum nitidum*），别名光叶花椒、入山虎、麻药藤、入地金牛，为芸香科植物。老茎有翼状蜿蜒而上的木栓层，茎枝及叶轴均有弯钩锐刺，粗大茎干上部的皮刺基部呈长椭圆形枕状凸起，位于中央的针刺短且纤细；有小叶5～11片，小叶对生，成长叶硬革质，阔卵形或近圆形；花序腋生，花瓣淡黄绿色；果皮红褐色，种子圆珠状。花期为3～5月，果期为9～11月。

【生境　分布】生长于山野、坡地、灌木丛中；分布于潮汕各地。

【主要化学成分】含两面针碱、布枯苷、氧化两面针碱等。

【抗癌药理作用】

1. 两面针碱对小鼠白血病细胞P388有一定的抑制作用。两面针的甲氧基衍生物对小鼠白血病细胞L1210显示更强的抑制作用。

2. 小鼠肉瘤S180腹水癌细胞培养法的药理实验表明，本品含有的苯并氮杂菲类生物碱有抗癌活性，经小鼠体内实验显示，其总生物碱对艾氏腹水癌有抑制作用。

【性味归经】苦、辛、平；祛风活血、麻醉止痛、解毒消肿。

【毒性】小毒。

【抗癌应用】

1. 用法用量：5～10g。外用：适量，研末调敷或煎水洗患处。（《中药大辞典》）

2. 药剂药方：

（1）治疗鼻咽癌。

① 两面针、白茅根、蛇倒退各30g，徐长卿、山药、川芎各15g，葵树子90g，生地24g，茅莓60g，水煎服，每日1剂。（《抗癌本草》）

② 龙胆草、两面针、七叶一枝花、茅莓各30g，野菊花、苍耳子、元参、孩儿参各15g，水煎服，每日1剂。（《今日药学》2011年第3期）

（2）治疗皮肤鳞片状上皮癌。

两面针60g，地胆头、鬼针草各30g，穿心莲、银花各15g，水煎服，每日1剂。（《抗癌本草》）

141 橄榄

橄榄（*Canarium album*），别名青果（通称）、青榄（普宁）、忠果，为橄榄科乔木。小枝粗5~6mm，幼部被黄棕色绒毛，很快变无毛；有托叶，仅芽时存在，小叶3~6对，纸质至革质，披针形或椭圆形；花序腋生，雄花序为聚伞圆锥花序，雌花序为总状；果序长1.5~15cm，具1~6个果，果卵圆形至纺锤形，成熟时黄绿色，种子1~2个。花期为4~5月，果期为10~12月。

【生境　分布】生长于低海拔的山地林中；潮汕各地均有栽培。

【主要化学成分】含挥发油、香树脂醇、己酸、辛酸、癸酸、月桂酸、肉豆蔻酸、硬脂酸、棕榈酸、油酸、亚麻酸、金丝桃苷、没食子酸、蛋白质、脂肪、糖类、钙、磷、铁、维生素C等。

【抗癌药理作用】动物实验显示，单独使用橄榄油可预防乳腺癌。体外实验证明本品对癌细胞生长有抑制作用。

【性味归经】甘、涩、酸、平；入肺、胃经；清肺、利咽、生津、解毒；用于治疗咽喉肿痛、烦渴、咳嗽吐血、菌痢、癫痫、河豚毒、酒毒。

【毒性】无毒。

【抗癌应用】

1. 用法用量：4.5~9g。（《中国药典》）

2. 药剂药方：

治疗食管癌：杨桃4个，橄榄14粒，芫荽120g，均用鲜品，明矾1.5g，共捣烂绞汁，加米数粒共煮熟，口服，每日1次，2~3月为1个疗程。

142　楝树

楝树（*Melia azedarach*），别名苦楝、楝、森树，为楝科落叶乔木。树皮灰褐色，纵裂，分枝广展，小枝有叶痕；叶为 2~3 回奇数羽状复叶，小叶对生，卵形、椭圆形至披针形；圆锥花序，花芳香，花瓣淡紫色；核果球形至椭圆形，种子椭圆形。花期为 4~5 月，果期为 10~12 月。

【生境　分布】生长于旷野或路旁，常栽培于屋前房后；潮汕各地均有分布。

【主要化学成分】含川楝素、苦楝皮萜酮、亚油酸、油酸、肉豆蔻酸、棕榈酸等。

【抗癌药理作用】

1. 楝树皮中含抗癌多糖 MA9，从楝树皮中提取的有效成分的药理实验证明其对小鼠肉瘤 S180（腹水型）有治疗作用。

2. 楝树花的热水提取液对小鼠淋巴瘤 L5178Y 细胞、小鼠肉瘤 S180 细胞呈强抑制活性。

3. 单乙酰川楝素对小鼠淋巴细胞白血病 P388 细胞的生长有显著的抑制作用。

【性味归经】寒、苦；入肝、脾、胃经；杀虫、清热燥湿；用于治疗蛔虫病、蛲虫病、钩虫病、虫积腹痛、疥癣瘙痒。

【毒性】有毒。

【抗癌应用】

1. 用法用量：4.5~9g。外用：适量，研末，用猪脂调敷患处。（《全国中草药汇编》）

2. 药剂药方：

（1）治疗乳腺癌。

楝树皮、蛇莓、七叶一枝花、木馒头各 15g，龙葵、蒲公英、白毛藤各 30g，乌药 9g，水煎服，每日 1 剂。（《中西医结合肿瘤学》）

（2）治疗大肠癌。

生白芍、楝树皮、当归各 20g，白术、木香、炙甘草各 10g，米糠 25g，水煎服，每日 1 剂。（《抗癌中药大全》）

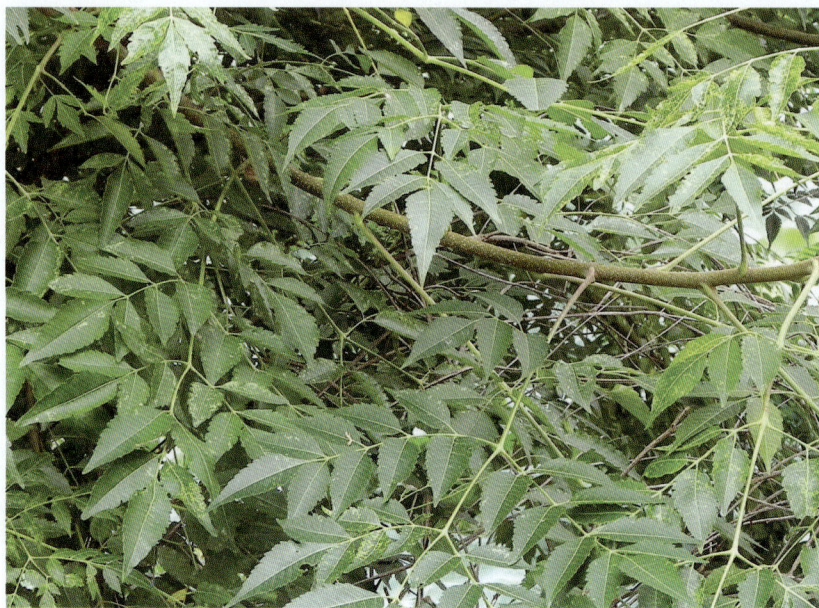

143　川楝

川楝（*Melia toosendan*），别名川楝子，为楝科乔木。幼枝密被褐色星状鳞片，老时无，暗红色，具皮孔，叶痕明显；二回羽状复叶，每 1 羽片有小叶 4 ~ 5 对，小叶对生；圆锥花序聚生于小枝顶部之叶腋内，花瓣淡紫色；核果大，椭圆状球形，果皮薄，成熟后淡黄色，种子 3 ~ 5 粒。花期为 3 ~ 4 月，果期为 10 ~ 11 月。

【生境　分布】生长于平坝及丘陵地带；潮汕各地均有分布。

【主要化学成分】含川楝素、生物碱、山柰醇、树脂、鞣质。

【抗癌药理作用】用 HeLa 细胞单纯培养法筛选，显示本品有抑制肿瘤细胞的作用；对人体子宫颈癌细胞 JTC－26 亦有抑制作用。

【性味归经】苦、寒；入肝、胃、小肠经；除湿热、清肝火、止痛、杀虫；用于治疗热厥心痛、胁痛、疝痛、虫积腹痛。

【毒性】有毒。

【抗癌应用】

1. 用法用量：4.5 ~ 9g。（《中国药典》）

2. 药剂药方：

（1）治疗前列腺癌。

川楝子 15g，白花蛇舌草、半枝莲、萆薢、薏苡仁各 30g，水煎服。（《云南抗癌中草药》）

（2）治疗乳腺癌。

①川楝子（微炒）、两头尖（微炒）、露蜂房（炙）、山羊角（火煅）各 90g。以上药共研为细末，陈酒送服，每次服 6g，隔日服 1 次。（《实用抗癌验方 1000 首》）

②川楝子、胡桃仁、金银花各 9g，川贝母 15g，露蜂房 6g，水煎服。（《抗癌植物药及其验方》）

（3）治疗食管癌。

川楝子、威灵仙各 60g，血竭、乳香、没药各 30g，研末，每次服 2g，每日 2 次。（《抗癌植物药及其验方》）

（4）治疗胃癌、大肠癌。

川楝子 12g，延胡索 9g，当归、龙胆草、栀子、黄芩、黄连、黄柏、木香各 3g，大黄、芦荟、青黛各 2g，水煎服。（《抗癌植物药及其验方》）

（5）治疗肝癌。

八月札、大腹皮各 15g，川楝子、枳壳、木香各 9g，橘皮、橘叶、郁金、莱菔子各 12g，佛手片 6g，水煎服，每日 1 剂，煎 2 次分服。（《抗癌中药一千方》）

144 金边红桑

金边红桑（*Acalypha wilkesiana* cv. *marginata*），别名金边桑，为大戟科灌木。叶卵形、长卵形或菱状卵形，顶端长渐尖，基部阔楔形或浅心形，边缘具锯齿，上面浅绿色或浅红至深红色，叶缘红色；雌雄花异序。花期为全年。

【生境 分布】潮汕各地庭园均有栽培。

【主要化学成分】含多糖、生物碱、氨基酸、鞣花酸、黄酮苷等。

【抗癌药理作用】实验证明，金边红桑的 3 种提取物样品与对照组相比均显示了不同程度的抗肿瘤作用，其中对小鼠子宫颈癌 U14 的治疗最佳，肿瘤抑制率金边红桑 A（水提取物部分）为 41.0%，金边红桑 B（酒提取物部分）为 54.57%，金边桑 X（乙醇末除去叶绿素部分）为 45.57%，对小鼠肉瘤 S180 实体型肿瘤治疗次之。

【性味归经】微苦、凉；入肝经；清热、凉血、止血；用于治疗紫癜、牙龈出血、再生障碍性贫血、咳嗽、血小板降低、暑热。

【毒性】无毒。

【抗癌应用】

1. 用法用量：内服：15～30g，水煎服。（《广西药用植物名录》）

2. 药剂药方：

治疗白血病：金边红桑、猪殃殃、大青叶、百合各30g，炙鳖甲60g，水煎服。（《福建验方》）

145 秋枫

秋枫（*Bischofia javanica*），别名重阳木，为大戟科常绿或半常绿大乔木。树干圆满通直，树皮灰褐色至棕褐色，砍伤树皮后流出红色汁液；三出复叶，稀5小叶；花小，雌雄异株，多朵组成腋生的圆锥花序，雄花序被微柔毛至无毛，雌花序下垂；果实浆果状，圆球形或近圆球形，种子长圆形。花期为4~5月，果期为8~10月。

【生境　分布】生长于山谷阴湿的林中，多见于溪旁近水处；潮汕各地均有分布。

【主要化学成分】含熊果酸、黄酮类、香豆精类、无羁萜、肉豆蔻酸、棕榈酸、硬脂酸、十六碳烯酸、油酸、亚油酸、亚麻酸等。

【抗癌药理作用】秋枫叶中含β-谷固酸、无羁萜醇等成分，体外实验显示其具有抗癌活性，对癌细胞生长有抑制作用。

【性味归经】辛、苦、微温；入心经；祛风、行气活血、消肿败毒；用于治疗风湿痹痛、气血郁结、痈疽疮疡、红白痢疾。

【毒性】无毒。

【抗癌应用】

1. 用法用量：内服：煎汤，3~5钱。（《中药大辞典》）

2. 药剂药方：

治疗胃癌：鲜秋枫叶100~150g，猪肥肉100g，炖服，连服30剂。或鲜秋枫叶100g，桃寄生、苦杏仁、白毛藤、水剑草、鹿衔草各25g，水煎，加白糖冲服，每日1剂。（《全国中草药汇编》）

146 巴豆

巴豆（*Croton tiglium*），别名大叶双眼龙、药仔仁、猛子树、江子仁，为大戟科灌木或小乔木。嫩枝被稀疏星状柔毛，枝条无毛；叶纸质，卵形，稀椭圆形，基出脉3～5条；花单性，雌雄同株，总状花序顶生，上部着生雄花，下部着生雌花，雄花绿色，较小，雌花无花瓣；蒴果长圆形至倒卵形，种子长卵形，淡黄褐色。花期为3～5月，果期为6～7月。

【生境　分布】野生或栽培；潮州、饶平、揭西、普宁均有分布。

【主要化学成分】含巴豆油、巴豆毒素、巴豆苷、油酸、亚油酸、大戟二萜醇、巴豆醇二酯等。

【抗癌药理作用】

1. 巴豆提取物对小鼠肉瘤S180实体型和S180腹水型、小鼠子宫颈癌U14实体型和U14腹水型以及艾氏腹水癌皆有明显的抑制作用；巴豆注射液在试管内有杀死癌细胞的作用。

2. 巴豆醇二酯对小鼠淋巴细胞白血病细胞P388有一定的抑制作用。巴豆油乳剂在大鼠移植性皮肤癌内注射，能引起瘤体退化，并延缓皮肤癌的发展。

【性味归经】辛、热；入胃、肺、脾、肝、肾、大肠经；泻下寒积、逐水退肿、祛痰利咽、蚀疮杀虫；用于治疗寒邪食积所致的胸腹胀满急痛、大便不通、泄泻痢疾、水肿腹大、痰饮喘满、喉风喉痹、痈疽、恶疮疥癣。

【毒性】有毒。

【抗癌应用】

1. 用法用量：种子：内服：0.5～1粒，去种皮榨去油，配入丸、散剂；外用：适量，研末涂患处，或捣烂，以纱布包擦患处。根：1～3钱。叶：外用适量，煎水洗患处。（《中国药典》）

2. 药剂药方：

（1）治疗喉癌。

巴豆2粒（去油），大枣肉3枚，葱白2根，共捣成泥状。大梨1个（去皮），把梨切开去核，将药泥放入空心处，梨合好置碗内蒸熟，去药嚼梨喝汤。（《四川中医》1985年第9期）

（2）治疗鼻咽癌。

巴豆（去皮）7粒，红矾15g，大枣7枚，葱须3.5kg。将红矾、巴豆研细；大枣、葱须蒸烂捣碎，然后把这4种成分混匀，用布包好即成。用手握12小时，隔日1次，握后须用肥皂洗手。（《实用抗癌验方》）

（3）治疗子宫颈癌。

巴豆去皮，黄醋为衣。口服，每次5～6粒，每日1次，10次为1个疗程。（《上海中医药杂志》1984年第9期）

（4）治疗癌性疼痛。

巴豆2粒去皮，指肚大砒石1块，大枣4个捣成泥。3药共捣调匀，做成直径1cm左右、长3cm的药条，纳双鼻腔中，10分钟汗出疼止后取出。（《实用抗癌验方》）

147 白饭树

白饭树（*Flueggea virosa*），别名甜蜜（潮州）、金柑藤，为大戟科灌木。小枝具纵棱槽，有皮孔；叶片纸质，椭圆形、长圆形、倒卵形或近圆形；花小，淡黄色，雌雄异株，多朵簇生于叶腋，雄花花梗纤细，雌花 3～10 朵簇生，有时单生；蒴果浆果状，近圆球形，种子栗褐色，具光泽。花期为 3～8 月，果期为 7～12 月。

【生境　分布】生长于海拔 100～1200m 的疏林或灌丛中；潮汕各地均有分布。

【主要化学成分】含白饭树醇碱、β－谷固醇、毒一叶萩碱、降一叶萩碱、白饭树醚碱、算盘子酮醇。

【抗癌药理作用】本品所含成分 β－谷固醇，对小鼠腺癌 715、小鼠 Lewis 肺癌和大鼠瓦克癌肉瘤 W256 均有抑制其活性的作用。

【性味归经】苦、微涩、凉；入肺、心经；清热解毒、消肿止痛、止痒止血；用于治疗风湿痹痛、头疮、脓包疮、湿疹。

【毒性】小毒。

【抗癌应用】

1. 用法用量：内服：煎汤，3～6 钱。外用：捣敷或煎水洗。（《南宁市药物志》）

2. 药剂药方：

（1）治疗胃癌。

白饭树 18g，芦荟 15g，仙鹤草 30g，水煎服。（《抗癌中药大全》）

（2）治疗白血病。

白饭树 18g，芦荟 15g，大青叶、猪殃殃各 30g，三七粉 3g，水煎服。（《抗癌中药大全》）

148 木薯

木薯（*Manihot esculenta*），别名木番薯、树薯，为大戟科直立灌木。块根圆柱状；叶纸质，轮廓近圆形，掌状深裂几达基部，裂片3～7片；圆锥花序顶生或腋生，花萼带紫红色且有白粉霜；蒴果椭圆状，表面粗糙，种子具3棱，种皮硬壳质，具斑纹，光滑。花期为9～11月。

【生境　分布】生长于热带地区；多栽培在山地；潮汕各地均有分布。

【主要化学成分】含淀粉、木薯苷、烟酸、维生素C等。

【抗癌药理作用】鲜木薯汁对小鼠乳腺癌细胞有抑制作用。

【性味归经】苦、寒；入心经；消肿解毒；用于治疗痈疽疮疡、瘀肿疼痛、跌打损伤、疥疮、顽癣。

【毒性】小毒。

【抗癌应用】

1. 用法用量：内服：煎汤，3～6g。外用：适量捣烂敷患处，或研末调涂。（《全国中草药汇编》）

2. 药剂药方：

（1）治疗乳腺癌。

鲜木薯榨汁，分多次，少量饮服。每日用量不超过100g，饭后1小时开始冲服。若服后感到不适，可喝些糖水或甜茶。另用鲜木薯适量，捣烂，外敷患处。（《实用抗癌验方》）

（2）治疗各种癌症。

鲜木薯榨汁，分多次，少量饮服。每日用量不超过100g，饭后1小时开始冲服。服此药时，宜少吃米饭，多吃西红柿、胡萝卜、葱等蔬菜；忌食虾、蟹、蚌、羊肉、鸡肉、牛肉等。如服后感到不适，可喝些糖水或甜茶。（《抗肿瘤中草药彩色图谱》）

（3）治疗皮肤癌。

鲜木薯适量，捣烂，外敷患处；或木薯粉、砒霜、过氧化氢溶液、白兰地酒各2g，混合拌成膏状，将其敷在患处。（《抗肿瘤中草药彩色图谱》）

149 叶下珠

叶下珠（*Phyllanthus urinaria*），别名假油甘（潮汕）、阴阳草、假油树，为大戟科一年生草本植物。茎通常直立，基部多分枝，枝具翅状纵棱；叶片纸质，因叶柄扭转而呈羽状排列，长圆形或倒卵形；花雌雄同株，雄花2～4朵簇生于叶腋，通常仅上面1朵开花，雌花单生于小枝中下部的叶腋内，黄白色；蒴果圆球状，红色，种子橙黄色。花期为4～6月，果期为7～11月。

【生境　分布】野生于山坡或路旁；潮汕各地均有分布。

【主要化学成分】含酚类、三萜类、生物碱、鞣花酸等。

【抗癌药理作用】

1. 动物实验证明本品对小鼠肉瘤S180的抑制率为47.2%。

2. 较高浓度（4mg/ml）的叶下珠对人肝癌细胞株细胞外乙型肝炎表面抗原（HBsAg）含量有明显的抑制作用，且主要影响HBsAg在该类细胞内的合成。

3. 叶下珠所含的鞣花酸能预防肝细胞的损伤，对癌细胞有明显的抑制作用。

【性味归经】淡、微苦、凉；入肝、脾经；清肝明目、渗湿利水、解毒杀虫；用于治疗痢疾、泄泻、黄疸、小儿疳积、夜盲症。

【毒性】无毒。

【抗癌应用】

1. 用法用量：15～30g；外用：适量，鲜草捣烂敷伤口周围。（《全国中草药汇编》）

2. 药剂药方：

（1）治疗肝癌、胆管癌、大肠癌。

叶下珠30～60g，藤梨根、老鹳草各30g，水煎服。（《中医肿瘤学》）

（2）治疗肝癌黄疸。

鲜叶下珠100g，水煎服。（《抗癌植物药及其验方》）

（3）治疗肝癌食欲不振。

叶下珠30g，柴胡20g，黄芩15g，制半夏10g，水煎服。（《抗癌植物药及其验方》）

150 蓖麻

蓖麻（*Ricinus communis*），别名红蓖麻，为大戟科一年生粗壮草本或草质灌木。小枝、叶和花序通常被白霜，茎多液汁，叶掌状 7~11 裂，裂缺几达中部，叶柄粗壮，中空，顶端具 2 枚盘状腺体；总状花序或圆锥花序，雄花花萼裂片卵状三角形，雌花萼片卵状披针形；蒴果卵球形或近球形，种子椭圆形，微扁平，斑纹淡褐色或灰白色。花期几为全年或 6~9 月（栽培）。

【生境 分布】栽培于山地，亦有逸为野生；潮汕各地均有分布。

【主要化学成分】含蓖麻碱、蓖麻毒蛋白、香豆素、黄酮、顺式—蓖麻油酸、棕榈酸、花生酸、油酸、亚油酸、亚麻酸、二羟基硬脂酸、三蓖麻酸酯、二蓖麻酸酯类、单蓖麻酸酯类、非蓖麻酸酯类等。

【抗癌药理作用】

1. 蓖麻毒蛋白对体外培养的多种肿瘤细胞株和变异细胞株均十分敏感，可以抑制淋巴腺瘤 SI、淋巴腺瘤 BW5147、淋巴腺瘤 MBC2、淋巴腺瘤 EL2、骨髓瘤 P3、骨髓瘤 C1、骨髓瘤 RBC5、骨髓瘤 S117、骨髓瘤 S194、骨髓瘤 J588、骨髓瘤 MOPC315/P 和骨髓样白血病 C-1498 的生长。

2. 蓖麻毒蛋白亦能抑制体外培养的正常细胞和各种动物肿瘤细胞的生长。

3. 蓖麻毒蛋白对小鼠艾氏腹水癌、腹水肝癌、子宫颈癌 U14、肉瘤 S180 及白血病等动物移植性肿瘤均有一定的治疗作用。

【性味归经】甘、辛、平；入大肠、肺经；消肿拔毒、泻下通滞；用于治疗痈疽肿毒、喉痹、瘰疬、大便燥结。

【毒性】有毒。

【抗癌应用】

1. 用法用量：口服，1 次 10~20ml（蓖麻油）。（《中国药典》）

2. 药剂药方：

（1）治疗恶性淋巴瘤。

去壳蓖麻子、紫背天葵各等份，清水入砂锅中煮半日。空腹时，嚼下 15~21 枚，每日 1 次。（《妇人良方》）

（2）治疗子宫绒毛膜癌。

蓖麻仁 3 个（捣碎），鸡蛋 1 个。在鸡蛋顶端挑开拇指大小的孔，把捣碎的蓖麻仁放入蛋内，搅拌均匀后，用纸封口。然后将蛋立放在瓷盅内预制的小铁环上固定，加水于盅内（勿令水浸入纸封蛋洞口），再加热煮蛋 40 分钟，去蛋壳，趁热顿服。（《四川中医》1983 年第 4 期）

（3）治疗肠癌。

大鸡蛋 1 枚，完整蓖麻子 20 粒去壳。先将鸡蛋大头开 1 小孔，放入蓖麻仁，不要让鸡蛋流失过多，用纸将孔封闭，孔朝上，以冷水蒸之。从上气开始算起蒸 80 分钟以上。每日吃 1 个，连蛋及蓖麻子同吃，胃口好的可每日服 2 个蛋（40 粒蓖麻子）。可连吃 3 个月，停几天再吃。（《实用抗癌验方》）

（4）治疗皮肤癌。

陈石灰、叶烟粉各 1g，鲜苎麻根、千足虫各 6g，蓖麻仁 2g，取浓度为 95% 的乙醇浸泡千足虫，捣烂，加入去壳蓖麻仁泥、陈石灰、叶烟粉调匀。最后加入捣烂的苎麻根心，调和成膏状。用时以双氧水及盐水洗净肿瘤创面后，再涂此膏，隔日或每日 1 换。（《抗癌中药大全》）

（5）治疗恶性肿瘤。

蓖麻子经提取制成软膏，每10g内含蓖麻毒蛋白0.3g，外用。治疗子宫颈癌时可先将软膏挤入空胶囊，再推入宫颈管内，每日1次，1~2月为1个疗程。治疗皮肤癌则将软膏直接涂于癌灶创面，每日1次。（《抗癌中药大全》）

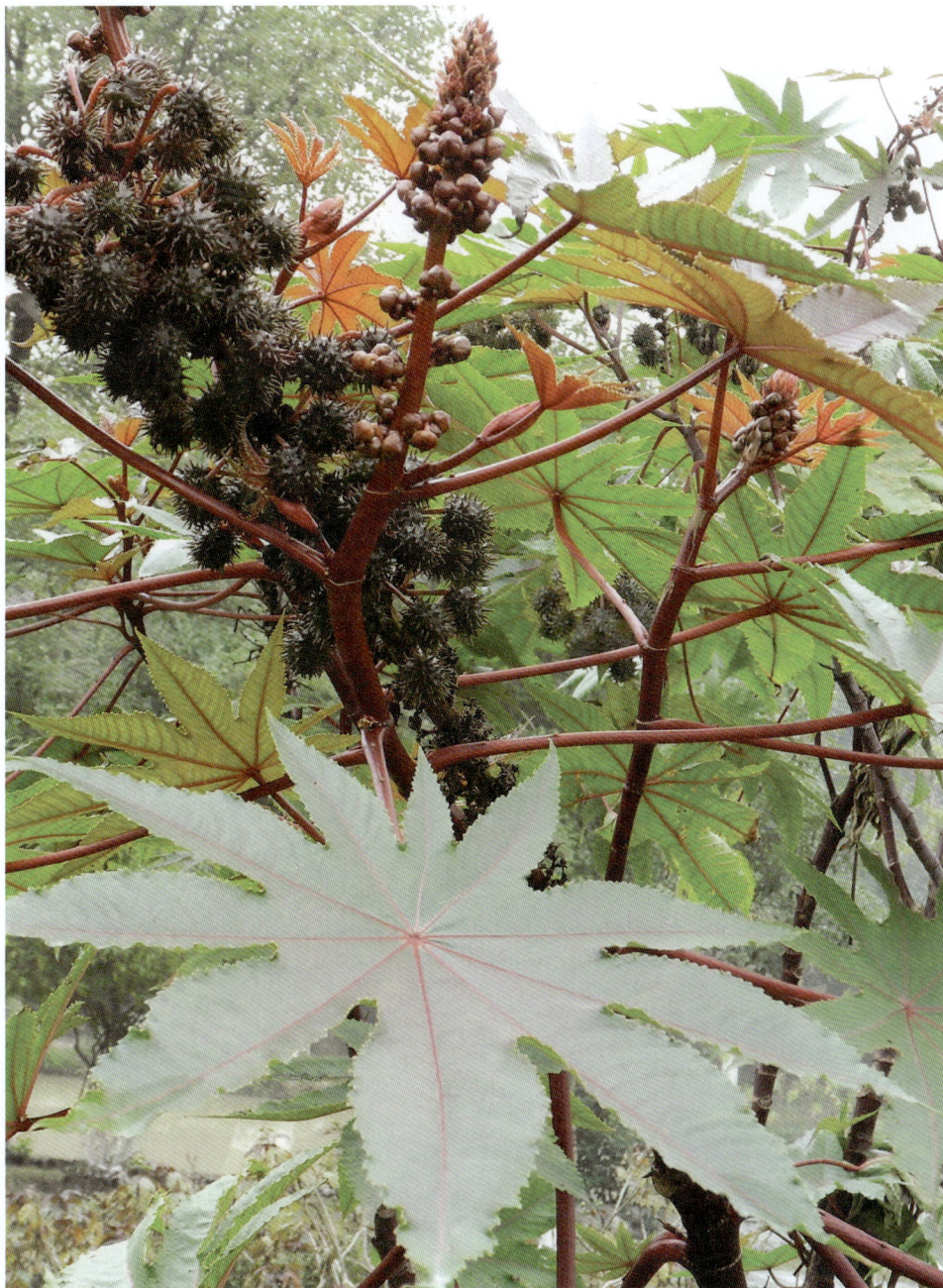

151 毛冬青

毛冬青（*Ilex pubescens*），别名毛披树、火烫药、苦涕（潮州），为冬青科常绿灌木或小乔木。小枝纤细，近四棱形，灰褐色，密被长硬毛；叶生于1~2年生枝上，叶片纸质或膜质，椭圆形或长卵形，两面被长硬毛；花序簇生于1~2年生枝的叶腋内，密被长硬毛。雄花序粉红色，花萼盘状，雌花序簇生，花萼盘状，花冠辐状；果球形，成熟后红色，内果皮革质或近木质。花期为4~5月，果期为8~11月。

【生境 分布】生长于丘陵山坡、林边、疏林或灌木丛中；潮汕各地均有分布。

【主要化学成分】含黄酮类、酚类、三萜类、固醇、氨基酸、鞣质、还原糖等。

【抗癌药理作用】动物体内实验表明毛冬青的提取物有抑制肿瘤增殖的作用。体外噬菌体法测试表明毛冬青有抗噬菌体的作用，显示其有一定的抗癌活性。

【性味归经】微苦、甘、平；入肺、肝、大肠经；清热解毒、活血通脉；用于治疗风热感冒、肺热喘咳、喉头红肿、扁桃体炎、痢疾、冠心病、偏瘫、丹毒、疮疖痈肿。

【毒性】无毒。

【抗癌应用】

1. 用法用量：内服：3~9g，煎汤。外用：煎汁涂或浸泡。（《广西中草药》）

2. 药剂药方：

（1）治疗肺癌热性咳嗽。

毛冬青根15~25g，水煎，冲白糖服。（《广西中草药》）

（2）治疗鼻咽癌放疗后低热。

毛冬青60g，石韦20g，蒲公英30g，藏红花1g（单煎），水煎服。（《抗癌植物药及其验方》）

152 粉叶雷公藤

粉叶雷公藤（*Tripterygium hypoglaucum*），别名昆明山海棠，为卫矛科藤本灌木。小枝常具4~5棱，密被棕红色毡毛状毛，老枝无毛；叶薄革质，长方卵形、阔椭圆形或窄卵形，先端渐尖；圆锥聚伞花序生于小枝上部，呈蝎尾状多次分枝，花绿色；翅果多为长方形或近圆形，果翅宽大。

【生境　分布】生长于山野向阳的灌木丛中或疏林下；分布于粤东山区。

【主要化学成分】含雷公藤碱、雷公藤次碱、雷公藤晋碱、雷公藤春碱、卫矛碱、雷公藤甲素、雷公藤丙素、山海棠素、山海棠内酯、黑蔓酮酯甲、雷公藤三萜酸、齐墩果酸、雷公藤内酯、山海棠酸等。

【抗癌药理作用】

1. 粉叶雷公藤醇提取物对小鼠子宫颈癌 U14 的抑制率为 40%，本品粗制品对小鼠肉瘤 S180 及 S37 的抑制率在 33%~52%。

2. 本品有效成分雷公藤甲素在浓度为 0.25mg/kg、0.2mg/kg 时对小鼠白血病 L615 有显著的治疗作用，患者生存期延长率分别在 159.8%、87.8% 以上，并可使部分动物长期存活。（《中华本草》）

【性味归经】苦、辛、微温；入肝、脾、肾经；祛风除湿、活血止血、舒筋接骨、解毒杀虫；用于治疗风湿痹痛、半身不遂、疝气痛、痛经、月经过多、产后腹痛、出血不止、急性传染性肝炎、慢性肾炎、红斑狼疮、癌肿、跌打骨折、骨髓炎、骨结核、附睾结核、疮毒、银屑病、神经性皮炎。

【毒性】大毒。

【抗癌应用】

1. 用法用量：内服：煎汤，6~15g。（《中华本草》）

2. 药剂药方：

（1）治疗原发性肝癌、肺癌、白血病。

粉叶雷公藤糖浆（内含生药 0.3g/ml），口服，每次 10ml，每天 3 次。（《抗癌中草药制剂》）

（2）治疗肝癌。

以丙酮 2000g 倒入瓶中，放入粉叶雷公藤根皮 90g，五灵脂、皂角刺各 20g，白芥子、生大黄、穿山甲各 30g，7 日后将药渣滤出，加入乒乓球 30 只（剪碎），阿魏 90g，待完全溶化后，即可用药棉蘸药液搽肝癌肿块部位，每天 3 次，切勿内服。（《中医杂志》1985 年第 12 期）

（3）治疗恶性肿瘤。

①粉叶雷公藤经水提取制成口服液，每 100ml 内含药量相当于粉叶雷公藤生药 50mg。口服，每次 10ml，每日 3 次。（《抗癌中草药制剂》）

②粉叶雷公藤经粉碎过筛制成散剂，每克内含粉叶雷公藤生药 50mg。口服，每次 5~10g，每日 3 次。（《抗癌中草药制剂》）

（4）治疗癌性疼痛。

粉叶雷公藤木质部 15~21g，水煎 2 小时，分 2 次服，每日 1 剂，10 日为 1 个疗程。（《上海中医药杂志》1987 年第 2 期）

153 雷公藤

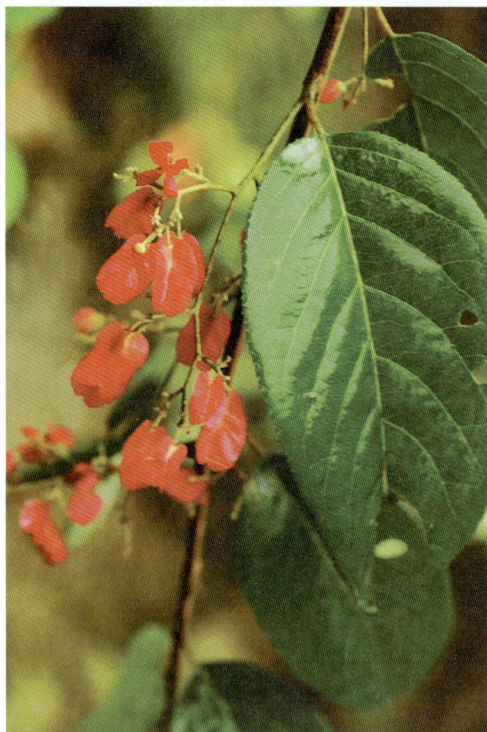

雷公藤（*Tripterygium wilfordii*），别名黄藤、黄腊藤、菜虫药、红药、水莽草、红柴根、三棱花、水脑子根、山砒霜，为卫矛科藤本灌木。小枝棕红色，具4~6细棱，被密毛及细密皮孔；叶椭圆形、倒卵椭圆形、长方椭圆形或卵形，先端急尖或短渐尖，边缘有细锯齿；圆锥聚伞花序较窄小，花序、分枝及小花梗均被锈色毛，花白色，花瓣长方卵形；翅果长圆状，种子细柱状，黑色。花期为7~8月，果期为9~10月。

【生境 分布】生长于山地林缘阴湿处；分布于粤东山区。

【主要化学成分】含雷公藤碱、雷公藤定碱、雷公藤精碱、雷公藤灵碱、雷公藤春碱、雷公藤辛碱、雷公藤酸、羟基雷公藤酸、雷公藤酮、雷醇内酯等。

【抗癌药理作用】雷公藤碱、雷公藤定碱对小鼠白血病 L1210、小鼠白血病 P388 有明显的抗肿瘤活性作用，并对人体鼻咽癌有抑制作用。

【性味归经】苦、辛、凉；入心、肝经；祛风、解毒、杀虫。

【毒性】有毒。

【抗癌应用】

1. 用法用量：内服：煎汤，去皮根木质部分 15~25g；带皮根 10~12g。均需文火煎 1~2 小时。也可制成糖浆、浸膏片等。研粉，装胶囊服，每次 0.5~1.5g，每日 3 次。外用：适量，研粉或捣烂；或制成酊剂、软膏涂擦。（《中华本草》）

2. 药剂药方：

（1）治疗原发性肝癌、肺癌、白血病。

雷公藤糖浆（内含生药 0.3g/ml），口服，每次 10ml，每天 3 次。（《抗癌中草药制剂》）

（2）治疗肝癌。

以丙酮 2000g 倒入瓶中，放入雷公藤根皮 90g，五灵脂、皂角刺各 20g，白芥子、生大黄、穿山甲各 30g，7 日后将药渣滤出，加入乒乓球 30 只（剪碎），阿魏 90g，待完全溶化后，即可用药棉蘸药液搽肝癌肿块部位，每天 3 次，切勿内服。（《中医杂志》1985 年第 12 期）

（3）治疗恶性肿瘤。

①雷公藤经水提取制成口服液，每 100ml 内含药量相当于雷公藤生药 50g。口服，每次 10ml，每日 3 次。（《抗癌中草药制剂》）

② 雷公藤经粉碎过筛制成散剂，每克内含雷公藤生药 50mg。口服，每次 5~10g，每日 3 次。（《抗癌中草药制剂》）

（4）治疗癌性疼痛。

雷公藤木质部 15~21g，水煎 2 小时，分 2 次服，每日 1 剂，10 日为 1 个疗程。（《上海中医药杂志》1987 年第 2 期）

154　定心藤

定心藤（*Mappianthus iodoides*），别名甜果藤、黄马胎，为茶茱萸科木质藤本。幼枝褐黄色，被毛，小枝灰色，渐无毛；叶长椭圆形至长圆形，先端渐尖而近有尾；雄花序腋生，花黄色，雌花序腋生，花瓣为5片；核果椭圆形，被淡黄色硬伏毛，成熟时橙黄至橙红色，种子1枚。花期为4～8月，果期为6～12月。

【生境　分布】生长于疏林、灌丛及沟谷林内，常攀缘在树上；潮汕各地均有分布。

【主要化学成分】含生物碱、苷类、雪松醇、蒲公英赛酮、二十三烷酸、β-谷固醇、β-胡萝卜苷、青藤碱、香草醛、白杨素、香草酸、槲皮素、没食子酸等。

【抗癌药理作用】人脑胶质瘤体外培养细胞系SHG-44筛选14种药用植物的实验初步显示定心藤在体外具有较好的抗肿瘤活性。

【性味归经】苦、凉；入心、肝、脾、肾经；祛风除湿、调经活血、止痛；用于治疗风湿关节痛、黄疸、跌打损伤、外伤出血、月经不调、痛经、闭经。

【毒性】无毒。

【抗癌应用】

1. 用法用量：内服：煎汤，3～5钱；研末，3～5分；或浸酒。外用：研末撒于患处。（《中药大辞典》）

2. 药剂药方：

治疗肝癌：定心藤、白毛藤、穿山甲各15g，白花蛇舌草、半枝莲、女贞子各30g，白术、茯苓、茵陈、虎杖各10g，生甘草5g，水煎服，每日1剂。（《抗癌中药大全》）

被子植物

161

155　龙眼

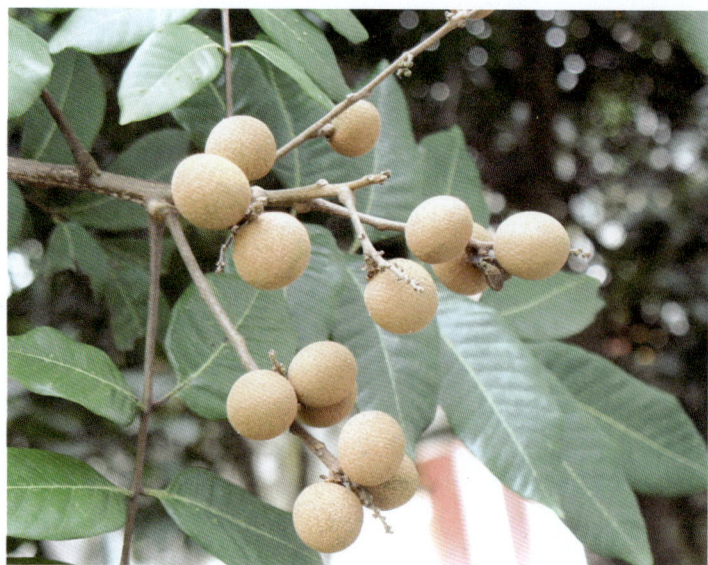

龙眼（*Dimocarpus longans*），别名桂圆、益智、圆眼，为无患子科常绿乔木。小枝粗壮，被微柔毛，散生苍白色皮孔；小叶4～5对，很少3或6对，薄革质，长圆状椭圆形至长圆状披针形；花序大型，多分枝，顶生和近枝顶腋生，密被星状毛，花瓣乳白色，披针形，与萼片近等长；果近球形，通常为黄褐色，有时为灰黄色，外面稍粗糙，种子茶褐色，全部被肉质的假种皮包裹。花期在春夏季，果期在夏季。

【生境　分布】栽培于堤岸和园圃；潮汕各地均有分布。

【主要化学成分】含维生素A、维生素B、葡萄糖、蔗糖、酒石酸色素、氨基酸、脂肪油、鞣质、二氢苹婆酸、槲皮素、槲皮苷、无羁萜、16－三十一醇、表无羁萜醇等。

【抗癌药理作用】

1. 抑菌实验：龙眼肉的水浸剂（1∶2）在试管内对奥杜盎氏小芽孢癣菌有抑制作用。

2. 龙眼肉的水浸液对人体子宫颈癌细胞JTC－26的抑制率在90%以上。

3. 龙眼肉粗浸膏可抑制癌细胞的增殖。

【性味归经】龙眼肉：甘、温；入心、脾经。龙眼根：微苦、平。龙眼核：微苦、涩、平。龙眼叶：微苦、平。益心脾、补气血、安神；用于治疗虚劳羸弱、失眠、健忘、惊悸、怔忡。

【毒性】无毒。

【抗癌应用】

1. 用法用量：9～15g。（《中国药典》）

2. 药剂药方：

（1）治疗乳腺癌。

太子参、枸杞子、半枝莲、白花蛇舌草各15g，白芍、黄芪、天花粉、丹参各12g，田三七3g（药汁冲服），龙眼肉30g（另煎兑服），水煎服，每日1剂。（《湖南中医学院学报》1995年第2期）

（2）治疗白血病、癌性贫血。

龙眼肉9g，花生米连红衣15g，水煎服。亦可于每日早、晚各嚼食龙眼肉干10～15g。（《抗癌食物中药》）

（3）治疗癌性贫血。

龙眼肉、枸杞子各10g，水煎服，每日1剂。（《抗癌植物药及其验方》）

（4）治疗鼻咽癌。

龙眼核烧存性，研末，再加少许麝香、冰片，再研细，混合均匀。每日少许，吹入鼻内。（《肿瘤良方大全》）

156 盐肤木

盐肤木（*Rhus chinensis*），别名五倍子树、乌桃叶、盐酸白，为漆树科落叶小乔木或灌木。小枝棕褐色，被锈色柔毛，具圆形小皮孔；奇数羽状复叶有小叶（2～）3～6对，叶轴具宽的叶状翅；圆锥花序宽大，多分枝，雄花序长，雌花序较短，密被锈色柔毛，花白色；棱果球形，略压扁，成熟时红色。花期为8～9月，果期为10月。

【生境 分布】野生于向阳山坡、沟谷、溪边的疏林或灌丛中；潮汕各地均有分布。

【主要化学成分】含鞣质、没食子酸、树脂、油、油酸、亚油酸、亚麻酸等。

【抗癌药理作用】

1. 盐肤木对小鼠肉瘤 S180 的抑制率较高。

2. 体外实验显示盐肤木的热水提取物对人体子宫颈癌细胞 JTC－26 的抑制率较高。

3. 盐肤木的提取物对 HeLa 癌细胞也有抑制作用。

4. 盐肤木所含没食子酸对吗啉和亚硝酸钠所致的小鼠肺腺癌有强抑制作用。

【性味归经】酸、平；入肺、胃、大肠经；敛肺、涩肠、止血、解毒；用于治疗久咳、久痢、久泻、脱肛、自汗、盗汗、遗精、血证、肿毒、疮疖。

【毒性】无毒。

【抗癌应用】

1. 用法用量：内服：煎汤，9～15g；鲜品 30～60g。外用：适量，研末调敷；或煎水洗；或鲜品捣敷。（《中华本草》）

2. 药剂药方：

（1）治疗子宫颈癌。

枯矾、明矾、雄黄、盐肤木、青盐各 30g，研成细末，混匀备用。撒在棉球上，外敷病灶，隔日一换。（《癌症秘方验方偏方大全》）

（2）治疗肝癌。

盐肤木 1.5g，朱砂 0.6g，研细和匀，以水调成糊，每晚睡前外敷脐上。（《现代治癌验方精选》）

（3）治疗皮肤癌。

蜈蚣 10 条，蜂蜜 300g，盐肤木 900g，黑蜡 2 500g，研磨成膏。外敷患处，避免接触金属类用具。（《实用抗癌验方》）

（4）治疗乳腺癌初起。

大盐肤木 1 个，蜈蚣适量，梅片少许。将盐肤木揭去盖，以蜈蚣塞满盖好，再用纸封好，炒脆，研细，加梅片少许，和膏药脂摊好，贴患处。（《癌症秘方验方偏方大全》）

（5）治疗癌症化疗后的口舌生疮疼痛。

盐肤木粉、冰糖（研末）各 5g，冰片 1g，研为细末，搽于患处。（《中医肿瘤学》）

157 凤仙花

凤仙花（*Impatiens balsamina*），别名凤仙透骨草、指甲草、急性子，凤仙花科一年生草本植物。茎粗壮，肉质，直立，不分枝或有分枝，下部节常膨大；叶互生，最下部叶有时对生，叶片披针形、狭椭圆形或倒披针形；花单生或2~3朵簇生于叶腋，白色、粉红色或紫色，单瓣或重瓣；蒴果宽纺锤形，密被柔毛，种子多数，圆球形，黑褐色。花期为7~10月。

【生境　分布】适生于疏松、肥沃、微酸的土壤中，但也耐瘠薄；潮汕各地均有栽培。

【主要化学成分】含矢车菊素、飞燕草素、蹄纹天竺素、锦葵花素、山奈酚、槲皮素、亚油酸等。

【抗癌药理作用】

1. 凤仙花水浸液（1∶3）在试管内对堇色毛癣菌、许兰氏黄癣菌等多种致病真菌均有不同程度的抑制作用。凤仙花煎剂对金黄色葡萄球菌、溶血性链球菌、绿脓杆菌、伤寒杆菌和痢疾杆菌也有不同程度的抑制作用。

2. 凤仙花对小鼠子宫颈癌 U14、小鼠肉瘤 S180 有抑制作用。体外实验证明本品对癌细胞生长有抑制作用。

【性味归经】甘、微苦、温；入肝、脾经；破血通经、散结消肿；用于治疗经闭、痛经、难产、鹅掌风、跌打、骨折、带下、蛇毒咬伤。

【毒性】小毒。

【抗癌应用】

1. 用法用量：3~4.5g 。（《中国药典》）

2. 药剂药方：

（1）治疗食管癌。

①凤仙花、白毛藤各 15g，半枝莲、黄药子各 30g，水煎服。（《云南抗癌中草药》）

②凤仙花 1.5g，晒干研末，调饭粒为丸，开水送服，每日 1 次。（《癌症秘方验方偏方大全》）

（2）治疗乳腺癌。

凤仙花干品 5g（鲜品 15g），水、酒煎服。（《实用抗癌验方》）

（3）治疗恶性淋巴瘤。

凤仙花膏外涂。（《抗癌良方》）

158 铁包金

　　铁包金（*Berchemia lineata*），别名老鼠耳、米拉藤、小叶黄鳝藤，为鼠李科藤状或矮灌木。小枝圆柱状，黄绿色；叶纸质，矩圆形或椭圆形；花白色，无毛，通常数朵至十余朵密集成顶生聚伞总状花序，或有时 1 ~ 5 朵簇生于花序下部叶腋，花瓣匙形，顶端钝；核果圆柱形，顶端钝，成熟时黑色或紫黑色，基部有宿存的花盘和萼筒。花期为 7 ~ 10 月，果期为 11 月。

　　【生境　分布】野生于山地灌丛中、路旁或田边；潮汕各地均有分布。

　　【主要化学成分】含槲皮素、芦丁、β - 谷固醇、生物碱、酚类等。

　　【抗癌药理作用】经动物体内实验显示，本品对小鼠肉瘤 S180 的抑制率为 50% 以上；体外实验显示本品对癌细胞生长有抑制作用。

　　【性味归经】微苦、涩、平；入心、肺经；化瘀止痛、镇咳化痰、祛风湿、消肿毒；用于治疗肺痨咯血、咳喘、脑震荡、便血、癫狂、跌打损伤、风湿骨痛、瘰疬、睾丸肿痛、疔疮痈肿。

　　【毒性】无毒。

　　【抗癌应用】

1. 用法用量：内服：煎汤，1 ~ 3 两。外用：捣敷或煎水洗。（《中药大辞典》）

2. 药剂药方：

（1）治疗白血病。

铁包金 30g，土大黄 15g，水煎服。（《抗癌植物药及其验方》）

（2）治疗肺癌。

铁包金、穿破石各 50g，紫草、虎乳灵芝各 15g，水煎服；或勾儿茶 180g，拓树根 18g，甘草 9g，水煎服。（《抗癌植物药及其验方》）

（3）治疗子宫颈癌。

铁包金 90g，白花蛇舌草 60g，牛蒡子 30g，金不换、七叶莲各 15 ~ 30g，汉防己 15g，白屈菜 10g，水煎服。（《抗癌植物药及其验方》）

（4）治疗睾丸癌。

细叶铁包金嫩茎叶 15 ~ 30g，鸭蛋 1 个，水、酒各半煎服。（《抗癌中药大全》）

（5）治疗胃癌疼痛。

铁包金 30g，苏铁干花 15g，水煎服。（《福建中草药》）

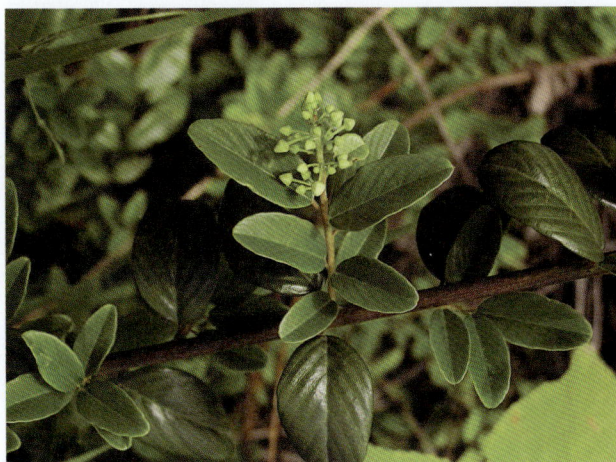

159 枳椇

枳椇（*Hovenia acerba*），别名拐枣、鸡爪树、枸、万字果，为鼠李科落叶小乔木。小枝红褐色，嫩枝有毛；单叶互生，叶片卵形，先端渐尖，基部圆形，叶柄红褐色，具腺体 4 ~ 5 个；花两性，腋生或顶生复聚伞花序，花淡黄绿色，萼、瓣、雄蕊均 5 枚；浆果状核果，近球形，味甜可食，种子扁球形。花期为 6 月，果熟期为 10 月。

【生境　分布】适生于阳光充足的沟边、路边或山谷中；潮汕各地均有分布。

【主要化学成分】含葡萄糖、苹果酸钙、枳椇皂苷、枳椇子酸、β－谷固醇、胡萝卜苷等。

【抗癌药理作用】动物实验证明本品对小鼠腹水型肉瘤抑制率达 71.1%；体外实验证明其对癌细胞有抑制作用。

【性味归经】子：甘、平；入心、脾经。根：涩、温。止渴除烦、润五脏、解酒毒、利大小便；用于治疗酒醉、烦热、口渴、呕吐、二便不利。

【毒性】无毒。

【抗癌应用】

1. 用法用量：内服：煎汤，3 ~ 5 钱；浸酒或入丸剂。（《中药大辞典》）

2. 药剂药方：

治疗脑垂体肿瘤：枳椇子、当归、桃仁、炙远志、红花、贝母、半夏各 9g，淫羊藿 30g，太子参 24g，豨莶、枸杞子、丹参各 15g，川芎、炙蜈蚣各 5g，水煎服。（《抗癌植物药及其验方》）

160 雀梅藤

雀梅藤（*Sageretia thea*），别名刺冻绿、对节刺、酸铜子、酸色子，为鼠李科藤状或直立灌木。小枝具刺，互生或近对生，褐色，被短柔毛；叶纸质，近对生或互生，通常椭圆形或卵状椭圆形；花无梗，黄色，有芳香，通常数个簇生排成顶生或腋生疏散穗状或圆锥状穗状花序，花瓣匙形，顶端2浅裂，常内卷；核果近圆球形，成熟时黑色或紫黑色，种子扁平。花期为7～11月，果期为翌年的3～5月。

【生境　分布】生长于山坡路旁，常栽作绿篱和盆景；潮汕各地均有分布。

【主要化学成分】含大麦芽碱、无羁萜、表无羁萜醇、大黄素、大黄素－6－甲醚、β－谷固醇、β－谷固醇－β－D－葡萄糖苷、奥寇梯木醇－3－乙酸酯等。

【抗癌药理作用】

1. 本品的根的醇提取物对小鼠肉瘤 S180、小鼠肉瘤 S37 及艾氏腹水癌有抑制作用。

2. 用氯仿提取本品的乙醇提取物所得的粗碱部分对艾氏腹水癌、小鼠肉瘤 S180 有抑制作用。

3. 麦胚碱对小鼠肉瘤 S180 有抑制作用。

【性味归经】甘、微苦、凉；入肺、胃、大肠经；化痰散结、消炎止痛；用于治疗感冒、口疮、咽喉肿痛、咳嗽气喘、胃痛、疮疖、烫伤、火伤、水肿。

【毒性】无毒。

【抗癌应用】

1. 用法用量：内服：煎汤，9～15g；或浸酒。外用：适量，捣敷。（《中华本草》）

2. 药剂药方：

（1）治疗肺癌、胃癌、结肠癌。

雀梅藤 15～30g，水煎服。（《云南抗癌中草药》）

（2）治疗肺癌、胃癌。

雀梅藤、满山香、重楼、金丝桃、薏苡仁各30g，六方藤16g，三七、百合各10g，雪上一枝蒿0.5g，黄芪50g，水煎服。（《云南抗癌中草药》）

161 枣

枣（*Ziziphus jujuba*），别名枣树、枣子（俗称）、红枣树、大枣、贯枣，为鼠李科落叶小乔木。树皮褐色或灰褐色，有长枝、短枝和无芽小枝（即新枝），具2个托叶刺；叶纸质，卵形、卵状椭圆形或卵状矩圆形，基生三出脉；花黄绿色，两性，5基数，单生或2~8朵密集成腋生聚伞花序；核果矩圆形或长卵圆形，成熟时红色，后变红紫色，中果皮肉质，厚，味甜，具1或2粒种子，种子扁椭圆形。花期为5~7月，果期为8~9月。

【生境　分布】耐干旱；潮汕各地均有栽培。

【主要化学成分】含爱倍林内酯、芦丁、普洛托品、小檗碱、蛋白质、糖类、有机酸、桦木素、桦木酸、谷固醇、油酸、亚油酸、肉豆蔻酸、棕榈酸、硬脂酸等。

【抗癌药理作用】

1. 本品对小鼠肉瘤 S180 的增殖有抑制作用。

2. 本品对人体子宫颈癌细胞 JTC-26 的生长有抑制作用。体外实验显示大枣的热水提取物对人子宫颈癌细胞 JTC-26 生长的抑制率达90%以上。

3. 本品对甲基-N-硝基—亚硝基胍（MNNG）诱发的大鼠胃腺癌有抑制作用。

4. 其他抗癌抗突变作用。

5. 小鼠每日灌服枣煎剂，共3周，体重及游泳耐力均较对照组明显增加，证明其有增强肌力的作用。

【性味归经】果：甘、温；入脾、胃经。树皮：苦、涩、温。根：甘、温。补脾益气、养心安神；用于治疗脾虚食少、乏力便溏、妇人脏燥。

【毒性】无毒。

【抗癌应用】

1. 用法用量：6~15g。（《中国药典》）

2. 药剂药方：

（1）治疗皮肤癌。

将信石置于去核大枣内（10枚），放于恒温箱内烤干，研细混匀，以含信石0.2g为宜，密封于瓶中备用。同时与麻油调成糊状外敷。根据肿瘤直径大小，采用分次敷药、依次递减的方法。直径小于2cm者1次用药0.2~0.3g即愈；2~5cm者首次用0.5g，间隔2~3周（最好待药痂脱落后）再涂0.25~0.3g；大于5cm者首次用1g，2~3周后再用0.1~0.5g，如药痂脱落，边缘尚有肿瘤残留，再用0.1~0.5g。肿瘤脱落后创面较大者，用游离枯皮覆盖创面，以缩短疗程和避免感染。敷药范围应达癌缘外健康组织0.5cm。（《中西医结合杂志》1986年第3期）

（2）治疗胃癌。

仙鹤草40g，大枣30g，水煎浓液，每24小时1次，分6次服完，40日为1个疗程。（《抗癌本草》）

（3）治疗贲门癌。

大枣1枚去核，用斑蝥1只去头翅入枣内煨热，去蝥食枣，空腹食之。（《抗癌中药大全》）

（4）治疗食管癌。

斑蝥、红娘子各15g，乌梅、山豆根各90g，蜈蚣6条，红枣肉1000g，白糖2500g。诸药粉碎研成细粉，加入红枣肉捣烂，最后用糖粉制丸，每丸重6g，每次1丸，每日3次，含化咽下。（《实用抗癌验方》）

（5）治疗膀胱癌。

香蕉、大枣适量常服。（《癌症秘方验方偏方大全》）

（6）治疗子宫体癌。

四叶葎、大枣各 60~120g，水煎服，每日 1 剂。（《湖南中草药单方验方选编》）

（7）治疗坏死性恶性肉芽肿。

生黄芪、潞党参、大枣各 30g，茯苓 20g，水煎服，每日 1 剂。（《抗癌中药大全》）

162 黄蜀葵

黄蜀葵（*Abelmoschus manihot*），别名秋葵，为锦葵科一年生或多年生草本植物。叶掌状，具5~9深裂；花单生于枝端叶腋，花大，淡黄色，内面基部紫色；蒴果卵状椭圆形，种子多数，肾形。花期为8~10月。

【生境　分布】常见于山谷、草丛中；潮汕各地均有分布。

【主要化学成分】含槲皮素-3-O-洋槐糖苷、槲皮素-3-O-葡萄糖苷、金丝桃苷、杨梅素、槲皮素、阿拉伯聚糖、半乳聚糖、鼠李聚糖、淀粉、蛋白质、草酸钙、蔗糖。

【抗癌药理作用】

1. 黄蜀葵中提取的有效单体AⅢ对人体口腔溃疡有镇痛作用。

2. 黄蜀葵新鲜的根提取物对肿瘤的抑制率为87%，肿瘤完全消失率为60%。

【性味归经】甘、苦、寒；入心、肾、膀胱经；利水、散瘀、解毒；用于治疗水肿、淋证、乳汁不通、痈肿、疔腮、骨折。

【毒性】无毒。

【抗癌应用】

1. 用法用量：种子3~5钱，水煎服或研粉，每次服0.5~1钱；根、叶外用适量，鲜品捣烂敷于患处。（《全国中草药汇编》）

2. 药剂药方：

（1）治疗膀胱癌。

黄蜀葵、蜀羊泉、六月雪、熟地黄、山药、灵芝各30g，马齿苋、荠菜花、仙鹤草各60g，水煎服。（《抗癌中药大全》）

（2）治疗肾癌。

黄蜀葵、白茅根、玉米须、蜀羊泉各50g，水煎服。（《抗癌中药大全》）

163 草棉

草棉 (*Gossypium herbaceum*)，别名阿拉伯棉、小棉、棉花、古终藤，为锦葵科一年生草本或亚灌木。茎强健，少分枝，嫩枝和叶均有毛，后变光滑；叶互生，具 3~7 掌状分裂，深不及中部，裂片状三角形；花瓣 5 片，黄色，中心淡紫色；蒴果圆球形，种子被有两层毛，一层长棉毛及一层短茸毛。花期为 7~8 月，果期为 9~10 月。

【生境 分布】粤东北部地区有种植。

【主要化学成分】含棉酚、黄酮类、香荚兰乙酮、酚酸、水杨酸、无色酚类物质、黄色酸类物质、甜菜碱、脂肪醇、固醇、皂苷、棉紫色素、棕榈酸、油酸、亚油酸、硬脂酸、组胺等。

【抗癌药理作用】

1. 接触实验表明，棉酚对吉田肉瘤有显著的抑制作用，对艾氏腹水癌也有一定的效果。在实验性移植肿瘤中，对小鼠艾氏腹水癌效果显著，对小鼠肉瘤 S37、小鼠肉瘤 S180、大鼠腹水型肝肿瘤、大鼠瓦克癌肉瘤及小鼠乳腺癌也有一定的作用。

2. 棉酚体外对癌细胞抑制率达 70%，对子宫颈癌细胞质有明显的溶解作用。

【性味归经】甘、温；入心、肝经；补虚、平喘、调经；用于治疗体虚咳喘、疝气、崩带、子宫脱垂。

【毒性】棉花子有毒。

【抗癌应用】

1. 用法用量：棉花根：0.5~1 两。(《全国中草药汇编》) 棉花子：内服：煎汤，2~4 钱；或入丸、散。外用：煎水熏洗。(《全国中草药汇编》)

2. 药剂药方：

(1) 治疗多种癌症。

锦棉片适用于治疗各种癌症，以膀胱、肺、肝、胃肠道癌为主，有效率为 50%~70%。(《中成药研究》1981 年第 1 期)

(2) 治疗淋巴瘤。

棉花根、岩珠、黄芩各 12g，藤梨根、抱石莲、长春花各 30g。水煎服，每日 1 剂。(中国癌症网)

(3) 治疗膀胱癌。

棉花根 30g，水煎服，每日 3 次。(中国癌症网)

(4) 增加放、化疗后的白细胞数。

棉花根 30g，丹参、黄芪、茯苓、炒白术各 6g，山茱萸 9g，太子参 8g，川芎、炙甘草各 5g，炒枳壳 3g，红枣 15g，糖适量，糊精适量，取按规定炮制整理后的棉花根等 11 味药（红枣除外）置锅中加水煎煮 2 次，第 1 次 3 小时，煎第 2 次时加入红枣，煎煮 2 小时，合并煎液，静置，取上清液，浓缩至 1∶1 时加等量浓度为 90% 以上的乙醇，搅拌，静置 24 小时以上，取上清液，回收乙醇，浓缩至稠膏（比重为 1.32/25），取稠膏 1 份加糖粉 2.5 份，糊精 0.3 份，用烯醇制成颗粒，干燥即可，每袋 18g 装，用开水冲服。(中国癌症网)

(5) 治疗胃癌。

棉花根、半枝莲、藤梨根各 60g，白茅根、钱草各 15g，大枣 3 个。以上药制成煎剂，日服 1 剂，并配合使用四君子汤、保和丸、雌激素（男病人）、雄激素（女病人）。(中国癌症网)

（6）治疗肝癌。

棉花根、半边莲各30g，鳖甲、丹参各15g，三棱、莪术各12g，水蛭6g，紫金牛、水红花子各9g。水煎服。（《肿瘤要略》）

（7）治疗食道癌：棉花根、半枝莲各50g，分2次水煎服，每日1剂。（中国癌症网）

164 木芙蓉

　　木芙蓉（*Hibiscus mutabilis*），别名木莲、拒霜花、芙蓉（花），为锦葵科落叶灌木或小乔木。叶宽卵形至圆卵形或心形，裂片三角形；花单生于枝端叶腋间，花初开时白色或淡红色，后变深红色，花瓣近圆形；蒴果扁球形，被淡黄色刚毛和棉毛，种子肾形。花期为 8～10 月。

　　【生境　分布】适生于山坡、路旁或水边砂质壤土上；潮汕各地均有分布。
　　【主要化学成分】含黄酮苷、酚类、氨基酸、鞣质、糖类、二十九烷、β－谷固醇、白桦脂酸、硬脂酸己脂、豆甾－3，7－二酮、豆甾－4－烯－3－酮、三十四烷醇、槲皮素、山奈酚、芦丁等。
　　【抗癌药理作用】
　　1. 药敏实验显示其对胃癌细胞敏感。木芙蓉对 Ehrlich 腹水癌和 Schwantz 白血病肿瘤腹水型显示中度抗癌活性。
　　2. 体外实验证明本品对胃癌细胞有抑制作用；体内实验证明本品对艾氏腹水癌有抑制作用。
　　3. 白桦脂酸具有抗癌抗炎活性。
　　4. 木芙蓉叶对小鼠巴豆油性耳部水肿、大鼠角叉菜胶性足肿胀及小鼠腹腔毛细血管通透性均有明显的抑制作用，对大鼠棉球肉芽肿组织增生也有抑制作用。
　　5. 抑菌实验：木芙蓉花的水提取液，对溶血性链球菌有较强的抑菌作用。木芙蓉叶对溶血性金黄色葡萄球菌有抑制作用。
　　【性味归经】木芙蓉叶：辛、平；入肺、肝经；凉血、解毒、消肿、止痛；用于治疗痈肿、目赤肿痛、烫伤、跌打损伤。木芙蓉花：微辛、凉；入肺、肝经；清热、凉血、消肿、解毒；可治疗痈肿、疔疮、烫伤、肺热咳嗽、吐血、崩漏、白带异常。
　　【毒性】无毒。
　　【抗癌应用】
　　1. 用法用量：外用：适量，鲜品捣烂敷患处；干品研末，油调或熬膏。（《中国药典》）
　　2. 药剂药方：
　　（1）治疗食管癌。
　　木芙蓉花研末吞服，每次 3g，每日 2 次。（《实用抗癌药物手册》）
　　（2）治疗恶性肿瘤。
　　①木芙蓉花烘干后研末，口服，每次 3g，每日 2 次。（《抗癌中草药制剂》）
　　②木芙蓉叶烘干后研末，用麻油、酒、醋、浓茶调制后贴敷外用。（《抗癌中草药制剂》）
　　（3）治疗胃癌。
　　木芙蓉花烘干研末，冲服，每次 3g，每日 2 次。（《抗癌植物药及其验方》）
　　（4）治疗肺癌。
　　木芙蓉叶、铁树叶各 30g，泽漆 15g，水煎服，每日 1 剂。（《实用抗癌药物手册》）
　　（5）治疗乳腺癌。
　　①木芙蓉叶粉末用凡士林调制成浓度为 25% 的软膏，涂擦于癌肿创面，每日 1～2 次。（《抗癌中草药制剂》）
　　②木芙蓉叶、铁树叶各 30g，泽漆 15g，水煎服，每日 1 剂；或者取木芙蓉叶烘干后研粉，外敷患处，每日 1～2 次。（《实用抗癌验方》）
　　（6）治疗子宫颈癌。
　　阿魏、雄黄、一见喜各 25g，蛇六谷、木芙蓉叶各 50g。将各药分别打成粉末，过 80～120 目筛，混合拌匀。先将聚乙二醇400号液体600g倒入搪瓷容器中，再加入600号聚乙二醇400g于水浴中加热溶化。加入上述药末及羟苯乙酯1.5g加热溶化，待基质及药物溶化混合后，加入冰片12g拌和，随即把此溶液倒入经过常规消毒后的饼剂（或锭剂）模型中，冷却后取出即成。每一块重量约2.5g，规格0.8cm×2.5cm左右。每次放入宫腔处即可。（《抗癌良方》）

165 木槿

木槿（*Hibiscus syriacus*），别名木槿花（澄海、潮州）、白水棉花、白棉花（潮阳），为锦葵科落叶灌木。小枝密被黄色星状绒毛；叶菱形至三角状卵形，具深浅不同的3裂或不裂；花单生于枝端叶腋间，花钟形，淡紫色，花瓣倒卵形；蒴果卵圆形，密被黄色星状绒毛，种子肾形，背部被黄白色长柔毛。花期为7～10月。

【生境　分布】栽培于庭院；潮汕各地均有分布。

【主要化学成分】含牡荆素、反丁烯二酸、黏液质、壬二酸、辛二酸、β-谷固醇、二十二碳二醇、白桦脂醇、古柯三醇、鞣质、锦葵酸、苹婆酸、二氢苹婆酸等。

【抗癌药理作用】

1. 用木槿子的水提取物给小鼠腹腔注射，显示其对小鼠艾氏腹水癌有抑制作用。木槿果对小鼠移植性肿瘤如小鼠肉瘤 S180、小鼠肉瘤 S37 等均有明显的抑制作用。

2. 木槿花对小鼠肉瘤 S180、小鼠肉瘤 S37 有显著的抑制作用，对小鼠子宫颈癌 U14 的抑制作用较差，对艾氏腹水癌无抑制作用。

3. 木槿茎与根在试管内对金黄色葡萄球菌、痢疾杆菌、伤寒杆菌以及常见致病性皮肤真菌均有抑制作用。

4. 用果实的水提取物给小鼠腹腔注射，显示其对艾氏腹水癌有一定的抑制作用。

【性味归经】甘、苦、凉；入脾、肺、心、肝经。木槿子：清肺止咳、凉肝息风、燥湿止痒，用于治疗肺热咳嗽、头昏头痛、眩晕、目赤肿痛、湿疮作痒；木槿花：清热、利湿、凉血，可治疗肠风泻血、痢疾、白带异常。

【毒性】无毒。

【抗癌应用】

1. 用法用量：花：3～9g；外用：鲜品适量，捣烂敷患处。皮：3～9g；外用适量。（《中国药典》）

2. 药剂药方：

（1）治疗肠癌。

①木槿花6～10g，水煎服，或焙干研末，温开水冲服，每次1.5～3.0g，每日2～3次。（《中医肿瘤学》）

②木槿花、败酱、重楼各15g，马尾黄连10g，薏苡仁30g，水煎服，每日1剂。（《实用抗癌验方1000首》）

（2）治疗膀胱癌。

①木槿花、海金沙、莪术、车前子、茜草各15g，小蓟20g，白茅根、白花蛇舌草、半枝莲、瞿麦、扁蓄各30g，甘草5g，水煎服，每日1剂。（《抗肿瘤中草药彩色图谱》）

②木槿果实、石韦各9g，贯众12g，一枝黄花、马齿苋各15g，虎杖根30g，鲜三白草根60g，葫芦巴4.5g，小茴香、龙胆草各3g，水煎服，每日1剂。（《抗癌中药》）

（3）治疗肺癌。

木槿子、老君须、铁树叶各15g，大蓟、小蓟各12g，生薏苡仁、半边莲、山海螺、白茅根各30g，水煎服。（《抗癌植物药及其验方》）

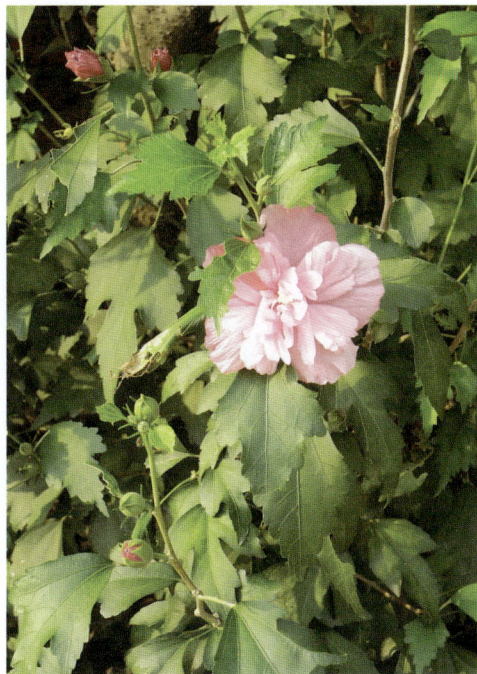

166 冬葵

冬葵（*Malva crispa*），别名葵菜、冬苋菜、香菇菜，为锦葵科一年生草本植物。高约1m，不分枝，茎被柔毛；叶圆形，常具5~7裂或角裂，基部心形，裂片三角状圆形；花小，白色，单生或几个簇生于叶腋，花瓣为5片，较萼片略长；果扁球形，种子肾形，暗黑色。花期为6~10月。

【生境　分布】适生于平原、山野等处；潮汕各地均有分布。

【主要化学成分】含脂肪油、蛋白质、花青素类、单糖、蔗糖、麦芽糖、淀粉、黏液质等。

【抗癌药理作用】体外实验显示冬葵有抑制肿瘤细胞的作用，对癌细胞生长有抑制作用。

【性味归经】冬葵子：甘、寒；入大肠、小肠、膀胱经。冬葵叶：甘、寒。冬葵根：甘、辛、寒。利水、滑肠、下乳；用于治疗二便不通、淋病、水肿、妇女乳汁不行、乳房肿痛。

【毒性】无毒。

【抗癌应用】

1. 用法用量：3~9g。（《中国药典》）

2. 药剂药方：

（1）治疗肾癌、膀胱癌、尿道癌。

冬葵子、车前子、瞿麦各30g，石韦、王不留行、当归各20g，共研为细末，口服，饭前煎木通汤调服，每次6g，每日2次。（《抗癌植物药及其验方》）

（2）治疗膀胱癌。

冬葵子、黄柏、川楝子各10g，苦参、当归、连翘各15g，白英、龙葵、蛇莓、土茯苓、半枝莲、白茅根、鸭跖草、车前草各30g，赤小豆20g，水煎服。（《抗癌植物药及其验方》）

167 肖梵天花

肖梵天花（*Urena lobata*），别名地桃花、红花虱母头、土杜仲，为锦葵科直立亚灌木状草本。小枝被星状绒毛；茎下部的叶近圆形，先端浅3裂，中部的叶卵形，上部的叶长圆形至披针形；花腋生，单生或稍丛生，淡红色，花萼杯状，裂片5片，花瓣5片；果扁球形。花期为7~10月。

【生境 分布】适生于山坡、路旁草丛或灌木丛中；潮汕各地均有分布。

【主要化学成分】含酚类、固醇、氨基酸、戊聚糖、木质素、油、芒果苷、槲皮素等。

【抗癌药理作用】经体外实验证明肖梵天花有明显的抗噬菌体的作用，能抑制癌细胞增殖的活性。

【性味归经】甘、辛、平；入肺、脾经；祛风利湿、清热解毒；用于治疗感冒发热、风湿痹痛、痢疾、水肿、淋病、白带异常、吐血。

【毒性】无毒。

【抗癌应用】

1. 用法用量：内服：煎汤，30~60g；或捣汁。外用：适量，捣敷。（《中药大辞典》）

2. 药剂药方：

（1）治疗肺癌咯血。

土杜仲60g，洗净切碎，猪精肉150g，水适量炖服，每日1次。（《抗癌中草药大全》）

（2）治疗喉癌。

土杜仲根50g，水煎含漱。同时口服六神丸，每日30粒，每日2次，晚饭后服用。（《实用抗癌草药》）

被子植物

177

168 木棉

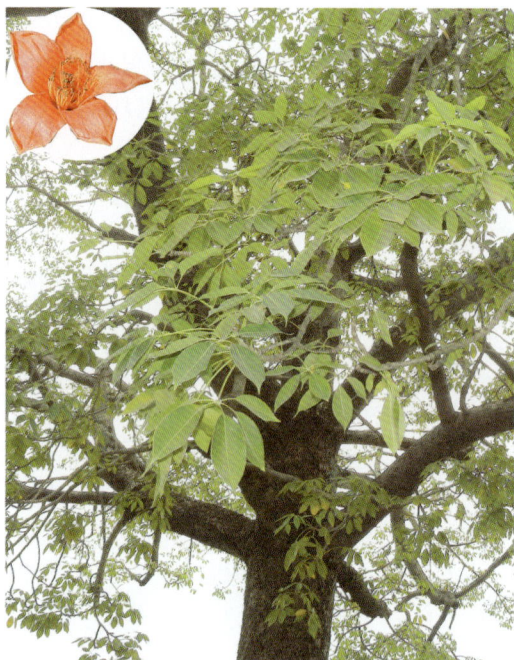

木棉（*Bombax malabaricum*），别名红茉莉、英雄树、木棉花、木棉树，为木棉科落叶大乔木。树皮灰白色，幼树的树干通常有圆锥状的粗刺，分枝平展；掌状复叶，小叶 5～7 片；花单生枝顶叶腋，通常红色，有时橙红色，花瓣肉质；蒴果长圆形，密被灰白色长柔毛和星状柔毛，种子多数。花期为 3～4 月，果在夏季成熟。

【生境　分布】适生于丘陵或低山次生林中；潮汕各地均有分布。

【主要化学成分】含蛋白质、糖类、D–半乳糖醛酸、棕榈酸、硬脂酸、油酸、亚油酸、阿拉伯胶等。

【抗癌药理作用】

1. 动物体内筛选实验证明，木棉对肿瘤有抑制作用。木棉皮的水提取液对小鼠肉瘤 S180 有一定的抑制作用。

2. 动物体内筛选实验证明，木棉根对肿瘤有抑制作用。

【性味归经】木棉皮：辛、甘、平；入胃、大肠经；清热利湿、活血消肿；用于治疗泄泻、痢疾、腰脚不遂、疮肿、跌打损伤。木棉根：甘、凉；入脾、胃经；清热利湿、收敛止血；可治疗赤痢、跌打扭伤。

【毒性】无毒。

【抗癌应用】

1. 用法用量：3～6g。（《中国药典》）

2. 药剂药方：

（1）治疗食管癌、贲门癌。

①木棉皮 60g～90g（鲜品 150～250g），水煎服。也可加瘦猪肉 60g 同煎，分 3 次服。（《抗癌中草药彩色图谱》）

②木棉根皮 100～160g，水煎服，每日 1 剂，连服 3～6 个月为 1 个疗程。（《抗癌中草药彩色图谱》）

（2）治疗大肠癌。

木棉树皮干品 100g，或鲜品 250g，水 6 碗，煎取半碗，分 3 次温服。或剂量不变，加猪精肉 100g，水 9 碗，煎取半碗，分 3 次温服之。（《实用抗癌验方》）

（3）治疗胃癌。

木棉树皮 150g，猪精肉 50g，加水适量，煮 7～8 小时，浓煎至 1 碗服之，每日 1 次。若连续服 1 周后觉痛苦渐减，应继续服至痊愈为止。（《肿瘤的辨证施治》）

（4）治疗食管癌、胃癌。

木棉根皮 250g，加猪精肉 50g，加水适量煎服。（《抗癌食药本草》）

（5）治疗肺癌、大肠癌。

干木棉根 25～30g，水 3 碗，煎取大半碗，温服，每日 1 剂。（《抗癌中药大全》）

169 山芝麻

山芝麻（*Helicteres angustifolia*），别名山油麻、假油麻，为梧桐科小灌木。小枝被灰绿色短柔毛；叶狭矩圆形或条状披针形；聚伞花序有 2 至数朵花，萼管状 5 裂，花瓣 5 片，淡红色或紫红色；蒴果卵状矩圆形，种子小，褐色。几乎全年都是花期。

【生境　分布】适生于荒地或草坡；潮汕各地均有分布。

【主要化学成分】含 β - 谷固醇、白桦脂酸、齐墩果酸、山芝麻酸甲酯、山芝麻宁酸甲酯、山芝麻宁酸、山芝麻酸内酯、倍半萜醌类化合物等。

【抗癌药理作用】

1. 本品对金黄色葡萄球菌有抑制作用。

2. 本品经体外实验显示其有抗癌作用，其根所含的黄酮苷有一定的抗肿瘤作用。

【性味归经】辛、微苦、凉；入胃经；用于治疗感冒发热、头痛、口渴、疟腮、麻疹、痢疾、泄泻、痈肿、瘰疬、疮毒、湿疹、痔疮。

【毒性】小毒。

【抗癌应用】

1. 用法用量：内服：煎汤，3 ~ 6 钱（鲜者 1 ~ 2 两）。外用：捣敷。（《中药大辞典》）

2. 药剂药方：

（1）治疗阴道癌。

将适量鲜山芝麻捣烂外敷或用鲜山芝麻煎剂外洗。（《实用抗癌验方》）

（2）治疗肺癌。

山芝麻、穿心莲、蟾蜍、壁虎、白花蛇舌草各适量，共研末成丸，如绿豆大。每次服 5 粒，每日 3 次，连服 80 日。（《抗癌植物药及其验方》）

170 山茶

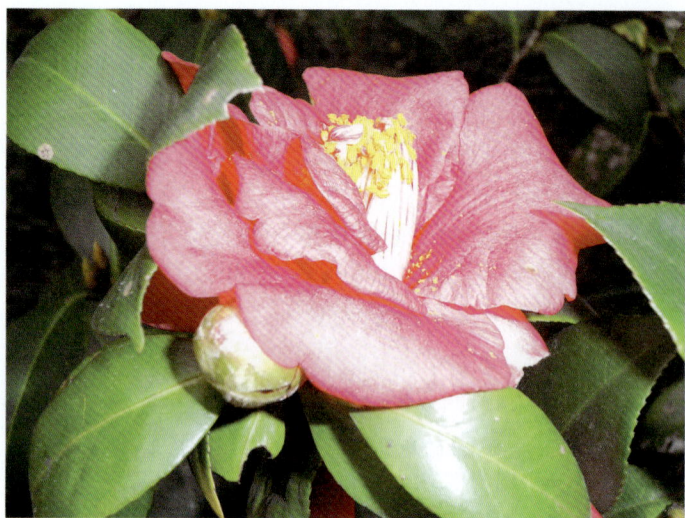

山茶（*Camellia japonica*），别名曼陀罗树、耐冬、晚山茶、茶花，山茶科灌木或小乔木。嫩枝无毛；叶革质，椭圆形；花顶生，红色，花瓣6~7片，外侧2片近圆形；蒴果圆球形，3裂，果片厚木质，每室有种子1~2粒。花期为1~4月。

【生境　分布】潮汕各地均有栽培。

【主要化学成分】含挥发油、山茶苷、山茶皂苷、油精、棕榈精、硬脂精、山茶皂醇、阿拉伯糖、咖啡因等。

【抗癌药理作用】

1. 给大鼠或小鼠口服山茶苷1~3个月，显示其可抑制移植性软组织肿瘤的生长，并抑制9,10-二甲基-1,2-苯骈蒽引起的横纹肌细胞瘤的形成。经体外实验证明山茶花提取物对肿瘤细胞有抑制活性的作用。

2. 山茶苷有强心作用，饮用山茶皂苷后，有助山茶苷的吸收。

3. 1%的山茶皂苷有溶血作用。

【性味归经】甘、辛、凉、苦；入肝、肺、大肠经；凉血止血、活血化瘀、解毒疗疮；用于治疗血证、肠风、血淋、痢疾、崩漏、跌打损伤、烧伤。

【毒性】无毒。

【抗癌应用】

1. 用法用量：内服：煎汤，1.5~3钱；或研末。外用：研末麻油调敷。（《中药大辞典》）

2. 药剂药方：

（1）治疗胃癌。

①山茶花30g，猪肉60g，共炖服。（《中医肿瘤防治》）

②山茶花、铁树叶、姜半夏各9g，荜澄茄、玫瑰花、石菖蒲各3g，柿霜12g（分冲），红木香6g，蒲公英15g，水煎服。（《抗癌植物药及其验方》）

（2）治疗子宫颈癌、卵巢癌。

山茶花、锦鸡儿各30g，玉簪花、三白草各15g，白及60g，炖猪小肚服，每日1剂。（《抗癌植物药及其验方》）

（3）治疗肺癌。

宝珠山茶10朵，红花15g，白及30g，大枣120g，水煎服。（《抗癌植物药及其验方》）

171 茶

茶（*Camellia sinensis*），别名茗、荈、茶叶、茶树，为山茶科灌木或小乔木。叶革质，长圆形或椭圆形；花1~3朵腋生，白色，花瓣5~6片，阔卵形；蒴果3球形或1~2球形，每球有种子1~2粒。花期为10月至翌年2月。

【生境 分布】 潮汕各地均有栽培。

【主要化学成分】 含咖啡因、茶碱、黄嘌呤、无色花青苷、可可豆碱、紫云英苷、槲皮素、山奈苷、槲皮素-3-鼠李葡萄糖苷、山奈醇-3-鼠李葡萄糖苷、杨梅素-3-葡萄糖苷、杨梅素-3-半乳糖苷、维生素A、维生素 B_2、维生素C、麦角固醇、胡萝卜素、鞣质、挥发油、茶氨酸、精氨酸、α-菠菜固醇等。

【抗癌药理作用】

1. 实验证明，绿茶对黄曲霉所致的肝癌有明显的抑制作用。绿茶提取物对体外培养的人胃腺癌细胞克隆生长具有明显的细胞毒作用。

2. 绿茶中提取的多酚类化合物具有很强的抗氧化作用，在BALB/3T3细胞转化实验中，能明显抑制TPA的促癌作用。体外实验表明，其可以抑制TPA诱导的小鼠耳皮肤水肿，并抑制TPA诱导小鼠皮肤鸟氨酸脱羧酶活性的提高，表明其对肿瘤预防有一定意义。

3. 茶叶汁对甲基苄基亚硝胺诱发的小鼠前胃肿瘤有预防作用。

4. 绿茶可明显抑制由前体物在体内合成的肌氨酸乙酯亚硝胺诱发的小鼠食管乳头瘤和食管癌的发生。

5. 绿茶提取物对小鼠艾氏腹水癌实体型（EAC）、小鼠肉瘤S180实体型和肝癌实体型（HAC）的肿瘤生长的抑制率分别为45%、54%和57%。

6. 用浓度为30%的南岳毛尖（一级绿茶）浸泡液灌胃处理皮下种植性肺腺癌795（LA795）的T739近交系小鼠，观察其抗癌效果，结果表明该绿茶可明显抑制肺腺癌795的生长，抑制率达70.51%。

7. 绿茶提取物T8750对人肝癌细胞QCY-7703的增殖及克隆有抑制作用，对肿瘤细胞具有明显的细胞毒作用，能阻断癌细胞由G1期向S期分化，抑制DNA合成。

8. 龙井茶提取物对艾氏腹水癌实体型的抑制率为31.5%~49.4%，对小鼠网织细胞肉瘤的抑制率为35.8%~50.0%。

9. 给患艾氏腹水癌或小鼠肉瘤S180的实验对象每日灌服40mg/kg、80mg/kg和120mg/kg的茶多酚（TP），实验结果显示其对艾氏腹水癌的抑制率分别为65.3%、51.0%和48.7%；对小鼠肉瘤S180的抑制率分别为66.3%、68.5%和59.8%。

10. 杭州炒青、福建花茶及铁观音3种茶叶具有一定的抗氧化性，在抑制肿瘤的发展过程中起着重要作用。这种抗氧化作用与茶多酚有关。

11. 茶叶有抑制细胞癌变、染色体畸变的作用。

12. 茶叶能抑制某些动物肿瘤的发生，茶叶水溶液可以抑制致癌物质诱发小鼠胃癌和食管癌以及肺腺癌的发生，其中以绿茶的效果最好。

13. 3种绿茶提取物（煎剂提取物、水溶性提取物、醇溶剂提取物）对黄曲霉B1（AFB1）诱发的肝癌前病变灶均有显著的抑制效果，说明绿茶防癌作用的有效成分可溶于水和醇。

【性味归经】 叶：苦、甘、微寒；子：苦、寒；根：苦、平。入心、肺、胃、肠、肝、肾经；清利头目、除烦止渴、利尿、清热解毒、化痰；用于治疗头昏、目昏、多寐、心烦口渴、食积痰滞、疟疾、痢疾。

【毒性】 子有毒。

【抗癌应用】

1. 用法用量：内服：煎汤，1~3钱；泡茶或入丸、散。外用：研末调敷。（《中华本草》）

2. 药剂药方：

（1）治疗口腔癌。

山慈姑、炒僵蚕、昆布各250g，大贝母150g，绿茶100g，共研为细末，炼蜜成丸，每丸10g。口服，每次1丸，每日3次。（《实用抗癌验方》）

（2）治疗膀胱癌。

绿茶1g，石韦6g。石韦洗净加水烧沸，冲泡茶叶服用。（《抗癌植物药及其验方》）

（3）预防肺癌、乳腺癌、大肠癌。

绿茶1g，甜杏仁6g。甜杏仁用冷开水冲洗、打碎，水煮沸后冲茶服用。（《抗癌植物药及其验方》）

172 柞木

柞木（*Xylosma racemosum*），别名凿子树、蒨柞，为大风子科常绿大灌木或小乔木。树皮棕灰色；叶薄革质，雌雄株稍有区别，通常雌株的叶有变化，菱状椭圆形至卵状椭圆形；花小，总状花序腋生，花瓣缺，雄花有多数雄蕊，雌花的萼片与雄花同；浆果黑色，球形，种子为 2～3 粒。花期在春季，果期在冬季。

【生境　分布】常生长在村落附近；潮汕各地均有分布。

【主要化学成分】含丁香树脂酚 - 4 - O - β - D - 葡萄糖苷、丁香树脂酚 - 4，4′- O - β - D - 双葡萄糖苷、儿茶素 - 5 - O - β - D - 葡萄糖苷、大风子油酸、木栓酮、尿嘧啶、苯甲酸、香草酸、对羟基苯甲酸等。

【抗癌药理作用】动物实验证明，本品对小鼠肉瘤 S37 有一定的抑制作用，其抑制率为 20%～34%。

【性味归经】平、苦、涩；入肝、脾经；清热利湿、散瘀消肿；用于治疗黄疸、瘰疬、肿毒恶疮、跌打肿痛、外伤出血。

【毒性】无毒。

【抗癌应用】

1. 用法用量：3～4 钱；外用：适量，捣烂敷患处。或用叶以 35% 的乙醇制成 30% 的搽剂，供外搽或湿敷用。（《全国中草药汇编》）

2. 药剂药方：

（1）治疗胃癌。

柞木 500g，水煎至 1∶1 的浓度，加糖 50g，制成糖浆，口服，每次 10～20ml，每日 3 次。（《中医肿瘤学》）

（2）治疗肺癌。

柞木树皮 150g，地骨皮 15g，干蟾皮 2 张，水煎服，每日 1 剂，分 2 次服用。（《抗癌中药大全》）

173 番木瓜

番木瓜（*Carica papaya*），别名木瓜、乳瓜，为番木瓜科常绿软木质小乔木，具乳汁。茎不分枝或有时于损伤处分枝；叶大，聚生于茎顶端，近盾形，通常具 5～9 深裂，每裂片再为羽状分裂；花单性或两性，植株有雄株、雌株和两性株，雄花排列成圆锥花序，下垂，花冠乳黄色，花冠裂片为 5 片，雌花单生或由数朵排列成伞房花序，花冠裂片为 5 片，分离，乳黄色或黄白色，两性花雄蕊 5 枚，子房比雌株子房较小；浆果肉质，成熟时橙黄色或黄色，长圆球形，种子多数，卵球形。花果期为全年。

【生境　分布】生长于村边、宅旁；潮汕各地均有分布。

【主要化学成分】成熟果实含水、葡萄糖、果糖、蔗糖、少量的酒石酸、枸橼酸、苹果酸、维生素 C、β－胡萝卜素、隐黄素、蝴蝶梅黄质、棕榈酸酯、番木瓜蛋白酶、油酸甘油酯、棕榈酸甘油酯、番木瓜碱、番木瓜苷、胆碱、番木瓜酸等。

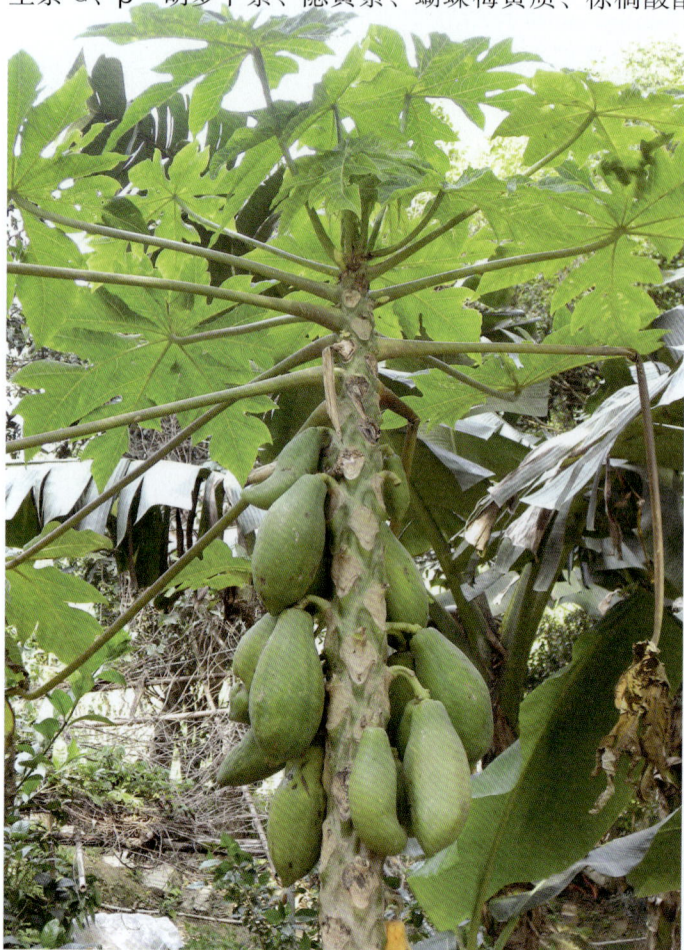

【抗癌药理作用】番木瓜碱对淋巴细胞白血病 L1210 和 P388、艾氏腹水癌、鼻咽癌细胞具有抑制活性的作用。将木瓜蛋白酶注射到肿瘤组织中，可使肿瘤组织缩小。

【性味归经】甘、平；入脾、胃经；消食止痛、行水利湿；用于治疗消化不良、胃心痛、风痹、湿泻、湿脚气。

【毒性】无毒。

【抗癌应用】

1. 用法用量：内服：煎汤，9～15g；或鲜品适量生食。外用：取汁涂；或研末撒于患处。（《中华本草》）

2. 药剂药方：

（1）治疗胃癌。

番木瓜鲜果，生吃或煮食均可。（《中医肿瘤学》）

（2）治疗皮肤癌。

将半熟的木瓜捣烂，外敷肿瘤患处，频频更换。（《抗癌植物药及其验方》）

174 仙人掌

仙人掌（*Opuntia stricta var. dillenii*），别名观音掌、神仙掌、龙舌，为仙人掌科丛生肉质灌木。上部分枝宽倒卵形、倒卵状椭圆形或近圆形，基部楔形或渐狭，绿色至蓝绿色，密生短棉毛和倒刺刚毛；叶钻形，绿色，早落；花辐状，萼状花被片宽倒卵形至狭倒卵形，黄色，瓣状花被片倒卵形或匙状倒卵形；浆果倒卵球形，紫红色，种子多数，扁圆形，淡黄褐色。花期为 6 ~ 12 月。

【生境　分布】生长于村边石上、海滨沙滩等处；潮汕各地均有分布。

【主要化学成分】含槲皮素 - 3 - 葡萄糖苷、树脂、酒石酸、蛋白质、异鼠李素、苹果酸、琥珀酸、D - 半乳糖、D - 阿拉伯糖、脂肪油等。

【抗癌药理作用】

1. 本品对金黄色葡萄球菌、枯草杆菌有高度抑制作用。

2. 仙人掌鲜提取液和熟提取液对小鼠腹腔巨噬细胞的吞噬功能有明显的促进作用。

3. 仙人掌根部提取物有抑制癌细胞生长和防止癌细胞转移的作用。

【性味归经】苦、寒；入心、肺、胃经；行气活血、清热解毒；用于治疗心胃气痛、痞块、痢疾、咳嗽、喉痛、肺痈、乳痈、疔疮、烫伤、火伤、蛇伤。

【毒性】无毒。

【抗癌应用】

1. 用法用量：内服：煎汤，鲜者 1 ~ 2 两；研末或浸酒。外用：捣敷或研末调敷。（《中药大辞典》）

2. 药剂药方：

（1）治疗恶性肿瘤。

仙人掌鲜品捣烂外敷。（《中医肿瘤学》）

（2）治疗皮肤乳头状癌。

仙人掌适量，全蝎 7 只。将仙人掌刮去皮刺，捣如泥，摊于纱布之上，敷患处，覆以绷带包扎固定。服药的同时取全蝎 7 只，黄泥封煅，研细，黄酒冲服，每周 1 次。（《抗癌中药大全》）

（3）治疗子宫颈癌。

仙人掌、酸石榴（带皮和子）各适量，分别捣烂，交替服用，须连续服用。（《抗癌植物药及其验方》）

（4）治疗胃癌疼痛。

仙人掌根 30 ~ 60g，配猪肚炖服；外用仙人掌捣烂，和甜酒炒热敷患处。（《抗癌植物药及其验方》）

175 土沉香

土沉香（*Aquilaria sinensis*），别名白木香、牙香树、女儿香、沉香，为瑞香科乔木。小枝圆柱形，具皱纹；叶革质，圆形、椭圆形至长圆形，上面暗绿色或紫绿色，光亮，下面淡绿色，两面均无毛；花芳香，黄绿色，多朵，组成伞形花序，花瓣10片，雄蕊10枚，排成1轮；蒴果卵球形，种子褐色。花期在春夏季，果期在夏秋季。

【生境 分布】野生于林中或栽种；饶平、普宁、惠来、揭西均有分布。

【主要化学成分】含白木香酸、白木香醛、沉香螺萜醇、白木香醇、去氢白木香醇、异白木香醇、苄基丙酮、对甲氧基苄基丙酮、茴香酸、β-沉香呋喃、呋喃白木香醛、呋喃白木香醇、二氢卡拉酮等。

【抗癌药理作用】经体外实验证明，土沉香的热水提取物对人体子宫颈癌细胞 JTC-26 的抑制率为 70%～90%。

【性味归经】辛、苦、温；入肾、脾、胃经；行气止痛、降逆调中、交通心肾、温肾、纳气、除弊；用于治疗脘腹胀痛、跌打损伤、胃寒呕吐、阳虚便秘、不寐、肾虚喘咳、阳痿、冷风麻痹、湿风皮痒。

【毒性】无毒。

【抗癌应用】

1. 用法用量：内服：煎汤，0.5～1钱；磨汁或入丸、散。（《中药大辞典》）

2. 药剂药方：

（1）治疗胃癌久呃。

土沉香、紫苏、白豆蔻各3g，共研为细末，口服，柿蒂汤送服，每次1.5～2.1g，每日1次。（《抗癌本草》）

（2）治疗肝癌疼痛。

土沉香碾极细粉，每次2～5g，开水冲服，每日2次。同时，冰片5～10g溶于容积为100ml的75%的乙醇中，外涂于肝区，每隔1～2小时涂1次。（《实用抗癌验方》）

176 了哥王

了哥王（*Wikstroemia indica*），别名山雁皮、地棉根、山埔根，为瑞香科灌木。小枝红褐色，无毛；叶对生，纸质至近革质，倒卵形、椭圆状长圆形或披针形；花黄绿色，数朵组成顶生头状花序；核果卵形，成熟时暗红色至紫黑色。花果期在夏秋季。

【生境　分布】生长于丘陵山坡、路旁；潮汕各地均有分布。

【主要化学成分】含南荛苷、荛花酚、牛蒡酚、罗汉松脂素、冷杉松脂酚、双白瑞香素、了哥王多糖体－1（WIP－1，WIP－1由葡萄糖、阿拉伯糖、半乳糖醛酸、半乳糖和木糖组成）。

【抗癌药理作用】

1. 了哥王根茎皮的水煎液对小鼠淋巴瘤1号腹水型、小鼠子宫颈癌U14及小鼠肉瘤S180有抑制作用。甲醇提取物也有明显的抗癌活性。

2. 了哥王乙酸乙酯可溶部分有抑制肿瘤的作用。

3. 了哥王多糖体－1对小鼠辐射损伤有明显的保护作用。有报道称，了哥王对大鼠实验性鼻咽癌有促发作用。了哥王提取物对单纯的疱疹病毒和甲基胆蒽诱发的小鼠宫颈癌均有促发作用。

【性味归经】苦、辛、寒；入心、肺、小肠经；清热解毒、散结、止咳化痰、泻下通便、祛风除弊；用于治疗疔疮肿毒、虫蛇咬伤、瘰疬、乳痈、弊证、鹤膝风。

【毒性】有毒。

【抗癌应用】

1. 用法用量：内服：煎汤（宜煎4小时以上），10～15g。外用：适量，捣敷；或研末调敷。（《中药大辞典》）

2. 药剂药方：

（1）治疗乳腺癌。

了哥王根30～60g，研末，用冷开水或米酒调服，每次1.5g，每日2次。（《湖南中草药单方验方选编》）

（2）治疗恶性淋巴瘤。

了哥王根30g，久煎4小时以去毒，然后内服，每日1剂。（《福建民间草药》）

（3）治疗肺癌、肝癌。

白花了哥王60g，水煎服，每日1剂，2个月为1个疗程。（《抗癌本草》）

（4）治疗各种体表癌。

了哥王鲜叶1500g，水煎，煎液浓缩至浸膏状，趁热加无水羊脂100g混匀，再加凡士林200g温热混匀，不断捣拌，制成了哥王软膏，时时涂用。（《中草药学》）

（5）治疗多种癌症。

了哥王片，每片重0.5g，内含药量相当于了哥王生药5g，口服，每次1～2片，每日3次。（《抗癌中草药制剂》）

（6）治疗癌性胸腹水。

了哥王根12g（先煎），半边莲、陈葫芦各30g，水煎服，每日1剂。（《癌的中药治疗》）

177 石榴

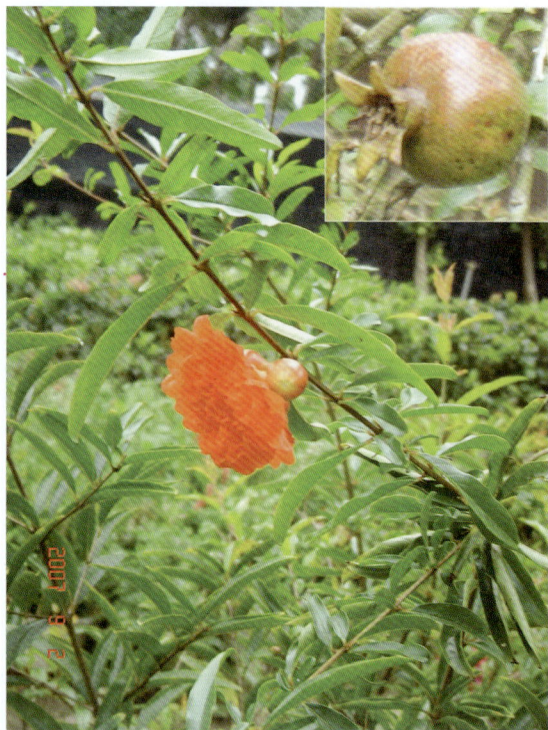

石榴（*Punica granatum*），别名安石榴、丹若、若榴木，为石榴科落叶灌木或乔木。幼枝具棱角，无毛，老枝近圆柱形；叶通常对生，纸质，矩圆状披针形；花大，1～5朵生枝顶，通常为红色、黄色或白色；浆果近球形，直径5～12cm，通常为淡黄褐色或淡黄绿色，种子多数，钝角形，红色至乳白色，肉质的外种皮可供食用。花期为5～6月，果熟期为9～10月。

【生境　分布】生长于向阳山坡或栽培于庭园等处；潮汕各地均有分布。

【主要化学成分】含石榴皮碱、甲基石榴皮碱、伪石榴皮碱、异石榴皮碱、甲基异石榴皮碱、石榴鞣酸、没食子酸、桔酸、甘露糖醇、苹果酸、枸橼酸、天竺葵苷、谷固醇、熊果酸、山楂酸、积雪草酸、戊二胺等。

【抗癌药理作用】

1. 石榴果皮所含的没食子酸对小鼠肺腺瘤有强抑制作用。

2. 石榴皮水浸液对常见致病性皮肤真菌有抑制作用；石榴果皮对金黄色葡萄球菌、人型结核杆菌、白喉杆菌、痢疾杆菌、变形菌、伤寒杆菌、副伤寒杆菌、霍乱弧菌、大肠杆菌、绿脓杆菌及钩端螺旋体均有抑制作用。

【性味归经】酸、涩、温；入大肠、肾经；涩肠、止血、驱虫；用于治疗久泻、久痢、便血、脱肛、滑精、崩漏、带下、虫积腹痛、疥癣。

【毒性】石榴皮有毒。

【抗癌应用】

1. 用法用量：3～9g。本品按干燥品计算，含鞣质不得少于10.0%。（《中国药典》）

2. 药剂药方：

（1）治疗直肠癌大便脓血。

石榴果皮12～18g，水煎后加红糖适量矫味，分2次服，每日1剂。（《中医肿瘤学》）

（2）治疗子宫颈癌。

石榴连皮带子捣碎，仙人掌洗净后捣碎。轮流吃，每次各15g。即这次服石榴，下次服仙人掌。每日4次，于饭后40分钟各服1次，在临睡前服1次。体质特别弱的人尚可把婴儿脱落的肚脐带煎水服，以补元气。（《实用抗癌验方》）

（3）治疗胃癌腹泻。

焦三仙30g，石榴皮9g，水煎服，每日2次。（《抗癌良方》）

（4）治疗结肠癌、直肠癌。

石榴皮、败酱草各15g，铁苋菜30g，茯苓、白术、淮山药、罂粟壳各12g，甘草3g，水煎服。（《抗癌植物药及其验方》）

178　喜树

　　喜树（*Camptotheca acuminata*），别名旱莲木，为珙桐科落叶乔木。树皮灰色或浅灰色，纵裂成浅沟状，小枝圆柱形，平展；叶互生，纸质，矩圆状卵形或矩圆状椭圆形，顶端短锐尖，基部近圆形或阔楔形，全缘；头状花序近球形，常由 2～9 个头状花序组成圆锥花序，顶生或腋生，通常上部为雌花序，下部为雄花序，花杂性，同株，花萼杯状，5 浅裂，裂片齿状，边缘睫毛状，花瓣 5 片，淡绿色，矩圆形或矩圆状卵形；翅果矩圆形。花期为 5～7 月，果期为 9 月。

　　【生境　分布】生长于林缘、溪边，栽培于庭院、路旁；潮汕各地栽培作行道树。

　　【主要化学成分】全株含喜树碱、喜树次碱、谷固醇、羟基喜树碱、甲氧基喜树碱、白桦脂酸、异长春花苷内酰胺等。

　　【抗癌药理作用】

　　1. 喜树各部分均有抗肿瘤作用，尤以喜树果最强。其果实的醇提取液、酒浸膏注射液、浸膏片剂，对实验动物白血病 L615、腹水型网状细胞肉瘤（ARS）、病毒性白血病、肉瘤 S180、艾氏腹水癌都有较好的疗效，可使瘤细胞数降低、腹水减少、生存时间延长。果实煎液及乙醇粗提取品对小鼠胃癌有较好的疗效。树皮的乙醇提取物对小鼠腺癌 755 有抑制作用。

　　2. 喜树的根、茎、叶、果的各种醇提取物对动物移植性肿瘤都有一定的抑制作用。喜树碱无论在体内或体外对多种动物肿瘤均具有很强的抗癌活性。

　　3. 体外实验证明喜树碱对淋巴细胞白血病 L1210 和 DON 细胞有明显的抑制作用，还可以明显抑制多种实体肿瘤，如小鼠 Lewis 肺癌、黑色素瘤 B16、脑瘤 B22、艾氏腹水癌实体型及大鼠瓦克癌肉瘤 W256、吉田肉瘤等。

　　4. 喜树碱多相脂质体对肝癌细胞具有抑制增殖的效应，其对肝癌细胞 DNA 合成的最高抑制率为 73.7%，作用时间约 4 小时，对癌细胞 RNA 合成的抑制率达 82.9%。

　　5. 喜树碱钠盐对小鼠肉瘤 S180、肉瘤 S37、白血病 L615 及大鼠瓦克癌肉瘤、吉田肉瘤等多种肿瘤有抑制作用。

　　【性味归经】苦、涩、寒；入肺、脾、肝经；清热、化瘀、杀虫；用于治疗癌肿、银屑病、血吸虫病引起的肝脾肿大。

　　【毒性】有毒。

　　【抗癌应用】

　　1. 用法用量：内服：煎汤，根皮 9～15g，果实 3～9g；或研末；或制成针剂、片剂。（《中华本草》）

　　2. 药剂药方：

（1）治疗急性白血病。

喜树碱钠盐注射液，10～20mg，加生理盐水20ml，稀释后静脉注射，每日1次，10～14日为1个疗程。以后每3日注射1次作维持量。（《浙江药用植物志》）

（2）治疗慢性粒细胞性白血病。

①喜树根注射液，每日4～8ml（每毫升相当于喜树根浸膏250mg），肌肉注射。（《浙江药用植物志》）

②喜树根皮研细末，装胶囊，开始每日服6g，待血象正常后，逐渐停药或改用维持量，每日2～3g，用药不宜骤停。（《抗癌本草》）

（3）治疗白血病。

喜树根研粉，口服，每次3g，每日3次。若白细胞数量减少，改为每次服1.5g，每日服3次。维持量为每日0.1～0.5g。（《癌症秘方验方偏方大全》）

（4）治疗肝癌。

喜树根皮20g，水煎服，每日1剂。（《实用抗癌验方》）

（5）治疗肝癌、胃癌、肠癌。

喜树果片剂，含喜树果50%，竹茹、白茅根各25%。将生药水煎煮，煎液浓缩成膏，烘干磨粉，加赋形剂压片。口服，每次3片，每日3～4次。（《抗癌本草》）

（6）治疗胃癌、直肠癌、肝癌、膀胱癌。

喜树根皮研末，口服，每次3g，每日3次；喜树果实研末，口服，每次6g，每日1次；喜树叶研末，口服，每次15g，每日2次。以上亦可水煎服。（《辨证施治》）

（7）治疗胃癌。

柴胡、白芍、枳壳各10g，陈皮、香附、郁金、延胡索、生姜、丁香各6g，水煎服，每日1剂。另取鲜喜树叶250g，水煎服。（《新中医》1990年第3期）

（8）治疗乳腺癌。

西洋参、田三七粉（冲服）各12g，冬虫夏草3g，天冬、薏苡仁、喜树果各30g，苦荞头50g，泽漆根、七叶一枝花各20g，水煎服，每日1剂。（《抗癌中药大全》）

（9）治疗恶性肿瘤。

①喜树果经提取浸膏后制片，每片重0.3g，内含药量相当于喜树果生药5g。口服，每次2～4片，每日3次，饭后服，小儿用量酌减。（《抗癌中药大全》）

②喜树果5000g，竹茹、白茅根各2500g，淀粉3000g，其他辅料适量。每片重0.5g，内含主药量相当于喜树果生药5g。口服，每次1～2片，每日3次，饭后服。（《抗癌中草药制剂》）

③喜树果2500g，法半夏粉250g，硬脂酸镁4g，其他辅料适量，制成片剂，每片重0.4g，内含主药量相当于喜树果生药4g。口服，每次1～2片，每日3次，饭后服。（《抗癌中草药制剂》）

④喜树果2500g，法半夏粉、喜树果细粉各250g，蜂蜜适量，制成小蜜丸，每15丸重约10g。口服，每次5～10丸，每日3次，饭后服。（《抗癌中药一千方》）

⑤喜树根、果、枝、叶，经粉碎过筛后制成内服散剂。口服，每次10g，每日3次，用温开水冲服。开始使用时剂量可稍大。（《抗癌中药一千方》）

⑥喜树碱静脉注射，常规剂量每次5～10mg，每日1次或隔日1次，每次加生理盐水20ml，以总量100mg为1个疗程。大剂量每次20mg，每日1次，加生理盐水20ml，总量300mg为1个疗程。动脉注射：进行肝癌、头颈部肿瘤及胃癌手术时，每次5～10mg，加生理盐水10～20ml。胸腹腔注射：用于癌性胸水与腹水患者时，每次10～20mg，加生理盐水20～30ml，于抽水后用药，每周2次。肿瘤局部注射：每次5～10mg，每日或隔日1次，直接注射于转移肿块内。（《抗癌中药大全》）

179　华瓜木

华瓜木（*Alangium chinense*），别名八角枫，为八角枫（原亚种）科落叶乔木或灌木。小枝略呈"之"字形，幼枝紫绿色；叶纸质，近圆形或椭圆形、卵形，顶端短锐尖或钝尖，基部两侧常不对称，基出脉3~7，呈掌状；聚伞花序腋生，花冠圆筒形，花瓣线形，基部黏合，上部开花后反卷，初为白色，后变黄色；核果卵圆形，种子1颗。花期为5~7月和9~10月，果期为7~11月。

【生境　分布】野生于阴湿的杂木林中；潮汕各地均有分布。

【主要化学成分】含生物碱、水杨苷、树脂等。

【抗癌药理作用】八角枫总碱对小鼠淋巴细胞白血病 L1210 有效，对大鼠实验性炎症和棉球肉芽肿有明显的抑制作用。

【性味归经】温、辛；入心、肝经；祛风除湿、舒经活络、散瘀止痛；用于治疗风湿弊痛、四肢麻木、跌打损伤、劳伤腰痛。

【毒性】有毒。

【抗癌应用】

1. 用法用量：须根 1.5~3g，侧根 3~6g。外用：适量，煎水洗或捣烂敷患处。（《中国药典》）

2. 药剂药方：

（1）治疗乳腺癌。

华瓜木根、露蜂房各 12g，黄芪、丹参、赤芍各 15g，山慈姑、石见穿、八月札、皂角刺各 30g，水煎服。同时以雄黄、生姜焙干研末外敷。（《抗癌植物药及其验方》）

（2）治疗食管癌。

华瓜木根、青木香各 10g，生山楂、丹参各 12g，石见穿、急性子、半枝莲各 15g，八月札 30g，水煎服。（《抗癌植物药及其验方》）

被子植物

191

180 岗松

岗松（*Baeckea frutescens*），别名扫把枝、铁扫把、羊脷木，为桃金娘科矮小灌木。多分枝；单叶，对生，叶片线状锥形；花小，白色，单生于叶腋，花瓣5枚，圆形；有蒴果，种子有角。花期为7~8月，果期为9~11月。

【生境 分布】野生于山坡酸性红壤土上；潮汕各地均有分布。

【主要化学成分】含挥发油，油中主要含α、β-蒎烯，α-柠檬烯，1，8-桉油精，对伞花烯，α-松油醇，芳樟醇，蛇麻烯，β-丁香烯，小茴香醇，岗松醇等。

【抗癌药理作用】岗松叶乙醇提取物对小鼠淋巴细胞白血病 L1210 具有强细胞毒活性。

【性味归经】苦、寒；入心、肝、脾、肾、膀胱经；祛瘀止痛、利尿、杀虫；用于治疗风湿痛、跌打损伤、淋病、疥疮、脚癣。

【毒性】无毒。

【抗癌应用】

1. 用法用量：内服：煎汤，10~30g。外用：适量，捣敷或煎汤洗。（《中华本草》）

2. 药剂药方：

（1）治疗肝癌。

岗松、地耳草、娃儿藤、葫芦茶各15g，水煎服，每日1剂。（《草药手册》）

（2）治疗白血病。

岗松20g，紫草30g，水煎，分2次服，每次送服六神丸25~30粒，每日1剂。（《抗癌植物药及其验方》）

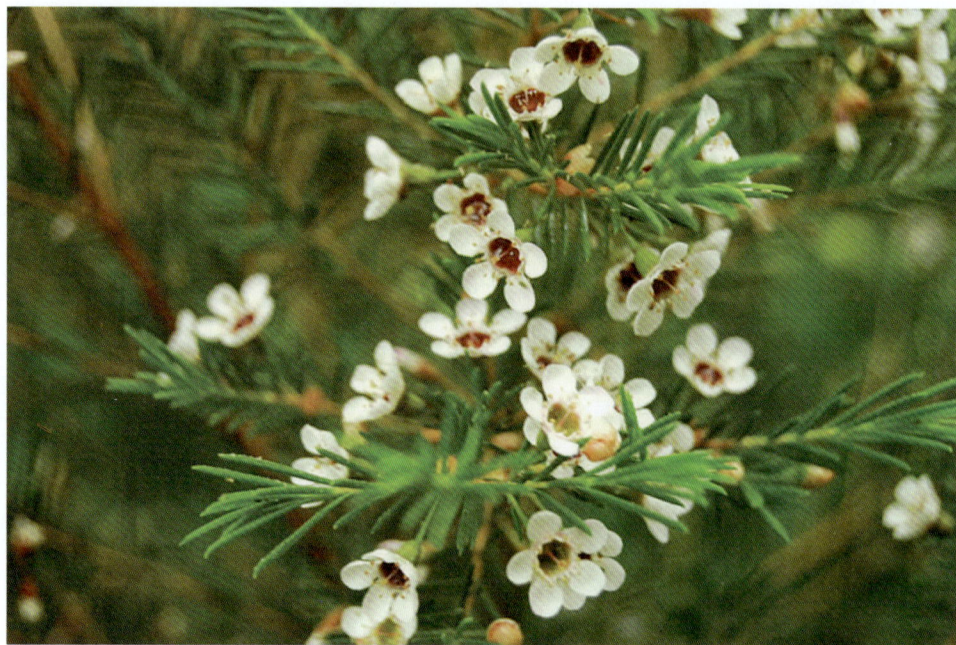

181 菱

菱（*Trapa bispinosa*），别名菱角、莲角，为菱科一年生浮水水生草本植物。根二型：着泥根细铁丝状，同化根羽状细裂；茎柔弱分枝；叶二型：浮水叶互生，叶片菱圆形或三角状菱圆形，沉水叶小，早落；花小，两性，单生于叶腋，花白色；果三角状菱形，内具 1 粒白色种子。花期为 5 ~ 10 月，果期为 7 ~ 11 月。

【生境 分布】栽培于池塘或河沟中；潮汕各地均有分布。

【主要化学成分】含淀粉、葡萄糖、蛋白质、维生素 C、氨基酸、锌、铣、铜、钙、锰等。

【抗癌药理作用】

1. 菱对小鼠腹水型肝癌有明显的抑制效果。菱的种子的水浸溶液有抗小鼠艾氏腹水癌和肝癌 AH－13 的作用。菱的种子的醇浸水液有抗艾氏腹水癌的作用。果肉略有抗腹水肝癌 AH－13 的作用。

2. 四角菱的热水浸出物、50% 乙醇浸出物对小鼠肉瘤 S180 的抑制率分别为 60% 和 38.8%。

【性味归经】甘、涩、平；入肠、胃经；清热祛暑、除湿祛风、益气健脾；用于治疗中暑、疟痢、风湿痹痛、湿疹、风疹、脾虚、脘腹胀痛、肿瘤。

【毒性】无毒。

【抗癌应用】

1. 用法用量：内服：煎汤 9 ~ 15g，大剂量可用至 60g；或生食。清暑热、除烦渴，宜生用；补脾益胃，宜熟用。（《中华本草》）

2. 药剂药方：

（1）治疗胃癌。

带壳的菱 5 ~ 10 个（野菱 10 ~ 15 个），切碎，放砂锅（瓦罐）内，加水，文火久煎，煎成藕粉糊状，频频饮服。（《食物中药与便方》）

（2）治疗胃癌、食管癌、子宫颈癌、乳腺癌。

30 ~ 60g 老菱壳（果肉也可），研为细末，生吞服，或用蜂蜜水送服，每次 6g。（《辨证施治》）

（3）治疗食管癌。

菱、紫藤、诃子、薏苡仁各 9g，煎汤服，每日 3 次。（《食物中药与便方》）

（4）治疗乳腺癌、子宫颈癌、食管癌。

菱茎叶或果柄、果实 30 ~ 60g，薏苡仁 30g，煎汤代茶，连服数日。（《全国中草药汇编》）

（5）治疗子宫颈癌、胃癌。

生菱肉每日 20 ~ 30 个，加足量水，文火煮成浓褐色的汤液，分 2 ~ 3 次饮服，可长期服用。（《近世妇科中药处方集》）

（6）治疗胃癌、子宫颈癌。

薏苡仁 15 ~ 20g，野菱角（带壳劈开）60 ~ 90g，共煎浓汁，每日分 2 次服，连服 1 个月为 1 个疗程。（《实用抗癌验方》）

（7）治疗子宫颈癌、胃癌、乳腺癌。

鲜番杏 150g，菱茎（鲜草或连壳的菱角）200g（干品 100g），薏苡仁干品 50g，草决明子 20g，水煎服，每日 1 剂。（《实用抗癌验方》）

（8）治疗食管癌、胃癌、肝癌。

木瓜、四角野菱、山豆根各 10g，射干水仙 25g，苦参 8g，水煎服。（《实用抗癌验方》）

（9）治疗大肠癌、小肠癌。

薏苡仁、菱角、诃子、紫藤瘤各 10g，水煎服，每日 3 次。（《实用抗癌验方》）

（10）治疗鼻窦及鼻旁窦恶性肿瘤。

鲜荸荠、鲜菱角各 30g，去皮内服，服 6 日，休 1 日，连服 100 日为 1 个疗程。（《癌症秘方验方偏方大全》）

（11）治疗各种癌症。

菱角 60g，薏苡仁、番杏各 30g，藤瘤 9g，水煎服，每日 1 剂。（《抗癌食物中药》）

（12）防治各种癌症。

菱肉捣切加水煮作稀糊，或加米煮粥；也可加糖做糕饼，适量持续服用。菱茎和叶柄炒熟作菜蔬，或采鲜菱茎叶用沸水烫后晒干，或腌制作干菜，留待慢慢食用。（《食物中药与便方》）

182 楤木

楤木（*Aralia chinensis*），别名刺龙苗、刺老包、鹊不踏，为五加科灌木或乔木。树皮灰色，疏生粗壮直刺，小枝通常为淡灰棕色，有黄棕色绒毛，疏生细刺；叶为二回或三回羽状复叶，叶轴无刺或有细刺，羽片有小叶 5 ~ 11 片；伞形花序合生成圆锥花序，密生淡黄棕色或灰色短柔毛，有花多数，花瓣有 5 片，花白色，芳香；果实球形，黑色，有 5 棱。花期为 7 ~ 9 月，果期为 8 ~ 10 月。

【生境 分布】生长于灌丛、林缘或林中；潮汕各地均有分布。

【主要化学成分】含楤木皂苷元（即齐墩果酸与 2 分子葡萄糖），1 分子葡萄糖醛酸，儿茶酸，楤木皂苷 A、B、C，鞣质，胆碱和挥发油等。

【抗癌药理作用】

1. 楤木总皂苷有一定的镇痛作用，能对抗苯丙胺的中枢兴奋作用。

2. 楤木水煎剂对幽门结扎型、消炎痛及利血平所致的急性胃溃疡及应激性胃溃疡的形成有抑制作用。

【性味归经】辛、微寒；入肺、肾、脾、胃经；祛风湿、利小便、散瘀血、消肿毒；用于治疗风湿痹痛、水肿、胁痛、胃痛、淋浊、血崩、跌打损伤、瘰疬、痈肿。

【毒性】小毒。

【抗癌应用】

1. 用法用量：根：内服：煎汤，0.5 ~ 1 两；或浸酒。外用：捣敷。（《中药大辞典》）

2. 药剂药方：

（1）治疗胃癌。

①楤木根皮 15g，龙胆、牡丹皮、大黄各 4.5g，木香 3g，苦苣苔 9g，水煎服，每日 1 剂。（《江苏中医》1962 年第 1 期）

②楤木根，每日 30g，水煎服。（《实用经效单方》）

③楤木根、白花蛇舌草各 30g，重楼 15g，水煎服。（《云南抗癌中草药》）

（2）治疗肺癌。

楤木 500g，狭叶韩信草 500g，分 16 包，每日 1 包，水煎服。（《抗癌良方》）

183　常春藤

常春藤（*Hedera nepalensis* var. *sinensis*），别名追风藤、上树蜈蚣、钻天风、山葡萄，为五加科常绿攀援灌木。茎灰棕色或黑棕色，有气生根；叶片革质，在不育枝上通常为三角状卵形或三角状长圆形，稀三角形或箭形，花枝上的叶片通常为椭圆状卵形至椭圆状披针形，略歪斜而带菱形；伞形花序常单个顶生，或伞房状排列成圆锥花序，花淡黄白色或淡绿白色，芳香；果实球形，红色或黄色，宿存花柱。花期为9~11月，果期为次年3~5月。

【生境　分布】攀缘于林缘树木、路边墙壁或略受荫蔽的岩石上；潮汕各地均有栽培。

【主要化学成分】含鞣质、树脂、常春藤苷、肌醇、胡萝卜素、糖类、挥发油。

【抗癌药理作用】

1. 本品所含的皂苷及内酯对常见致病性皮肤真菌均有抑制作用。

2. 本品能抑制癌细胞生长，有抑制小鼠淋巴细胞白血病 P388、L1210 细胞活性的作用。

【性味归经】苦、凉；入肝、脾经；祛风、利湿、平肝、解毒；用于治疗头晕、口眼歪斜、衄血、目翳、痈疽肿毒。

【毒性】无毒。

【抗癌应用】

1. 用法用量：内服：煎汤，1~3钱；浸酒或捣汁。外用：煎水洗或捣敷。（《中药大辞典》）

2. 药剂药方：

治疗胃癌、肝癌、骨肿癌：常春藤30g，绞股蓝、太子参各15g，三七1.5g（研冲），黄芪20g，女贞子、茯苓、麦冬、北沙参各10g，山萸肉、枸杞子各12g，甘草3g，水煎服，每日1剂。（《抗肿瘤中草药彩色图谱》）

184　三七

三七（*Panax pseudoginseng* var. *notoginseng*），别名田七、人参三七、参三七，为五加科多年生草本植物。根状茎短，横生，具1条至数条纺锤形肉质主根，干时具皱纹；叶3～6片轮生于茎顶，掌状复叶具小叶3～7片；伞形花序单个顶生，有花80～100朵，花黄绿色；核果浆果状，成熟时红色，种子球形。花期为6～8月，果期为8～10月。

【生境　分布】生长于山坡丛林下；潮汕各地均有分布。

【主要化学成分】含人参皂苷 Rb1、人参皂苷 Rc、人参皂苷 Rg1、人参三醇、人参二醇、三七皂苷 R1、三七皂苷 R2、三七皂苷 D1、三七皂苷 D2、三七皂苷 C3、三七皂苷 E2、三七黄酮 B、淀粉、蛋白质、油脂、田七氨酸等。

【抗癌药理作用】

1. 体内实验表明三七对小鼠肉瘤 S180 有抑制作用，可延长移植肿瘤动物的寿命。

2. 三七的水煎剂对人子宫颈癌细胞 JTC－26 的抑制率在 90% 以上。三七多糖 A 可治疗小鼠皮肤癌。

3. 三七中所含的皂苷有明显的抑制小鼠淋巴细胞白血病 P388、L1210 细胞及鼻咽癌上皮细胞活性的作用。

4. 三七中的抗癌物质，分子量大于 1×10^5，具有抗癌、抗菌及增强网状内皮细胞活性的作用。

【性味归经】甘、微苦、温；入肝、胃、心、肺、大肠经；散瘀止血、消肿定痛；用于治疗咯血、衄血、便血、崩漏、外伤出血、胸腹刺痛、跌打肿痛。

【毒性】无毒。

【抗癌应用】

1. 用法用量：3～9g。内服：研粉吞服，1次1～3g。外用适量。（《中国药典》）

2. 药剂药方：

（1）治疗胃癌。

三七10g，血竭、砂仁、冰片各2g，僵蚕5g，胡椒1.5g，共研为细末，分7包，口服，每次1包，每日3次。另用制马钱子、胡椒、粳米各1.5g，蜈蚣5条，水蛭3g，冰片0.9g，砂仁2g，研为细末，分为7包，口服，每次1包，每日3次。先服前方，再服此方，饭后用白开水冲服。（《浙江中医杂志》1988年第8期）

（2）治疗食管癌。

三七31g，桃仁15g，硼砂18g，百部茎16g，甘草12g，共研为细末，炼蜜为丸，每丸重6g，每次含化1丸，每日3次。（《成都中医学院学报》1983年第2期）

（3）治疗脑肿瘤。

制蜈蚣、地鳖虫、壁虎各30g，三七40g，全蝎15g，蟾酥、麝香各2g，共研为细末，装胶囊，口服，每次1g，每日3次。（《四川中医》1986年第5期）

185 胡萝卜

胡萝卜（*Daucus carota* var. *sativa*），别名红菜头、红萝卜，为伞形科（原变种）二年生草本植物。茎单生，全体有白色粗硬毛，基生叶薄膜质，长圆形，二至三回羽状全裂，茎生叶近无柄，有叶鞘；复伞形花序，花通常白色，有时带淡红色；果实圆卵形，为小而带刺的双悬果。

【生境　分布】生长于田边、路旁、渠岸、荒地、农田或灌丛中，喜湿润，亦较耐旱，多为栽培；潮汕各地均有分布。

【主要化学成分】含 α-胡萝卜素，β-胡萝卜素，γ-胡萝卜素、ε-胡萝卜素、番茄烃、六氢番茄烃、维生素 B_1、维生素 B_2、维生素 C、花色素、糖类、脂肪油、挥发油、伞形花内酯、咖啡酸、绿原酸、没食子酸、对羟基苯甲酸、木犀草素-7-葡萄糖苷、胡萝卜碱、吡咯烷、槲皮素、山奈酚、蛋白质、铁、木质素等。

【抗癌药理作用】

1. 胡萝卜固醇对淋巴细胞白血病 P388（PS）有边缘活性。胡萝卜的成分伞形花内酯对鼻咽癌 9KB 细胞的 ED50 为 33.0μg/ml。

2. 胡萝卜石油醚提取部分分离出的无定形黄色成分溶于杏仁油后注射于人、兔、狗，均有明显的降血糖的作用。

3. 胡萝卜中的叶酸对实验动物有抗肿瘤的作用，其衍生物氨甲蝶呤对儿童白血病有一定的临床效果。

4. 动物实验表明胡萝卜中的木质素能提高生物体的免疫能力，从而间接地抑制或消灭体内的癌细胞。临床药理观察发现食胡萝卜者比不食胡萝卜者得肺癌的几率少 40%。

5. 胡萝卜有丰富的胡萝卜素，而胡萝卜素摄入人体后会转化为维生素 A。维生素 A 既能维持人体上皮组织的正常结构和功能，使致癌物质难以侵入；又能影响致癌物质的代谢途径，与致癌物质有生物拮抗作用。动物实验证明，如果动物体内一旦缺少维生素 A，就容易引起皮肤癌、肺癌、膀胱癌和乳腺癌。

【性味归经】甘、平；入肺、脾经；健脾、化滞；用于治疗消化不良、久痢、咳嗽。

【毒性】无毒。

【抗癌应用】

1. 用法用量：内服：煎汤，30～120g；或生吃；或捣汁；或煮食。外用：适量，煮熟捣敷；或切片烧热敷。（《中华本草》）

2. 药剂药方：

（1）治疗白血病。

胡萝卜汁长期饮用，成分至少要每日饮用 2000ml。（《妙药奇方》）

（2）治疗皮肤癌、口腔癌。

胡萝卜150g，苹果1个，橘子1个，共压榨取汁服。或胡萝卜、荸荠各60g，香菜30g，煎水代茶饮。（《抗癌植物药及其验方》）

（3）预防肺癌。

萝卜1～2个，每日食用。（《抗癌植物药及其验方》）

186 茴香

茴香（*Foeniculum vulgare*），别名小茴香、怀香、皮香，为伞形科草本植物。茎直立，光滑，灰绿色或苍白色，多分枝；中部或上部的叶柄部分或全部成鞘状，叶鞘边缘膜质，叶片轮廓为阔三角形，4～5回羽状全裂；复伞形花序顶生与侧生，花瓣黄色，先端有内折的小舌片；果实长圆形。花期为5～6月，果期为7～9月。

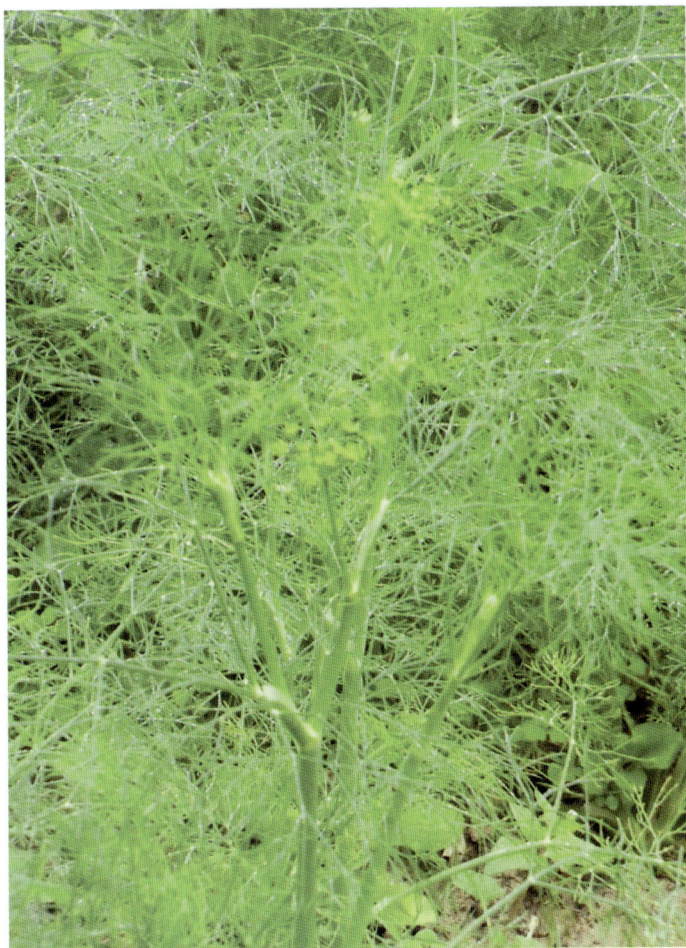

【生境　分布】潮汕各地均有分布。

【主要化学成分】含茴香醚、小茴香酮、α-蒎烯、α-水芹烯、茨烯、二戊烯、茴香醛、茴香酸、对—聚伞花素、洋芫荽子酸、油酸、亚油酸、棕榈酸、花生酸、豆固醇、7-羟基香豆精等。

【抗癌药理作用】茴香对实体瘤有抑制作用。从茴香中提取得到的植物多糖，对小鼠肉瘤S180的抑制率为55%。体外实验显示茴香的热水提取物对子宫颈癌细胞JTC-26、HeLa细胞的抑制率在90%以上。

【性味归经】辛、咸、温；入肝、胃、肾、脾经；散寒止痛、理气和胃；用于治疗寒疝腹痛、睾丸偏坠、痛经、小腹冷痛、脘腹胀痛、食少吐泻、睾丸鞘膜积液。

【毒性】无毒。

【抗癌应用】

1. 用法用量：3～6g。本品含挥发油不得少于1.5%（ml/g）。（《中国药典》）

2. 药剂药方：

（1）治疗胃癌、大肠癌。

茴香3～10g，水煎服。（《中医肿瘤学》）

（2）治疗胃癌。

茴香、延胡索各6g，高良姜、厚朴、桂枝、砂仁、甘草各3g，生牡蛎15g，白花蛇舌草30g，水煎服。（《抗癌植物药及其验方》）

187　珊瑚菜

珊瑚菜（*Glehnia littoralis*），别名北沙参，为伞形科多年生草本。全株被白色柔毛；根细长，圆柱形或纺锤形；茎露于地面部分较短，分枝，地下部分伸长；叶多数基生，厚质，有长柄，叶片轮廓呈圆卵形至长圆状卵形，三出式分裂至三出式二回羽状分裂，茎生叶与基生叶相似；复伞形花序顶生，密生浓密的长柔毛，花白色；果实近圆球形或倒广卵形，分生果的横剖面为半圆形。花果期为6~8月。

【生境　分布】生长于海边沙滩上，多栽培于肥沃的砂质土壤中；潮汕各地均有分布。

【主要化学成分】含补骨脂素、欧前胡素、异欧前胡素、三萜酸、佛手柑内酯、豆固醇、β-谷固醇、生物碱、淀粉、呋喃香豆精类、珊瑚菜素、岩芹酸、棕榈酸、亚油酸、岩芹二酸等。

【抗癌药理作用】珊瑚菜对人肺腺癌 SPC – A – 1 细胞增殖指数的抑制率为 44.28%，对艾氏腹水癌 EAC 细胞有明显的抑制作用，对白血病 L1210 细胞也有抑制作用。

【性味归经】甘、苦、淡、凉；入肺、脾经；养阴清肺、祛痰止咳；用于治疗肺热燥咳、虚劳久咳、阴伤咽干、口渴。

【毒性】无毒。

【抗癌应用】

1. 用法用量：4.5~9g。（《中国药典》）

2. 药剂药方：

（1）治疗鼻咽癌。

珊瑚菜、玄参各30g，麦门冬、女贞子、苍耳、菟丝子、辛夷各15g，知母12g，石斛、紫草各25g，山豆根、石菖蒲各10g，水煎服。（《中国中医秘方大全》）

（2）治疗肺癌。

珊瑚菜、南沙参、鱼腥草、四叶参、薏苡仁、白花蛇舌草、石上柏、白英各30g，天门冬、百部、赤芍、苦参、夏枯草各12g，玄参15g，干蟾皮9g，水煎服。（《中国中医秘方大全》）

（3）治疗胃癌。

珊瑚菜20g，川贝母、象贝母各15g，沉香粉、生甘草各10g，云南白药5g，共研为细末，口服，每次7.5g，每日4次。（《抗癌植物药及其验方》）

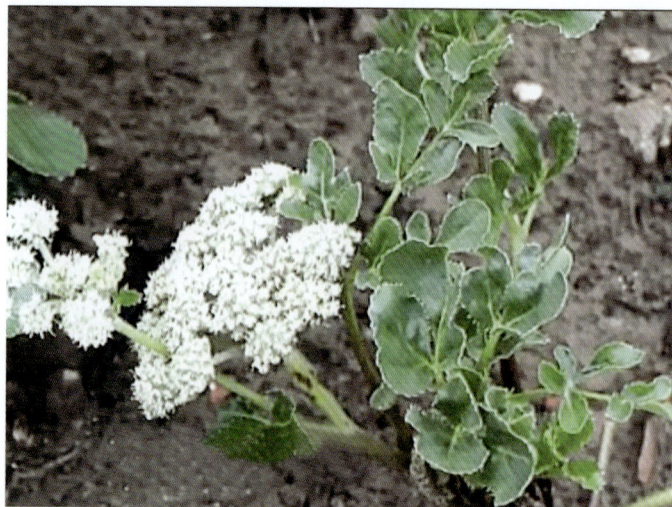

188 天胡荽

天胡荽（*Hydrocotyle sibthorpioides*），别名地锦、假芫荽、满天星、田芫荽，为伞形科多年生草本植物。有气味；茎细长而匍匐，平铺地上成片，节上生根；叶片膜质至草质，圆形或肾圆形，基部心形，两耳有时相接，不分裂或5~7裂；伞形花序与叶对生，单生于节上，花瓣卵形，绿白色，有腺点；果实略呈心形，两侧扁压，成熟时有紫色斑点。花果期为4~9月。

【生境　分布】生长于潮湿的草地、林下和家宅附近；潮汕各地均有分布。

【主要化学成分】全草含槲皮素、槲皮素-3-半乳糖苷、异鼠李素、咖啡酰半乳糖苷、左旋芝麻素、豆固醇、黄酮苷、酚类、氨基酸、挥发油、香豆素等。

【抗癌药理作用】体外实验表明天胡荽对白血病细胞有抑制作用，用荧光显微镜法显示天胡荽抗白血病指数为84.8%。用噬菌体法筛选表明本品有抗噬菌体的作用，显示其有抗癌活性。天胡荽对小鼠移植性肿瘤S180、EAC肿瘤细胞均有抑制作用。

【性味归经】苦、寒；入肝、脾、肺经；祛风清热、解毒消肿、利尿除湿、止咳化痰、清肠止痢；用于治疗风火赤眼、咽喉肿痛、痈肿、疔疮、跌打瘀肿、湿热黄疸、淋证、肺热咳嗽、湿热痢疾。

【毒性】小毒。

【抗癌应用】

1. 用法用量：内服：煎汤，3~5钱；或捣汁。外用：捣敷、塞鼻或捣汁滴耳。（《中药大辞典》）

2. 药剂药方：

（1）治疗肝癌、食管癌、直肠癌。

天胡荽60g，半枝莲、半边莲、黄毛耳草、薏苡仁各30g，水煎服，每日1剂。（《千家妙方》）

（2）治疗肝癌。

马蹄金60g，天胡荽、半边莲各30g，水煎服。（《癌症秘方验方偏方大全》）

（3）治疗胃癌。

天胡荽60g，半枝莲、半边莲、黄毛耳草、薏苡仁各30g，白玉簪花根15g，水煎服，每日1剂，2~4个月为1个疗程。（《抗癌中草药制剂》）

189 川芎

川芎（*Ligusticum chuanxiong*），为伞形科多年生草本植物。根茎发达，形成不规则的结节状拳形团块，具浓烈香气；茎直立，圆柱形，具纵条纹；叶片轮廓卵状三角形，3～4回三出式羽状全裂，羽片4～5对，卵状披针形，茎上部叶渐简化；复伞形花序顶生或侧生，花白色；双悬果卵形。花期为7～8月，幼果期为9～10月。

【生境　分布】适生于肥沃、湿润、排水良好的地方，多为栽培；潮汕各地均有分布。

【主要化学成分】含阿魏酸、藁本内酯、十五烷酸乙酯、十六烷酸乙酯、十七烷酸乙酯、异十七烷酸乙酯、十八烷酸乙酯、异十七烷酸甲酯、四甲基吡嗪（川芎嗪）、佩洛里因、异亮氨酰－L－缬氨酸酐、匙叶桉油烯醇、腺嘌呤、腺苷、1－乙酰基－β苄啉、尿嘧啶、新蛇床内酯、4－羟基苯甲酸、香荚兰酸、咖啡酸、原儿茶酸、大黄酚、瑟丹酸等。

【抗癌药理作用】川芎嗪对小鼠癌细胞有一定的抗转移作用。川芎嗪在20mg/kg的浓度下，给药18日，能显著抑制B16黑色素瘤的转移。其抗肿瘤转移作用可能与增强NK细胞的活性有关。

【性味归经】辛、温；入肝、胆经；祛风燥湿、活血止痛；用于治疗风冷头痛、胁痛腹疼、寒痹痉挛、经闭、难产、产后瘀阻块痛、痈疽疮疡。

【毒性】无毒。

【抗癌应用】

1. 用法用量：3～9g。（《中国药典》）

2. 药剂药方：

（1）治疗白血病。

①川芎、板蓝根、铁扁担各15g，猪殃殃48g，罂粟壳6g，水煎服，每日1剂。（《抗癌中药大全》）

②川芎、当归、白芍、生地黄各15g，党参、鸡内金各12g，阿胶珠、炙鳖甲各10g，水煎服。（《抗癌植物药及其验方》）

（2）治疗急性白血病。

川芎、当归、鸡血藤各15～30g，赤芍15～20g，红花8～10g，参三七6g，水煎服。（《中国中医秘方大全》）

（3）治疗乳腺癌、胃癌、大肠癌、食管癌。

川芎、地龙、党参、葛根各9g，龙牙草根30g，水煎服。（《抗癌植物药及其验方》）

（4）治疗癌性贫血。

川芎、当归、芍药、地黄各20g，水煎服。（《抗癌植物药及其验方》）

190 白花前胡

白花前胡（*Peucedanum praeruptorum*），别名前胡、鸡脚前胡、官前胡，为伞形科多年生草本植物。根圆锥形，末端细瘦，常分叉；茎圆柱形，下部无毛，上部分枝多有短毛；基生叶具长柄，基部有卵状披针形叶鞘，叶片轮廓宽卵形或三角状卵形，三出式二至三回分裂，茎下部叶具短柄，叶片形状与茎生叶相似，茎上部叶无柄，叶鞘稍宽，叶片三出分裂；复伞形花序多数，顶生或侧生，花白色；果实卵圆形，背部扁压。花期为 8~9 月，果期为 10~11 月。

【生境 分布】生长于向阳山坡草丛中；全区各地均有分布。

【主要化学成分】含吡喃香豆精类：白花前胡内酯甲（白花前胡甲素）、白花前胡内酯乙（白花前胡乙素）、白花前胡内酯丙（白花前胡丙素）、白花前胡内酯丁（白花前胡丁素）、异茴香醚、柠檬烯、鞣质、甘露醇、糖类等。

【抗癌药理作用】

1. 白花前胡素体外对抑制小鼠腹水癌细胞相当有效，体内对腹水癌的抑制率为 70%，对小鼠乳腺癌的抑制率为 30%~40%，对人的黑色素瘤和肉芽瘤的抑制亦有效。

2. 一些香豆素类化合物具有阻止生癌的作用，可以抑制癌细胞的生长和代谢。伞形花内酯还能抑制鼻咽癌 KB 细胞的生长。

【性味归经】苦、辛、凉；入肺、脾经；宣散风热、下气、消痰；用于治疗风热头痛、痰热咳喘、呕逆、胸膈满闷。

【毒性】无毒。

【抗癌应用】

1. 用法用量：3~9g。（《中国药典》）

2. 药剂药方：

（1）治疗肺癌。

白花前胡、北沙参、浙贝母、黄芩各 12g，鱼腥草、仙鹤草各 30g，款冬花、当归、藿梗、紫菀各 9g，生半夏、生南星各 6g，水煎服。（《抗癌植物药及其验方》）

（2）治疗鼻咽癌。

白花前胡、石见穿各 10g，水煎服。（《抗癌植物药及其验方》）

被子植物

203

191　白花丹

白花丹（*Plumbago zeylanica*），别名白花仔、三素英、钩藤托、白花藤，为白花丹科常绿半灌木。直立，多分枝；叶薄，通常为长卵形，先端渐尖；穗状花序，花冠白色或微带蓝白色；蒴果长椭圆形，淡黄褐色，种子红褐色。花期为10月至翌年3月，果期为12月至翌年4月。

【生境　分布】适生于海滨盐碱地及沙碱地；汕头市郊、饶平、南澳均有分布。

【主要化学成分】含有毒成分蓝雪素（即矶松素）、氨基酸、白花丹精、白花丹酸、白花丹醌、β-谷固醇、香荚兰酸、香草酸等。

【抗癌药理作用】

1. 实验表明，白花丹精对大鼠纤维肉瘤及淋巴细胞白血病 P388 有抗癌活性，且为有丝分裂抑制剂。从白花丹中分离的蒽醌白花丹醌对小鼠淋巴细胞白血病 P388 和大鼠的肿瘤显示出良好的抗癌活性。

2. 抑菌实验：花、茎或叶水浸剂或乙醇提取液，对溶血性链球菌有较强的抑菌作用，并对金黄色葡萄球菌、伤寒杆菌、福氏痢疾杆菌有一定的抑菌作用。

3. 白花丹精有抗凝血活性。

【性味归经】温、辛、苦、涩；入肺、脾、肝经；祛风、散瘀、解毒、杀虫；用于治疗风湿关节炎、血瘀经闭、跌打损伤、肿瘤恶疮、疥癣。

【毒性】有毒。

【抗癌应用】

1. 用法用量：内服：煎汤，9～15g。外用：适量，煎水洗；或捣敷；或涂擦。（《中华本草》）

2. 药剂药方：

治疗白血病：①白花丹根、葵树子、白花蛇舌草、马鞭草各30g，夏枯草15g。上药煎煮，浓缩成浸膏，制成18颗小丸，口服，每次6丸，每日3次。（《中草药资料》）

②白花丹根、白花蛇舌草、葵树子各30g，水煎服，每日1剂，2次分服。（《抗癌中草药制剂》）

③白花丹根、白花蛇舌草、马鞭草、葵树子、喜树子、喜树根皮各9g，水煎服，每日1剂。连服20日为1个疗程。（《实用抗癌验方1000首》）

192 柿

柿（*Diospyros kaki*），别名柿子、朱果，为柿科落叶大乔木。树皮深灰色至灰黑色，或者黄灰褐色至褐色，裂成长方块状，枝开展，带绿色至褐色；叶纸质，卵状椭圆形至倒卵形或近圆形；花雌雄异株，雄花序小，通常有花 3 朵，花冠钟状，黄白色，雌花单生叶腋，淡黄白色或黄白色而带紫红色；果有球形、扁球形、球形而略呈方形、卵形等，嫩时绿色，后变黄色、橙黄色，有种子数颗，褐色，椭圆状。花期为 5~6 月，果期为 9~10 月。

【生境　分布】潮汕各地均有分布。

【主要化学成分】含熊果酸、桦木素、齐墩果酸、三铁藏茴香酮、β-谷固醇、三叶豆苷、金丝桃苷、丁香酸、香草酸、葡萄糖、果糖、蔗糖、甘露糖、果胶、鞣质、玉蜀黍黄素、胡萝卜素、番茄红素、甘露醇、维生素 C、蓝雪素、7-甲基胡桃酮、君迁子酮、异柿醌、2-甲氧基-7-甲基胡桃醌、3-甲氧基-7-甲基胡桃醌、柿醌、新柿醌、琥珀酸、苯甲酸、水杨酸、糠酸等。

【抗癌药理作用】

1. 柿叶的提取物能明显抑制抗体形成，能有效地防止淋巴细胞对羊红细胞的溶血作用。

2. 本品可防止食管上皮及胃粘膜增生癌变，体外实验证明其对癌细胞生长有抑制作用。

【性味归经】苦、寒；入肺、肝、脾经；下气平喘、止渴生津、止血；用于治疗肺热咳嗽、气喘、消渴、血证。

【毒性】无毒。

【抗癌应用】

1. 用法用量：4.5~9g。（《中国药典》）

2. 药剂药方：

（1）治疗癌症消化道出血。

柿叶 3~6g，研末，用水送服。（《中医肿瘤学》）

（2）治疗白血病。

红枣 20 枚，柿叶 7 片，水炖服；或单用柿叶 60g，水煎服。（《癌症秘方验方偏方大全》）

（3）治疗胰腺癌。

柿饼 2 个，每日 1 次，常服。（《癌症秘方验方偏方大全》）

（4）治疗食管癌。

干柿饼，每次 1 个，饭锅上蒸透，同干饭细嚼，慢慢吞咽，不可饮水，每日 3 次，如每次能多食 1~2 个柿饼更好。（《抗癌良方》）

193 白蜡树

  白蜡树（*Fraxinus chinensis*），别名梣、秦皮、梣皮、青榔木、白荆树，为木犀科落叶乔木。树皮灰褐色，纵裂，小枝黄褐色，粗糙；羽状复叶，小叶 5～7 枚，硬纸质，卵形、倒卵状长圆形至披针形；圆锥花序顶生或腋生枝梢，花雌雄异株；雄花密集，花萼小，钟状，雌花疏离，花萼大，桶状；翅果匙形，翅平展，下延至坚果中部，坚果圆柱形。花期为 4～5 月，果期为 7～9 月。

【生境 分布】生长于山坡、山谷、山沟、林下；潮汕各地均有分布。

【主要化学成分】含七叶树苷、七叶内酯、秦皮苷、丁香苷等。

【抗癌药理作用】本品在体内对小鼠淋巴细胞白血病可抑制其活性，在体外对鼻咽癌 9KB 细胞的 ED5 可抑制其活性。本品所含 N－苯基－2－萘胺有抑制 P388 癌细胞的作用。

【性味归经】辛、微温；入肝、胆、大肠经；清热燥湿、收涩、明目；用于治疗热痢、泄泻、赤白带下、目赤肿痛、目生翳膜。

【毒性】无毒。

【抗癌应用】

1. 用法用量：内服：煎汤，3～5 钱；或研末。外用：研末调敷。（《中药大辞典》）

2. 药剂药方：

治疗大肠癌：白蜡树、败酱草、大血藤各 20g，马齿苋、白花蛇舌草各 60g，薏苡仁 30g，水煎服。（《抗癌中药大全》）

194 女贞

女贞（*Ligustrum lucidum*），别名女贞子，为木犀科灌木或乔木。树皮灰褐色，枝黄褐色、灰色或紫红色；叶片常绿，革质，卵形、长卵形或椭圆形至宽椭圆形，叶缘平坦，上面光亮，两面无毛；圆锥花序顶生，花无梗或近无梗，花萼无毛，花白色；果肾形或近肾形，成熟时呈红黑色。花期为5～7月，果期为7月至翌年5月。

【生境　分布】适生于混交林中或林缘、谷地，亦有栽培；潮汕各地均有分布。

【主要化学成分】含女贞子苷、齐墩果苷、齐墩果酸、α-甘露醇及脂肪酸、熊果酸、乙酰齐墩果酸、植物蜡及多量葡萄糖、挥发油（含大量酯类、醇类、醚类、硫酮、烃类和少量的胺与醛）、紫丁香苷等。

【抗癌药理作用】

1. 女贞水浸剂能抑制动物某些移植性肿瘤的生长。

2. 实验结果表明女贞通过逆转肿瘤细胞对巨噬细胞的功能抑制而发挥抗肿瘤作用。

3. 抗突变实验表明，女贞具相当大的抗突变力，对致突变剂环磷酰胺和乌拉坦诱发的突变效应和细胞染色体损伤具有抵抗作用和保护作用。抗突变的有效成分包括齐墩果酸、熊果酸等。这也是女贞抗肿瘤可能的作用机理之一。

【性味归经】甘、苦、平；入肝、肺、肾经；补益肝肾、凉血补血、滋阴清热、清肝明目；用于治疗耳鸣耳聋、头晕、腰膝酸软、须发早白、尿血、便血、崩漏、潮热、盗汗、消渴、目赤、目昏。

【毒性】无毒。

【抗癌应用】

1. 用法用量：6～12g。（《中国药典》）

2. 药剂药方：

（1）治疗胃癌。

女贞、党参、枸杞子各15g，白术、菟丝子、补骨脂各9g，水煎服，每日1剂。（《抗癌中药大全》）

（2）治疗癌症放化疗副反应。

女贞15～30g，水煎服。（《抗癌食药本草》）

（3）治疗肝癌。

生晒参5g，炙黄芪15g，女贞12g，夏枯草、水红花子、赤芍、莪术、郁金各10g，白花蛇舌草、石见穿各30g，甘草6g，水煎服，每日1剂。（《中医杂志》1989年第7期）

（4）治疗膀胱癌。

党参15g，黄芪、女贞、桑寄生、白花蛇舌草各30g，水煎服。（《抗癌中药大全》）

（5）治疗白血病。

女贞、旱莲草、补骨脂各10g，菟丝子30g，水煎服。（《抗癌植物药及其验方》）

（6）治疗喉癌。

女贞、太子参、生地黄各15g，沙参、牡丹皮、旱莲草、白芍各10g，冬虫夏草、甘草、川贝母各5g，木蝴蝶3g，青果适量（单独含噙咽），水煎服。（《抗癌植物药及其验方》）

195 马钱子

马钱子（*Strychnos nux-vomica*），别名马钱、番木鳖，为马钱科乔木。枝条幼时被微毛，老枝毛脱落；叶片纸质，近圆形、宽椭圆形至卵形，顶端短渐尖或急尖，基部圆形；圆锥状聚伞花序腋生，花冠绿白色，后变白色；浆果圆球状，成熟时橘黄色，种子扁圆盘状，密被银色绒毛。花期在春夏两季，果期为 8 月至翌年 1 月。

【生境　分布】生长于深山老林内；潮汕各地均有分布。

【主要化学成分】含马钱子碱、番木鳖次碱、伪马钱子碱、奴伐新碱、土屈新碱、番木鳖苷、脂肪油、蛋白质、绿原酸等。

【抗癌药理作用】动物体内筛选实验证明马钱对小鼠肉瘤 S180 有抑制作用；体外实验证明其对肿瘤细胞有抑制作用，对白血病细胞也有一定的抑制活性的作用。

【性味归经】苦、寒；入肝、心经；散热消瘀、利咽、消症化痞、通痹止痛、清热解毒、接骨续伤；用于治疗痈疽肿痛、喉痹疼痛、腹中痞块、风湿痹痛、拘挛麻木、风火牙痛、跌打骨折、疯犬咬伤。

【毒性】有毒。

【抗癌应用】

1. 用法用量：0.3～0.6g，炮制后入丸、散用，本品按干燥品计算，含士的宁（$C_{21}H_{22}N_2O_2$）应为 1.2%～2.2%，马钱子碱（$C_{23}H_{26}N_2O_4$）不得少于 0.8%。（《中国药典》）

2. 药剂药方：

（1）治疗皮肤癌。

马钱子、蜈蚣、紫草、白蔹草各等份，制成膏剂，外涂患处，每日 3 次。（《抗癌本草》）

（2）治疗食管癌。

①马钱子粉、代赭石粉各等份，每日服 1～2g。（《实用抗癌验方》）

②马钱子（浸泡、去皮、油炸）、水蛭各等份，共研为细末，口服，每次 0.2g，每日 3 次，温开水送服。（《中国民间单验方》）

③制马钱子、炒蟾蜍各 300g，穿山甲珠、炒灵脂各 200g，山药粉适量，共研为细末，以山药粉调为糊状后，再制成绿豆大小的丸剂。口服，每次 3g，每日 2 次，饭后服。（《抗癌中药一千方》）

（3）治疗胃癌。

马钱子 10g，活蜗牛、带子蜂房各 5g，蜈蚣 15g，乳香 1g，全蝎 3g。将马钱子用开水泡 24 小时后，再用清水换浸 7～10 日，去皮晒干，用麻油炒黄研末；将全蝎、蜈蚣、蜂房炒微黄研末，并将蜗牛捣烂，晒干研末，共与乳香粉末为糊泛丸，丸之大小以 20 丸共重 3g 为宜。口服，每次 1.5g，每日 2 次。（《抗癌中药大全》）

（4）治疗子宫癌。

马钱子、甘草末、糯米粉各等量。马钱子泡入 90℃水中，恒温浸泡 1 日，以后每日换凉水，共泡 10 日。然后马钱子去皮，切成小片（每个可以切 4～5 片），晒干，放在香油内煎炸约 15 分钟（勿用铁锅）；最后放在草纸上，将油吸干，碾碎成粉，再入甘草和糯米粉，制成梧桐子大小之丸。每日服 5～6 丸，临睡前用开水送服，不可多服，以防中毒。（《实用抗癌验方》）

（5）治疗恶性淋巴瘤。

生马钱子适量，醋磨后调涂患处，每日 1 次。（《实用抗癌验方》）

（6）治疗肛门癌。

马钱子研末，醋调外敷于患处。（《实用抗癌药物手册》）

（7）治疗消化道癌。

马钱子 30g，甘草 9g。先将马钱子用水泡，去皮，晒干，切片，用香油炸至黄色，再与甘草共研为细粉，以糯米面为衣，如梧桐子大。口服，每次 0.3～0.6g，每日 2～3 次，温开水送服。（《抗癌中药大全》）

（8）治疗多种癌症。

马钱子流浸膏 83.4ml，加 4.5% 乙醇使其成 1000ml，每 100ml 内含士的宁 0.119～0.131g。口服，每次 0.5～1ml，每日 3 次，用冷开水稀释后服用。（《抗癌中药大全》）

（9）治疗肝癌疼痛。

甘遂、乳香、没药各 9g，丹参、鳖甲、姜黄、马钱子各 30g，郁金、白芍各 18g，独角莲 60g，全蝎 1g，苏木 10g，蜈蚣 2 条，麝香 0.5g，冰片 3g，松节油适量。将上述之药磨成细面，加入松节油调成糊状，待用时将麝香、冰片加入拌匀。敷贴时一般以期门穴为中心向四周敷涂外贴，或以剧痛点为中心向四周敷贴，3 日换贴 1 次，10 次为 1 个疗程。（《天津中医》1994 年第 1 期）

（10）治疗癌性疼痛。

①马钱子于麻油中炸至膨胀焦黄后，滤净油冷却后研末装胶囊，每丸 200mg。口服，每次 1 丸，每日 3 次，连用 3 日，有效则维持。若疼痛无明显缓解，则增为每次 2 丸，每日 3 次维持。（《辽宁中医杂志》1993 年第 2 期）

②生马钱子、天花粉、重楼、甘草各 500g。马钱子去皮，香油炒至酥脆，与其他 3 味药共研为细末，加淀粉打成片剂，每片 0.3g，口服，每次 3～5 片，每日 3 次，温开水送服。（《抗癌中草药制剂》）

③制马钱子 1 份，莪术、五灵脂、川芎各 4 份，制川乌头、樟脑、冰片各 2 份，共研为细末。使用时用蓖麻油调成，敷于疼痛部位，厚约 0.3cm，用塑料薄膜覆盖，胶布固定。（《中国中西医结合杂志》1993 年第 12 期）

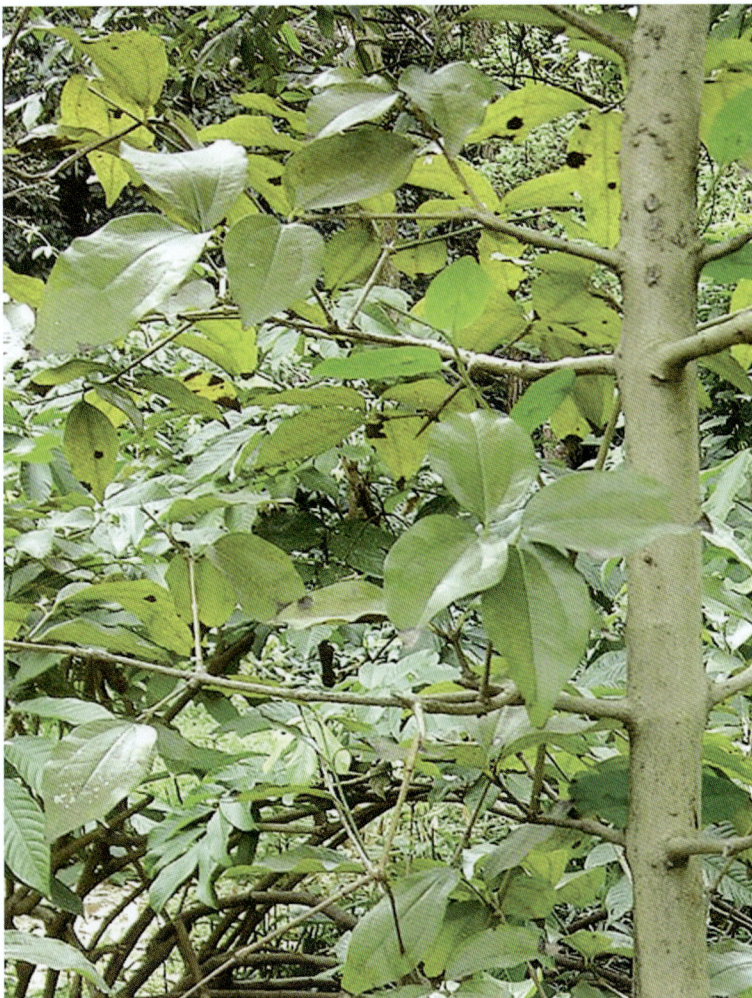

196　钩吻

　　钩吻（*Gelsemium elegans*），别名胡蔓藤、大茶药、断肠草、胡满姑，为马钱科常绿木质藤本。小枝圆柱形；叶片膜质、卵形、卵状长圆形或卵状披针形，顶端渐尖；花密集，组成顶生和腋生的三歧聚伞花序，花萼裂片卵状披针形，花冠黄色，漏斗状，内面有淡红色斑点，花冠裂片卵形；蒴果卵形或椭圆形，成熟时通常为黑色，种子扁压状椭圆形或肾形。花期为5~11月，果期为7月至翌年3月。

　　【生境　分布】生长于丘陵、疏林或灌丛中；潮汕各地均有分布。

　　【主要化学成分】主要含多种钩吻素。

　　【抗癌药理作用】钩吻总生物碱对动物移植性肿瘤小鼠肉瘤S180有抑制作用。

　　【性味归经】辛、苦、温；入心、肺、大肠、小肠经；祛风除湿、软坚散结、消肿止痛、解毒杀虫、利水平喘；用于治疗风寒湿痹、四肢拘挛、瘰疬、症瘕、跌打损伤、疔疮、疥疮、喘症、水肿。

　　【毒性】有毒。

　　【抗癌应用】

1. 用法用量：外用：适量，煎水蒸洗或研末调敷患处。（《广东中药材标准》）

2. 药剂药方：

（1）治疗胃癌。

钩吻0.1g，水煎代茶饮。（《肿瘤临证备要》）

（2）治疗肝癌。

将钩吻制成干粉，口服，每次50mg，每日3次，3日后若无反应，增至每次100~150mg，连服一至数月。（《中医肿瘤学》）

（3）治疗食管癌、贲门癌。

钩吻烧灰，口服。每次0.1g，每日2次，冲开水服或入稀饭内服。（《实用抗癌验方》）

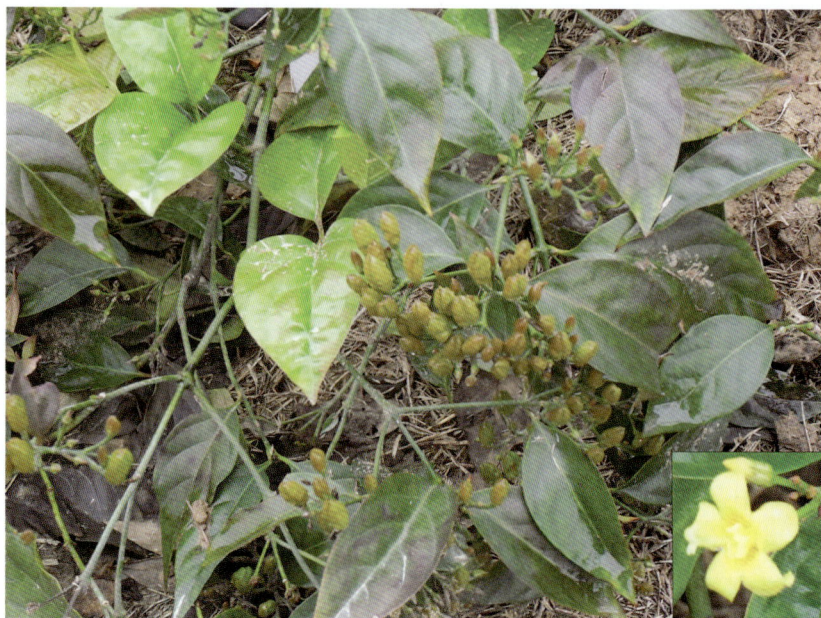

197   双蝴蝶

双蝴蝶（*Tripterospermum chinense*），别名肺形草、黄金线、胡地莲，为龙胆科多年生缠绕草本植物。根黄褐色或深褐色；茎绿色或紫红色，近圆形，具细条棱；基生叶通常2对，紧贴地面，密集呈双蝴蝶状，茎生叶通常呈卵状披针形，先端渐尖或呈尾状；具多花，2~4朵呈聚伞花序，少单花，腋生，花萼钟形，花冠蓝紫色或淡紫色，褶色较淡或呈乳白色；蒴果内藏或先端外露，淡褐色，椭圆形，扁平，种子淡褐色，近圆形，具盘状双翅。花果期为10~12月。

【生境　分布】生长于山坡岩石、草丛、竹林等较阴湿处；潮汕各地均有分布。

【主要化学成分】含苦味质、黏液质等。

【抗癌药理作用】抑菌实验证明本品对金黄色葡萄球菌有一定的抑制作用。

【性味归经】甘、辛、寒；入肺、肝、脾经；清热解毒、止咳化痰、止血、消肿；用于治疗咳嗽、气喘、肺痨、肺脓肿、淋证。

【毒性】无毒。

【抗癌应用】

1. 用法用量：内服：煎汤，2~4钱（鲜者1~2两）。外用：捣敷。（《中药大辞典》）

2. 药剂药方：

（1）治疗肺癌。

①双蝴蝶30g，石斛15g，天门冬、藕节各12g，桔梗、凤尾草、槟榔各9g，桃树皮4.5g，水煎服，每日1剂。（《中医肿瘤的防治》）

②双蝴蝶、鱼腥草、望江南子、半枝莲、羊乳各30g，薏苡仁、过路黄、紫草各15g，桑白皮、沙参各12g，炙百部、浙贝母各9g，前胡6g，水煎服，每日1剂。（《肿瘤要略》）

（2）治疗恶性淋巴瘤。

双蝴蝶、乌骨藤各90g，黄药子、连钱草、唐松草各60g，切碎，浸白酒内1周，口服，每次15ml，每日3次。（《抗癌植物药及其验方》）

被子植物

211

198 长春花

长春花（*Catharanthus roseus*），别名日日新、四时春、五瓣梅、雁来红，为夹竹桃科半灌木。茎近方形，有条纹，灰绿色；叶膜质，倒卵状长圆形，有短尖头，基部广楔形至楔形；聚伞花序腋生或顶生，有花 2～3 朵，花冠红色，高脚碟状，花冠筒圆筒形；蓇葖果双生，直立，外果皮厚纸质，有条纹，被柔毛，种子黑色，长圆状圆筒形。几乎全年都是花果期。

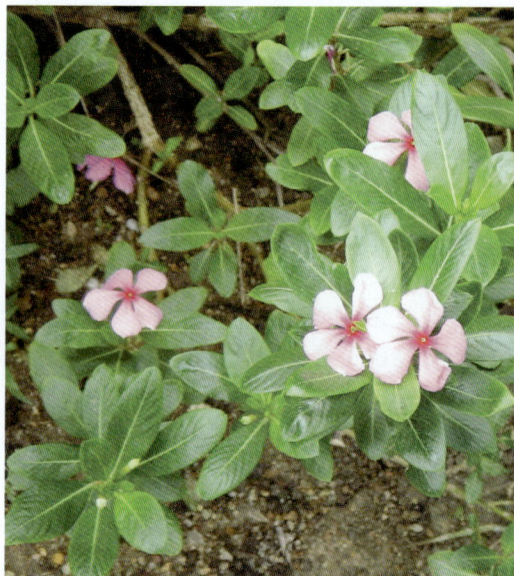

【生境　分布】生长于林边、路边、海滩及园地草丛中；潮汕各地庭园均有栽培。

【主要化学成分】从全草中分离出 70 余种生物碱，其中有 6 种具有抗肿瘤作用。主要含长春碱、长春新碱、长春罗新、长春罗赛定、长春罗赛温、罗威定碱、卡罗新碱、派利文碱、派力维定碱、长春刀林宁碱、派力卡林碱、长春质碱、长春刀林碱、洛克罗维新碱、长春蔻林定碱、洛克尼灵碱、四氢鸡骨常山碱等。

【抗癌药理作用】

1. 长春碱对小鼠的移植性急性淋巴细胞白血病 P－1534 有明显的抑制作用，尤以长春碱的硫酸盐生物效应最突出。

2. 长春新碱对小鼠艾氏腹水癌有明显的抑制作用。

3. 长春新碱对体外培养的人体肝癌细胞株有明显的抗癌作用，对多种动物移植性肿瘤也有较强的抑制作用。

4. 长春地辛亦有较强的广谱抗肿瘤作用。

5. 长春碱为周期特异性抗癌药，也可作用于细胞膜，干扰细胞膜对氨基酸的转运，使蛋白质合成受到抑制。亦可通过抑制 RNA 聚合酶的活力，而抑制 RNA 的合成。长春新碱属于细胞周期 M 期特异性药物，可以使大量瘤细胞停止于分裂中期，对 G1 期细胞有选择性杀灭作用。

6. 从长春花分离出的异常春碱对小鼠急性淋巴白血病 P－1534 和艾氏腹水癌均有明显的抑制作用。

7. 长春碱主要用于霍奇金病及绒毛膜上皮癌。对乳腺癌、卵巢癌、肾母细胞瘤部分病人有效。

【性味归经】微苦、凉；入肝、肾二经；平肝潜阳、镇静安神、利尿；用于治疗高血压病、恶性肿瘤、头晕、失眠、浮肿、小便不利。

【毒性】有毒。

【抗癌应用】

1. 用法用量：内服：煎汤，5～10g；或将提取物制成注射剂静脉注射。外用：适量，捣敷；或研末调敷。（《中药大辞典》）

2. 药剂药方：

治疗急性淋巴细胞性白血病：

①硫酸长春新碱 0.025～0.05mg/kg（体重），用 10ml 生理盐水溶解后，静脉注射或静脉滴注（注意勿漏至皮下），每周 1 次。（《有毒中草药大辞典》）

②长春花 15g，水煎服。（《有毒中草药大辞典》）

199 狗牙花

狗牙花（*Ervatamia divaricata*），别名粿汁花、秋英，为夹竹桃科灌木。枝和小枝灰绿色，有皮孔，干时有纵裂条纹。叶坚纸质，椭圆形或椭圆状长圆形，短渐尖，基部楔形；聚伞花序腋生，通常双生，近小枝端部集成假二歧状，着花6~10朵，花白色；有蓇葖果，种子3~6粒，长圆形。花期为6~11月，果期为秋季。

【生境　分布】生长于山野疏林间；潮汕各地庭园均有栽培。

【主要化学成分】含吲哚类生物碱、冠狗牙花定碱等。

【抗癌药理作用】狗牙花的甲醇提取物有良好的抗小鼠 B16 黑色素的活性。

【性味归经】辛、苦、凉；入肝、肾经；清热、解毒、利尿、凉血、止痛、降压；用于治疗咽喉肿痛、风湿关节痛、胃痛、痢疾、颈淋巴结肿大、疖肿、高血压病、蛇虫咬伤。

【毒性】有毒。

【抗癌应用】

1. 用法用量：内服：煎汤，10~30g。外用：适量，鲜品捣敷。（《中药大辞典》）

2. 药剂药方：

（1）治疗腹腔癌症。

狗牙花的根茎 2~20g，水煎服，或加适量蜂蜜同煎服用。（《实用抗癌验方》）

（2）治疗胃癌疼痛。

狗牙花根 15g，白术 20g，木香 10g，天龙 2 条，水煎服。（《抗癌植物药及其验方》）

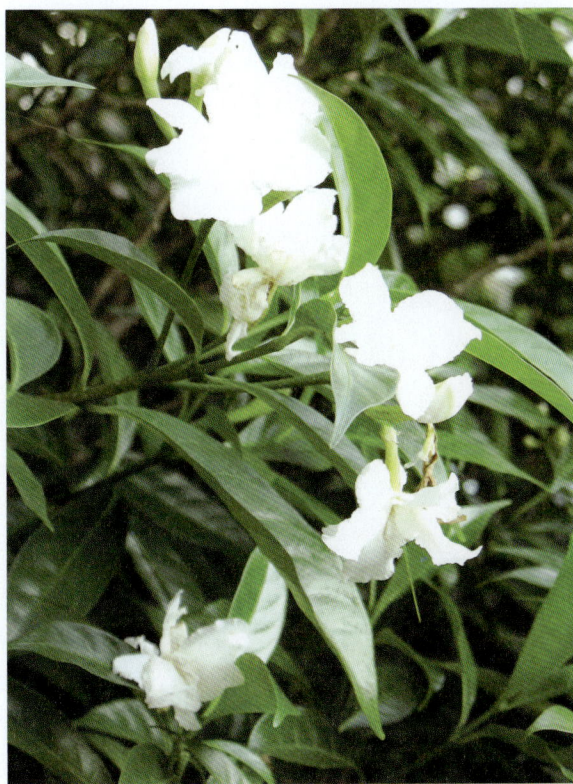

200　糖胶树

糖胶树（*Alstonia scholaris*），别名灯台树、面条树、鸭脚木，为夹竹桃科常绿乔木。分枝逐级轮生并呈水平状向外伸展，有白色乳液，具毒性。叶4～7片轮生，窄圆形或倒卵状椭圆形；聚伞花序顶生，花黄白色，高脚碟状；蓇葖果线形，成熟时果实开裂，种子有白色软毛。花期为6～11月。

【生境　分布】生长于向阳路旁或杂木林中；潮汕各地均有分布。

【主要化学成分】含狄他树皮嘧啶、狄他树皮碱、鸭脚树叶碱、热嗪、氯化狄他树皮碱、狄他碱、狄他树皮低碱、狄他树皮素、鸡骨常山酸、α－香树脂醇、豆固醇、β－谷固醇、菜油固醇等。

【抗癌药理作用】从糖胶树中分离的生物碱氯化埃奇胺具有抗小鼠白血病 P388 的作用，对大鼠纤维瘤也有良好的抑制作用，且显示其与剂量有依赖关系。

【性味归经】淡、平；清热解毒、止痛、化痰止咳、止血；用于治疗咳嗽、痰喘、感冒、顿咳、胃痛、泄泻、疟疾、风湿、溃疡出血、跌打损伤、痈疮红肿。

【毒性】有毒。

【抗癌应用】

1. 用法用量：3～4钱；外用：适量，鲜叶捣烂敷患处。（《全国中草药汇编》）

2. 药剂药方：

治疗急性白血病：糖胶树皮、紫草、五味子各100g，罂粟壳5g，水煎服。（《抗癌植物药及其验方》）

201 夹竹桃

夹竹桃（*Nerium indicum*），别名状元竹、红花夹，为夹竹桃科常绿直立大灌木。枝条灰绿色；叶3～4片轮生，顶端急尖，基部楔形；聚伞花序顶生，着花数朵，花深红色或粉红色，栽培演变有白色或黄色；蓇葖果2个，离生，平行或并连，长圆形，两端较窄，种子长圆形，褐色。几乎全年为花期，夏秋为最盛；果期一般在冬春季，栽培很少结果。

【生境　分布】多栽培于公园、厂矿、行道；潮汕各地均有分布。

【主要化学成分】主要含强心苷类：夹竹桃苷 A、夹竹桃苷 B、夹竹桃苷 D、夹竹桃苷 F、夹竹桃苷 H、夹竹桃苷 K、阿迪夹竹桃苷、齐墩果酸、熊果酸、芦丁等。

【抗癌药理作用】夹竹桃叶对小鼠艾氏腹水癌 EAC 有轻度抑制作用。夹竹桃中的吲哚类生物碱对小鼠白血病 P388 细胞和人体表皮肿瘤 KB 细胞有明显的细胞毒作用。

【性味归经】苦、寒；入心、肺、肾经；强心利尿、祛痰定喘、镇痛、化瘀。

【毒性】有毒。夹竹桃全株及乳白色汁液有毒，新鲜树皮的毒力比叶强，干燥后毒性减弱；花的毒性较弱。

【抗癌应用】

1. 用法用量：内服：煎汤，0.3～0.9g；研末，0.05～0.1g。外用：适量，捣敷或制成酊剂外涂。（《中药大辞典》）

2. 药剂药方：

（1）治疗脑肿瘤。

夹竹桃小叶 3 片，铁落 100g，水煎，每日分 3 次口服。（《云南中草药》）

（2）治疗肺癌。

夹竹桃叶 7 片，糯米 1 小杯，同捣烂，加糖煮粥食之，但不宜多服。（《岭南采药录》）

202 马利筋

马利筋（*Asclepias curassavica*），别名金凤花、莲生桂子花、芳草花，为萝摩科多年生直立草本植物。全株有白色乳汁，茎淡灰色；叶膜质，披针形至椭圆状披针形，顶端短渐尖或急尖，基部楔形而下延至叶柄；聚伞花序顶生或腋生，着花 10～20 朵，花紫红色；蓇葖披针形，两端渐尖；种子卵圆形。几乎全年为花期，果期为 8～12 月。

【生境 分布】生长于温暖旷野、河谷湿地或栽培；潮汕各地均有分布。

【主要化学成分】含卡烯内酯、乌沙苷元、克罗毒苷元、克罗苷元、阿斯科勒苷元、科勒坡苷元、枯热洒苷元、马利筋苷元、马利筋苷、牛角瓜苷等。

【抗癌药理作用】体外实验表明牛角瓜苷对人体鼻咽癌 KB 细胞有细胞毒活性。另一成分乌沙苷元在 1～3.5μg/ml 剂量时，对鼻咽癌 KB 细胞亦有细胞毒活性；在 15～60mg/kg 剂量时，对小鼠淋巴细胞白血病 P388 表现出明显的细胞毒活性。

【性味归经】苦、寒；入肺、膀胱经；清热解毒、活血止血；用于治疗乳蛾、肺热咳嗽、痰喘、小便淋痛、崩漏、外伤出血。

【毒性】有毒。

【抗癌应用】

1. 用法用量：内服：煎汤，6～9g。外用：鲜品适量，捣敷；或干品研末敷于患处。（《中华本草》）

2. 药剂药方：

（1）治疗鼻咽癌。

鲜马利筋、苦瓜子各 30g，水煎服。（《抗癌植物药及其验方》）

（2）治疗腹腔癌症。

马利筋根 25～40g，切片，炒瘦猪肉，调红酒炖服。服后若发现小便米泔色，应停药，3 日后再服 1 次。（《福建民间草药》）

（3）治疗乳腺癌。

马利筋 6～9g，水煎服，每日 1 剂。（《云南中草药》）

203 徐长卿

徐长卿（*Cynanchum paniculatum*），别名尖刀儿苗、山刁竹、香竹根、别仙踪，为萝藦科多年生直立草本植物。根须状；茎不分枝；叶对生，纸质，披针形至线形；圆锥状聚伞花序生于顶端的叶腋内，花黄绿色，近辐状；蓇葖果单生，披针形，种子长圆形。花期为 5～7 月，果期为 9～12 月。

【生境　分布】野生于山坡或路旁；潮汕各地均有分布。

【主要化学成分】含牡丹酚以及与肉珊瑚苷元、去酰牛皮泊苷元、茸毛牛奶藤苷元、去酰萝藦苷元极为相似的物质，另含醋酸、桂皮酸、黄酮苷、糖类、氨基酸等。

【抗癌药理作用】

1. 经淋巴细胞白血病 L615 筛选表明，徐长卿有抑制白血病细胞的作用。经噬菌体法筛选，也表明其有抑制癌细胞活性的作用。

2. 从徐长卿中提取的牡丹酚具有预防肝癌的作用。

【性味归经】辛、温；入肝、胃经；祛风止痛、止痒、活血解毒；用于治疗风湿痹痛、胃脘痛、牙痛、经期腹痛、跌打损伤、湿疹、风疹、顽癣、毒蛇咬伤。

【毒性】无毒。

【抗癌应用】

1. 用法用量：3～12g，入煎剂宜后下。本品按干燥品计算，含丹皮酚（$C_9H_{10}O_3$）不得少于 1.3%。（《中国药典》）

2. 药剂药方：

（1）治疗各种癌症。

徐长卿 6～15g，水煎服。用于止痛时用量常达 30g。（《中医肿瘤学》）

（2）治疗胃癌、贲门癌、食管癌。

徐长卿、茯苓、延胡索、枸杞子各 12g，砂仁 9g，丁香 6g，大枣 6 枚，白术、山药各 10g，黄芪 30g，水煎服，每日 1 剂，连服 7～14 天。（《抗肿瘤中草药彩色图谱》）

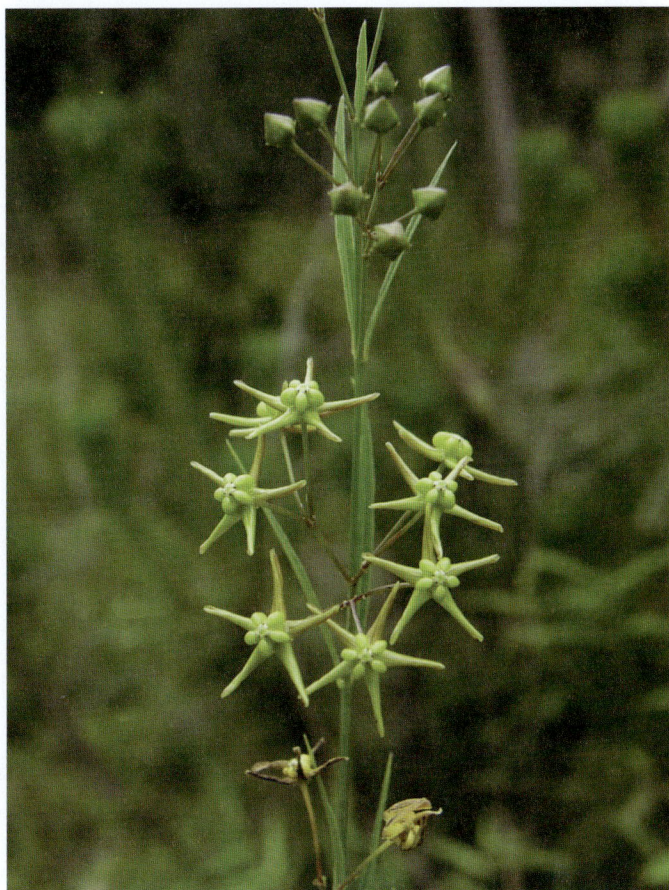

204　娃儿藤

娃儿藤（*Tylophora ovata*），别名白龙须、三十六根，为萝藦科攀缘灌木。须根丛生；茎上部缠绕；茎、叶、花序梗、花萼外面均被锈黄色柔毛；叶卵形，顶端急尖，基部浅心形；聚伞花序伞房状，丛生于叶腋，着花多朵，花小，淡黄色或黄绿色；菁葖果双生，圆柱状披针形，种子卵形，具白色绢质种毛。花期为 4~8 月，果期为 8~12 月。

【生境　分布】生长于灌丛及杂木林中；潮汕各地均有分布。

【主要化学成分】含娃儿藤碱、异娃儿藤碱、娃儿藤宁碱等。

【抗癌药理作用】

1. 娃儿藤碱对小鼠腺癌 755、小鼠淋巴肉瘤、小鼠淋巴细胞白血病 P388、小鼠淋巴白血病 L1210 均有显著的抗肿瘤作用。

2. 娃儿藤总碱对白血病人的白血病细胞有不同程度的损害，对动物移植性肿瘤肉瘤 S180、瓦克癌肉瘤 W256、子宫颈癌 U14、白血病 L615 均有抑制作用。

3. 娃儿藤总碱对肿瘤细胞的有丝分裂有直接抑制作用。

【性味归经】辛、温；入肝、脾、肺经；祛风化痰、解毒散瘀、消肿止痛；用于治疗小儿惊风、中暑腹痛、哮喘痰咳、咽喉肿痛、疟疾、风湿疼痛、跌打损伤。

【毒性】小毒。

【抗癌应用】

1. 用法用量：内服：煎汤，1~3 钱；研末或捣汁。外用：捣敷。（《中药大辞典》）

2. 药剂药方：

治疗多种癌症：提取娃儿藤生物总碱制成注射液，每支 2ml，内含娃儿藤总生物碱 2mg。静脉滴注，成人每日 10mg 开始，逐日增加 2mg，最大用至每日 20mg，加于 5% 葡萄糖注射液 250ml 中缓慢滴注。同时配用一般剂量的强的松。儿童按每日 0.3~0.4mg/kg（体重）计算。（《抗癌中药大全》）

205 菟丝子

菟丝子（*Cuscuta chinensis*），别名金线藤、无根草，为旋花科一年生寄生草本植物。茎缠绕，黄色，纤细；无叶；花序侧生，少花或多花簇生成小伞形或小团伞花序，近于无总花序梗，花冠白色，壶形；蒴果球形，成熟时被花冠全部包围，种子淡褐色，卵形，表面粗糙。花果期为7～10月。

【生境 分布】生长于灌丛、草丛、路旁、沟边等地，多寄生于豆科及菊科植物上；潮汕各地均有分布。

【主要化学成分】含槲皮素、紫云英苷、金丝桃苷、槲皮素3－O－β－半乳糖－7－O－β－葡萄糖苷、胆固醇、菜油固醇、β－谷固醇、豆固醇、β－香树精、三萜酸类物质、树脂苷、糖类、维生素、淀粉酶等。

【抗癌药理作用】本品具有抗肿瘤作用。菟丝子的热水提取物对7，12－二甲基苯并蒽（DMBA）引起的小鼠皮肤刺瘤和恶性肿瘤有抑制作用，能明显地延缓刺瘤的生长和恶性肿瘤的扩散，其预防作用也具有统计意义。

【性味归经】甘、温；入肝、肾、脾经；滋补肝肾、固精缩尿、安胎、明目、止泻；用于治疗阳痿遗精、尿有余沥、遗尿尿频、腰膝酸软、目昏耳鸣、肾虚胎漏、胎动不安、脾肾虚泻。

【毒性】无毒。

【抗癌应用】

1. 用法用量：6～12g；外用适量。（《中国药典》）

2. 药剂药方：

治疗肾癌：六月雪、黄芪各45g，制大黄5g，丹参、菟丝子各15g，石韦、蜀羊泉各30g，水煎服。（《抗癌中药大全》）

206 牵牛

牵牛（*Pharbitis nil*），别名牵牛花、白丑（中药名）、牵牛子，为旋花科一年生缠绕草本植物。叶宽卵形或近圆形，深或浅的 3 裂；基部圆，心形；花腋生，单一或通常 2 朵着生于花序梗顶，花冠漏斗状，蓝紫色或紫红色；蒴果近球形，种子卵状三棱形，黑褐色或米黄色。花期为 6～10 月。

【生境　分布】生长于山野、田野、墙脚下、路旁，也有栽培；潮汕各地均有分布。

【主要化学成分】含牵牛子苷、牵牛子酸甲、牵牛子酸乙、没食子酸、葡萄糖、鼠李糖、麦角醇、裸麦角碱、喷尼棒麦角碱、异喷尼棒麦角碱、野麦碱等。

【抗癌药理作用】体外实验证明本品有抑制肿瘤细胞的作用，其抑制率可达 50%～70%。

【性味归经】苦、辛、寒；入肺、肾、大、小肠经；泻水、下气、杀虫；用于治疗水肿、喘满、痰饮、脚气、虫积食滞、大便秘结。

【毒性】有毒。

【抗癌应用】

1. 用法用量：3～6g。本品按干燥品计算，含咖啡酸（$C_9H_8O_4$）和咖啡酸乙酯（$C_{11}H_{12}O_4$）的总量不得少于 0.2%。（《中国药典》）

2. 药剂药方：

（1）治疗各种癌症。

生黑牵牛 20g，生五灵脂、生香附子、生广木香各 10g，共研为细末，白米醋糊为丸，绿豆大，阴干收藏。口服，每次 10g，生姜汁送服，每日 3～4 次，小儿减半。（《当代中医师灵验奇方真传》）

（2）治疗肺癌。

牵牛子 30g，虎杖根、白花蛇舌草各 60g，茴香 12g，水煎服。（《抗癌植物药及其验方》）

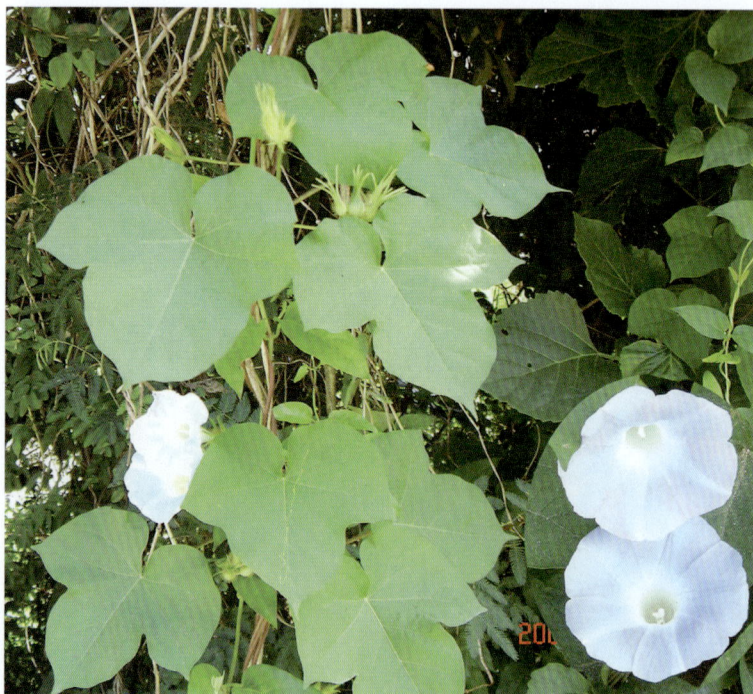

207 甘薯

甘薯（*Dioscorea esculenta*），别名山芋、番薯、地瓜，为旋花科缠绕草质藤本。地下块茎顶端通常有4~10个分枝，各分枝末端膨大成卵形的块茎，外皮淡黄色，光滑；茎左转，基部有刺，被丁字形柔毛；单叶互生，叶片阔心脏形；雄花序为穗状花序，单生，雌穗状花序单生于上部叶腋，下垂，花序轴稍有棱；蒴果较少成熟，三棱形，先端微凹，基部截形，种子圆形，具翅。花期在初夏。

【生境　分布】潮汕各地均有种植。

【主要化学成分】含乙酰-β-香树酯醇、表木栓醇、咖啡酸乙酯、咖啡酸、simonin Ⅳ、蛋白质、脂肪、糖类、粗纤维、胡萝卜素、维生素 B_1、维生素 B_2、烟酸、维生素 C、灰分、钙、磷、铁等。

【抗癌药理作用】食用甘薯有抑制肿瘤生长和引起肿瘤组织出血性坏死的抗肿瘤作用。

【性味归经】甘、平；入脾、肾经；补脾益气；用于治疗气虚乏力、食少纳呆。

【毒性】无毒。

【抗癌应用】

1. 用法用量：内服：适量，作食品。（《中华本草》）

2. 药剂药方：

（1）治疗大肠癌。

甘薯1~2个，煮熟或蒸透，食用，每日1次或隔日1次。（《抗癌植物药及其验方》）

（2）治疗乳腺癌。

甘薯（白者佳）捣烂外敷，见热即换，可连敷数天。（《岭南草药志》）

（3）治疗大肠癌泄泻。

干甘薯片100g，研磨成粉，用水调匀，以小火煮熟变稠时，加蜂蜜100g，一同煮沸即成。食用，每日1次。（《食疗本草学》）

（4）治疗癌性黄疸。

甘薯熟食，经常食用。（《抗癌植物药及其验方》）

208 大尾摇

大尾摇（*Heliotropium indicum*），别名象鼻苦草、鱿鱼须、狗尾虫，为紫草科一年生草本植物。茎粗壮，直立，多分枝；叶互生或近对生，卵形或椭圆形，先端尖，基部圆形或截形；镰状聚伞花序长，单一，不分枝，花冠浅蓝色或蓝紫色，高脚碟状；核果无毛或近无毛。花期为4~7月，果期为8~10月。

【生境 分布】生长于丘陵草地或荒地上；潮汕各地均有分布。

【主要化学成分】含大尾摇碱、乙酰大尾摇碱、大尾摇宁碱、N-氧化大尾摇碱、刺凌德草碱、仰卧天芥菜碱、欧天芥菜碱、天芥菜碱、毛果天芥菜碱、N-氧化毛果天芥菜碱等。

【抗癌药理作用】

1. 叶的提取物对小鼠的 Schwartz 白血病有抑制作用，具有抗肿瘤作用（延长寿命）。

2. 大尾摇提取物对黑色素瘤 B16 有效，大尾摇碱同样具有抗肿瘤作用。

【性味归经】咸、平；入肺经；清热、利尿、消肿、解毒；用于治疗咳嗽、肺痈、咽痛、石淋、小儿急惊、口糜、痈肿。

【毒性】无毒。

【抗癌应用】

1. 用法用量：内服：煎汤，15~30g，鲜者50~100g；或绞汁蜜调服。外用：适量，煎水洗或捣汁含漱。（《全国中草药汇编》）

2. 药剂药方：

（1）治疗睾丸癌。

大尾摇根60g，水煎服，每日1剂。（《抗癌中药》）

（2）治疗白血病。

大尾摇新鲜全草25~60g（干者减半），水煎服；或鲜品绞汁，调白蜜服。每日3次。（《抗癌中药》）

（3）治疗肺癌、肝癌。

大尾摇30~60g，竹黄、大肺经草各30g，水煎服，每日1剂。（《抗癌植物药及其验方》）

（4）治疗肺癌。

鲜大尾摇60g，捣烂绞汁，分3次口服，每次送服卤碱粉1g。（《抗癌植物药及其验方》）

（5）治疗绒毛膜癌。

大尾摇、紫草根各30g，水煎服。（《抗癌植物药及其验方》）

209 臭牡丹

臭牡丹（*Clerodendrum bungei*），别名臭枫根、臭八宝、矮桐子、大红袍、假龙船花叶，为马鞭草科灌木。植株有臭味；花序轴、叶柄密被褐色、黄褐色或紫色脱落性柔毛；小枝近圆形，皮孔显著；叶片纸质，宽卵形或卵形，顶端尖或渐尖，基部宽楔形、截形或心形；伞房状聚伞花序顶生，花冠淡红色、红色或紫红色；核果近球形，成熟时蓝黑色。花果期为 5 ~ 11 月。

【生境　分布】生长于山坡、林缘或沟旁；潮汕各地均有分布。

【主要化学成分】含琥珀酸、茴香酸、香草酸、乳酸镁、硝酸钾、麦芽醇等。

【抗癌药理作用】

1. 动物实验证明，臭牡丹对大鼠瓦克癌肉瘤 W256、小鼠淋巴肉瘤 I 号腹水型（L1）及其腹水转皮下型、小鼠网织细胞肉瘤腹水型（EAS - ESC）、肝癌（HSC）、小鼠肉瘤 S180、小鼠子宫颈癌 U14 等均有一定的抑制作用。

2. 臭牡丹提取物能延缓动物移植性肿瘤小鼠肉瘤 S180、小鼠肝癌 H22 的生长，皮下注射能干扰小鼠肉瘤 S180 的 DNA 代谢。

3. 臭牡丹提取物对动物移植性肿瘤小鼠肝癌 H22 有抑制作用。

【性味归经】辛、温；入心、肝、脾经；活血散瘀、消肿解毒；用于治疗痈疽、疔疮、乳腺炎、痹症、湿疹、牙痛、痔疮、脱肛。

【毒性】小毒。

【抗癌应用】

1. 用法用量：内服：煎汤，10 ~ 15g，鲜品 30 ~ 60g；或捣汁；或入丸剂。外用：适量，煎水熏洗；或捣敷；或研末调敷。（《中华本草》）

2. 药剂药方：

（1）治疗恶性肿瘤。

臭牡丹 10 ~ 20g，水煎服。（《中医肿瘤学》）

（2）治疗原发性支气管肺鳞癌。

百合、熟地黄、生地黄、玄参、当归、麦冬、白芍、黄芩各 10g，南沙参、北沙参、桑皮各 15g，臭牡丹、蚤休、白花蛇舌草各 30g，水煎服，每日 1 剂。（《中国医药学报》1990 年第 3 期）

210　马鞭草

马鞭草（*Verbena officinalis*），别名铁马鞭、风须草，为马鞭草科多年生草本植物。茎四方形，近基部可为圆形；叶片卵圆形至倒卵形或长圆状披针形，基生叶的边缘通常有粗锯齿和缺刻，茎生叶多数 3 深裂；穗状花序顶生和腋生，花冠淡紫色至蓝色；果长圆形，成熟时 4 瓣裂。花期为 6～8 月，果期为 7～10 月。

【生境　分布】生长于山脚路旁或村边荒地；潮汕各地均有分布。

【主要化学成分】含马鞭草苷、戟叶马鞭草苷、羽扇豆醇、β–谷固醇、熊果酸、桃叶珊瑚苷、蒿黄素、马鞭草新苷、腺苷、β–胡萝卜素、水苏糖、强心苷等。

【抗癌药理作用】体外实验发现马鞭草有抑制肿瘤细胞的作用，其抑制率在 70%～90%。马鞭草水浸液对人体子宫颈癌细胞 JTC–26 的抑制率为 50%～70%。动物实验证明马鞭草对小鼠子宫颈癌 U14、小鼠肉瘤 S180 均有抑制作用。

【性味归经】咸、寒；入肝、胃、肾经；清热解毒、活血散瘀、利水消肿；用于治疗外感风热、湿热黄疸、水肿、痢疾、白喉、喉弊、淋病、经闭、症瘕、痈肿疮毒、牙疳。

【毒性】小毒。

【抗癌应用】

1. 用法用量：4.5～9g。本品按干燥品计算，含熊果酸（$C_{30}H_{48}O_3$）不得少于 0.36%。（《中国药典》）

2. 药剂药方：

（1）治疗肝癌、卵巢癌、子宫体癌、恶性肿瘤、白血病。

马鞭草 15～30g，水煎服。（《中医肿瘤学》）

（2）治疗白血病。

①马鞭草、天胡荽各 9g，车前草、地胆草各 15g，马蹄金 6g，红糖少许，水煎服。先服数日，后取小蛤蟆适量，牡蛎壳 30g，水煎服。（《癌症秘方验方偏方大全》）

②白花丹根、白花蛇舌草、马鞭草、葵树子、喜树根皮各 9g，水煎服，每日 1 剂，连服 20 日为 1 个疗程。（《抗癌中药大全》）

（3）治疗胃癌。

穿破石 30g，三棱、马鞭草各 15g，水煎服，每日 1 剂。（《现代治癌验方精选》）

（4）治疗肾癌。

①马鞭草、白花蛇舌草、瞿麦、草河车、生薏苡仁各 30g，水煎服，每日 1 剂。（《实用抗癌验方 1000 首》）

②马鞭草 60～120g，水煎代茶，时时饮之。（《实用抗癌验方》）

211 金疮小草

金疮小草（*Ajuga decumbens*），别名白毛夏枯草、鱼胆、苦地胆、筋骨草，为唇形科一或二年生草本植物。具匍匐茎，被白色长柔毛或绵状长柔毛，老茎有时呈紫绿色；基生叶较多，较茎生叶长而大，呈紫绿色或浅绿色，叶片薄纸质，匙形或倒卵状披针形；轮伞花序多花，排列成间断长的穗状花序，花冠淡蓝色或淡红紫色；小坚果倒卵状三棱形。花期为3~7月，果期为5~11月。

【生境 分布】生长于草地、林下或山谷溪旁；潮汕各地均有分布。

【主要化学成分】含金疮小草素A、金疮小草素B、金疮小草素C、金疮小草素D、金疮小草素E、金疮小草素F、筋骨草素、白毛夏枯草苷A、白毛夏枯草苷B、白毛夏枯草苷C、白毛夏枯草苷D、雷扑妥苷、8-乙酰基哈帕苷、杯苋固酮、蜕皮固酮、筋骨草固酮B、筋骨草固酮C、筋骨草内酯、木犀草素、筋骨草多糖等。

【抗癌药理作用】用抗噬菌体法筛选提示本品有抗癌活性作用。动物实验证明金疮小草含有抗肿瘤物质木犀草素，对NK/LY腹水癌细胞有一定的抑制作用。

【性味归经】寒、甘、苦；入肺经；止咳化痰、清热、凉血、消肿、解毒；用于治疗咳嗽、吐血、衄血、赤痢、淋病、咽喉肿痛、疔疮、痈肿、跌打损伤。

【毒性】无毒。

【抗癌应用】

1. 用法用量：10~30g；鲜品30~60g。外用：煎水洗。本品按干燥品计算，含木犀草素（$C_{15}H_{10}O_6$）不得少于0.03%。（《中国药典》）

2. 药剂药方：

（1）治疗肺癌、鼻咽癌、乳腺癌。

金疮小草15~30g，水煎服，每日1剂。（《中医肿瘤学》）

（2）治疗肺癌。

金疮小草25g，香茶菜50g，鱼腥草、单叶铁线莲、肺形草、百合、白及各15g，十大功劳、千日白、杏仁各10g，水煎，加白糖适量服用。（《抗癌植物药及其验方》）

（3）治疗肝癌。

金疮小草、白花蛇舌草、白花败酱草、半边莲、半枝莲各30g，水煎服。（《抗癌植物药及其验方》）

212 防风草

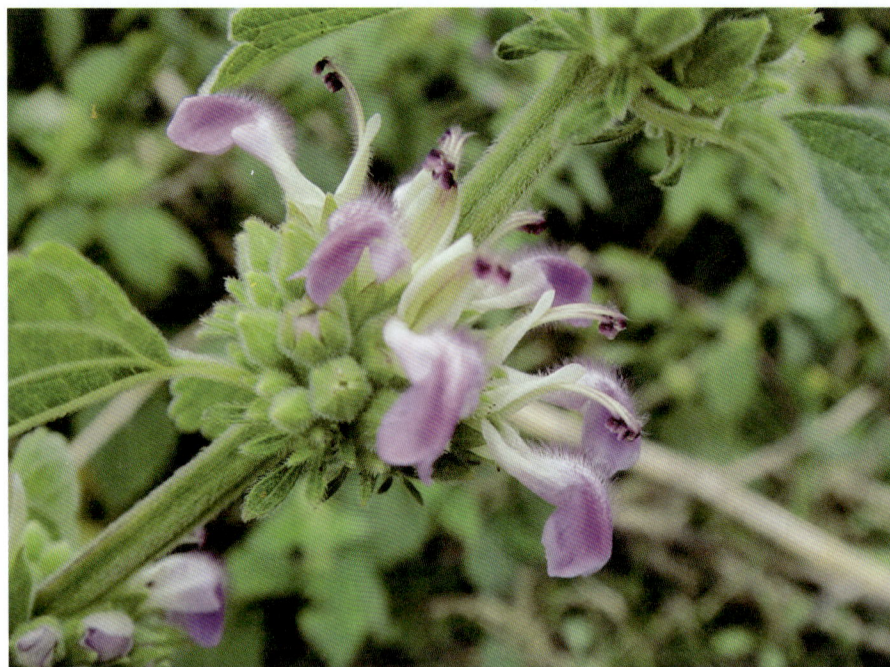

防风草（*Epimeredi indica*），别名落马衣、假紫苏、广防风，为唇形科一至二年生直立草本植物。茎4棱；单叶对生，阔卵形至卵形，先端渐尖或短尖，边缘有不规则的齿；花轮生，在下部为腋生，在上部可排到顶端而成长总状花序，密生或间断，花冠管状，粉红色，2唇，5裂齿；小坚果4个，圆形，黑褐色。花期为9～10月，果期为12月至翌年1月。

【生境 分布】生长于林缘或荒地；潮汕各地均有分布。

【主要化学成分】全草含生物碱、黄酮苷、酚类、还原糖、鞣质。

【抗癌药理作用】防风草中所含的大环二萜内酯类对鼻咽癌 KB 细胞有显著的抑制活性的作用。防风草的甲醇提取物有很强的抑制鼻咽癌 KB 细胞生长活性的作用。从本品甲醇提取物分离得到的卵防风二内酯对艾氏腹水癌 EAC（实体型和腹水型）有一定的抑制作用。

【性味归经】温、辛、苦；入肺、脾经；祛风、除湿、解毒；用于治疗感冒身热、呕吐、腹痛、筋骨疼痛、疮疡、湿疹、痔疾。

【毒性】无毒。

【抗癌应用】

1. 用法用量：内服：熬汤，3～5钱；浸酒或入丸剂。外用：煎水洗或捣敷。（《中药大辞典》）

2. 药剂药方：

（1）治疗胃癌脑转移。

鲜防风草100g，红糖25g，水煎服。另用防风草叶和蓖麻子仁各等份，共捣烂，外贴麻痹侧肢的合谷穴。（《福建中草药》）

（2）治疗鼻咽癌。

防风草30g，附子5g，天龙3条，水煎服，每日1剂。（《抗癌中药大全》）

213 山香

山香（*Hyptis Suaveolens*），别名毛老虎、山薄荷、山香草，为唇形科一年生草本植物。有香气；茎钝四棱形，具4槽；叶卵形至宽卵形，先端近锐尖至钝形，基部圆形或浅心形，常稍偏斜，薄纸质；聚伞花序，有些为单花，着生于渐变小叶腋内，成总状花序或圆锥花序排列于枝上，花冠蓝色，冠檐二唇形；小坚果常2枚，扁平。一年四季都是花果期。

【生境　分布】生长于村边、路旁、旷野草地上；潮汕各地均有分布。

【主要化学成分】含无羁萜、羽扇豆醇、羽扇豆醇乙酸酯、三十一烷、三十一酮、山香二烯酸、熊果酸、白桦脂酸、二十七酮、月桂烯等。

【抗癌药理作用】山香草中的白桦脂酸对大鼠瓦克癌肉瘤 W256 细胞有抑制作用。同属植物吊球草 *H. apitata* 分离出的熊果酸对小鼠淋马巴细胞白血病 P388、小鼠淋巴细胞白血病 L1210、人肺癌细胞 A549、人鼻咽癌 KB 细胞、人结直肠癌 HCT – 8 细胞、人乳腺癌细胞 MCF – 7 等癌株均有抑制作用。

【性味归经】温、辛、苦；入肺、胃、肝经；疏风除湿、舒筋活络、祛瘀止痛；用于治疗感冒头痛、关节痛、风湿筋骨痛、跌打损伤。

【毒性】无毒。

【抗癌应用】

1. 用法用量：3～5钱。外用：适量，鲜草捣烂敷或煎水洗。（《全国中草药汇编》）

2. 药剂药方：

（1）治疗皮肤癌溃破渗血。

山香干茎叶研成细粉，低温灭菌后直接涂布于溃疡处。（《抗癌中药大全》）

（2）治疗癌性疼痛。

山香 10～15g，水煎服。（《抗癌中药大全》）

214 活血丹

活血丹（*Glechoma longituba*），别名金钱薄荷、透骨消、金钱草、连钱草，为唇形科多年生草本植物。具匍匐茎，逐节生根；茎四棱形，基部通常呈淡紫红色；叶草质，心形或近肾形；轮伞花序通常2朵花，稀具4~6朵花，花萼管状，上唇3齿，下唇2齿，花冠淡蓝色、蓝色至紫色；成熟小坚果深褐色，长圆状卵形。花期为4~5月，果期为5~6月。

【生境　分布】生长于疏林下、路旁、溪边；潮汕各地均有分布。

【主要化学成分】含左施松樟酮、左旋薄荷酮、胡薄荷酮、α-蒎烯、β-蒎烯、柠檬烯、1-8-桉叶素、异薄荷酮、异松樟酮、芳樟醇、薄荷醇、欧亚活血丹呋喃、欧亚活血丹内酯、熊果酸、β-谷固醇、棕榈酸、琥珀酸、咖啡酸、阿魏酸、胆碱、维生素C、水苏糖等。

【抗癌药理作用】

1. 抑菌实验显示其对金黄色葡萄球菌极度敏感，对宋内氏痢疾杆菌中度敏感，对大肠杆菌、绿脓杆菌、伤寒杆菌均不敏感。

2. 体内筛选证明活血丹对肿瘤细胞的生长有抑制作用。研究表明，活血丹对膀胱肿瘤的抑制作用较明显。

【性味归经】凉、苦、辛；入肝、胆、膀胱经；清热解毒、利尿消肿、镇咳；用于治疗胁痛、水肿、肺痈、淋证、疟疾、风湿痹痛、小儿疳积、跌打损伤。

【毒性】无毒。

【抗癌应用】

1. 用法用量：15~30g。外用：适量，煎汤洗或取鲜品捣烂敷患处。（《中国药典》）

2. 药剂药方：

（1）治疗肝癌。

活血丹、当归、丹参、鳖甲各30g，延胡索、莪术、龙胆草各20g，桃仁、穿山甲珠、三棱各15g，土鳖虫、甘草各10g，半枝莲25g，水煎服，每日1剂。（《抗肿瘤中药的临床应用》）

（2）治疗膀胱癌。

活血丹、薏苡仁根、鸭跖草、乌蔹莓各30g，水煎服，每日1剂。（《抗肿瘤中药的临床应用》）

215 益母草

　　益母草（*Leonurus artemisia*），别名山青麻、益母艾、茺蔚，为唇形科一年生或二年生草本植物。茎直立，钝四棱形，微具槽；叶轮廓变化很大，茎下部叶轮廓为卵形，基部宽楔形，掌状3裂，裂片上再分裂，茎中部叶轮廓为菱形，较小，通常分裂成3个或偶有多个长圆状线形的裂片；轮伞花序腋生，具8~15朵花，轮廓为圆球形，花萼管状钟形，花冠粉红色至淡紫红色，冠檐二唇形；小坚果长圆状三棱形，淡褐色，光滑。花期通常在6~9月，果期为9~10月。

　　【生境　分布】栽培或生长于山坡、旷野；潮汕各地均有分布。
　　【主要化学成分】含益母草碱、水苏碱、西班牙夏罗草酮、前益母草二萜、益母草二萜等。
　　【抗癌药理作用】本品热水浸出物对小鼠肉瘤 S180 的抑制率为78%，有较高的抗癌活性。细叶益母草可以抑制小鼠前期乳腺癌的形成。
　　【性味归经】凉、辛、苦；入心、肝、肾、膀胱经；活血祛瘀、疏肝调经、利尿消肿、清热解毒；用于治疗月经失调、经期腹痛、血滞经闭、产后瘀阻腹痛、胎漏难产、崩漏、跌打损伤、水肿、疮痈肿毒。
　　【毒性】无毒。
　　【抗癌应用】
　　1. 用法用量：干品 9~30g；鲜品 12~40g。（《中国药典》）
　　2. 药剂药方：
　　（1）治疗子宫癌。
　　益母草茎叶 15g，加水 300ml，煎服，每日 1 剂，分 3 次服完。（《抗癌本草》）
　　（2）治疗乳腺癌。
　　益母草切碎，取 2500g，水煎浓煮，频频洗之。（《抗癌植物药及其验方》）

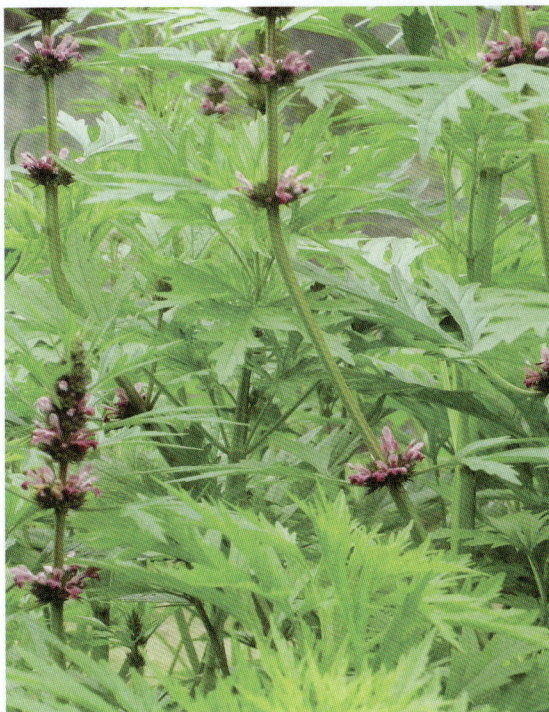

216 薄荷

薄荷（*Mentha haplocalyx*），别名野薄荷、夜息香、南薄荷、水薄荷，为唇形科多年生草本植物。茎直立，四棱形，具4槽，多分枝；叶片长圆状披针形、披针形、椭圆形或卵状披针形；轮伞花序腋生，轮廓球形，花萼管状钟形，冠檐4裂，上裂片先端2裂，较大，其余3裂片近等大；小坚果卵珠形，黄褐色，具小腺窝。花期为7～9月，果期为10月。

【**生境　分布**】适生于湿润环境，喜阳光；分布于潮汕各地。

【**主要化学成分**】含薄荷脑、薄荷酮、乙酸薄荷酯以及其他萜烯类化合物等。

【**抗癌药理作用**】体外实验证明薄荷有抗癌作用。复方薄荷淀粉对乳腺癌术后放疗区域皮肤有保护作用。复方薄荷淀粉用薄荷脑2g、淀粉98g，均匀混合而成，有明显的清凉、止痒、止痛的功效，并使各放疗性皮肤反应发生率明显降低。

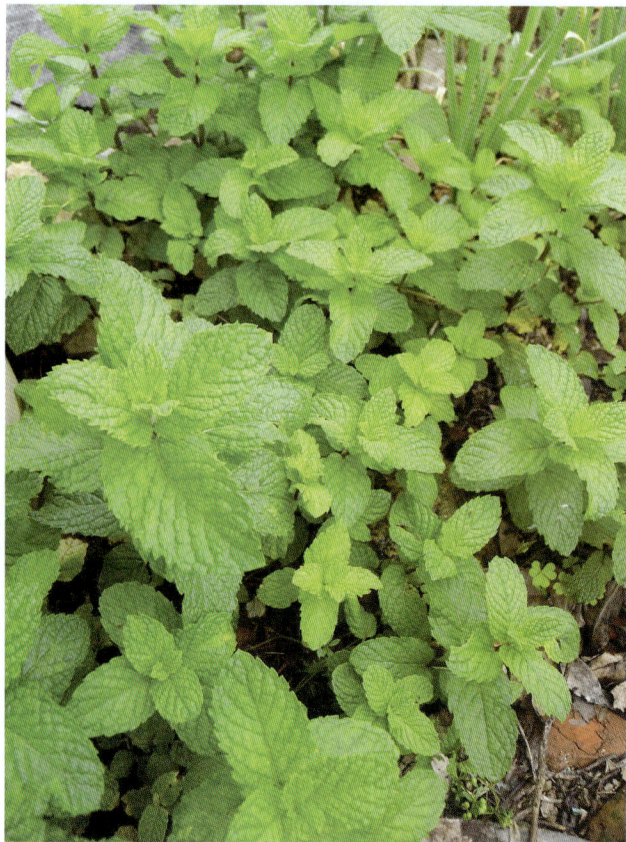

【**性味归经**】辛、凉；入肺、肝经；散风热、清头目、透疹；用于治疗风热感冒、风温初起、头痛、目赤、喉痹、口疮、风疹、麻疹、胸胁胀闷。

【**毒性**】无毒。

【**抗癌应用**】

1. 用法用量：内服：煎汤，3～6g，不可久煎，宜作后下；或入丸、散。外用：适量，煎水先或捣汁涂敷。（《中华本草》）

2. 药剂药方：

（1）治疗舌癌。

地鳖虫5g研末，生薄荷30g研汁，2味混匀外涂患处。（《癌症家庭防治大全》）

（2）治疗体表肿瘤。

薄荷油1瓶，涂擦患处，每日2～3次。（《抗癌中药大全》）

（3）治疗鼻咽癌。

薄荷、防风、栀子各10g，连翘、荆芥、银花、白芷、黄芩、桑白皮、玄参、紫花地丁各15g，射干、生地各20g，甘草7.5g，水煎服。（《抗癌植物药及其验方》）

217　广藿香

广藿香（*Pogostemon cablin*），别名刺蕊草、藿香，为唇形科多年生草本植物。茎直立，四棱形，具4槽，多分枝；叶对生，揉之有清淡的特异香气，叶片卵圆形或长椭圆形；轮伞花序密集，组成顶生和腋生的穗状花序式，花萼筒状，花冠筒伸出萼外，冠檐近二唇形，淡紫红色；小坚果数量为4个，近球形或椭圆形，稍压扁。花期为4月。

【生境　分布】原产于菲律宾等亚洲热带地区；潮汕各地均有分布。

【主要化学成分】含广藿香醇、西车烯、α–广藿香烯、β–广藿香烯、广藿香酮、β–愈创木烯、β–榄香烯、β–丁香烯、广藿香二醇、乙酸甲酯、3–甲基丁酮、3–甲基丁烯酮、藿香黄酮醇、商陆黄素、芹菜素、鼠李素等。

【抗癌药理作用】本品成分桂皮醛有抗肿瘤作用，以 50μg/mg 的浓度给小鼠注射时，对 SV40 病毒引起的肿瘤的抑制率为100%。

【性味归经】辛、微温；入肺、脾、胃经；和中、辟秽、祛湿；用于治疗感冒暑湿、寒热、头痛、胸脘痞闷、呕吐泄泻、痢疾、口臭。

【毒性】无毒。

【抗癌应用】

1. 用法用量：内服：煎汤，5～10g，鲜者加倍，不宜久煎；或入丸、散。外用：适量，煎水含漱，或浸泡患部；或研末调敷。（《中华本草》）

2. 药剂药方：

（1）治疗唇癌。

广藿香、甘草、栀子各9g，生石膏、防风各12g，全蝎3g，水煎服，每日1剂。（《抗癌中草药方剂和药物资料汇编》）

（2）治疗大肠癌腹泻。

广藿香6g，砂仁、建曲、法半夏各9g，茯苓、白术各12g，党参15g，厚朴10g，水煎服，每日1剂。（《抗肿瘤中草药彩色图谱》）

218 显脉香茶菜

显脉香茶菜（*Rabdosia nervosa*），别名大叶蛇总管、蓝花柴胡、脉叶香茶菜，为唇形科多年生草本植物。根茎稍增大呈结节块状，茎自根茎生出，直立，不分枝或少分枝，四棱形，明显具槽；叶交互对生，披针形至狭披针形；聚伞花序（3）5～9（15）朵花，花萼紫色，钟形，花冠蓝色，冠檐二唇形，上唇4等裂；小坚果卵圆形。花期为7～10月，果期为8～11月。

【生境　分布】生长于山野、沟边潮湿地；分布于潮汕各地。

【主要化学成分】含冬凌草素、生物碱、黄酮、皂苷、内酯、石竹烯、3－己烯－1－醇、3－辛烯－3－醇、α－萜品醇、α－里哪醇等。

【抗癌药理作用】

1. 冬凌草素A在体外对HC细胞、食管癌CaEs－17细胞有抑制作用；在体内对S180、EAC、HCS、P388、ARS等多种动物移植性肿瘤有效。

2. 冬凌草素B在体外对EAC细胞毒大于冬凌草素A；在体内对S180腹水型、EAC、EC、HCS、HCA、L1腹水型、S37、ARS、L615广泛有效。

【性味归经】苦、凉；清热解毒、健胃、活血；用于治疗感冒、黄疸、毒蛇咬伤、疮毒、湿疹、皮肤瘙痒、痧证、烫伤。

【毒性】有毒。

【抗癌应用】

1. 用法用量：0.5～2两；外用：适量，鲜品捣烂外敷或煎水洗患处。（《全国中草药汇编》）

2. 药剂药方：

（1）治疗食管癌。

显脉香茶菜30～60g，水煎服，每日1剂。（《抗癌中药大全》）

（2）治疗贲门癌。

显脉香茶菜50g，威灵仙、白术各20g，水煎服。（《抗癌中药大全》）

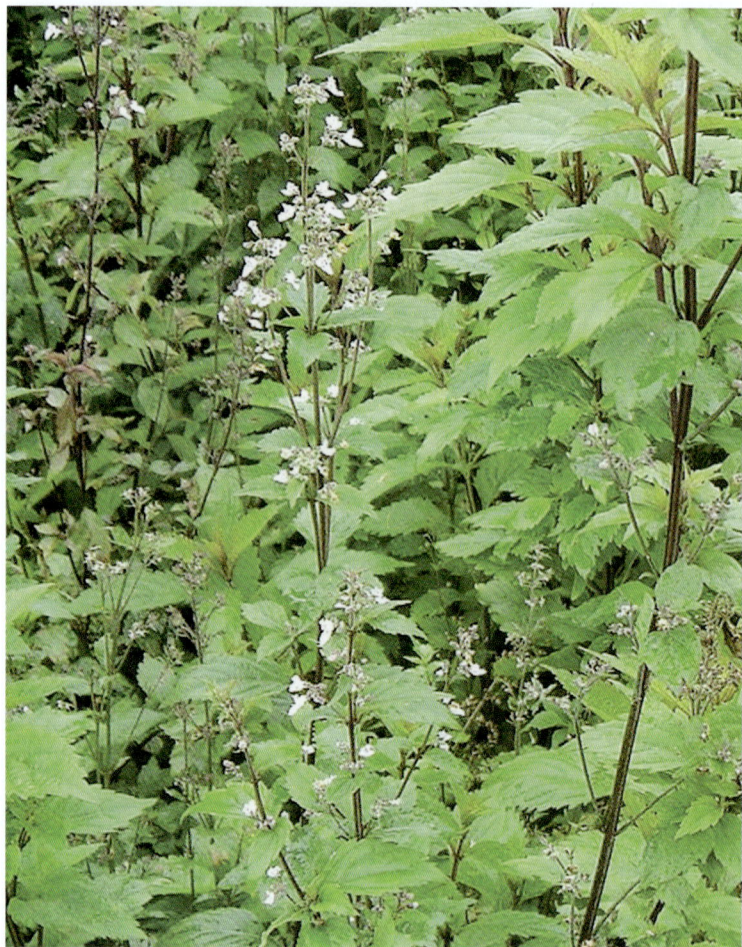

219 丹参

丹参（*Salvia miltiorrhiza*），别名赤参、山参、紫丹参、血参根、红丹参，为唇形科多年生直立草本植物。根肥厚，肉质，外面朱红色，内面白色；茎直立，四棱形，具槽，密被长柔毛，多分枝；叶常为奇数羽状复叶；轮伞花序6朵花或多朵花，花萼钟形，紫色，花冠紫蓝色；小坚果黑色，椭圆形。花期为4~8月，花后见果。

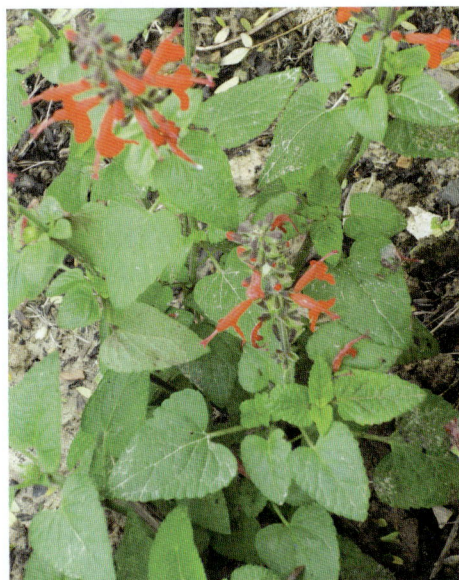

【生境　分布】生长于海拔120~1300m 的山坡、林下草地或沟边；潮汕各地均有分布。

【主要化学成分】含丹参酮、丹参新酮、异丹参酮、丹参二醇、丹参内酯等。

【抗癌药理作用】

1. 丹参可以延长 Ehrlich 腹水癌小鼠的存活时间。

2. 对小鼠艾氏腹水癌、小鼠肝癌、小鼠肉瘤 S180 和小鼠白血病 L615 进行的动物实验表明丹参对喜树碱的抗癌活性有增效作用。对小鼠肉瘤 S180 实体瘤实验表明丹参对环磷酰胺的抗癌活性同样具有增效作用。用琼脂平板法证实丹参对小鼠艾氏腹水癌有抗肿瘤效应。

3. 实验证明丹参对小鼠肉瘤 S180 瘤细胞具有细胞毒作用，能抑制小鼠肉瘤 S180 的 DNA 合成，作用于癌细胞增殖期中的 S 期，即 DNA 二倍增殖期。从丹参中分离出的有明显抗肿瘤活性的成分紫丹参甲素，对小鼠 Lewis 肺癌、小鼠黑色素瘤 B16 有不同程度的抑制作用。

【性味归经】苦、微寒；入心、肝经；祛瘀止痛、活血通经、清心除烦；用于治疗月经不调、经闭痛经、症瘕积聚、胸腹疼痛、疮疡肿痛、心烦不眠、肝脾肿大、心绞痛。

【毒性】无毒。

【抗癌应用】

1. 用法用量：9~15g。（《中国药典》）

2. 药剂药方：

（1）治疗腹腔癌症。

丹参、莪术、三棱各9g，皂角刺3g，水煎服。（《抗癌中药大全》）

（2）治疗转移性肝癌。

赤芍、白芍各6g，紫丹参30g，桃仁泥12g，当归、红花、地鳖虫各9g，广木香5g，水煎服，每日1剂。（《抗癌中药大全》）

（3）治疗食管癌。

全蝎、蜈蚣、鸡内金、马钱子（油炸）各25g，雄黄50g，丹参250g，共研为细末，炼蜜为丸。口服，每次5g，每日3次，用黄酒或温开水送服。（《抗癌良方》）

（4）治疗肠癌。

乌梅、僵蚕、穿山甲、丹参、茯苓、白术各15g，甘草10g，水煎服，早晚各服1次，每日1剂。（《抗癌良方》）

（5）治疗脑干肿瘤。

丹参50g，当归、川芎、乳香、没药、五灵脂、昆布、海藻、藁本各30g，白芥子、蔓荆子各25g，蜈蚣10条，硇砂10g。以上共研为细末，炼蜜为丸。口服，每次10g，早晚各服1次，15日为1个疗程。（《山西中医》1992年第6期）

220 荔枝草

荔枝草（*Salvia plebeia*），别名方骨苦草、蛤蟆草，为唇形科一年生或二年生直立草本植物。主根肥厚，向下直伸，有多数须根；茎方形；基生叶丛生，贴伏地面，叶片长椭圆形至披针形，茎生叶对生；轮伞花序有 2～6 朵花，聚集成顶生及腋生的假总状或圆锥花序，花萼钟形，花冠紫色或淡紫色，上唇盔状；小坚果倒卵圆形，褐色。花期为 4～5 月，果期为 6～7 月。

【生境　分布】生长在河边荒地或路边；潮汕各地均有分布。

【主要化学成分】含高车前苷、粗毛豚草素、泽兰叶黄素、酚性物质、挥发油、皂苷、强心苷、不饱和固醇、多萜类、脂肪油等。

【抗癌药理作用】本品成分泽兰叶黄素和粗毛豚草素对人体鼻咽癌细胞有细胞毒活性。

【性味归经】苦、辛、凉；入肺、胃经；清热、解毒、凉血、利尿；用于治疗吐血、衄血、崩漏、跌打伤痛、腰痛、肿毒、流火。

【毒性】无毒。

【抗癌应用】

1. 用法用量：内服：0.3～1 两（鲜者 0.5～2 两），煎汤或入丸、散；外用：捣敷，捣汁含漱、滴耳或煎水洗。(《中药大辞典》)

2. 药剂药方：

（1）治疗肺癌。

荔枝草、小蓟、赤芍、鱼腥草各 20g，白茅根、北沙参、百合各 30g，牡丹皮 15g，川贝母、黄柏各 10g，半枝莲 25g，甘草 3g，水煎服，每日 1 剂。(《抗肿瘤中草药彩色图谱》)

（2）治疗各种癌症。

荔枝草 25g，知母、北沙参、山药、白术各 12g，藕片 20g，绞股蓝 15g，金银花 9g，麦冬 10g，仙鹤草 18g，甘草 3g，水煎服，每日 1 剂。(《抗肿瘤中草药彩色图谱》)

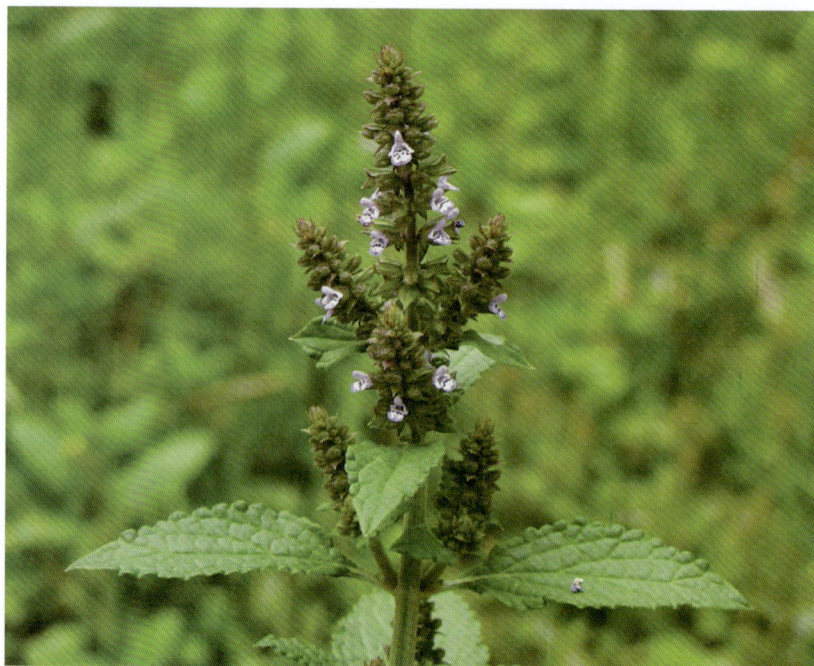

221 半枝莲

半枝莲（*Scutellaria barbata*），别名铁棍草、狭叶韩信草，为唇形科多年生草本植物。根茎短粗，生出簇生的须状根；茎直立，四棱形；叶具短柄或近无柄，叶片三角状卵圆形或卵圆状披针形；花单生于茎或分枝上部叶腋内，花冠紫蓝色，冠檐二唇形，上唇盔状，半圆形，下唇中裂片梯形；小坚果褐色，扁球形。花果期为 4~7 月。

【生境　分布】生长于池沼边、田边或路旁潮湿处；潮汕各地均有分布。

【主要化学成分】含黄芩素、黄芩苷、红花素、异红花素、胆固醇、β-豆固醇、硬脂酸、呋喃甲醛、麝香草酚、棕榈酸等。

【抗癌药理作用】

1. 半枝莲对小鼠肉瘤 S180、小鼠子宫颈癌 U14、小鼠肝癌实体型、小鼠艾氏腹水型转皮下型、小鼠脑瘤 B22、大鼠瓦克癌肉瘤 W256 均有一定的抑制作用。

2. 半枝莲的热水提取物体外实验显示其对人体子宫颈癌 JTC-26 细胞有强烈的抑制作用，抑制率在 90% 以上。

3. 半枝莲可抑制急性粒细胞性白血病血细胞，经细胞呼吸器法实验证明，其抑制率在 75% 以上。

4. 半枝莲多糖 SPS4 对小鼠肉瘤 S180 细胞及腹水肝癌细胞均有一定的抑制作用。

5. 半枝莲具很强的抗突变作用，为抗癌机理之一。

【性味归经】辛、苦、寒；入肺、肝、肾经；清热解毒、化瘀利肿；用于治疗疔疮肿毒、咽喉肿痛、毒蛇咬伤、跌打伤痛、水肿、黄疸。

【毒性】无毒。

【抗癌应用】

1. 用法用量：15~30g；鲜品 30~60g。外用：鲜品适量，捣敷患处。（《中国药典》）

2. 药剂药方：

（1）治疗鼻咽癌。

①半枝莲 50g，黄连 20g，白花蛇舌草、生黄芪各 100g，水煎服，每日 1 剂。（《四川中医》1990 年第 7 期）

②半枝莲、独角莲各 50g，水煎服，每日 1 剂。（《中医学新编》）

（2）治疗胃癌。

①半枝莲、白茅根各 30g，水煎代茶饮。（《新编中医入门》）

②半枝莲、楤木各 30g，沙洲虫 10g，水煎服，每日 1 剂。（《实用抗癌验方》）

③半枝莲、白花蛇舌草、黄芪、威灵仙、羚羊骨各 100g，广木香、大黄各 60g，金石斛、砂仁、炮山甲、山豆根、露蜂房、马鞭草、地骨皮、胡桃树枝各 50g。上药共研为细末过 100 目筛备用，或做成丸如梧桐子大小备用。口服，每次 10g，每日 3 次，用地骨皮、枸杞子各 10g，煎汤冲服，可连续服用。（《湖南中医杂志》1992 年第 3 期）

（3）治疗食管癌、胃癌。

半枝莲 100g，加水 1500ml，煎成 75ml，过滤，加乌梅汤（以乌梅 20 个泡成的汤液）50ml，过滤 3 次，饮其滤液，每次饭后口服 50ml，每日服 3 次。（《实用抗癌验方》）

（4）治疗食管癌、胃癌、子宫颈癌、脑肿瘤、鼻咽癌。

半枝莲、蛇葡萄根各 30g，猕猴桃（藤梨）根 120g，水杨梅根 60g，白茅根、半边莲、凤尾草各 15g，水煎服。（《浙江民间常用草药》）

（5）治疗胃癌、直肠癌、肺癌。

半枝莲50g，水煎，上午喝，渣同样煎1次，下午喝，每日1剂，长期坚持。或半枝莲50g，水煮开后，文火煎1～2小时，过滤后装暖瓶内，当茶喝，长期坚持。（《抗癌食药本草》）

（6）治疗食管癌、胃癌、肺癌。

半枝莲75～150g，水煎服，每日服2次。（《河南中草药手册》）

（7）治疗食管癌。

①黄药子、山豆根各50g，半枝莲100g，五灵脂、川贝母各15g，硇砂、硼砂各5g，壁虎3条，旋覆花、两头尖各10g，水煎服，每日1剂。（《吉林中医药》1983年第2期）

②半枝莲60g，蒲公英、黄药子各30g，姜半夏9g，全瓜蒌15g，黄连6g，水煎服，每日1剂。（《抗癌良方》）

③半枝莲30g，水煎两次，上、下午分服，或代茶饮用。（《抗癌本草》）

（8）治疗肝癌。

①半枝莲、白花蛇舌草各60g，水煎服。（《辨证施治》）

②半枝莲120～180g，水煎服，每日1剂。（《抗癌食药本草》）

（9）治疗肺癌。

①半枝莲30g，水煎2次，上、下午分服，或代茶饮用；或半枝莲、白毛藤各30g，水煎服，每日1剂。（《实用抗癌验方》）

②半枝莲、半边莲、仙鹤草、金钱草、薏苡仁各30g，天胡荽60g，白玉簪花根15g，水煎服，每日1剂。（《中草药资料》）

③半枝莲、白英各30g，水煎服，每日1剂。（《实用抗癌验方》）

④半枝莲、白花蛇舌草各60g，水煎服。（《辨证施治》）

（10）治疗直肠癌。

①鲜半枝莲120g（或干品30g），煎水当茶饮。（《湖南中草药单方验方选编》）

②半枝莲60g，水煎服，每日1剂。同时用苍耳草全草30g，煎汤熏洗；凤尾草10g，荸荠适量，煎汤代茶饮。（《癌症秘方验方偏方大全》）

③半枝莲、白花蛇舌草各60g，煎水代茶饮。（《癌症秘方验方偏方大全》）

（11）治疗口腔癌、肺癌、直肠癌。

半枝莲、白花蛇舌草各30g，水煎服，每日1剂，长期服用。（《中草药资料》）

（12）治疗口腔鳞状上皮癌。

半枝莲、白花蛇舌草各60g，银花、玄参各20g，赤芍15g，桃仁12g，生地黄30g，橘络6g，法半夏10g，甘草5g，水煎服，每日1剂。（《抗癌中药大全》）

（13）治疗子宫颈癌。

半枝莲90g，一包针、楤木各30g，文火，水煎服。（《草药手册》）

（14）治疗恶性淋巴瘤。

蒲公英50g，半枝莲200g；或半枝莲、半边莲、蒲公英各50g，泽漆10g，水煎服，每日1剂。（《抗癌中药大全》）

（15）治疗纵膈淋巴肉瘤、绒毛膜上皮癌、鼻咽癌。

半枝莲120g，蒲公英30g，煎水当茶饮，每日1剂。（《抗癌食药本草》）

（16）治疗恶性葡萄胎。

龙葵30g，半枝莲60g，紫草15g，水煎服，每日1剂，1～3个月为1个疗程。（《抗癌中药大全》）

（17）治疗绒毛膜癌、恶性葡萄胎。

龙葵、半枝莲、白花蛇舌草各30～60g，败酱草15g，水煎服，每日1剂。（《实用抗癌验方》）

（18）治疗卵巢癌。

半枝莲50g，龙葵、白英、白花蛇舌草、鳖甲各30g，水煎服，每日1剂。（《肿瘤的诊断与防治》）

（19）治疗急性粒细胞性白血病。

黄药子6g，薏苡仁、白花蛇舌草、半枝莲各30g，乌梅4.5g，山豆根12g，水煎服，每日1剂。（《千家妙方》）

（20）治疗乳腺肿瘤、乳腺纤维腺瘤。

半枝莲、六棱菊、野菊花各30g，水煎服，每日1剂，20～30剂为1个疗程。（《浙南本草新编》）

（21）治疗恶性胸腺肿瘤。

半枝莲120g，蒲公英30g，每日水煎，当茶饮。（《肿瘤的诊断与防治》）

（22）治疗横纹肌肉瘤。

半枝莲120～250g，每日1次，代茶煎服，长期坚持。（《抗癌食药本草》）

（23）治疗各种癌症。

①半枝莲200g，山豆根、露蜂房、山慈姑各100g，共研为细粉，制成绿豆大的丸剂。每次服15丸，每日2～3次，饭后服。（《全国中草药汇编》）

②半枝莲、白花蛇舌草各30g，水煎服。（《实用抗癌药物手册》）

③白花蛇舌草、半枝莲各30g，当归尾、赤芍、红花、桃仁、水蛭各10g，丹参20g，水煎服，每日1剂。（《中医杂志》1993年第1期）

④半枝莲100g，山豆根、露蜂房、山慈姑50g，制成丸剂（辅料适量），每丸重0.3g，内含药量相当于生药0.25g，口服，每次15～30丸，每日3次，饭后服。（《抗癌中草药制剂》）

222　辣椒

辣椒（*Capsicum annuum*），别名番椒、海椒、辣子、辣角、秦椒等，为茄科一年或多年生草本植物。单叶互生，叶片长圆状卵形、卵形或卵状披针形；花萼杯状，花冠白色；浆果长指状，先端渐尖且常弯曲，未成熟时绿色，成熟后呈红色、橙色或紫红色，味辣。种子多数，扁肾形，淡黄色。花果期为5~11月。

【生境　分布】生长于地势高燥、排水良好、肥沃深厚的土壤中；潮汕各地均有栽培。

【主要化学成分】含辣椒碱、胡萝卜素、龙葵碱、辣椒素、吉脱皂苷、辣椒新苷、亚油酸、棕榈酸、硬脂酸、油酸、亚麻酸等。

【抗癌药理作用】本品含有的辣椒碱、胡萝卜素、龙葵碱等成分均有抗癌作用。辣椒碱是一种抗氧化物，可以中和体内多种有害的含氧物质。辣椒碱可与体内细胞色素 P450 的生物酶相互作用，阻止和终止细胞的癌变过程。

【性味归经】辛、热；入脾、胃经；温中散寒、活血祛风、健脾消食；内可治疗胃寒疼痛、消化不良、食欲不振，外可治疗冻疮、风湿关节炎、腰肌痛。

【毒性】无毒。

【抗癌应用】

1 用法用量：内服：入丸、散，1~3g。外用：适量，煎水熏洗或捣敷。（《中华本草》）

2. 药剂药方：

（1）治疗癌症化疗引起的脱发。

红辣椒 10g，切碎，用白酒浸 7 日，外涂患处。（《抗癌植物药及其验方》）

（2）治疗恶性肿瘤。

青辣椒、黑豆豉各 250g，共炒拌为菜食之。（《抗癌植物药及其验方》）

（3）治疗癌性疼痛。

辣椒干品适量，食之。（《抗癌植物药及其验方》）

223 枸杞

枸杞（*Lycium chinense*），别名地骨皮、杞根、地节、红月坠根，为茄科多分枝灌木。枝条细弱，弓状弯曲或俯垂，淡灰色，有纵条纹，具棘刺；叶纸质，单叶互生或 2~4 枚簇生，卵形、卵状菱形、长椭圆形、卵状披针形，顶端急尖，基部楔形；花在长枝上单生或双生于叶腋，在短枝上则同叶簇生，花冠漏斗状，淡紫色；浆果红色，卵状或长椭圆状，种子扁肾形，黄色。花果期为 6~11 月。

【生境　分布】生长于山坡、田野向阳干燥处；潮汕各地均有栽培。

【主要化学成分】含枸杞子多糖、甜菜碱、莨菪碱、胡萝卜素、酸浆红素、维生素 B_1、维生素 B_2、烟酸、维生素 C、β - 谷固醇、亚油酸、赖氨酸、苏氨酸、甲硫氨酸、苯丙氨酸、缬氨酸、亮氨酸、异亮氨酸、色氨酸、蛋白质等。

【抗癌药理作用】

1. 枸杞子对小鼠肉瘤 S180 抑瘤率为 42%，对其他移植性肿瘤无明显抑制作用。

2. 口服枸杞水提取液对小鼠移植性肿瘤瓦克癌肉瘤 W256 的实验治疗研究表明，枸杞子与环磷酰胺合并治疗对瓦克癌肉瘤 W256 瘤重的抑制作用比单独用后者强，且可以缓解后者引起的白细胞减少的现象。

3. 腹腔注射浓度为 10mg/（kg·d）或 20mg/（kg·d）的枸杞子多糖（LBP），连续给药 7 日，对小鼠肉瘤 S180 的抑瘤率分别为 31% 和 39%。

4. 体外实验表明，枸杞子、叶对人胃腺癌 KATO - Ⅲ 细胞，枸杞果柄、叶对人子宫颈癌 HeLa 细胞均有明显的抑制作用，其作用机理主要表现在抑制细胞 DNA 合成、干扰细胞分裂，使细胞再殖能力下降。

【性味归经】甘、平；入肝、肾经；滋补肝肾、益精明目；用于治疗虚劳精亏、腰膝酸痛、眩晕耳鸣、内热消渴、血虚萎黄、目昏不明。

【毒性】无毒。

【抗癌应用】

1. 用法用量：6~12g。（《中国药典》）

2. 药剂药方：

（1）治疗乳腺癌。

枸杞子，每日 20g，常服。（《癌症秘方验方偏方大全》）

（2）治疗胃癌。

党参、枸杞子、女贞子各 15g，白术、菟丝子、补骨脂各 9g，水煎服。（《中国中医秘方大全》）

（3）治疗癌症阴虚内热。

白菊花 6g，枸杞子 10g，开水浸泡后饮用。（《抗癌食物中药》）

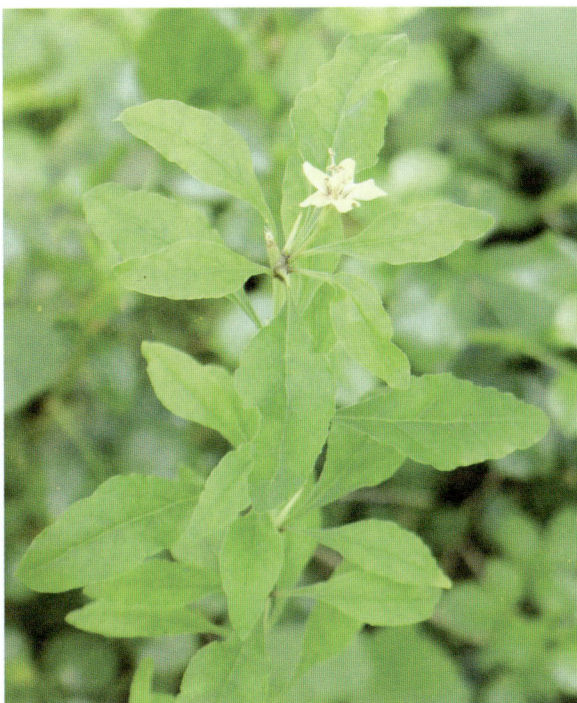

224 番茄

番茄（*Lycopersicon esculentum*），别名西红柿、洋柿子，为茄科一年或多年生草本植物。全株被黏质腺毛，茎直立，易倒伏；奇数羽状复叶或羽状深裂，互生，小叶卵形或长圆形；花为两性花，复总状花序或3~9朵成侧生的案伞花序，花冠黄色，辐射状；浆果扁球状或近球状，肉质而多汁，橘黄色或鲜红色，光滑，种子黄色。花果期在夏秋季。

【生境　分布】生长于土壤肥沃的向阳处，有栽培；潮汕各地均有分布。

【主要化学成分】含有丰富的胡萝卜素、维生素 B、维生素 C、苹果酸、柠檬酸、腺嘌呤、葫芦巴碱、胆碱、番茄碱等。

【抗癌药理作用】对大鼠腹腔注射番茄碱，显示其有抗淋巴肉瘤的作用。本品体外实验显示其对癌细胞生长有抑制作用。

【性味归经】甘、酸、微寒；入胃、脾经；生津止渴、健胃止渴；用于治疗口渴、食欲不振。

【毒性】小毒。

【抗癌应用】

1. 用法用量：内服：煎汤，适量；或生食。（《中华本草》）

2. 药剂药方：

（1）治疗各种癌症。

番茄适量，经常食用。（《抗癌食药本草》）

（2）治疗肝癌。

番茄嫩尖适量，提取汁液，在汁液中加入少许95%的乙醇或5%的碘，口服，每次10ml，每日1~2次。（《抗肿瘤中药的临床应用》）

225 刺天茄

刺天茄（*Solanum indicum*），别名刺茄、刺钮茄、鸡刺子、紫花茄，为茄科多枝灌木。小枝褐色，密被尘土色渐老逐渐脱落的星状绒毛及基部宽扁的淡黄色钩刺；叶卵形，先端钝，基部心形，边缘5~7深裂或成波状浅圆裂；蝎尾状花序腋外生，花蓝紫色，或少为白色，花冠辐状；浆果球形，光亮，成熟时橙红色，宿存萼反卷，种子淡黄色，近盘状。全年开花结果。

【生境　分布】常见于海拔180~2800m的林下、路边、田边荒地，在干燥灌木丛中有时成片生长；潮汕各地均有分布。

【主要化学成分】含澳洲茄胺、谷固醇、薯蓣皂苷元、澳洲茄边碱、澳洲茄碱、刺茄碱、龙葵碱、黄酮苷、酚类、氨基酸、薯蓣皂苷等。

【抗癌药理作用】刺天茄叶子干粉对肿瘤有破坏性作用，可使肿瘤所致的腐肉脱落。其同属植物颠茄 Atropa belladonna 的浸膏对实验性肿瘤有一定的抑制作用；同属植物龙葵对动物胃癌细胞有抑制作用；同属植物白英（亦含龙葵碱）对小鼠肉瘤 S180、大鼠瓦克癌肉瘤 W256 均有明显的抑制作用。

【性味归经】微苦、寒；入心、肝、肾经；消炎解毒、镇静止痛；用于治疗风湿病、跌打疼痛、神经性头痛、胃痛、牙痛、乳腺炎、腮腺炎。

【毒性】有毒。

【抗癌应用】

1. 用法用量：内服：煎汤，1~2钱。外用：捣涂或研末调敷。（《中药大辞典》）

2. 药剂药方：

治疗乳腺癌溃疡：取刺天茄鲜叶晒干或烘干研粉，高压消毒，将药粉撒在溃疡面，覆盖消毒纱布，每日1~2次。换药时用生理盐水冲洗溃疡面，再撒药粉。注意药粉不能撒在新鲜肉芽或正常皮肤黏膜上，以免引起湿疹、皮炎。（《中药大辞典》）

226 白英

白英（*Solanum lyratum*），别名蜀羊泉、白毛藤，为茄科草质藤本。茎及小枝均密被具节长柔毛；叶互生，多数为琴形；聚伞花序顶生或腋外生，疏花，被具节的长柔毛，萼环状，齿5枚，花冠蓝紫色或白色；浆果球状，成熟时红黑色，种子近盘状，扁平。花期在夏秋季，果熟期在秋末。

【生境　分布】野生于路边、山野或灌木丛中；潮汕各地均有分布。

【主要化学成分】含龙葵碱、蜀羊泉碱、β-苦茄碱、番茄烯胺、棕榈酸、亚油酸、异植物醇等。

【抗癌药理作用】

1. 白英对小鼠肉瘤S180、小鼠子宫颈癌U14、小鼠艾氏腹水癌腹水型转皮下型、大鼠瓦克癌肉瘤W256有抑制作用；对人体肺癌亦有抑制作用。

2. 体外实验证明，本品热水提取物对人子宫颈癌细胞JTC-26抑制率达100%，而对正常细胞没有影响。体内实验证明，本品对小鼠肉瘤S180的抑制率为14.57%。本品所含有效抗癌成分为β-苦茄碱，对小鼠肉瘤S180和大鼠瓦克癌肉瘤W256有显著抑制作用。

3. 白英和红枣以1:1混合制成的煎剂、糖浆剂对小鼠艾氏腹水癌及梭形细胞肉窗的实体型及腹水型有抑制作用，临床上对子宫颈癌有效。

【性味归经】甘、苦；入肝、脾经；清热解毒、利湿消肿、活血止痛、祛风止痒；用于治疗疟疾、疔疮、黄疸、水肿、淋证、痹证、丹毒、风疹、风火赤眼、疥疮。

【毒性】小毒。

【抗癌应用】

1. 用法用量：0.5~1两，外用：适量，鲜全草捣烂敷于患处。（《全国中草药汇编》）

2. 药剂药方：

（1）治疗肺癌。

①白英、垂盆草各30g，水煎服，每日1剂。（《千家妙方》）

②白毛藤50g，水煎服，每日1剂。（《实用抗癌验方》）

（2）治疗食管癌。

白英、龙葵各30g，白花蛇舌草、半枝莲各15g，水煎服，每日1剂。（《抗癌本草》）

（3）治疗食管癌、子宫颈癌。

白毛藤18~30g，水煎服。（《河南中草药手册》）

（4）治疗胃癌。

白英15~24g，野荞麦30g，水、酒煎，空腹服。（《抗癌食药本草》）

（5）治疗喉癌。

①白英、龙葵各30g，蛇莓、石见穿、野荞麦根各15g，水煎服，每日1剂。（《全国中草药汇编》）

②白英、蛇莓各30g，诃子9g，玉蝴蝶10对，水煎服。（《实用抗癌药物手册》）

③白英、猕猴桃根、龙葵各30g，蛇莓、半枝莲各24g，水煎服，每日1剂。（《肿瘤良方大全》）

（6）治疗子宫颈癌。

①白英60g，大枣30g，水煎服，每日1剂，可连服数剂。（《湖南中草药单方验方选编》）

②白英30g，水煎服。（《癌症秘方验方偏方大全》）

③白毛藤 18g，党参 5g，红茜草 3g，红枣 5 枚，水煎服，每日 1 剂。(《抗癌中药大全》)

（7）治疗大肠癌。

猪殃殃、白毛藤各 60g，鸦胆子 15 粒（胶囊包吞），败酱草、铁扁担各 30g，水红花子 15g，水煎服，每日 1 剂。(《抗癌良方》)

（8）治疗脑肿瘤。

白英 60g，鬼球、白花蛇舌草各 30g，水煎服。(《当代中医师灵验奇方真传》)

（9）治疗恶性淋巴瘤、血管瘤。

白英根或白英全草 60g，红枣适量，水煎服。(《中药现代临床应用手册》)

（10）治疗多种癌症。

白英、垂盆草各 100g，蔗糖适量，经提取制成口服液。口服，每次 10ml，每日 3 次。(《抗癌中药一千方》)

227 茄

茄（*Solanum melongena*），别名六苏、矮茄、猪胆茄、吊菜子，为茄科直立分枝草本至亚灌木。小枝、叶柄及花梗均被平贴或具短柄的星状绒毛，小枝多为紫色（野生的往往有皮刺），渐老则毛逐渐脱落；叶大，卵形至长圆状卵形；能孕花单生，紫色花柄毛较密，花后常下垂，不孕花蝎尾状与能孕花并出，花冠辐状，外面星状毛较密；浆果球形或长圆形，紫色、白色或浅绿色。

【生境　分布】潮汕各地均有栽培。

【主要化学成分】含葫芦巴碱、龙葵碱、紫苏苷、水苏碱、茄碱、飞燕草苷、飞燕草素 - 3 - 葡萄糖苷、β - 谷固醇、豆固醇、绿原酸、薯蓣皂苷元、羽扇豆醇、苏氨酸、缬氨酸、亮氨酸、异亮氨酸、苯丙氨酸、赖氨酸、蛋氨酸、苹果酸、枸橼酸等。

【抗癌药理作用】龙葵碱能抑制消化系统肿瘤的增殖。龙葵碱对小鼠 H22 腹水型癌细胞的增殖有明显的抑制作用，抑制率达 87.35%，可致癌细胞膜表面上的微绒毛明显消退，磷酸二酯活性明显降低。在大鼠诱癌实验中，茄子汁对肿瘤发生的抑制率为 18%。

【性味归经】甘、凉；入脾、胃、大肠经；清热、活血、止痛、消肿；用于治疗肠风下血、热毒疮痈、皮肤溃疡。

【毒性】无毒。

【抗癌应用】

1. 用法用量：内服：煎汤，15～30g。外用：适量，捣敷。（《中华本草》）

2. 药剂药方：

（1）治疗胃癌。

陈酱茄子烧存性，入麝香、轻粉各少许，猪油调敷。（《实用抗癌验方》）

（2）治疗消化道癌症便血。

经霜茄子（选细长、色深紫、茄籽少的）连蒂烧存性，研末，每日晨空腹服9g，用黄酒一盅送服，连服1周。（《抗癌食物中药》）

（3）治疗子宫颈癌、女阴癌带下。

白茄花15g，土茯苓30g，水煎内服外洗。（《抗癌食物中药》）

228 龙葵

龙葵（*Solanum nigrum*），别名野茄、天茄子、酸浆草，为茄科一年生草本植物。茎直立，上部多分枝；叶互生，卵形，全缘或具波状齿；花序短蝎尾状或近伞状，侧生或腋外生，有花4～10朵，花萼杯状，绿色，5浅裂，花冠白色，辐射状，5裂；浆果球形，成熟时呈黑色，种子多数，近卵形，压扁状。花果期为9～10月。

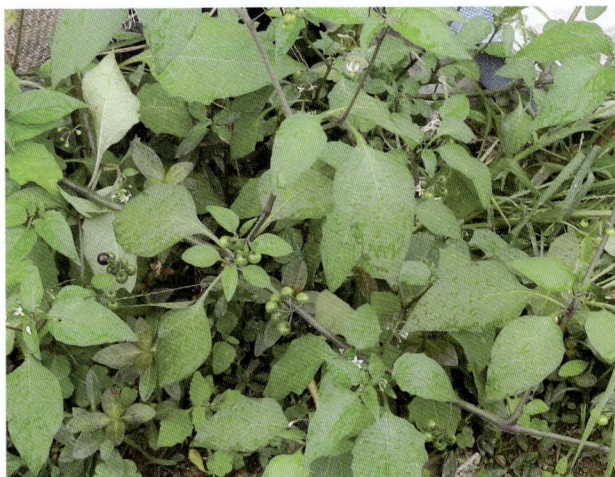

【生境　分布】生长于田边、路旁、坡地阴湿肥沃的草地上；潮汕各地均有分布。

【主要化学成分】含龙葵碱、澳洲茄碱、澳洲茄边碱、维生素A、维生素B、维生素C、蛋白质、糖类、脂肪、胡萝卜素、粗纤维、氨基酸、钙、锌、铁、碘等。

【抗癌药理作用】

1. 本品对小鼠子宫颈癌U14、小鼠肉瘤S180、小鼠艾氏腹水癌及小鼠淋巴肉瘤有抑制作用。对接种艾氏腹水癌、淋巴细胞性白血病L615、肉瘤S180、肉瘤S37等肿瘤细胞的小鼠投给本品，显示本品对上述瘤株均有抑制作用。

2. 动物体内实验表明本品对胃癌细胞有抑制作用。应用亚甲蓝试管法体外实验，表明其对肿瘤细胞（白血病）有抑制作用。

3. 龙葵碱有抗癌细胞核分裂的作用。从龙葵干燥绿果中提取的龙葵总碱，对动物移植性肿瘤的抑制率为40%～50%，龙葵叶提取物对小鼠肉瘤S180腹水型也有一定的抑制作用。

【性味归经】苦、微甘、寒；入肺、肝、胃经；清热解毒、活血消肿、化痰解痉、清肝明目、祛风止痒；用于治疗疔疮、痈肿、丹毒、瘰疬、跌打扭伤、热证惊风、目赤肿痛、皮肤瘙痒。

【毒性】有毒。

【抗癌应用】

1. 用法用量：内服：煎汤，0.5～1两；外用：捣敷或煎水洗。（《中药大辞典》）

2. 药剂药方：

（1）治疗消化道癌症。

①人参、淫羊藿、桃仁、丹参、仙鹤草各15g，皂角刺、女贞子各20g，龙葵、白花蛇舌草、半枝莲各30g，水煎服，每日1剂。（《抗癌中药大全》）

②龙葵、白英各50g，蛇莓25g；或鲜龙葵60g，白英、黄药子各30g，水煎服，每日1剂。（《草药手册》）

（2）治疗肝癌。

①龙葵60g，十大功劳30g，水煎服，每日1剂。（《新编中医入门》）

②龙葵60g，夏枯草、金银花各15g，水煎服。（《癌症秘方验方偏方大全》）

③半枝莲、黄毛耳草、薏苡仁、虎杖、鸡内金各30g，龙葵120g，水煎服，每日1剂。（《实用抗癌验方》）

④龙葵全草50～100g，水煎服，每日2次。（《一味中药巧治病》）

⑤龙葵、白英、遍地香各50g，蛇莓25g，半枝莲15g，徐长卿9g，水煎服，每日1剂，10剂为1个疗程。(《食用抗癌验方》)

⑥龙葵、肿节风各30～60g，三棱6～15g，穿山甲6～12g，半枝莲20～30g，生薏苡仁15～24g，水煎服。(《抗癌中药大全》)

（3）治疗食管癌。

龙葵、白毛藤各30g，蛇莓、黄毛耳草、石见穿、半枝莲各15g，水煎服，每日1剂。(《实用抗癌验方》)

（4）治疗胃癌。

①龙葵、蜀羊泉各30g，蛇莓、双猫耳草各15g，水煎服，每日1剂。(《实用抗癌验方1000首》)

②龙葵、白英各50g，蛇莓15g，水煎服。(《中国民间单验方》)

③龙葵、金刚刺各30g，白英、蜀羊泉各15g，水煎服，每日1剂。(《实用抗癌验方1000首》)

（5）治疗肺癌。

①龙葵、金刚刺各30g，蛇莓、白毛藤各15g，水煎服，每日1剂。(《抗癌良方》)

②鲜龙葵50g，水煎服。(《一味中药巧治病》)

（6）治疗癌性胸腺腹水。

鲜龙葵500g（干品120g），水煎服，每日1剂。(《全国中草药汇编》)

（7）治疗子宫颈癌。

①龙葵30g，过坛龙15g，水煎服。(《草药手册》)

②龙葵全草干品30～60g，或鲜品90～150g，加水800ml，文火煎2次，合并煎液约300ml，分3次服尽，每日1剂，15日为1个疗程。(《抗癌本草》)

（8）治疗绒毛膜癌。

①龙葵150g，菝葜根、白花蛇舌草、白毛藤、十大功劳根各50g，水煎服，每日1剂。(《实用抗癌验方》)

②龙葵60g，水煎服，每日3次。(《癌症秘方验方偏方大全》)

（9）治疗膀胱癌。

①龙葵、白英各30g，水煎服，每日1剂。(《肿瘤的诊断与防治》)

②龙葵、白英、土茯苓、白花蛇舌草各30g，海金沙、灯芯草、威灵仙各9g，蛇莓15g，水煎服，每日1剂，分2次服用。(《抗癌中药大全》)

（10）治疗白血病。

龙葵、生薏苡仁各30g，黄药子15g，乌梅12g，白花蛇舌草30g，生甘草5g，水煎服。(《中国中医秘方大全》)

（11）治疗声带息肉癌变。

龙葵、白英各30g，蛇莓、石见穿、开金锁各15g，麦冬、金杯茶匙各12g，水煎2次，煎液混合，分2次服，每日1剂。(《抗癌中药一千方》)

（12）治疗骨纤维肉瘤。

龙葵60～90g，水煎服，每日1剂。(《中药大辞典》)

（13）治疗多种癌症。

①龙葵和甘草经粉碎制丸，每丸重10g，内含药量相当于龙葵、甘草生药各4.5g。口服，每次1丸，每日2次。(《抗癌中草药制剂》)

②龙葵经水醇法或蒸馏法制成注射液，每支2ml，内含药量相当于龙葵生药2g。肌内注射，每次2～4ml，每日1～2次，1个月为1个疗程。(《抗癌中药一千方》)

③鲜龙葵全草60g（干品30g），鲜半枝莲120g（干品60g），紫草15g，水煎，分2次服，每日1剂。(《中药大辞典》)

229 马铃薯

马铃薯（*Solanum tuberosum*），别名土豆、荷兰薯，为茄科草本植物。地下茎块状，扁圆形或长圆形；叶为奇数不相等的羽状复叶，小叶常大小相间；伞房花序顶生，后侧生，花白色或蓝紫色，萼钟形，花冠辐状；浆果圆球状，光滑。花期在夏季。

【生境　分布】多生长于土质疏松、排水透气良好的沙壤土；潮汕各地均有栽培。

【主要化学成分】含茄啶、莱普替尼定、番茄胺、乙酰基莱普替尼定、α-茄碱、槲皮素、堇黄质、新黄质、叶黄素、苏氨酸、缬氨酸、亮氨酸、异亮氨酸、苯丙氨酸、赖氨酸、蛋氨酸、枸橼酸、苹果酸、奎宁酸、琥珀酸、延胡索酸、草酸、癸酸、月桂酸、肉豆蔻酸、丙烯酰胺、钙、蛋白质、镁、脂肪、烟酸、铁、维生素 A、维生素 B_1、维生素 B_2、维生素 C、维生素 E、锰、膳食纤维、锌、铜、胡萝卜素、钾、磷、硒等。

【抗癌药理作用】

1. 马铃薯中含有 2 种抗癌物质，一种属于酚类，为 1-叔丁基-4-甲氧基-5，6，7，8-四萘酚；另一种为醌类，系 2，6-双叔丁基-1，4-醌。这类物质通过饮食进入人体后，醌类成分把致癌物质改变成水溶性物质而排出体外，而酚类成分则是通过抑制致癌物体本身的代谢而发挥抗癌作用的。

2. 体外实验以大鼠的肝脏、小鼠的胃细胞作为对象，给动物以含强致癌物苯并芘（Benzphyrene）的烧焦了的鱼食，同时再饲以马铃薯中所含的抗突变物质，结果使动物体内的抗致癌能力提高了 8 倍之多。

【性味归经】甘、平；入肺、脾、胃经；补气、健脾、消炎；用于治疗疖腮、烫伤。

【毒性】有毒。

【抗癌应用】

1. 用法用量：内服：适量，煮食或煎汤；外用：适量，磨汁涂。（《中华本草》）

2. 药剂药方：

治疗胃癌：马铃薯 1~2 个，煮熟或蒸熟服食，每日 1 次或隔日 1 次。（《抗癌中药大全》）

230 假烟叶树

假烟叶树（*Solanum verbascifolium*），别名假烟、野烟叶、土臭烟、茄树，为茄科小乔木。小枝密被白色具柄头状簇绒毛；单叶互生，叶片大而厚，卵状长圆形，纸质，柔软，全缘；聚伞花序成平顶状，多花，侧生或顶生，花白色，萼钟形，5半裂，花冠浅钟状，5深裂；浆果球状，具宿存萼，黄褐色，种子扁平。几乎全年开花结果。

【生境　分布】常生长于山坡、路旁或河谷；分布于潮汕各地。

【主要化学成分】含澳洲茄胺、澳洲茄-3，5-二烯、密花茄碱、番茄烯胺、薯蓣皂苷元、野烟叶碱、番茄胺、澳洲茄碱、澳洲茄边碱、野烟叶醇等。

【抗癌药理作用】本品所含成分澳洲茄碱对小鼠肉瘤 S180 有显著的抑制作用。本品水煎剂对小鼠腹水癌有抑制作用。

【性味归经】辛、苦、微温；入肝、肾、脾、肺、膀胱经；止痛消肿、祛风解毒、收敛；用于治疗跌打损伤、风湿脚痛、痈疖肿毒、毒蛇咬伤、瘰疬、湿疹、胃痛、腹痛、蛀牙痛。

【毒性】有毒。

【抗癌应用】

1. 用法用量：内服：煎汤，1.5～3钱；外用：煎水洗、捣敷或捣碎酒炒热敷。（《中药大辞典》）

2. 药剂药方：

（1）治疗慢性粒细胞性白血病。

①假烟叶根，成人9～18g，水煎，每日分3次服。（《抗癌中药大全》）

②假烟叶根、狗舌草各30g，猪殃殃60g，水煎服，每日1剂。（《实用抗癌验方1000首》）

（2）治疗膀胱癌。

假烟叶树叶、土茯苓、车前草各30g，蜀羊泉15g，水煎服。（《抗癌植物药及其验方》）

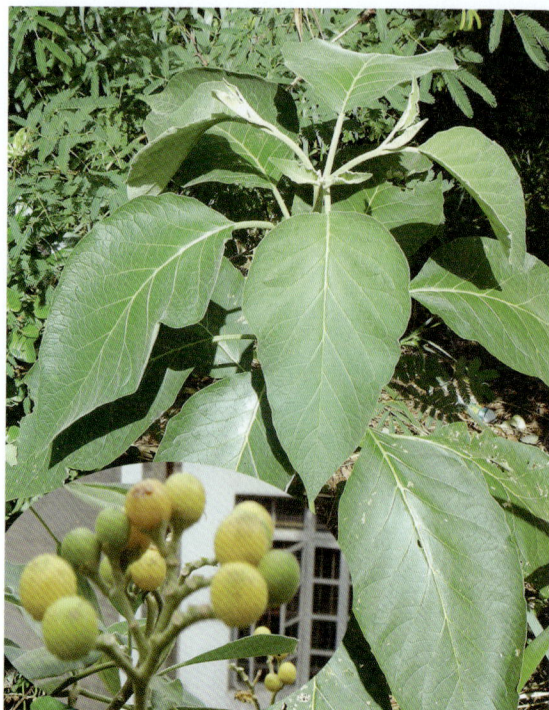

231　地黄

地黄（*Rehmannia glutinosa*），别名生地黄、干地黄，为玄参科多年生草本植物。根肥厚，肉质，呈块状，圆柱形或纺锤形，表面橘黄色，有半月形节及芽痕；叶基生成丛，倒卵形或长椭圆形，仅有少数较小的无柄茎生叶；花茎由叶丛抽出，顶端有稀疏的总状花序，花萼钟状，5浅裂，花冠紫红色；蒴果卵形至长卵形。花果期为4～7月。

【生境　分布】主要为栽培，亦野生于山坡及路边荒地等处；潮汕各地均有栽培。

【主要化学成分】含甘露醇、豆固醇、菜油固醇、地黄素、生物碱、脂肪酸、梓醇、葡萄糖、维生素 A、水苏糖、精氨酸、蔗糖、β-谷固醇、棕榈酸、丁二酸、桃叶珊瑚苷、梓醇苷、二氢梓醇苷等。

【抗癌药理作用】动物实验证明从地黄中提取分离的多糖成分腹腔注射或灌服给药能抑制实体瘤 S180 的生长，腹腔注射给药对 Lewis 肺癌、B16 黑色素瘤和 H22 肝癌亦有效，最适合的有效浓度均为 20mg/kg。

【性味归经】甘、苦、凉；入心、肝、肾经；清热凉血、养阴生津、逐血痹；用于治疗热病发斑、血淋、烂喉痧、血热崩漏、阴虚消渴、肠燥便秘、血痹、胎动不安。

【毒性】无毒。

【抗癌应用】

1. 用法用量：9～15g。（《中国药典》）

2. 药剂药方：

（1）治疗鼻上颌窦癌。

白花蛇舌草、石见穿、黄芩、生牡蛎、半枝莲、地黄、玄参各30g，杭菊花、沙参、蒲公英各10g，薄荷5g，水煎服，每日1剂，分2次服用。（《抗癌中药大全》）

（2）治疗白血病。

①鲜地黄、鲜茅根各250g，鲜小蓟、鲜蒲公英各500g，切碎，洗净，每日煎1剂当茶饮。（《实用抗癌验方》）

②鲜地黄60g，鲜小蓟、蒲公英各250g，水煎服，每日1剂。（《临证医案医方》）

③鲜地黄250g，鲜小蓟500g，水煎服。（《实用抗癌验方》）

④黄药子、犀角各15g，牡丹皮炭35g，地黄炭50g，白芍炭25g，水煎，冲服三七粉2.5g，每日3次。（《实用抗癌验方》）

232 野甘草

野甘草（*Scoparia dulcis*），别名土甘草、冰糖草、热痱草、白花热痱草，为玄参科直立草本或半灌木状。茎多分枝，枝有棱角及狭翅，无毛；叶对生或轮生，菱状卵形至菱状披针形；花单朵或更多成对生于叶腋，花冠小，白色；蒴果卵状至球形，花柱宿存，成熟后开裂。花期在夏秋季。

【生境　分布】生长于荒地、路旁，偶见于山坡；潮汕各地均有分布。

【主要化学成分】含生物碱、野甘草醇、阿迈灵、甘露醇、鞣质、甘六醇、β－谷固醇、D－甘露醇、多糖、甘草酸等。

【抗癌药理作用】从野甘草中分离到一种二萜化合物SDB，体外实验表明SDB具有较强的细胞毒性，肿瘤细胞较正常细胞对SDB敏感。体内抗艾氏腹水癌细胞活性实验也表明，口服给药，对照组半数存活时间（STM）为19.5日，SDB浓度为25mg/（kg·d）或100mg/（kg·d）时，STM分别为21.5日和26.5日，寿命分别延长10%和36%。

【性味归经】甘、平；入肺、脾、膀胱、大肠经；清热解毒，利尿消肿，生津止渴，疏风止痒；用于治疗外感风热、肺热咳嗽、泄泻、痢疾、小便不利、小儿疳积、脚气浮肿、小儿麻疹、湿疹、热痱、咽喉痛、丹毒、蛇伤、中暑、目赤红痛。

【毒性】无毒。

【抗癌应用】

1. 用法用量：内服：煎汤，鲜者2～3两。外用：捣敷。（《中药大辞典》）

2. 药剂药方：

（1）治疗肺癌。

鲜野甘草30～60g，水煎服。（《抗癌植物药及其验方》）

（2）治疗癌性腹水。

鲜野甘草50g，赤小豆、龙葵各30g，大枣5枚，水煎服，每日1剂。（《抗癌植物药及其验方》）

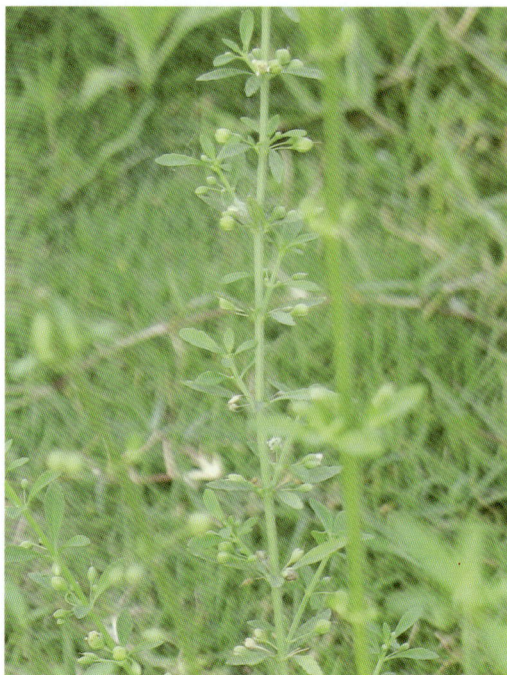

233 硬骨凌霄

硬骨凌霄（*Tecomaria capensis*），别名硬枝爆竹花、洋凌霄，为紫葳科直立灌木。无卷须，枝条细长，散生突起皮孔；叶对生，奇数羽状复叶有小叶 5～9 片，小叶卵圆形至椭圆状卵形；总状花序顶生，萼钟状，花冠橙红色至橙黄色，有深红色脉纹，冠管漏斗状，开花时开展或外反；蒴果线形，略扁。花期在春季。

【生境 分布】适宜生长于温暖湿润、阳光充足、排水良好的沙壤土；分布于潮汕各地。

【主要化学成分】含芹菜素、β－谷固醇、拉帕酚、β－拉帕醌等。

【抗癌药理作用】硬骨凌霄的主要成分拉帕酚对 Yoshida 肉瘤的抑制率为 86%，对瓦克癌肉瘤 W256 的抑制率为 50%。

【性味归经】根、叶味微苦、辛、凉；花味酸，性微寒。清热解毒、散瘀消肿、止咳定喘；用于治疗咳嗽、支气管炎、肺炎、哮喘、高热、咽喉肿痛、跌打损伤、瘀血肿痛。

【毒性】小毒。

【抗癌应用】

1. 用法用量：内服：煎汤，0.5～1 两。外用：捣敷。（《中药大辞典》）

2. 药剂药方：

（1）治疗肺癌。

硬骨凌霄 30～50g，水煎，兑 20ml 蜂蜜服用。（《抗癌植物药及其验方》）

（2）防治癌症。

硬骨凌霄 30g，泡水代茶饮。（《抗癌植物药及其验方》）

234 胡麻

胡麻（*Sesamum indicum*），别名黑芝麻、脂麻、油麻、芝麻，为胡麻科一年生草本植物。茎直立，四棱形；叶对生，或上部者互生，叶片卵形、长圆形或披针形；花单生，或2~3朵生于叶腋，花萼稍合生，绿色，5裂，花冠筒状，唇形，白色，有紫色或黄色彩晕；蒴果椭圆形，成熟后黑褐色，种子多数，卵形，两侧扁平，黑色、白色或淡黄色。花期为5~9月，果期为7~9月。

【生境　分布】常栽培于气温较高、气候干燥、排水良好的沙壤土或壤土地区；主要分布在汕头等地。

【主要化学成分】含油酸、亚油酸、棕榈酸、硬脂酸、花生油酸、芝麻素、芝麻林素、芝麻酚、维生素E、植物固醇、卵磷脂、胡麻苷、蛋白质、寡糖类、车前糖、芝麻糖、磷、钾、钙、叶酸、烟酸、蔗糖、戊聚糖等。

【抗癌药理作用】从胡麻中提取的一种天然抗氧化剂能抑制诱发癌和衰老的过氧化物质的生成。胡麻中所含的维生素 B_2 和维生素E均有抗癌作用。

【性味归经】甘、平；入肺、脾、肝、肾经；滋补肝肾、养血润肠、通乳；用于治疗肝肾不足、头晕目眩、贫血、便秘、痔疮、头发早白、血虚风痹麻木、乳汁缺乏。

【毒性】无毒。

【抗癌应用】

1. 用法用量：内服：三钱至一两，打碎，煎服；或炒熟研细，用白开水或蜂蜜调服；也可炒熟研细，制成丸药吞服。（《全国中草药汇编》）

2. 药剂药方：

（1）治疗脑肿瘤。

黑芝麻、枸杞子、何首乌各15g，杭菊花9g，水煎服。（《抗癌植物药及其验方》）

（2）治疗肺癌。

黑芝麻、桑叶（经霜者）各等份，烘干研为细末，炼蜜为丸，口服，每次5~7g，每日3次。（《抗癌植物药及其验方》）

235 穿心莲

穿心莲（*Andrographis paniculata*），别名印度苦草、一见喜、圆锥须药草、榄核莲、印度草，为爵床科一年生草本植物。茎直立，多分枝，具4棱，节稍膨大；叶对生，卵状矩圆形至矩圆形披针形，先端渐尖，基部楔形；总状花序顶生和腋生，集成大一型的圆锥花序，花冠淡紫色，二唇形；蒴果扁，长椭圆形，种子12颗，四方形。花期为9~10月，果期为10~11月。

【生境　分布】本品原产于东南亚；潮汕各地均有分布。

【主要化学成分】含去氧穿心莲内酯、穿心莲内酯、新穿心莲内酯、高穿心莲内酯、潘尼内酯、穿心莲固醇、穿心莲烷、穿心莲酮等。

【抗癌药理作用】

1. 脱水穿心莲内酯二琥珀酸半酯氢钾制成的精氨酸复盐（OASKARG），不论是大剂量、中剂量，还是小剂量，对肿瘤细胞的生长皆有抑制作用，且随剂量的增加，作用增强，抑瘤效果真实、稳定。

2. 通过体外实验发现，穿心莲对培养的癌细胞3H－TdR掺入有抑制作用，证实此药对培养的乳腺癌细胞DNA合成可能有抑制作用。

【性味归经】苦、寒；入心、肺、大肠、膀胱经；清热解毒、凉血、消肿；用于治疗感冒发热、咽喉肿痛、口舌生疮、顿咳劳嗽、泄泻痢疾、热淋涩痛、痈肿疮疡、毒蛇咬伤。

【毒性】小毒。

【抗癌应用】

1. 用法用量：6~9g；外用适量。（《中国药典》）

2. 药剂药方：

（1）治疗绒毛膜上皮癌。

①穿心莲全草60g，水煎服，每日1剂。（《抗癌中草药制剂》）

②穿心莲经氯仿或乙醇提取制成注射液，每支15ml，内含穿心莲氯仿或乙醇提取液0.05g，肌内注射或肿瘤局部注射，每次5ml，每日2次。（《抗癌中药一千方》）

③穿心莲经提取制片，每片重0.5g，内含药量相当于穿心莲生药1g。口服，每次5~10片，每日3次，可以连续服用。（《抗癌中草药制剂》）

（2）治疗肛门癌。

穿心莲100g加水1000ml，煎煮至500ml，去渣取药液，趁热加入食醋15ml，先熏后洗，当温度降至40℃时再加食醋10ml，坐浴15分钟，每日2次。（《抗癌中药大全》）

（3）治疗肺癌。

山芝麻10g，穿心莲、白花蛇舌草各30g，蟾蜍1只，壁虎1条，共研细末为丸，每丸重10g。口服，每次1丸，每日3次，连服80天为1疗程。（《实用抗癌验方》）

236 马蓝

马蓝（*Strobilanthes cusia*），别名大青叶、山蓝、蓝靛、板蓝根，为爵床科多年生草本植物，干时茎叶呈蓝色或黑绿色。根茎粗壮，断面呈蓝色；地上茎基部稍木质化，略带方形，稍分枝，节膨大；叶对生，叶片倒卵状椭圆形或卵状椭圆形，先端急尖；花无梗，成疏生的穗状花序，顶生或腋生，花萼裂片为5片，条形，花冠漏斗状，淡紫色；蒴果为稍狭的匙形，种子4颗。花期为6~10月，果期为7~11月。

【生境　分布】生长于山坡、路旁、草丛及林边潮湿处；分布于潮州、饶平、揭西、澄海。

【主要化学成分】主要含靛玉红、靛苷、异靛蓝、青黛素、色胺酮、青黛酮等。

【抗癌药理作用】

1. 青黛及靛玉红治疗慢性粒细胞白血病有效。靛玉红有破坏白血病细胞的作用。青黛提取物靛玉红对白血病细胞 L7212 和 Lewis 肺癌细胞有直接抑制作用。

2. 靛玉红对大鼠瓦克癌肉瘤 W256 实体瘤和小鼠 Lewis 肺癌、乳腺癌有一定的抑制作用。

3. 靛玉红对艾氏腹水癌、腹水型肝癌有抑制作用，可以通过提高机体免疫功能而发挥其抗癌作用。

【性味归经】咸、寒；入肝、肺、胃经；清热解毒、凉血止血、清肝泻火；用于治疗温病热毒斑疹、血热吐血、衄血、咯血、肝热惊痫、肝火犯肺咳嗽、咽喉肿痛、丹毒、疮肿、蛇虫咬伤。

【毒性】无毒。

【抗癌应用】

1. 用法用量：1.5~3g，宜入丸、散用。外用适量。（《中国药典》）

2. 药剂药方：

（1）治疗慢性粒细胞白血病。

①青黛加赋形剂后压片，每片含青黛 0.3g，每日用量为 6~9g，最多不超过 12g，分 3~4 次口服，长疗程连续给药直至缓解。或将酸处理后的青黛粉加赋形剂后压片，每片含酸处理青黛 0.3g，每日用量一般为 4~5g，不超过 5g，分 3~4 次口服，长疗程连续给药。（《中级医刊》1979 年第 4 期）

②靛玉红，一般每日 200~300mg，少数病人每日用量为 150mg，个别病人短期使用每日用量 420~630mg，分 3 次口服，连续服用直至缓解，缓解后可继续服用。（《新医药学杂志》1979 年第 6 期）

③青黛 30g，麝香 0.3g，雄黄、乳香各 15g，共研为细末，口服，每次 0.1~1g，每日 3 次。（《实用抗癌验方》）

④青黛粉 80g，雄黄粉 20g，共研为细末，混匀压片。从小剂量开始，每次 3g，每日 3 次，饭后服。若无不良反应，可逐渐加量至每次 5g，每日 3 次。（《抗癌良方》）

（2）治疗涎腺恶性肿瘤。

青黛 60g，八角莲、山豆根各 30g，雄黄 6g，共研为细末，蜂蜜调和外敷。（《实用抗癌验方 1000 首》）

（3）治疗食管癌。

青黛 4.5g，蛤粉 30g，柿霜 15g，硇砂 9g，白糖 60g，共研为细末，每次 0.9~1.5g，含化，每日 3 次。（《抗癌本草》）

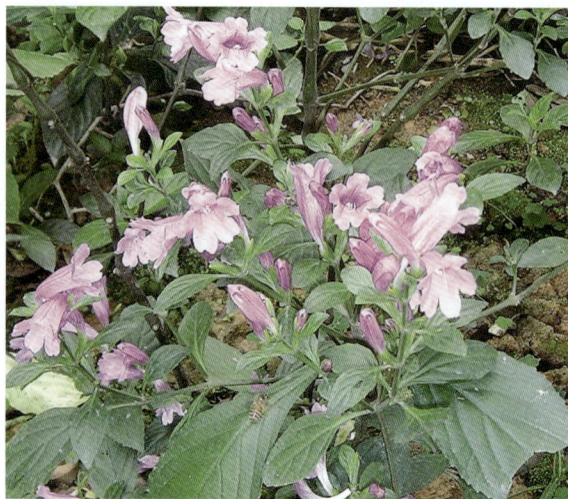

237 车前

车前（*Plantago asiatica*），别名车前草、钱贯草、车茶草，为车前科二年生或多年生草本植物。须根多数，根茎短；叶基生呈莲座状，叶片薄纸质或纸质，宽卵形至宽椭圆形；穗状花序细圆柱状，3～10个，直立或弓曲上升，花冠白色，无毛，冠筒与萼片约等长；蒴果为纺锤状卵形、卵球形或圆锥状卵形，种子5～6（～12）粒，卵状椭圆形或椭圆形，具角，黑褐色至黑色。花期为4～8月，果期为6～9月。

【生境 分布】生长于平原、山坡、路旁、田埂阴湿处或溪旁；分布于潮汕各地。

【主要化学成分】含桃叶珊瑚苷、车前苷、熊果酸、车前果胶、卅一烷、β–谷固醇、棕榈酸、β–谷固醇酯、胆固醇棕榈酸酯、维生素 B$_1$、维生素 C 等。

【抗癌药理作用】车前草提取物对艾氏腹水癌及小鼠肉瘤 S180 有较弱的抑制作用。

【性味归经】甘、咸、寒；入肝、脾、小肠经；利水通淋、清热解毒、清肝明目、祛痰、止泻；用于治疗淋证、水肿、尿血、痈肿、热痢、目赤、痰湿咳嗽、泄泻。

【毒性】无毒。

【抗癌应用】

1. 用法用量：干品 9～30g；鲜品 30～60g。内服：煎服或捣汁服。外用：鲜品适量，捣敷患处。（《中国药典》）

2. 药剂药方：

（1）治疗胰腺癌、胆囊癌、胆管癌、口腔癌。

斑蝥 0.15g，木通、车前子各 0.27g，滑石 0.3g。常规法制成丸子，共制 10 丸。口服，每次 2～3 丸，每日 3 次。（《实用抗癌验方》）

（2）治疗脑肿瘤疼痛。

车前草、车前子各 50g，泽泻 30g，水煎服，每日 1 剂。（《实用抗癌验方》）

（3）治疗喉癌。

鲜车前草压汁饮用，不拘量，时时饮用。（《抗癌植物药及其验方》）

（4）治疗阴道癌。

车前草 30g，半边莲、白鸡冠花各 15g，水煎服。（《抗癌植物药及其验方》）

（5）治疗胰腺癌。

车前草、荠菜各 60g，佛甲草、金银花、鱼腥草、淡竹叶各 30g，均用鲜品，水煎服。（《抗癌植物药及其验方》）

（6）治疗膀胱癌。

车前草、半枝莲、仙鹤草、大蓟、小蓟各 30g，知母、黄柏、生地黄各 12g，水煎服。（《抗癌植物药及其验方》）

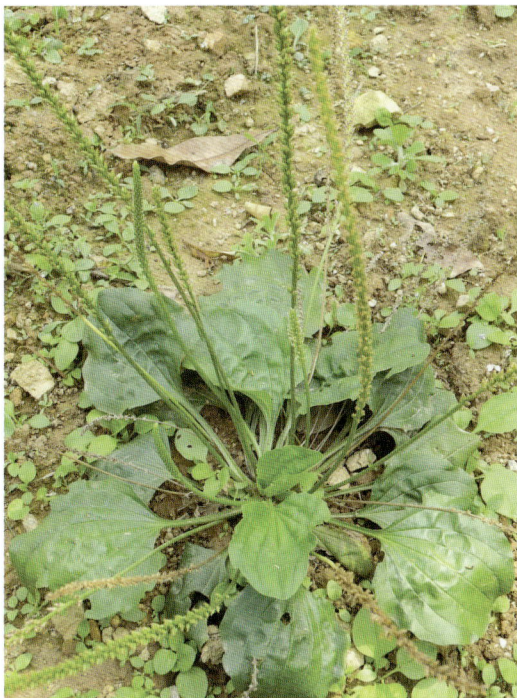

238　猪殃殃

猪殃殃（*Valium sparine* var. *tenerum.*），别名小茜草、血见愁、八仙草、锯子草，为茜草科蔓状或攀援状一年生草本植物。茎纤弱，四棱形，多分枝，有倒生小刺；叶6~8片轮生，无柄，膜质，披针状条形至窄倒卵状长椭圆形；聚伞花序腋生，花小白色或带淡黄色；坚果干燥，2心皮稍分离，各成一半球形分果瓣，每果瓣内有一粒种子。花期为3~7月，果期为4~11月。

【生境　分布】生长于荒地、菜园、路旁、田边土壤肥沃处；潮汕各地均有分布。

【主要化学成分】含车叶草苷、芦丁糖苷、橙皮苷等。

【抗癌药理作用】经亚甲蓝试管法体外实验证实，本品有抑制肿瘤细胞生长的作用。体外实验证实，本品对小鼠肉瘤S180及白血病有抑制作用。

【性味归经】辛、苦、寒；入心、肺经；清热利湿、活血散瘀、解毒消肿；用于治疗淋证、热痹、痛经、跌打损伤、疮疡痈肿、中耳疖肿、肠痈。

【毒性】无毒。

【抗癌应用】

1. 用法用量：内服：煎汤，2~5钱；或捣汁饮。外用：捣敷或捣汁滴耳。（《中药大辞典》）

2. 药剂药方：

（1）治疗乳腺癌、食管癌、下颌腺癌、子宫颈癌。

新鲜全草250g绞汁，加红糖适量冲服，每日1剂；或用干品50g洗净切碎，水煎20~30分钟，加红糖适量，每日1剂，分3~6次服用；或用干品洗净切碎，放铁锅中烙片刻取出，每日50g，开水冲泡，分次频服。（《实用抗癌验方》）

（2）治疗乳腺癌。

①鲜猪殃殃120g，捣汁和以猪油敷于癌症溃烂处，亦可煎水内服。（《抗癌中药大全》）

②猪殃殃鲜草捣烂敷贴，每日换贴2次。（《食物中药与便方》）

③鲜猪殃殃60~90g，捣烂，取汁内服。或用猪殃殃60g，水煎服。（《河南中草药手册》）

④猪殃殃150g，水煎服，同时以河豚鱼子捣碎外敷。（《实用抗癌验方》）

（3）治疗白血病。

①猪殃殃60g，半枝莲、板蓝根各30g，制黄芪、当归各12g，党参、三棱、莪术各9g，水煎服，每日1剂。（《抗癌中药大全》）

②川芎、板蓝根、铁扁担各15g，猪殃殃48g，罂粟壳6g，水煎服，每日1剂。或制成浸膏压片服用，每日分4次服。（《千家妙方》）

（4）治疗粒细胞型白血病。

猪殃殃全草60~120g，猕猴桃根30g，喜树果9~30g，水煎服。（《浙江民间常用草药》）

（5）治疗舌癌、牙龈癌。

猪殃殃煎汤含漱，不拘时、量。（《抗癌中药大全》）

（6）治疗恶性淋巴瘤。

猪殃殃60g，龙葵120g，白花蛇舌草250g，水煎服。（《肿瘤的防治》）

（7）治疗大肠癌。

猪殃殃、蜀羊泉各60g，鸦胆子15粒，败酱草、铁扁担各30g，水红花子15g，水煎服，每日1剂。（《抗癌中草药制剂》）

（8）治疗阴茎癌。

猪殃殃煎汤外洗，不拘时、量。（《癌症家庭防治大全》）

（9）治疗肺癌脑转移。

蛇六谷30g（先煎），十大功劳叶15g，全蝎、白僵蚕、钩藤各9g，猪殃殃、石决明各30g，水煎服，每日1剂。（《抗癌良方》）

（10）治疗恶性肿瘤。

①猪殃殃经提取制片，每片重0.3g，内含药量相当于猪殃殃生药10g。口服，每次2~3片，每日3次。（《抗癌中药大全》）

②猪殃殃经水提取制成口服液，每支10ml，内含药量相当于生药20g。口服，每日3次。（《抗癌中药大全》）

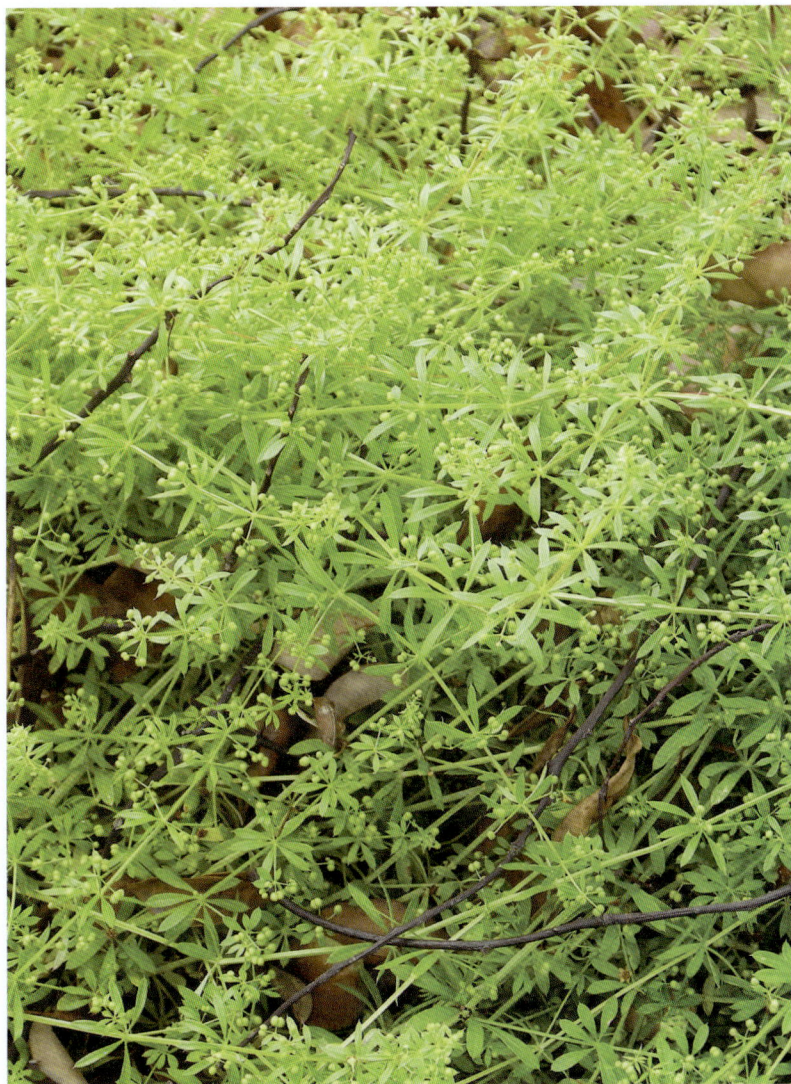

239 栀子

栀子（*Gardenia jasminoides*），别名山枝子、黄栀子、山蝉卜、山黄枝，为茜草科灌木。嫩枝常被短毛，枝圆柱形，灰色；叶对生，革质，稀为纸质，少为 3 枚轮生，叶形多样，通常为长圆状披针形、倒卵状长圆形、倒卵形或椭圆形；花芳香，通常单朵生于枝顶，花冠白色或乳黄色，高脚碟状；果卵形、近球形、椭圆形或长圆形，黄色或橙红色，种子多数。花期为 3～7 月，果期为 5 月至翌年 2 月。

【生境　分布】生长于丘陵山地或山坡灌林中；潮汕各地均有分布。

【主要化学成分】含栀子苷、都桷子苷、都桷子素龙胆双糖苷、山栀苷、栀子酮苷、鸡屎藤次苷甲酯、都桷子苷酸、去乙酰车叶草苷酸、去乙酰车叶草苷酸甲酯、藏红花素、熊果酸、藏红花素葡萄糖苷、芦丁、D－甘露醇、β－谷固醇、胆碱、二十九烷、叶黄素、栀子花酸、栀子酸、栀子醛、芳樟醇等。

【抗癌药理作用】本品热水提取物对小鼠肉瘤 S180 有微抑制作用，所含熊果酸对体外肝癌细胞培养具有非常显著的抑制作用，能延长荷艾氏腹水癌小鼠的生命。

【性味归经】苦、寒；入心、肝、肺、胃肾、膀胱经；清透郁热、泻热利湿、凉血止血、消肿止痛、清热解毒；用于治疗黄疸、口疮口臭、热淋、血淋、血证、血痢。

【毒性】无毒。

【抗癌应用】

1. 用法用量：6～9g。外用生品适量，研末调敷。根 1～2 两。（《中国药典》）

2. 药剂药方：

（1）治疗各种癌症。

栀子 10g，加 200ml 水煎，分 2 次服用。（《抗癌本草》）

（2）治疗急性白血病。

山栀的果实，每次 28 个文火炒焦，加水煎成药液 50～100ml，早晚 2 次煎服，第 2 天再增 20 个和药渣同煎，服法同前。4～5 日后可将前渣倒弃，重煎，连服 3～4 周，休息 1 周。（《抗癌中药大全》）

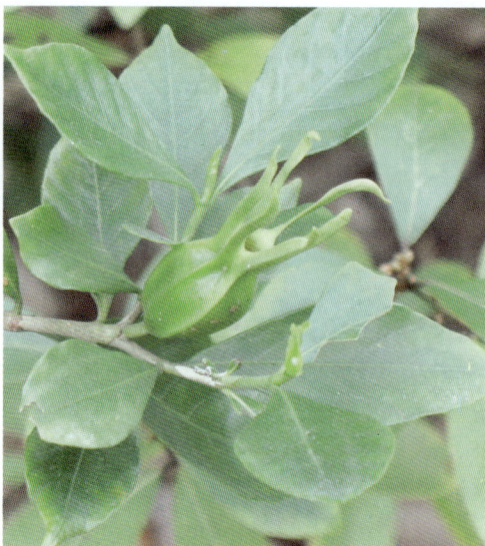

240 金毛耳草

金毛耳草（*Hedyotis chrysotricha*），别名黄毛耳草，为茜草科多年生草本植物。基部木质，被金黄色硬毛；叶对生，具短柄，薄纸质，阔披针形、椭圆形或卵形；聚伞花序腋生，有花 1～3 朵，被金黄色疏柔毛，花冠白或紫色，漏斗形；蒴果近球形，直径约 2mm，被扩展硬毛，内有种子数粒。几乎全年都为花期。

【生境　分布】生长于路边、旷地、溪边、山坡；潮汕各地均有分布。

【主要化学成分】含车叶草苷、熊果酸、白桦脂酸、齐墩果酸、β－谷固醇、软脂酸鲸蜡醇酯、三十二烷酸、乌孛酸等。

【抗癌药理作用】体内实验本品对小鼠子宫颈癌 U14 有抑制作用。本品所含果酸对体外肝癌细胞培养具有显著的抑制率，能延长艾氏腹水癌小鼠的生命。β－谷固醇对小鼠腺癌 715、Lewis 肺癌和大鼠瓦克癌 W256 具有抗癌活性。齐墩果酸能抑制 S180 瘤株的生长。

【性味归经】辛、苦、酸、涩、平；入肝、胆、膀胱、大肠经；活血舒筋、清热解毒、利湿通淋、平肝明目；用于治疗跌打损伤、湿热下痢、黄疸、水肿、淋证、肿毒、乳痈、恶疮、头晕目眩、目赤、虫蛇咬伤。

【毒性】无毒。

【抗癌应用】

1. 用法用量：内服：煎汤，1～2 两；捣汁或浸酒。外用：捣敷。（《中药大辞典》）

2. 药剂药方：

（1）治疗食管癌、贲门癌。

生南星、生半夏、代赭石、石打穿（即金毛耳草）、急性子各 30g，瓜蒌 20g，黄药子、旋覆花各 10g，天龙、蜈蚣各 3g，水煎服，每日 1 剂。（《辽宁中医杂志》1991 年第 1 期）

（2）治疗贲门癌。

石打穿（即金毛耳草）、急性子、蛇六谷（先煎）各 30g，水煎服。（《实用抗癌药物手册》）

（3）治疗胃癌。

黄毛耳草 60g，菝葜 120g，水煎服。（《祖国医学基本知识》）

（4）治疗鼻腔及鼻旁窦癌。

黄毛耳草（鲜品）60g，捣成汁服，每日 2 次。（《中医方药学》）

（5）治疗恶性肿瘤。

鲜黄毛耳草 30g，水煎服。（《辨证施治》）

241　白花蛇舌草

白花蛇舌草（*Oldenlandia diffusa*），别名蛇舌草、软枝蛇舌草、蛇舌癀、蛇针草、蛇舌仔、蛇仔草、细叶蛇叶草，为茜草科一年生草本植物。茎稍扁，从基部开始分枝；叶对生，无柄，膜质，线形；花4数，单生或双生于叶腋，花冠白色，管形，花冠裂片卵状长圆形；蒴果膜质，扁球形，成熟时顶部室背开裂，种子每室约10粒，具棱，干后深褐色，有深而粗的窝孔。花期为1～4月。

【生境　分布】生长于山坡、路边、溪畔草丛中；潮汕各地均有分布。

【主要化学成分】含熊果酸、齐墩果酸、β-谷固醇、豆固醇、β-谷固醇-D-葡萄糖苷、对香豆酸等。

【抗癌药理作用】

1. 在体外（相当生药6g/ml）用亚甲蓝试管法，对急性淋巴细胞型、粒细胞型、单核细胞型以及慢性粒细胞型的肿瘤细胞有较强的抑制作用；用瓦氏呼吸器测定，本品对急性淋巴细胞性、粒细胞性白血病细胞有较强的抑制作用；用亚甲蓝试管法以生药0.5～1g/ml对吉田肉瘤和艾氏腹水癌有抑制效果；水煎液对小鼠子宫颈癌U14、小鼠肉瘤S180、小鼠淋巴肉瘤1号腹水型，初试表明有不同程度的抑制作用。

2. 白花蛇舌草素对小鼠腹水癌细胞有抑杀作用；体内实验白花蛇舌草对大鼠瓦克癌W256、小鼠子宫颈癌U14、小鼠肉瘤S180、肝癌实体型、艾氏腹水型转皮下型均有抑制作用；白花蛇舌草素对小鼠肉瘤S180有显著抑制效果。

3. 所含三萜酸类对淋巴瘤细胞1号腹水型、子宫颈癌U14、肝癌实体型、肉瘤S180，所含香豆精类对子宫颈癌U14、肉瘤S180、肝癌实体型，多糖类对淋巴肉瘤1号腹水型、艾氏腹水癌皮下型均有显著抑制作用。

【性味归经】苦、甘、寒；入心、肝、脾经；清热解毒、利湿、散瘀；用于治疗肺热咳嗽、咽喉肿痛、肠痈、无名肿毒、蛇伤、湿热黄疸、热淋、痢疾、瘰疬、小儿疳积、疔疮、癌症。

【毒性】无毒。

【抗癌应用】

1. 用法用量：0.5～2两，煎服；外用适量，捣烂敷患处。（《中国药典》）

2. 药剂药方：

（1）治疗胃癌。

①白花蛇舌草、蜀羊泉各30g，龙葵、黄毛耳草各15g，水煎服。（《肿瘤的辨证施治》）

②白花蛇舌草、白茅根各75g，薏苡仁30g，红糖90g，水煎服，每日1剂，分3次服。（《千家妙方》）

③白花蛇舌草（全草）250g，龙葵根200g，猪殃殃（又名锯子草）100g，水煎服，每日1剂。（《中草药单方验方新医疗法选编》）

④白花蛇舌草、茅根各9g，飞天蜈蚣6g，水煎服。（《癌症秘方验方偏方大全》）

⑤白花蛇舌草60g，芦根30g，炮姜3g，半枝莲15g，栀子9g，水煎服，每日1剂，后以芦根煎水代茶。（《湖南中草药单方验方选编》）

⑥白花蛇舌草90g，白茅根60g，加白糖适量，水煎服，每日1剂。（《新编中医入门》）

⑦代赭石粉、海藻、制鳖甲各25g，旋覆花、煨三棱、煨莪术、赤芍、昆布各15g，夏枯草100g，白茅根50g，白花蛇舌草200g，水煎，滤液加蜂蜜100g，熬和，分2日或3日多次服完，连服1个月。（《抗癌中药大全》）

（2）治疗食管癌、直肠癌、胃癌。

白花蛇舌草70g，薏苡仁30g，黄药子9g，乌药、龙葵各3g，乌梅6g，田三七1.5g，水煎服，每日1剂。（《全国中草药汇编》）

（3）治疗胃癌、乳腺癌、子宫颈癌、直肠癌。

半枝莲30g，白花蛇舌草60g，上药加水1500g，煎1~2小时，日夜当茶饮。（《湖南中草药单方验方选编》）

（4）治疗胃癌、肠癌、子宫颈癌、肺癌。

鲜白花蛇舌草45g，鲜白茅根15g，乌糖（颜色深暗的红蔗糖）100g。若无乌糖，用甘蔗汁500ml亦可。水煎服，每日1剂，3个月为1疗程。（《实用抗癌验方》）

（5）治疗鼻咽癌、胃癌、肝癌。

白花蛇舌草60g，半枝莲30g，金果榄9~12g，水煎服，每日1剂，分2~3次服。（《中草药单方验方新医疗法选编》）

（6）治疗胃癌、食管癌、肝癌、直肠癌。

白花蛇舌草75g，龙葵、薏苡仁各30g，黄药子9g，乌梅6g，乌药3g，田七粉1.5g（冲服），水煎服。（《抗癌食药本草》）

（7）治疗鼻咽癌。

①白花蛇舌草、半枝莲各60g，水煎服。（《抗癌中药大全》）

②白花蛇舌草120g，紫草根各30g，水煎代茶。（《抗癌食药本草》）

③干白花蛇舌草100~200g，洗净后加水2000g，煎4~5小时，得1250g左右，每日分4次服完。可加猪精肉同煎，肉与汤同服。（《实用抗癌验方》）

（8）治疗肝癌。

①白花蛇舌草100g（重症400g），铁树叶约30cm（重症约50cm），红枣10个（重症15个），水2碗煎成大半碗（150ml），睡前顿服。（《实用抗癌验方》）

②白花蛇舌草60g，半枝莲30g，水15碗，煎至5碗，口服，每次1碗，每日5次。（《实用抗癌验方》）

③白花蛇舌草、鲜棕树根30g，水煎服，每日1剂。（《癌症秘方验方偏方大全》）

④白花蛇舌草150g，白茅根120g，白糖适量，水煎服，每日1剂。（《癌症秘方验方偏方大全》）

（9）治疗肺癌。

白花蛇舌草100g，半枝莲50g，夏枯草25g，水10碗，煎至5碗，当茶饮，连服8周。（《实用抗癌验方》）

（10）治疗肺癌、食管癌。

白花蛇舌草30g，半枝莲60g，水煎，当茶饮。（《中国民间单验方》）

（11）治疗食管癌。

白花蛇舌草、半枝莲、苏铁叶、白茅根、棉花根各60g，水煎服。（《浙南本草新编》）

（12）治疗肠癌、食管癌。

白花蛇舌草、白茅根各150g，水煎服，每日1剂。或白花蛇舌草170g，白茅根75g，冰糖

300g，水煎当茶饮。(《实用抗癌验方》)

（13）治疗胰腺癌。

铁树叶、红藤各50g，白花蛇舌草150g，半枝莲50～100g，水煎服，每日1剂。(《实用抗癌验方》)

（14）治疗大肠癌。

鲜白花蛇舌草120g，鲜白茅根120g，水煎服，红糖为引。(《抗癌食药本草》)

（15）治疗直肠癌。

①白花蛇舌草150g，蚤休、槐米各10g，水煎服，每日1剂。(《云南中医杂志》1993年第2期)

②白花蛇舌草、龙葵、忍冬藤各60g，半枝莲、紫花地丁各15g，水煎服。(《浙南本草新编》)

（16）治疗直肠癌、乳腺癌。

白花蛇舌草、仙茅各120g，水煎服，每日1剂。(《抗癌本草》)

（17）治疗消化道癌症。

白花蛇舌草120～150g，水煎服，每日1剂，2次分服。(《抗癌中药大全》)

（18）治疗子宫颈癌、胃癌、肝癌。

用100%白花蛇舌草注射液肌内注射，每次2ml，每日3次。(《中药大辞典》)

（19）治疗子宫颈癌。

白花蛇舌草60g，山豆根、脐带、贯众、黄柏各30g，水煎服，每日1剂。或将上药制成浸膏，干燥研粉，口服，每次3g，每日3次。(《安徽单验方选集》)

（20）治疗早期子宫绒毛膜癌。

白花蛇舌草60～120g，煎水，代茶频饮，每日1剂。(《四川中医》1983年第4期)

（21）治疗白血病。

①龙葵、薏苡仁各60g，黄药子、三七粉各9g，乌梅6g，白花蛇舌草75g，水煎服，每日1剂。(《抗癌中药大全》)

②白花蛇舌草60g，狗牙草、羊蹄根（牛舌草）各30g，水煎服，每日1剂。(《中医肿瘤验方》)

③白花蛇舌草、半枝莲各90g，水煎服。(《抗癌本草》)

（22）治疗恶性淋巴瘤。

①白花蛇舌草250g，龙葵120g，猪殃殃60g，水煎服。(《肿瘤的防治》)

②猪殃殃、蛇莓各150g，龙葵200g，白花蛇舌草250g，水煎服，每日1剂。(《实用抗癌验方》)

③白花蛇舌草、半枝莲各90g，水煎服。(《抗癌本草》)

④白花蛇舌草20g，夏枯草10g，茅苍术、山慈姑各5g，紫丹参3g，水煎服，每日1剂。(《抗癌中药大全》)

（23）治疗各种癌症。

①白花蛇舌草250g，地龙、蜈蚣、露蜂房、蒲公英、板蓝根、全蝎、蛇蜕各30g，共研为细末，炼蜜为丸，每丸重6g。口服，每次1丸，早晚各1次。(《抗癌中药大全》)

②白花蛇舌草糖浆（每100ml内含白花蛇舌草70g，半枝莲35g，海藻、昆布、乌梅各85g，草豆蔻5g，硼砂0.17g），每次口服20～30ml，每日3次，饭后服。(《抗癌中草药制剂》)

③白花蛇舌草全草、狭叶韩信草各60g，水煎服。(《抗癌中药大全》)

④白花蛇舌草30～60g，水煎服。(《实用抗癌药物手册》)

242 茜草

茜草（*Rubia cordifolia*），别名血见愁、地苏木、活血丹、土丹参，为茜草科草质攀援藤木。根状茎和其节上的须根均红色；茎数至多条，从根状茎的节上发出，细长，方柱形，有4棱，棱上生倒生皮刺，中部以上多分枝；叶通常4片轮生，纸质，披针形或长圆状披针形；聚伞花序腋生和顶生，多回分枝，有花十余朵至数十朵，花冠淡黄色；浆果球形，红色后转为黑色。花期为6~9月，果期为8~10月。

【生境　分布】生长于山坡路旁、沟沿、田边、灌丛及林缘；潮汕各地均有分布。

【主要化学成分】含茜草素、异茜草素、羟基茜草素、伪羟基茜草素、茜草酸、茜草苷、大黄素甲醚、茜草萘酸等。

【抗癌药理作用】

1. 从茜草中分离出具有抗肿瘤活性的环己肽类化合物 RA-VII、RA-V、RA-V-23、RA-IV 和 RA-III，通过实验癌瘤的光谱筛选证实，对白血病、腹水癌、P386、L1210、B16 黑色素瘤和实体瘤、结肠癌 38、Lewis 肺癌和艾氏腹水癌均有明显的活性。其中 RA-V 对小鼠 MM2 乳腺癌有特殊疗效；RA-V-23（RA-V 的单乙酰衍生物）对 L1210、B16 黑色素瘤、Lewis 肺癌、结肠癌 38 和艾氏腹水癌呈现出显著的抗癌活性；RA-VII 对小鼠白血病、腹水癌、大肠癌、肺癌有效，并能控制癌细胞转移，其效果与长春新碱、丝裂霉素C、阿霉素作用相当，而对正常细胞的毒性低、安全指数大，是较理想的抗癌药。

2. 体内实验证实，茜草根的甲醇提取物对小鼠肉瘤 S180（腹水型）的抑制率为 80%；热水浸出液对 S180 的抑制率为 13%。体外实验证实，茜草根热水浸出液对人子宫颈癌 JTC-26 的抑制率在 90% 以上。

【性味归经】苦，寒；入肝经；凉血、止血、祛瘀、通经；用于治疗吐血、崩漏下血、外伤出血、经闭瘀阻、关节痹痛、跌扑肿痛。

【毒性】有毒。

【抗癌应用】

1. 用法用量：6~9g。（《中国药典》）

2. 药剂药方：

（1）治疗膀胱癌。

茜草、野葡萄根、瞿麦、龙葵各 30g，白花蛇舌草 60g，水煎服，每日 1 剂。（《实用抗癌验方1000 首》）

（2）治疗癌性出血。

①仙鹤草、炒茜草、紫草各 30g，水煎服，每日 1 剂。（《南京中医院学报》1994 年第 5 期）

②鸡血藤膏 2 钱，三七 1 钱，茜草根一钱半，煎服。（《医门补要》）

243 败酱

败酱（*Patrinia scabiosaefolia*），别名黄花龙牙、苦斋菜，为败酱科多年生草本植物。根状茎横卧或斜生，节处生多数细根；茎直立，黄绿色至黄棕色，有时带淡紫色；基生叶丛生，卵形、椭圆形或椭圆状披针形，茎生叶对生，宽卵形至披针形，常羽状深裂或全裂；花序为聚伞花序组成的大型伞房花序，顶生，花冠钟形，黄色，花冠裂片卵形；瘦果长圆形，种子椭圆形，扁平。花期为7~9月。

【生境　分布】生长于山坡沟谷灌丛边、林缘草地或间湿草地；潮汕各地均有分布。

【主要化学成分】含齐墩果酸、常春藤皂苷元、败酱皂苷、生物碱、鞣质、淀粉、蛋白质、脂肪、胡萝卜素、硫胺素、维生素C。

【抗癌药理作用】把败酱根的热水提取物腹腔注射给荷瘤小鼠（肉瘤S180），对癌细胞生长的抑制率为57.4%。败酱有促进肝细胞再生、防止肝细胞变性的作用。

【性味归经】苦、平；入肝、胃、大肠经；清热解毒、排脓破瘀；用于治疗肠痈、下痢、赤白带下、产后瘀滞腹痛、目赤肿痛、痈肿疥癣。

【毒性】无毒。

【抗癌应用】

1. 用法用量：0.5~1两，鲜全草2~4两；外用适量，捣烂敷患处。（《全国中草药汇编》）

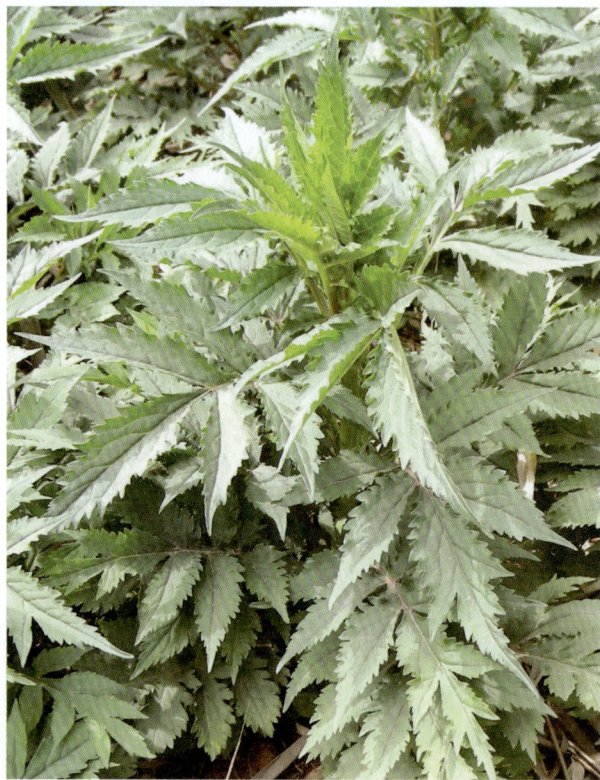

2. 药剂药方：

（1）治疗阑尾肿瘤。

黄花龙牙、金银花、生薏苡仁、紫花地丁各30g，半枝莲15g，莪术、三棱各9g，水煎服。（《肿瘤的诊断与防治》）

（2）治疗肝癌、胃癌、肠癌、白血病。

仙鹤草、白毛藤各25g，黄花龙牙根50g，水煎服，每日1剂。（《汉方总集》）

（3）治疗子宫颈癌。

①仙鹤草、黄花龙牙各50g，水煎服，每日1剂。（《实用抗癌验方》）

②黄药子、夏枯草各60g，草河车、白鲜皮、黄花龙牙各120g，常规制成片剂，每片重0.5g。口服，每次3~4片，每日3次。（《光明中医》2009年第11期）

（4）治疗多种癌症。

黄独、草河车各60g，山豆根、黄花龙牙、白鲜皮、夏枯草各120g，共研为细末制丸，每丸重约6g。口服，每次1~2丸，每日2~3次，温开水送下。（《抗癌中药大全》）

244 白花败酱

白花败酱（*Patrinia villosa*），别名苦斋草、胭脂麻，为败酱科多年生草本植物。地下根状茎长而横走，偶在地表匍匐生长；茎密被白色倒生粗毛或仅沿二叶柄相连的侧面具纵列倒生短粗伏毛，有时几无毛；基生叶丛生，叶片卵形、宽卵形或卵状披针形至长圆状披针形，茎生叶对生，与基生叶同形，或菱状卵形；由聚伞花序组成顶生圆锥花序或伞房花序，花萼小，花冠钟形，白色，5深裂；瘦果倒卵形，与宿存增大苞片贴生。花期为8～10月，果期为9～11月。

【生境　分布】生长于山坡草地、路旁；潮汕各地均有分布。

【主要化学成分】含黑芥子苷、黄酮、莫罗忍冬苷、番木鳖苷、白花败酱苷、维生素 B_2、维生素 C、β-胡萝卜素、氨基酸、还原糖、粗纤维、钙、铁、锌等。

【抗癌药理作用】

1. 异叶败酱与糙叶败酱在体外对癌细胞有强烈的抗癌作用。将异叶败酱与糙叶败酱水提取物进行瘤内注射，显示其对小鼠肉瘤 S180 的抑制率达 62.5%；用透射电镜观察可知，腹腔注射对腹水型 S180 瘤细胞有直接杀伤作用。

2. 败酱草热水浸出物对瘤细胞 JTC-26 的抑制率为 50%～70%。败酱根热水浸出物对 JTC-26 的抑制率为 98.2%，而且丝毫不抑制正常细胞，反而能 100% 促进正常细胞（人体纤维胚细胞）的生长。

【性味归经】苦、平；入肝、胃、大肠经；清热解毒、排脓破瘀；用于治疗肠痈、下痢、赤白带下、产后瘀滞腹痛、目赤肿痛、痈肿疥癣。

【毒性】无毒。

【抗癌应用】

1. 用法用量：内服：煎汤，10～15g。外用：鲜品适量，捣敷患处。（《中华本草》）

2. 药剂药方：

（1）治疗阑尾肿瘤。

败酱草、金银花、生薏苡仁、紫花地丁各30g，半枝莲15g，莪术、三棱各9g，水煎服。（《肿瘤的诊断与防治》）

（2）治疗肝癌、胃癌、肠癌、白血病。

仙鹤草、白毛藤各25g，败酱根50g，水煎服，每日1剂。（《汉方总集》）

（3）治疗子宫颈癌。

①仙鹤草、败酱草各50g，水煎服，每日1剂。（《实用抗癌验方》）

②黄药子、夏枯草各60g，草河车、白鲜皮、败酱草各120g，常规制成片剂，每片重0.5g。口服，每次3～4片，每日3次。（《光明中医》2009年第11期）

（4）治疗多种癌症。

黄独、草河车各60g，山豆根、败酱草、白鲜皮、夏枯草各120g，共研为细末制丸，每丸重约6g。口服，每次1～2丸，每日2～3次，温开水送下。（《抗癌中药大全》）

245 冬瓜

冬瓜（*Benincasa hispida*），别名白瓜、水芝、濮瓜、枕瓜，为葫芦科一年生蔓生或架生草本植物。茎被黄褐色硬毛及长柔毛；叶柄粗壮，被黄褐色的硬毛和长柔毛，叶片肾状近圆形，5～7浅裂或有时中裂，裂片宽三角形或卵形；雌雄同株，花单生，雄花花萼筒宽钟形，花冠黄色，辐状，雌花花冠黄色，密生黄褐色茸毛状硬毛；果实长圆柱状或近球状，大型，有硬毛和白霜，种子卵形。花果期在夏秋季。

【生境　分布】喜温耐热，对低温极敏感；耐旱能力较差，但水分过多又易烂根；矿壤土或黏壤土均可栽培。潮汕各地均有分布。

【主要化学成分】含腺嘌呤、β－谷固醇、羽扇豆醇、十三烷醇、甘露醇、鼠李糖、葫芦素、葫芦巴碱、组氨酸、维生素 B$_1$、维生素 C、维生素 E、脂肪油、瓜氨酸、蛇麻脂醇、蛋白质、糖类、粗纤维、钙、磷、铁、胡萝卜素、硫胺素、核黄素、烟酸等。

【抗癌药理作用】冬瓜仁的乙醇提取物对小鼠肉瘤 S180 有微弱的抗癌作用，抑制率为 20.7%。冬瓜子的热水提取物抗动物移植性肿瘤活性较高，对小鼠肉瘤 S180 的抑制率为 88.7%，而且未见有任何毒性反应。冬瓜仁被人体吸收后可诱导体内产生干扰素，产生免疫调节活性，增强对癌细胞的免疫能力。

【性味归经】甘、凉；入肺、肾经；润肺化痰、消痈利水；用于治疗痰热咳嗽、肺痈、肠痈、淋病、水肿、脚气、痔疮、白浊、带下。

【毒性】无毒。

【抗癌应用】

1. 用法用量：内服：煎汤，60～120g，或煨。外用：适量，捣敷，或煎水洗，冬瓜皮 9～30g。《中华本草》

2. 药剂药方：

（1）治疗肺癌。

冬瓜子、苇茎、薏苡仁各 30g，桃仁、生天南星、山慈母、丹参各 15g，枳壳 12g，三七粉 3g（冲服），水煎服，每日 1 剂，连服 7～20 剂。（《抗肿瘤中草药彩色图谱》）

（2）治疗直肠癌、结肠癌 。

冬瓜仁 15g，大黄 12g，牡丹皮、桃仁各 9g，芒硝 6g，水煎服。（《抗癌植物药及其验方》）

（3）治疗绒毛膜上皮细胞癌、恶性葡萄胎。

冬瓜仁、赤小豆、鱼腥草、薏苡仁各 30g，败酱草 15g，阿胶、茜草、当归各 9g，甘草 6g，水煎服。（《抗癌植物药及其验方》）

246 西瓜

西瓜（*Citrullus lanatus*），别名寒瓜，为葫芦科一年生蔓性草本植物。茎细弱，匍匐，略具5棱，卷须2分叉；叶互生，三角状卵形、广卵形等，3深裂或近3全裂，裂片再作不规则羽状深裂或2回羽状分裂；花单性，同株，单生于叶腋，雄花花冠合生成漏斗状，上部5深裂，雌花较雄花大，花萼、花冠和雄花相似；瓠果近圆形或长椭圆形，种子多数，扁平，略呈卵形。花期为6~7月，果期为7~10月。

【生境　分布】分布于潮汕各地。

【主要化学成分】含瓜氨酸、α－氨基－β－丙酸、α－氨基丁酸、γ－氨基丁酸、谷氨酸、精氨酸、磷酸、苹果酸、乙二醇、甜菜碱、腺嘌呤、果糖、葡萄糖、蔗糖、盐类（主为钾盐）、维生素C、β－胡萝卜素、γ－胡萝卜素、西红柿烃、六氢西红柿烃、天门冬氨酸、赖氨酸、丙氨酸等。

【抗癌药理作用】同属植物药西瓜（*Citrullus colocynthis*）的瓜瓤浸出物已被发现有抗癌活性。药西瓜成分葫芦素E在体内对肉瘤S180（SA）和Ehrlich癌的生长有抑制作用，在体外对人体癌细胞有细胞毒活性。

【性味归经】甘、寒；入心、胃经；清热解暑、除烦止渴、利小便；用于治疗暑热烦渴、热盛伤津、小便不利、喉痹、口疮。

【毒性】无毒。

【抗癌应用】

1. 用法用量：15~30g。

2. 药剂药方：

治疗食管癌：西瓜瓤5000g，桑叶500g，鲜芦根、大梨各1000g，苏子90g，莱菔子120g，煎水收膏。霜降前埋地下约1m深，次年春天取出滤汁备用。每晚睡前服，每次50ml。（《实用抗癌验方》）

247 甜瓜

甜瓜（*Cucumis melo*），别名香瓜，为葫芦科一年生攀缘或匍匐草本植物。茎上具深槽，卷须先端卷曲或攀缘他物，具刺毛；叶互生，叶片圆形或近肾形，掌状 3 或 5 浅裂；花单性同株，单生于叶腋，雄花具长梗，雌花梗较雄花梗短；瓠果肉质，一般为椭圆形，果皮通常黄白色或绿色，芳香，种子多数，扁长卵形。花期为 6～7 月，果期为 7～8 月。

【生境　分布】原产于印度、非洲热带沙漠地区，大约在北魏时期随着西瓜一同传到中国，明朝开始广泛种植。现在我国各地普遍栽培。潮汕各地均有栽培。

【主要化学成分】含钙、磷、铁、胡萝卜素、硫胺素、核黄素、烟酸、维生素 C、亚油酸、油酸、棕榈酸、甘油酸、卵磷脂、胆固醇、球蛋白、谷蛋白、乳糖、葡萄糖、甜瓜素、葫芦素 B、葫芦素 E、柠檬酸等。

【抗癌药理作用】

1. 葫芦素有较强的细胞毒作用，其中葫芦素 B 对细胞培养中的细胞毒活性（半数有效量），对人鼻咽癌细胞为 0.005μg/ml，对 HeLa 细胞为 0.005μg/ml；葫芦素 E 对癌细胞的半数有效量，对人鼻咽癌细胞为 0.01μg/ml，对 HeLa 细胞为 0.05～0.01μg/ml，显然葫芦素 B 的抗肿瘤活性作用更强。

2. 体内实验显示葫芦素 B 对小鼠肉瘤 S180 生长的抑制率为 21%～55%，对生肿瘤 Ehrlich 的小鼠存活延长率为 30%～33%；葫芦素 E 对小鼠肉瘤 S180 生长的抑制率为 40%～42%，对小鼠肿瘤 Ehrlich 的抑制率为 29%～73%。

3. 甜瓜茎所含成分葫芦素对小鼠肉瘤 S180、小鼠肿瘤 Ehrlich 有抑制作用。

4. 甜瓜皮所含成分葫芦素对小鼠肉瘤 S180 有抑制作用。本品经体外实验证明其对癌细胞生长有抑制作用。

【性味归经】甘、寒；入心、胃经；清暑热、解烦渴、利小便；主暑热烦渴、小便不利、暑热下痢腹痛。

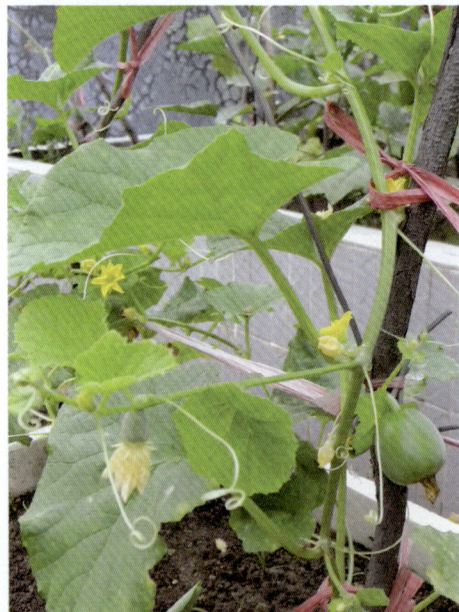

【毒性】瓜蒂有毒。

【抗癌应用】

1. 用法用量：内服：适量；生食或煎汤或研末。（《中华本草》）

2. 药剂药方：

（1）治疗胃癌。

干燥的果皮 150g，研成细末，每次水调 9～18g，服下，每日 3 次。（《中草药通讯》1974 年第 6 期）

（2）治疗胃癌、膀胱癌、子宫颈癌。

甜瓜鲜根、鲜藤条各 120g，松木 60g，水煎服，每日 1 剂。（《中草药通讯》1974 年第 6 期）

（3）治疗皮肤癌、胃癌、膀胱癌、子宫颈癌。

将从新鲜的甜瓜果皮取得的汁液敷于肿瘤。（《抗癌食药本草》）

（4）治疗皮肤癌。

将从新鲜的甜瓜果皮中压得的液汁，再加以一半量粉碎成细粉的干品，调成糊状，外敷，每日换 2 次。（《抗癌本草》）

（5）治疗鼻咽癌。

甘遂末、甜瓜蒂各 3g，硼砂、飞辰砂各 1.5g，研末，每次 0.5g，每日 2 次，吹入鼻内，切勿入口。（《实用抗癌药膳》）

248 黄瓜

黄瓜（*Cucumis sativus*），别名青瓜、吊瓜、刺瓜，为葫芦科一年生攀缘状草本植物。茎细长，被刺毛，具卷须；单叶互生，叶片三角状广卵形，掌状3~5裂，裂片三角形；花单性，雌雄同株，雄花1~7朵，腋生，雌花1朵单生，或数朵并生，花冠黄色，5深裂，裂片椭圆状披针形；瓠果圆柱形，幼嫩时青绿色，老则变黄色，种子椭圆形，扁平，白色。花期为6~7月。果期为7~8月。

【生境　分布】潮汕各地均有栽培。

【主要化学成分】含葡萄糖、甘露糖、芦丁、异槲皮苷、咖啡酸、绿原酸、多种氨基酸、维生素B$_2$、维生素C、葫芦素A、葫芦素B、葫芦素C、葫芦素D、蛋白质、脂肪、钙、磷、铁、胡萝卜素、硫胺素、核黄素、烟酸、鼠李糖、半乳糖、果糖等。

【抗癌药理作用】本品所含葫芦素C在动物实验中有抗肿瘤作用。本品在体外实验中对癌细胞生长有抑制作用。

【性味归经】甘、苦、凉；入肺、脾、大肠经；清热解毒、利水消肿；用于治疗咽喉肿痛、烫火伤、火眼、四肢浮肿。

【毒性】小毒。

【抗癌应用】

1. 用法用量：内服：煮熟或生啖。外用：浸汁、制霜或研末调敷。（《中药大辞典》）

2. 药剂药方：

（1）预防癌症。

黄瓜汁、胡萝卜汁适量，每日饮用。（《抗癌植物药及其验方》）

（2）预防食管癌。

黄瓜凉拌食之，常服。（《抗癌植物药及其验方》）

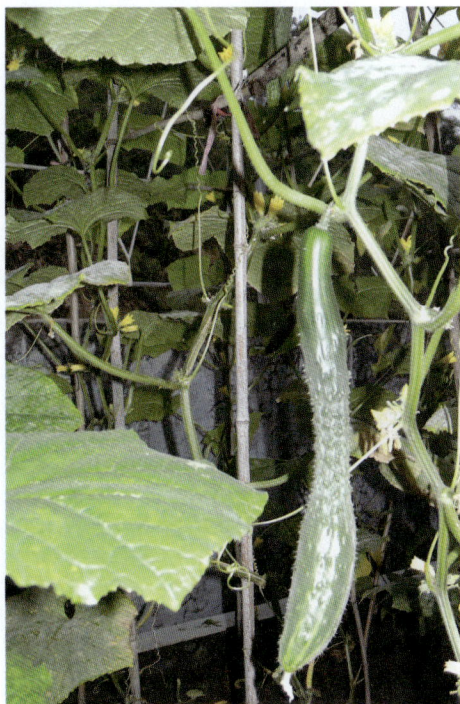

249 南瓜

　　南瓜（*Cucurbita moschata.*），别名番瓜，为葫芦科一年生蔓生草本植物。茎常节部生根，密被白色短刚毛；叶柄粗壮，被短刚毛，叶片宽卵形或卵圆形，有5角或5浅裂；雌雄同株，雄花单生，花萼筒钟形，花冠黄色，钟状，雌花单生；果梗粗壮，有棱和槽，瓠果形状多样，因品种而异，种子多数。花期为5~7月，果期为7~9月。

　　【生境　分布】原产于亚洲南部。潮汕各地均有栽培。

　　【主要化学成分】含瓜氨酸、粗氨酸、天冬酰胺、葫芦巴碱、腺嘌呤、维生素B、维生素C、葡萄糖、蔗糖、戊聚糖、α-胡萝卜素、β-胡萝卜素、叶黄素、蒲公英黄素、玉蜀黍黄质、黄体呋喃素、异堇黄质、蛋白质、脂肪、粗纤维、钙、磷、铁、核黄素、烟酸等。

　　【抗癌药理作用】南瓜中含有一种能够分解致癌物亚硝胺的酵素，可以消除亚硝胺的致癌作用，从而可减少消化系统癌症的发生率。南瓜中所含的胡萝卜素较高，胡萝卜素被人体吸收后，在肝脏内可转变成维生素A，维生素A能抑制癌细胞的增长，使正常组织恢复功能。

　　【性味归经】甘、温；入脾、胃经；补中益气、解毒止痛、杀虫；用于治疗眩晕、消渴、胁痛。

　　【毒性】小毒。

　　【抗癌应用】

1. 用法用量：内服：蒸煮或生捣汁。外用：适量，捣敷。（《中华本草》）

2. 药剂药方：

（1）治疗肺癌、肝癌疼痛。

南瓜肉煮熟，碾细，摊于布上，敷贴患处。（《抗癌植物药及其验方》）

（2）治疗肺癌。

南瓜藤1500~2500g，水煎，在2~3日内服完。（《中医肿瘤》）

250 葫芦

葫芦（*Lagenaria siceraria*），别名蒲芦、抽葫芦、壶芦，为葫芦科一年生攀缘草本植物。茎、枝具沟纹，被黏质长柔毛；叶柄纤细，叶片卵状心形或肾状卵形，不分裂或 3 ~ 5 裂；雌雄同株，雌、雄花均单生，雄花花冠黄色，裂片皱波状，雌花花萼和花冠似雄花；果实初为绿色，后变白色至淡黄色，由于长期栽培，果形变异很大，种子白色，倒卵形或三角形。花期在夏季，果期在秋季。

【生境 分布】潮汕各地均有栽培。

【主要化学成分】含瓜氨酸、葫芦素、22 - 脱氧葫芦素、22 - 脱氧葫芦素 D、糖类、脂肪、蛋白质等。

【抗癌药理作用】

1. 葫芦素对小鼠肉瘤 S180 生长的抑制率为 21% ~ 55%；葫芦素 D 的抑制率为 50% ~ 56%；葫芦素 E 的抑制率为 40% ~ 42%；葫芦素 I 的抑制率为 5% ~ 44%；其他几种葫芦素亦有抗癌活性作用。

2. 葫芦素 B、葫芦素 D 对人体外 KB 细胞与海拉瘤细胞均有明显的抑制作用，对瓦克癌和艾氏腹水癌细胞的呼吸及无氧酵解有抑制作用。

【性味归经】苦、平；入肾、膀胱经；利水消肿、凉血止血；用于治疗水肿鼓胀、痔漏下血、血崩、带下。

【毒性】有毒。

【抗癌应用】

1. 用法用量：0.5 ~ 1 两。（《全国中草药汇编》）

2. 药剂药方：

（1）治疗鼻咽癌。

陈葫芦烧灰存性，研末，加入少许麝香、冰片混匀。每次少许吹入鼻中，每日数次。（《抗癌本草》）

（2）治疗肝癌。

陈葫芦瓢 50g，醋炒丹参 25g，蜈蚣 2 条，炒车前子 30g（包），炒大黄 10g（后下），川牛膝 15g，水煎取汁，每日 1 剂。（《实用抗癌验方》）

（3）治疗乳腺癌。

葫芦蒂 120g，盐水炒干研末，口服，每次 9g，每日 1 次，饭前黄酒冲服。（《一味中药巧治病》）

（4）治疗癌性胸腹水。

葫芦 15 ~ 30g，水煎服。（《中医肿瘤学》）

251　丝瓜

　　丝瓜（*Luffa cylindrica*），别名秋瓜、水瓜，为葫芦科一年生攀缘草本植物。茎有纵棱；单叶互生；叶片三角状近圆形或宽卵形，掌状 3~7 裂；花雌雄同株，雄花成总状花序，花生于总花梗的顶端，雌花单生，花冠黄色，5 深裂，辐状；瓠果圆柱状，直或稍弯，有纵向条纹或浅槽，种子长卵形，边缘有狭翅。花期为 5~7 月，果期为 6~9 月。

　　【生境　分布】为栽培植物，多栽培于田间或宅旁墙角等地；潮汕各地均有栽培。
　　【主要化学成分】含皂苷、丝瓜苦味质、瓜氨酸、葫芦素、木聚糖脂、甘露聚糖、半乳聚糖、蛋白质、维生素 B、维生素 C 等。
　　【抗癌药理作用】本品（丝瓜络）所含物质能抑制 S180 瘤株的生长。丝瓜子所含葫芦素 B 在体内实验表明其对肉瘤 S180（SA）的生长有抑制作用；体外实验表明其对人体癌细胞有细胞毒活性。
　　【性味归经】甘、平；入肺、肝、胃经；通络、活血、祛风；用于治疗痹痛拘挛、胸胁胀痛、乳汁不通。

　　【毒性】无毒。
　　【抗癌应用】
　　1. 用法用量：内服：煎汤，9~15g，鲜品 60~120g；或烧存性为散，每次 3~9g。外用：适量，捣汁涂，或捣敷，或研末调敷。（《中华本草》）
　　2. 药剂药方：
　　（1）治疗食管癌、贲门癌。
　　丝瓜络、党参各 15g，三七 1.5g（研冲），丁香 6g，茯苓、黄药子各 12g，法半夏 9g，陈皮 10g，黄芪 30g，甘草 4g，水煎服，每日 1 剂，分多次服，连服 7~20 剂。（《抗肿瘤中草药彩色图谱》）
　　（2）治疗鼻咽癌。
　　丝瓜藤近根 10~15cm，烧存性，研为细末，酒调服之，每次 1g，每日 2 次。（《抗癌植物药及其验方》）
　　（3）治疗甲状腺癌。
　　丝瓜络、夏枯草各 30g，甘草 10g，水煎服，每日 1 剂，早晚分服，1 个月为 1 疗程。（《湖南中医杂志》1986 年第 1 期）

252 苦瓜

苦瓜（*Momordica charantia*），别名珠瓜、凉瓜、烛泪瓜，为葫芦科一年生攀缘草本植物。卷须不分枝；叶大，肾状圆形，通常 5～7 深裂，裂片卵状椭圆形；花雌雄同株，雄花单生，萼钟形，花冠黄色，5 裂，裂片卵状椭圆形，雌花单生；果实长椭圆形，卵形或两端均狭窄，全体具钝圆不整齐的瘤状突起，种子椭圆形，扁平。花期为 6～7 月。果期为 9～10 月。

【生境　分布】喜温暖气候，较耐热，不耐寒，喜湿，但不耐涝；潮汕各地均有栽培。

【主要化学成分】含苦瓜苷、5 - 羟基色胺、谷氨酸、丙氨酸、β - 丙氨酸、苯丙氨酸、脯氨酸、α - 氨基丁酸、瓜氨酸、半乳糖醛酸、果胶、棕榈酸、硬脂酸、油酸、亚油酸、亚麻酸、桐酸、蛋白质、维生素 C、磷、铁等。

【抗癌药理作用】

1. 从苦瓜中提取出来的蛋白质成分，有提高人体免疫功能和抗癌作用。从苦瓜的种子里分得一个对肉瘤 S180 的 DNA 和 RNA 合成有明显抑制作用的新甾苷 memorchara side I。

2. 苦瓜汁中含有一种类似奎宁的蛋白质，能刺激免疫细胞，对患淋巴癌和白血病的小鼠有治疗作用。苦瓜种子中的苦瓜素在浓度为 50μg/ml 时，可完全抑制人的舌癌、喉癌、口腔癌、鼻咽癌细胞及细胞 H35、小鼠黑色素瘤 B16、人绒膜癌 Jar 的生长。

3. 从苦瓜种子里提取的一种胰蛋白酶抑制剂，可抑制肿瘤细胞所分泌的蛋白酶，阻止恶性肿瘤的生长。

【性味归经】苦、寒；入心、脾、胃、肝、肺经；清暑涤热、明目、解毒；用于治疗热病烦渴引饮、中暑、痢疾、赤眼疼痛、痈肿丹毒、恶疮。

【毒性】无毒。

【抗癌应用】

1. 用法用量：内服：煎汤，6～15g，鲜品 30～60g；外用：适量，鲜品捣敷，或取汁涂。(《中华本草》)

2. 药剂药方：

（1）治疗鼻咽癌、口腔癌、舌癌、喉癌。

苦瓜子 30g，水煎服。(《抗癌植物药及其验方》)

（2）治疗癌心烦热。

新鲜苦瓜 150g，水煎服；或新鲜苦瓜 1 条，配蒜、香菜、番茄酱食用。(《抗癌植物药及其验方》)

（3）治疗大肠疼痛。

苦瓜煅为末，不拘量，开水送服。(《滇南草本》)

（4）治疗大肠癌腹泻。

苦瓜大者 1 个，去瓤，捣烂绞汁，每次半杯沸水冲服，每日 2 次。(《食疗本草学》)

253 木鳖子

木鳖子（*Momordica cochinchinensis*），别名土木鳖，为葫芦科多年生粗壮大藤本。具板状根，卷须较粗壮，光滑无毛，不分歧；叶柄粗壮，叶卵状心形或宽卵状圆形，3～5中裂至深裂或不分裂，叶脉掌状；雌雄异株，雄花单生于叶腋或有时3～4朵着生在极短的总状花序梗轴上，花萼筒漏斗状，花冠黄色，裂片卵状长圆形，雌花单生于叶腋，花冠、花萼同雄花；果实卵球形，成熟时红色，肉质，密生刺状突起，种子多数，卵形或方形，干后黑褐色。花期为6～8月，果期为8～10月。

【生境　分布】常生长于海拔450～1100m的山沟、木缘和路旁；潮汕各地均有分布。

【主要化学成分】含木鳖子酸、丝石竹皂苷元、齐墩果酸、α-桐酸、固醇、棉根皂苷元等。

【抗癌药理作用】木鳖子试管内对白血病细胞有明显的抑制活性。木鳖子不乙醇提取物对小鼠肉瘤S180（腹水型）抑制率为21.8%。

【性味归经】苦、微甘；入肝、脾、胃经；散结消肿、祛毒；用于治疗痈肿、疔疮、瘰疬、痔疮、无名肿毒、癣疮、风湿痹痛、筋脉拘挛。

【毒性】有毒。

【抗癌应用】

1. 用法用量：0.9～1.2g；外用适量，研末，用油或醋调涂患处。（《中国药典》）

2. 药剂药方：

（1）治疗皮肤癌。

木鳖子240g，川蜈蚣30条，天花粉、北细辛各9g，蒲黄、白芷各3g，紫草、穿山甲、雄黄各1.5g，白蜡60g，将木鳖子水煮去皮毛，以麻油300g，放入以上各药（除番木鳖、白蜡以外）煎至药枯去渣，然后将木鳖子炸至松黄色（不令其焦黑）捞起，熬成的油加白蜡60g即成，涂敷患处。（《安徽单方验方选集》）

（2）治疗胃癌。

乌柏、枳壳各6g，乌贼骨30g，槟榔15g，三棱、莪术、桃仁、红花、木香、良姜、木鳖子各9g，水煎服。（《抗癌中药大全》）

（3）治疗白血病、脑肿瘤、乳腺癌。

木鳖子、地龙、白胶香、草乌、五灵脂各45g，乳香、没药各22g，麝香9g，黑炭3.5g，共研为细末，加糯米粉糊为小丸。口服，每次3g，每日3次，黄酒送服。（《抗癌植物药及其验方》）

（4）治疗鼻咽癌。

木鳖子0.3g，研末吞服；另用蜀羊泉15g，苍耳子、辛夷、蒲公英、夏枯草、连翘各12g，白芷、川芎、黄芩各3g，半枝莲、牡蛎各30g，全蝎1.5g，水煎服，每日1剂。（《抗癌植物药及其验方》）

254 王瓜

　　王瓜（Trichosanthes cucumeroides），别名假栝楼，为葫芦科多年生攀缘藤本。茎细弱，多分枝，具纵棱及槽，被短柔毛；叶片纸质，轮廓阔卵形或圆形，常3~5浅裂至深裂，先端钝或渐尖，叶基深心形；花雌雄异株，雄花组成总状花序，或1单花与之并生，花萼筒喇叭形，花冠白色，雌花单生，花萼及花冠与雄花相同；果实卵圆形、卵状椭圆形或球形，成熟时橙红色，种子横长圆形，深褐色，表面具瘤状突起。花期为5~8月，果期为8~11月。

　　【生境　分布】生长于海拔250~1700m的山谷森林中或山坡疏林中或灌丛中；潮汕各地均有分布。

　　【主要化学成分】含β-胡萝卜素、番茄烃、7-豆固烯-3β-醇、α-菠菜固醇、壬酸、癸酸、月桂酸、肉豆蔻酸、十五酸、棕榈酸、硬脂酸、棕榈油酸、亚油酸、亚麻酸、山奈苷、山奈酚-3-葡萄糖-7-鼠李糖苷等。

　　【抗癌药理作用】本品所含成分葫芦素已被证明对艾氏腹水癌细胞的呼吸作用及无氧酵解有抑制作用，对肉瘤S180、人子宫颈癌JTC-26均有抑制作用。从王瓜中分离出来的两个糖蛋白，对肺癌细胞有杀灭作用。

　　【性味归经】苦、寒；入心、肾经；清热生津、化瘀、通经；用于治疗痈肿、消渴、噎嗝反胃、乳汁滞少、黄疸、经闭。

　　【毒性】无毒。

　　【抗癌应用】

1. 用法用量：内服：煎汤，9~15g；或入丸、散。外用：适量，捣敷。（《中华本草》）

2. 药剂药方：

（1）治疗大肠癌泻血。

　　王瓜（烧存性）、熟地黄各30g，黄连15g，研末，炼蜜丸（梧桐子大）。每次米汤饮下30丸，每日2次。（《抗癌中药》）

（2）治疗胃癌。

　　王瓜子9g，平胃散末6g，水煎服。（《四川中药志》）

255 栝楼

栝楼（*Trichosanthes kirilowii*），别名药瓜、瓜蒌，为葫芦科瓜攀缘藤本。块根圆柱状，粗大肥厚，富含淀粉，淡黄褐色；茎较粗，多分枝，具纵棱及槽，被白色伸展柔毛；叶片纸质，轮廓近圆形，常3~7浅裂至中裂，叶基心形，基出掌状脉5条；花雌雄异株，雄总状花序单生，或与一单花并生，或在枝条上部者单生，花萼筒状，花冠白色，雌花单生，花冠同雄花；果实椭圆形或圆形，成熟时黄褐色或橙黄色，种子卵状椭圆形，压扁。花期为5~8月，果期为8~10月。

【生境　分布】常生长于海拔200~1800m的山坡林下、灌丛中、草地和村旁田边；潮汕各地均有分布。

【主要化学成分】含皂苷、栝楼酸、安石榴酸、菜油固醇、树脂、脂肪油、色素、糖类、精氨酸、赖氨酸、丙氨盐、缬氨酸、异亮氨酸、亮氨酸、甘氨酸、棕榈酸、木蜡酸、蒙坦尼酸、蜂蜜酸、钾、钠、钙、镁、铜、锌、铁、钼、铬等。

【抗癌药理作用】瓜蒌煎剂在体外（玻片法）能杀死小鼠腹水癌细胞。瓜蒌皮的体外抗癌效果比瓜蒌仁的好，且以60%乙醇提取物作用最强。从瓜蒌皮的醚浸出液中得到的类白色非晶体粉末也有体外抗癌作用。

【性味归经】甘、微苦、寒；入肺、胃、大肠经；清热涤痰、宽胸散结、润燥滑肠；用于治疗肺热咳嗽、痰浊黄稠、胸痹心痛、结胸痞满、乳痈、肺痈、肠痈肿痛、大便秘结。

【毒性】有毒。

【抗癌应用】

1. 用法用量：9~15g。（《中国药典》）

2. 药剂药方：

（1）治疗乳腺癌。

①全瓜蒌90g，牡丹皮、金银花、露蜂房、蛇蜕、全蝎各60g，共研磨为细粉，水泛为丸，如绿豆大小。每次服3~6g，每日3次，黄芪煎水送下，或温水送下。（《癌瘤中医防治研究》）

②瓜蒌一个，当归、甘草各15g，乳香3g，没药8g，水煎服，每日1剂；或将上药共研为细末，口服，每次5g，每日3次。（《中医肿瘤学》）

③瓜蒌60g，官桂、紫花地丁、蒲公英、远志各10g，黄芪、夏枯草、金银花、薤白、白芷、桔梗各15g，穿山甲珠、赤芍、花粉、甘草各6g，当归30g，文火水煎，口服，每日1剂，分3次饭后服。另用五灵脂、雄黄、马钱子、阿胶各等份，研细末，用麻油调匀，外敷于肿块上。（《肿瘤的防治》）

（2）治疗乳腺肿瘤、乳腺纤维瘤。

瓜蒌25个，全蝎160g，瓜蒌开孔，分别装入全蝎，放瓦上焙存性。研细末。每次服3g，每日服3次，温开水送下，连服1个月。（《抗癌中药大全》）

（3）治疗肺癌。

全瓜蒌190g，生薏苡仁100g，当归、黄芪、穿山甲、丹参、鱼腥草、生牡蛎、天冬、麦冬各30g，半夏、胆南星、地骨皮、三棱、莪术各15g，枳壳、全蝎、薤白各10g，水煎服，每日1剂。（《抗癌中药大全》）

（4）治疗胰腺癌。

全瓜蒌、菝葜、黄药子、白花蛇舌草各30g，广木香9g，水煎服，每日1剂。（《实用抗癌验方1000首》）

（5）治疗皮肤湿疹样乳头癌。

黄芪、金银花、当归各30g，瓜蒌50g，柴胡20g，炮山甲、青皮、陈皮、甘草各9g，水煎服，每日1剂。（《中医杂志》1982年第4期）

（6）治疗纵隔恶性肿瘤。

全瓜蒌180g，生薏苡仁100g，黄芪、茯苓、丹参、半夏、天冬、穿山甲各30g，薤白、莪术、地鳖虫、水蛭各10g，甘草6g，水煎服，每日1剂。（《江苏中医》1992年第8期）

（7）治疗多种癌症。

瓜蒌经水提取制片，每片重0.5g，内含药量相当于生药5g。口服，每次2片，每日3次。（《抗癌中药一千方》）

256　羊乳

羊乳（*Codonopsis lanceolata*），别名山海螺、四叶参、乳树、奶树，为桔梗科多年生蔓生草本植物。植株全体光滑无毛或茎叶偶疏生柔毛，茎基略近于圆锥状或圆柱状；根常肥大呈纺锤状而有少数细小侧根；茎缠绕，常有多数短细分枝；叶在主茎上的互生，披针形或菱状狭卵形，在小枝顶端通常 2~4 叶簇生，而近于对生或轮生状，叶片菱状卵形、狭卵形或椭圆形；花单生或对生于小枝顶端，花冠阔钟状，黄绿色或乳白色内有紫色斑；蒴果下部半球状，种子多数，卵形，有翼，细小，棕色。花果期为 7~8 月。

【生境　分布】生长于山坡、林缘、河谷两边等较阴湿的地方；潮汕各地均有分布。

【主要化学成分】含三萜皂苷、羊乳皂苷 A、羊乳皂苷 B、羊乳皂苷 C、芹菜素、木犀草素、α-菠菜固醇、齐墩果酸、合欢酸、大叶合欢酸、淀粉、橡胶、树脂、维生素、17 种人体必需的氨基酸、胡萝卜素、钙、磷、铁等。

【抗癌药理作用】对小鼠移植肉瘤 S180 有抑制活性作用。体外实验证明羊乳有抗癌作用。

【性味归经】甘、辛、平；入肺、大肠、肝经；排脓生肌、解毒消肿、祛痰散结、催乳；用于治疗乳痈、肺痈、肠痈、恶疮、喉蛾、肿毒、瘰疬痰核、乳汁不通。

【毒性】无毒。

【抗癌应用】

1. 用法用量：内服：煎汤，0.5~1.5 两（鲜品 1.5~4 两）。外用：捣敷。（《中药大辞典》）

2. 药剂药方：

（1）治疗甲状腺癌。

山海螺 30g，夏枯草、海藻、昆布、皂角刺、炮穿山甲各 9g，牡丹皮、山慈姑各 6g，白芥子 2.4g，水煎服。（《中草药防治肿瘤手册》）

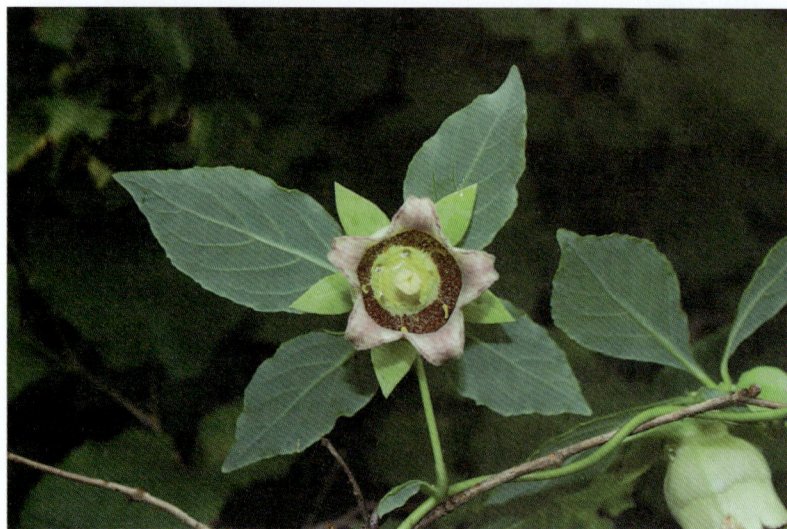

（2）治疗乳腺癌。

炮穿山甲、皂角刺、海藻、枸橘李、王不留行、夏枯草、制香附、仙灵脾、丝瓜络各 9g，山海螺 30g，水煎服，每日 1 剂，分 2 次服。另每次吞服小金丹 2 粒，每日 2 次。（《浙江中医学院学报》1981 年第 2 期）

（3）治疗肺癌。

野荞麦根、水杨梅根、千金拔、鱼鳖草、山海螺各 30g，云母石 15g，儿茶 9g，咳嗽加铁树叶 30g，痰多加黛蛤散 15g。水煎服，每日 1 剂。（《抗癌良方》）

257   党参

党参（*Codonopsis pilosula*），别名黄参、防党参、上党参，为桔梗科多年生草本植物。根常肥大呈纺锤状或纺锤状圆柱形；茎基具多数瘤状茎痕，茎缠绕，有多数分枝；叶在主茎及侧枝上的互生，在小枝上的近于对生，叶片卵形或狭卵形；花单生于枝端，花冠上位，阔钟状，黄绿色，内面有明显紫斑；蒴果下部半球状，上部短圆锥状，种子多数，卵形，棕黄色，光滑无毛。花期为8～9月，果期为9～10月。

【生境　分布】生于山地灌木丛中及林缘。潮汕各地均有分布。

【主要化学成分】含α-菠菜固醇、豆固醇、α-菠菜固酮、豆固酮、菊糖、果糖、胆碱、党参酸、烟碱、己酸、庚酸、辛酸、壬酸、月桂酸、壬二酸、肉豆蔻酸、十五酸、正十五烷、正十七烷、十四酸甲酯、辛酸甲酯、蒲公英萜醇、乙酰蒲公英萜醇、木栓酮、苍术内酯、丁香醛、香荚兰酸、党参内酯、铁、锌、铜、锰、天冬氨酸、苏氨酸、丝氨酸、谷氨酸等。

【抗癌药理作用】经动物体内实验证实本品对肿瘤有抑制作用，党参不仅使实验动物开始死亡时间推迟，平均存活时间延长，且使动物半数死亡时间（LT50）和全部死亡时间均延长。

【性味归经】甘、平；入肺、脾经；用于治疗脾胃虚弱、气血两亏、体倦无力、食少、口渴、久泻、脱肛。

【毒性】无毒。

【抗癌应用】

1. 用法用量：9～30g。（《中国药典》）

2. 药剂药方：

（1）治疗胃癌。

党参、枸杞子、女贞子各15g，白术、菟丝子、补骨脂各9g，水煎服，每日1剂，分2次服用。（《抗癌中药大全》）

（2）治疗食管癌。

党参、白术、枸杞子、制首乌各15g，熟地黄、山茱萸、茯苓各12g，水煎服，每日1剂，20日为1疗程。（《抗癌中药大全》）

（3）治疗癌症。

生黄芪、潞党参、白花蛇舌草、半枝莲各30g，虎杖、绞股蓝、茯苓各15g，陈皮6g，甘草5g，水煎服，每日1剂。（《抗癌中药大全》）

258 半边莲

半边莲（*Lobelia chinensis*），别名急解索、单片莲、半畔花、半畔莲，为桔梗科多年生草本植物。根茎短粗，生出簇生的须状根；茎直立，四棱形，不分枝或具或多或少的分枝；叶具短柄或近无柄，叶片三角状卵圆形或卵圆状披针形；花单生于茎或分枝上部叶腋内，花萼开花时长约 2mm，结果时长 4.5mm，花冠紫蓝色，冠檐 2 唇形，上唇盔状，下唇中裂片梯形；蒴果倒锥状，种子椭圆状。花期为 5~8 月，果期为 8~10 月。

【生境　分布】生长于稻田岸畔、沟边或潮湿的荒地；潮汕各地均有分布。

【主要化学成分】含生物碱、黄酮苷、皂苷、氨基酸。

【抗癌药理作用】半边莲碱浓度为 15mcg/ml 时，可阻止小鼠腹水癌细胞对氧的摄取。由海拉瘤细胞单层培养法筛选结果可知，半边莲有抗癌活性作用。体内实验证明本品对小鼠肉瘤 S37 有抑制作用。

【性味归经】辛、平；入心、小肠、肺经；利尿消肿、清热解毒；用于治疗大腹水肿、胸水、面足浮肿、痈肿疔疮、蛇虫咬伤、晚期血吸虫病腹水。

【毒性】无毒。

【抗癌应用】

1. 用法用量：内服：煎汤，0.5~1 两，或捣汁服。外用：捣敷或捣汁调涂。（《中药大辞典》）

2. 药剂药方：

（1）治疗肝癌。

①玉簪根 15g，薏苡仁、半边莲、半枝莲各 50g，水煎服，每日 1 剂。（《抗癌中药大全》）

②半边莲、半枝莲、石见穿、石打穿各 30g，水煎服。（《抗癌中草药制剂》）

③鲜半边莲捣烂后制成泥罨剂，贴于肝区。（《抗癌中草药制剂》）

（2）治疗胃癌。

瓦楞子 25g，半边莲、楤木各 50g，水煎服，每日服 2 次。（《癌症秘方验方偏方大全》）

（3）治疗口腔癌。

半边莲 30g，煎水当茶喝，连喝 1 个月。（《草药手册》）

（4）治疗消化道癌症。

半边莲、半枝莲、石见穿各 30g，水煎服，每日 1 剂。（《实用抗癌药物手册》）

（5）治疗肺癌。

白花蛇舌草、胜红蓟、夜香牛、半边莲各 30g，水煎服。（《癌症秘方验方偏方大全》）

（6）治疗鼻咽癌。

半边莲、鲜老鹳草各 60g，水煎服。（《抗癌中药大全》）

（7）治疗眼睑癌。

半边莲、半枝莲、白花蛇舌草、仙鹤草各 90g，七叶莲、藤梨根各 45g，山豆根、玄根、白英各 30g，水煎服，每日 1 剂，分 2 次服用。（《抗癌中药大全》）

（8）治疗肾癌。

半边莲 120g，水煎服，每日 1 剂。（《肿瘤的诊断和防治》）

259 桔梗

桔梗（*Platycodon grandiflorus*），别名包袱花、铃铛花、道拉基，为桔梗科多年生草本植物。茎，通常无毛，不分枝，极少上部分枝；叶轮生、对生或互生，叶片卵形，卵状椭圆形至披针形；花单朵顶生，或数朵集生于枝顶，花萼筒部半圆球状或圆球状倒锥形，蓝色或紫色，花冠钟形，蓝紫色或蓝白色，裂片数量为5；蒴果球状或倒卵状。花期为7~9月。

【生境　分布】生长于山坡、草丛或沟旁；潮汕各地均有分布。

【主要化学成分】含远志酸、桔梗皂苷元、葡萄糖、菠菜固醇、白桦脂醇、菊糖、桔梗聚糖、桔梗酸 A、桔梗酸 B、桔梗酸 C、飞燕草素等。

【抗癌药理作用】

1. 本品所含的桦木醇400mg/kg 对大鼠瓦克癌 W256 肌注肿瘤系统（SWA16），有边缘抗肿瘤活性。本品可以延长移植肿瘤动物的生命。桔梗乙醇提取物对小鼠肉瘤（腹水型）抑制率为72.9%，水提取物抑制率为37.4%。

2. 桔梗菊粉给 ICR 系雄性小鼠于1周中间日灌胃，然后接种艾氏腹水癌细胞，接种于腹股沟后30日每日口服或腹腔注射菊粉组分，测定当时肿瘤重量，与对照组比较，其抑制率达30%~40%。本品对腹水型肿瘤小鼠也有相同的抑制作用。

【性味归经】苦、辛、平；入肺经；宣肺、祛痰、利咽、排脓；用于治疗咳嗽痰多、胸闷不畅、咽痛、音哑、肺痈吐脓、疮疡脓成不溃。

【毒性】小毒。

【抗癌应用】

1. 用法用量：3~9g。（《中国药典》）

2. 药剂药方：

（1）治疗肺癌。

桔梗9g，北沙参、麦冬、海藻各12g，太子参 15g，鱼腥草、白英各 30g，水煎服。（《抗癌植物药及其验方》）

（2）治疗脑肿瘤。

桔梗、山豆根末各2g，枳实、白芍各5g，研末，加鸡蛋黄1个搅拌混合，用开水冲服。（《抗癌植物药及其验方》）

260 黄花蒿

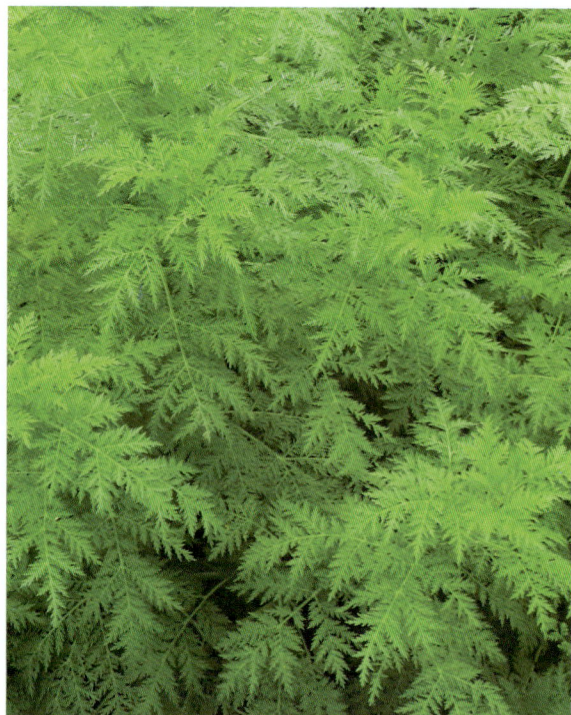

黄花蒿（Artemisia annua），别名青蒿，为菊科一年生草本植物。植株有浓烈的挥发性香气；根单生；茎单生，有纵棱，幼时绿色，后变褐色或红褐色，多分枝；叶纸质，绿色，3至4回栉齿状羽状深裂，基部有半抱茎的假托叶；头状花序球形，多数，花深黄色，雌花有10~18朵，花冠狭管状，两性花10~30朵，花冠管状；瘦果小，椭圆状卵形，略扁。花果期为8~11月。

【生境　分布】生长于河岸、路边、砂地、山坡及旷野；潮汕各地均有分布。

【主要化学成分】含青蒿素、青蒿内酯Ⅰ、青蒿内酯Ⅱ、青蒿酸、青蒿醇、青蒿酸甲酯、环氧青蒿酸、棕榈酸、香豆素、挥发油、莨菪亭、蒿酮、异蒿酮、桉叶素、左旋樟脑、β-半乳糖苷酶、β-葡萄糖苷酶、β-谷固醇、豆固醇、半纤维素、纤维素、木质素、蛋白质等。

【抗癌药理作用】60g（生药）/kg 口服 14~20天，对小鼠移植性肿瘤 U14、肉瘤 S180 和肉瘤 L1 生长的抑制率均为 25%。青蒿干品，加 60 倍水煎煮，趁热过滤，滤液减压蒸干，500μg/ml 剂量在体外对 JTC-26 肿瘤的抑制率为 70%~90%。

【性味归经】苦、辛、寒；入肝、胆经；清热解暑、除蒸、截疟；用于治疗暑邪发热、阴虚发热、夜热早凉、骨蒸劳热、疟疾寒热、湿热黄疸。

【毒性】无毒。

【抗癌应用】

1. 用法用量：内服：煎汤，6~15g，治疟疾可用 20~40g，不宜久煎；鲜品用量加倍，水浸绞汁饮，或入丸、散。外用：适量，研末调敷，或鲜品捣敷，或煎水洗。

2. 药剂药方：

（1）治疗各种癌症。

青蒿 10~15g，加 300ml 水，煎煮液分 3 次服，可长期服用。(《抗癌本草》)

（2）治疗癌性低热。

青蒿、白薇、地骨皮、黄芩各 15g，白花蛇舌草 30~60g，水煎服，每日 1 剂。(《上海中医药杂志》1979 年第 3 期)

（3）治疗肠癌。

青蒿、鲜野葡萄根、地榆各 60g，鲜蛇莓 30g。以上各药洗净后，沥干，置热水瓶内，导入沸水浸过药面，浸泡 12 小时，滤出药液，即得。口服，每日 1 剂，供随时饮服，15 日为 1 疗程。(《抗癌中草药制剂》)

261　艾蒿

艾蒿（*Artemisia argyi*），别名祈艾、艾、艾叶、家艾，为菊科多年生草本或略成半灌木状植物。植株有浓烈香气，主根明显，侧根多；茎单生或少数，有明显纵棱，褐色或灰黄褐色；叶厚纸质，上面被灰白色短柔毛，茎下部叶近圆形或宽卵形，羽状深裂，中部叶卵形、三角状卵形或近菱形，上部叶与苞片叶羽状半裂、浅裂或3深裂或3浅裂；头状花序椭圆形，雌花为6～10朵，花冠狭管状，紫色，两性花8～12朵，花冠管状或高脚杯状；瘦果长卵形或长圆形。花果期为7～10月。

【生境　分布】普遍生长于路旁荒野、草地；潮汕各地均有分布。

【主要化学成分】含α－水芹烯、莰烯、α－雪松烯、反式香苇醇、乙酸龙脑酯、榄香醇、异龙脑、α－萜品烯醇、β－石竹烯、香芹酮、α－香树脂醇、β－香树脂醇、无羁萜醇、母菊酮素、汉菲宁、黄酮醇、异泽兰黄素、硅、侧柏醇、芳樟醇、腺嘌呤、胆碱、维生素A、维生素B、维生素C、维生素D、淀粉酶等。

【抗癌药理作用】用豆芽法筛选，证明艾叶有抗肿瘤活性的作用。野艾对HeLa细胞有抑制效果，并对多种移植性肿瘤有抑制作用。

【性味归经】辛、苦、温；入肝、脾、肾经；温经止血、散寒止痛、调经安胎、除湿止痒、通经活络。

【毒性】无毒。

【抗癌应用】

1. 用法用量：内服：煎汤，3～10g；或入丸、散；或捣汁。外用：适量，捣绒作炷或制成艾条熏灸；工捣敷；或煎水熏洗；或炒热温熨。（《中华本草》）

2. 药剂药方：

（1）治疗甲状腺瘤。

①野艾片（片重0.5g，含生药5g），口服，每次3～6片，每日3次。（《抗癌中药大全》）

②鲜艾叶和小麦粉各适量，揉制成团饼，经常服用。（《抗癌中药大全》）

（2）治疗脊髓肿瘤。

艾叶30g，防风、荆芥、白芷、枯矾各9g，水煎去渣取汤洗患处。（《抗癌植物药及其验方》）

（3）治疗胰腺癌。

艾叶、川椒、干姜、白术、猪苓、茯苓、藿香、佩兰各10g，党参、白芍各15g，百合、白花蛇舌草各30g，水煎服。同时用艾叶30g，生草乌25g，布包蒸热，背部外敷。（《抗癌植物药及其验方》）

（4）治疗肺癌。

生艾叶20g，大蒜20瓣，百部、木瓜各12g，陈皮、山豆根、露蜂房、全蝎、生姜各10g，瓦楞子30g，生甘草3g，水煎服。（《抗癌植物药及其验方》）

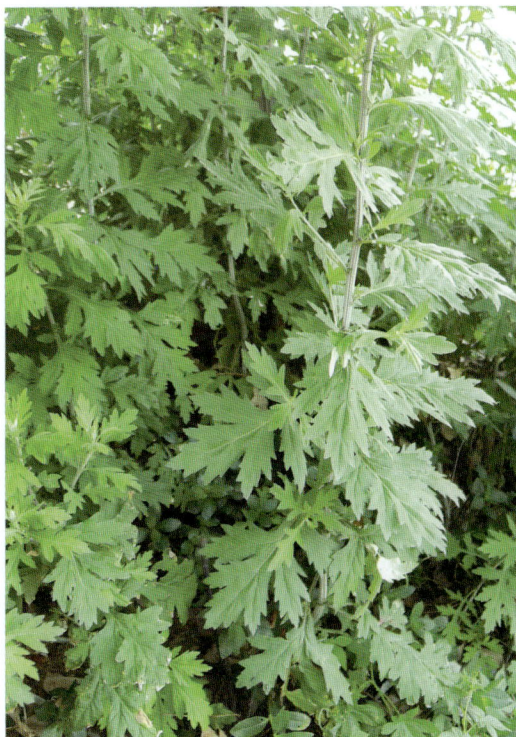

262 茵陈蒿

茵陈蒿（*Artemisia capillaris*），别名茵陈，为菊科多年生草本植物。茎直立，木质化，表面有纵条纹，紫色，多分枝；营养枝上的叶 2~3 回羽状裂或掌状裂，密被白色绢毛，花枝上的叶无柄，羽状全裂；头状花序多数，密集成圆锥状，花杂性，淡紫色，均为管状花；瘦果长圆形，无毛。花期为 9~10 月，果期为 11~12 月。

【生境　分布】多生长于山坡、河岸、沙砾地；潮汕各地均有分布。

【主要化学成分】含香豆精、绿原酸、咖啡酸、β-蒎烯、茵陈炔酮、茵陈烯酮、茵陈炔、茵陈素、硬脂酸、棕榈酸、油酸、亚油酸、花生酸、褐煤酸、氯化钾、侧柏醇、正丁醛、糠醛、甲庚酮、葛缕酮、1，8-桉叶素、侧柏酮、乙酸龙牛儿酯、丁香油酚、冰草烯、肉豆蔻酸、胆碱、水杨酸、壬二酸、蛋白质、脂肪、糖类、胡萝卜素、维生素 B_1、维生素 B_2、维生素 C、钙、磷、铁等。

284

【抗癌药理作用】

1. 茵陈水煎剂在试管内有抗艾氏腹水癌的作用。茵陈煎剂灌胃给药，有抑杀小鼠艾氏腹水癌细胞的作用。其抗肿瘤作用由直接阻碍肿瘤细胞的增殖所致。

2. 本品热水提取物对腹水型肉瘤 S180 的抑制率为 21.6%；乙醇提取物的抑制率为 18.5%。

3. 从茵陈乙醇提取物中可分离出蓟黄素和茵陈色原酮及组分 A、B、F。这些物质在体外能抑制人子宫颈癌 HeLa 细胞的增殖。

【性味归经】苦、辛、微寒；入脾、胃、肝、胆经；清湿热、退黄疸；用于治疗黄疸尿少、湿疮瘙痒、传染性黄疸型肝炎。

【毒性】无毒。

【抗癌应用】

1. 用法用量：6~15g。外用适量，煎汤熏洗。（《中国药典》）

2. 药剂药方：

治疗胰腺癌：①白花蛇舌草、茵陈、土茯苓、茯苓、蒲公英、薏苡仁、三棱、莪术各 30g，天龙 5 条，丹参 24g，炒柴胡、制大黄各 6g，焦山栀 12~15g，广郁金、焦山楂、焦神曲各 12g，牛黄醒消丸 3g（分 2 次吞服），水煎服。（《上海中医杂志》1995 年第 8 期）

②大叶金钱草 20g，茵陈、半枝莲、莪术、石见穿、半边莲各 30g，茯苓 15g，泽泻、皂角刺各 18g，车前子、鸡内金各 12g，蜈蚣 5 条，蟅虫 4g，水煎服，每日 1 剂。（《抗癌中药大全》）

263 鬼针草

鬼针草（*Bidens pilosa*），别名鬼钗草、鬼黄花、婆婆针，为菊科一年生草本植物。茎直立，下部略具四棱；叶对生，二回羽状分裂；头状花序，舌状花通常 1～3 朵，不育，舌片黄色，椭圆形或倒卵状披针形，盘花筒状，黄色，冠檐 5 齿裂；瘦果条形，略扁，具倒刺毛。花期为 8～9 月，果期为 9～11 月。

【生境　分布】生长于村旁、路边及荒地中；潮汕各地均有分布。

【主要化学成分】含金丝桃苷、异奥卡宁 – 7 – O – 葡萄糖苷、奥卡宁、海生菊苷、水杨酸、原儿茶酸、没食子酸、天冬氨酸、苏氨酸、丝氨酸、谷氨酸、甘氨酸、丙氨酸、缬氨酸、蛋氨酸、酪氨酸、苯丙氨酸、赖氨酸、精氨酸、脯氨酸、糖、胡萝卜素、多元酚类、维生素等。

【抗癌药理作用】噬菌体法筛选实验证明本品有抗癌活性作用。体外实验证明本品对癌细胞生长有抑制作用。

【性味归经】苦、平；入肺、胃、大肠、胆经；散瘀消肿、截疟退热、止泻除痢、清热退黄、解虫蛇毒；用于治疗咽喉肿痛、肠痈、噎膈反胃、疟疾、泻痢、黄疸、水肿、蜂蝎毒蛇咬伤。

【毒性】无毒。

【抗癌应用】

1. 用法用量：内服：煎汤，15～30g，鲜品倍量；或捣汁。外用：适量，捣敷或取汁涂；或煎水熏洗。（《中华本草》）

2. 药剂药方：

（1）治疗食管癌。

鬼针草 15～30g，水煎服。（《辨证施治》）

（2）治疗胃癌。

鬼针草、代赭石粉、山药各 30g，旋覆花、蒲黄、五灵脂、三棱、炒枳壳各 10g，知母、黄勺子、怀牛膝各 15g，云茯苓 20g，焦山楂、肉苁蓉各 24g。水浓煎，频频饮服。（《湖北中医杂志》1984 年第 4 期）

264 石胡荽

石胡荽（*Centipeda minima*），别名鹅仔不食草、球仔草、地胡椒，为菊科一年生匍匐状柔软草本。枝多广展；叶互生，叶片小，匙形；头状花序无柄，腋生，花杂性，淡黄色或黄绿色，管状，雌花位于头状花序的外围，多裂，花冠短，两性花数朵，位于头状花序的中央，花冠钟状，顶端4裂；瘦果四棱形，棱上有毛，无冠毛。花期为9～11月。

【生境　分布】生长于田野、路旁湿地、园边等；潮汕各地均有分布。

【主要化学成分】含蒲公英赛醇、蒲公英固醇、山金车烯二醇、豆固醇、谷固醇、黄酮类、挥发油、堆心菊内酯、有机酸等。

【抗癌药理作用】本品所含 Brevelin 显示对大鼠瓦克癌 W256 有抑制作用。所含堆心菊内酯的衍生物也显示有抗癌活性作用。

【性味归经】辛、温；入肺、肝经；祛风散寒胜湿、通鼻窍、止咳；用于治疗风寒头痛、咳嗽痰多、鼻塞不通、鼻流浊涕。

【毒性】无毒。

【抗癌应用】

1. 用法用量：6～9g。外用适量。（《中国药典》）

2. 药剂药方：

（1）治疗喉癌。

鹅仔不食草30g，野菊花15～30g，胖大海、白僵蚕各10g，陈皮15g，水煎服，每日1剂。（《实用抗癌验方1000首》）

（2）治疗鼻咽癌。

鹅仔不食草、白芷、辛夷各6g，鱼脑石4块，冰片4.5g，细辛3g，研极细末，每次少许吸入鼻孔，每日1～2次。（《抗癌植物药及其验方》）

265　刺儿菜

刺儿菜（*Cirsium serosum*），别名小蓟，为菊科多年生草本植物。茎直立；基生叶和中部茎叶椭圆形、长椭圆形或椭圆状倒披针形，通常无叶柄，上部茎叶渐小，椭圆形或披针形，或全部茎叶不分裂，叶缘有细密的针刺，针刺紧贴叶缘，或叶缘有刺齿；头状花序单生茎端，或植株含少数或多数头状花序在茎枝顶端排成伞房花序，小花紫红色或白色；瘦果淡黄色，椭圆形或偏斜椭圆形，压扁。花果期为 5~9 月。

【生境　分布】普遍群生于撂荒地、耕地、路边、村庄附近，为常见的杂草；潮汕各地均有分布。

【主要化学成分】含刺槐素、蒙花苷、金丝桃苷、异山奈素、芹菜素、黄芪苷、芦丁、乙酰蒲公英固醇、蒲公英固醇、β-谷固醇、豆固醇、原儿茶酸、绿原酸、咖啡酸、丁香苷、酪胺、蛋白质、脂肪、糖类、钙、磷、铁、胡萝卜素、维生素 B、维生素 C 等。

【抗癌药理作用】从小蓟中提取出来的 3 种生物碱结晶对小鼠肉瘤 S180 和艾氏腹水癌有一定抑制作用。用 Ames 实验法，采用两次水煎煮所得的浓缩液进行实验，结果发现小蓟有一定抗突变能力。

【性味归经】甘、苦、凉；入心、肝经；凉血止血、祛瘀消肿；用于治疗衄血、吐血、尿血、便血、崩漏下血、外伤出血、痈肿疮毒。

【毒性】无毒。

【抗癌应用】

1. 用法用量：内服：煎汤，5~10g；鲜品可用 30~60g，或捣汁。外用：适量，捣敷。（《中华本草》）

2. 药剂药方：

（1）治疗子宫颈癌。

大蓟、小蓟各 18g，薄荷 9g，水煎服。（《东北中草药手册》）

（2）治疗乳腺癌。

鲜小蓟草（连根）120g，洗净打烂绞汁，用陈酒 60~90g 冲服，每日 2 次。（《癌症秘方验方偏方大全》）

（3）治疗白血病。

鲜蒲公英、鲜小蓟各 250~400g，鲜生地黄 60~100g，水煎服，每日 1 剂，煎 2 次分服。本方为成人量，小儿酌减，连服 1~3 个月。（《抗癌中药大全》）

（4）治疗恶性淋巴瘤。

干小蓟全草 15g，每日煎汤饮服。（《实用抗癌验方》）

（5）治疗各种癌症。

小蓟全草 15g，水煎服。（《抗癌本草》）

266　蓟

蓟（*Cirsium japonicum*），别名大蓟、山老鼠药、山萝卜，为菊科多年生草本植物。茎直立，分枝或不分枝；基生叶较大，卵形、长倒卵形、椭圆形或长椭圆形，羽状深裂或几全裂，自基部向上的叶渐小，与基生叶同形并等样分裂；头状花序直立，总苞钟状，小花红色或紫色，冠毛浅褐色；瘦果压扁。花果期为 4~11 月。

【生境　分布】适生于海拔 400~2100 米的地区，一般生长于荒地、草地、山坡林中、路旁、灌丛中、田间、林缘及溪旁；潮汕各地均有分布。

【主要化学成分】含乙酸蒲公英固醇、豆固醇、α-香树脂醇、β-香树脂醇、β-谷固醇、单紫杉烯、二氢单紫杉烯、四氢单紫杉烯、六氢单紫杉烯、蛋白质、脂肪、糖类、胡萝卜素、维生素 B_2、维生素 C 等。

【抗癌药理作用】体外实验证明本品对肿瘤细胞有抑制作用，抑制率达到 70%~90%。大蓟可全部杀死体外腹水癌细胞。大蓟提取物 β-谷甾体对子宫颈癌 U14 有抑制作用，适用于治疗肾癌、肾盂癌、膀胱癌、前列腺癌。

【性味归经】甘、苦、凉；入心、肝经；凉血止血、祛瘀消肿；用于治疗衄血、吐血、尿血、便血、崩漏下血、外伤出血、痈肿疮毒。

【毒性】无毒。

【抗癌应用】

1. 用法用量：内服：煎汤，5~10g；鲜品可用 30~60g。外用：适量，捣敷。用于止血时宜炒炭用。（《中华本草》）

2. 药剂药方：

（1）治疗子宫体癌。

大蓟根、白英各 30g，蛇果草 15g，随症加减，水煎服，每日 1 剂。（《肿瘤的防治》）

（2）治疗膀胱癌。

①鲜龙葵、猪殃殃、大蓟、小蓟、半边莲各 60g，煎汤代茶饮。另取斑叶兰拌鲜全草生吃，每日 6 株。（《实用抗癌验方》）

②大蓟根、薏苡仁根、蜀羊泉、玉米蕊各 30g，蛇莓 15g，水煎服，每日 1 剂。（《实用抗癌验方 1000 首》）

（3）治疗恶性淋巴瘤。

大蓟根 90g，炖猪精肉，吃肉喝汤，每日 1 次。（《抗癌良方》）

（4）治疗乳腺癌。

用鲜大蓟叶与鸡蛋清搅拌后敷于患处。（《抗癌本草》）

267 野菊花

野菊花（*Dendranthema indicum*），别名山黄菊、土甘菊，为菊科多年生草本植物。全株被白柔毛，茎下部木质，上部分枝；叶互生，具柄，叶片长圆状卵形，羽状深裂；花小，黄色，排列成头状花序，着生在枝条顶端；果实细小，有纵裂纹。花期为 9～11 月，果期为 10～11 月。

【生境　分布】生长于山坡草地、灌丛、河边湿地、海滨盐渍地及田边、路旁、岩石上；潮汕各地均有分布。

【主要化学成分】含菊醇、菊酮、α-蒎烯、樟脑、龙脑、樟烯、野菊花内酯、野菊花素 A、刺槐苷、蒙花苷、菊苷、木犀草素、矢车菊苷、苦味素、α-侧柏酮、廿四烷、廿六烷等。

【抗癌药理作用】体外实验证明本品对肿瘤细胞有抑制作用，抑制率达 70%～90%。其热水提取物对人子宫颈癌 JTC-26 抑制率达 90% 以上。野菊对小鼠艾氏腹水癌有明显的抑制作用。

【性味归经】苦、辛、凉。入肺、肝经；疏风清热、消肿解毒；用于治疗风热感冒、咳嗽、白喉、泄泻、眩晕、疔痈、口疮、丹毒、湿疹、天胞疮。

【毒性】小毒。

【抗癌应用】

1. 用法用量：9～15g。外用适量，煎汤外洗或制膏外涂。（《中国药典》）

2. 药剂药方：

（1）治疗胰头癌。

青黛、人工牛黄各 12g，紫金锭 6g，共研为末，口服。每次 3g，每日 3 次。（《千家妙方》）

（2）治疗甲状腺癌。

野菊花叶 1 份，华南胡椒全植株 2 份，同捣烂后加少许食盐，再捣匀，按肿瘤大小取适量，隔水蒸熟。外敷，每日换 1 次。（《新中医》1980 年第 1 期）

（3）治疗乳腺肿瘤、乳腺纤维腺瘤。

半枝莲、六耳棱、野菊花各 60g，水煎服，每日 1 剂。（《实用抗癌验方》）

268　东风菜

东风菜（*Doellingeria scaber*），别名天狗胆、天狗，为菊科多年生草本植物。根状茎粗壮，茎直立，上部有斜升的分枝；基部叶在花期枯萎，叶片心形，中部叶较小，卵状三角形，上部叶小，矩圆披针形或条形；头状花序圆锥伞房状排列，舌状花约10个，舌片白色，管状花檐部钟状，有线状披针形裂片；瘦果倒卵圆形或椭圆形。花期为6～10月，果期为8～10月。

【生境　分布】生于山地林缘及溪谷旁草丛中、山谷、水边、田间、路旁；潮汕各地均有分布。

【主要化学成分】含鲨烯、无羁萜、3β-无羁萜醇、α-菠菜固醇、角鲨烯、蛋白质、粗纤维、胡萝卜素、烟酸、维生素C等。

【抗癌药理作用】东风菜体外实验证明，其对癌细胞生长有抑制作用。其所含成分角鲨烯具有一定抗肿瘤活性。

【性味归经】辛、甘、寒；入胃、脾、肝、肺经；解毒、消肿止痛；用于治疗跌打损伤、蛇咬伤。

【毒性】无毒。

【抗癌应用】

1. 用法用量：0.5～1两；外用适量，捣烂敷患处。（《全国中草药汇编》）

2. 药剂药方：

（1）治疗食管癌。

东风菜、白英、石豆兰各30g，威灵仙、鬼针草各9g，水煎2次分服，每日1剂。（《抗癌治验本草》）

（2）治疗胃癌。

东风菜、香茶菜、白英各30g，党参、白术、山药各9g，水煎服，每日1剂。另以向日葵茎髓9g，煎水当茶饮。（《抗癌治验本草》）

（3）治疗肺癌。

东风菜、肺形草、蓝香草、白英各30g，羊乳、沙参各15g，天葵子9g，水煎2次分服，每日1剂。（《抗癌治验本草》）

（4）治疗胃癌、肝癌、肺癌、子宫癌、白血病。

东风菜、白英、蓝香草、香茶菜各30g，天葵子9g，水煎服。（《抗癌植物药及其验方》）

（5）治疗子宫颈癌。

东风菜、三白草、土茯苓、白毛藤各30g，龙葵、蛇莓各15g，水煎服。（《抗癌植物药及其验方》）

269 鳢肠

鳢肠（*Eclipta prostrata*），别名旱莲草、墨草、白花蟛蜞草，为菊科一年生草本植物。茎柔弱，直立或匍匐，被毛；叶对生，近无柄，叶两面密被白色粗毛；头状花序腋生或顶生，总苞绿色，舌状花雌性，发育或不发育，白色，管状花两性，全发育，花冠4浅裂；瘦果黄黑色。揉搓其茎叶有黑色汁液流出。花期在夏季，果期为9~10月。

【生境 分布】生长于田野、路边、溪边及阴湿地上；全区各地均有分布。

【主要化学成分】含皂苷、烟碱、鞣质、维生素A、鳢肠素、α-三联噻吩基甲醇、乙酸酯、蟛蜞菊内酯、去甲基蟛蜞菊内酯、去甲基蟛蜞菊内酯-7-葡萄糖苷等。

【抗癌药理作用】本品体外、体内实验均证明其有抑制肿瘤细胞生长的作用。旱莲草生药40g/kg.d剂量，对小鼠子宫颈癌U14、小鼠肉瘤S180、小鼠腹水型淋巴肉瘤I号有抑制作用。

【性味归经】甘、酸、寒；入肝、肾经；凉血、止血、补肾、益阴；用于治疗吐血、咯血、衄血、尿血、便血、血痢、须发早白、白喉、淋浊、带下、阴部湿痒。

【毒性】小毒。

【抗癌应用】

1. 用法用量：6~12g。外用鲜品适量。（《中国药典》）

2. 药剂药方：

（1）治疗食管癌。

旱莲草250g，绞汁100ml，分3次服。（《抗癌本草》）

（2）治疗子宫颈癌。

旱莲草、党参各30g，北沙参、石斛、太子参、白芍、金银花、茯苓各20g，黑木耳6g，甘草3g，水煎服。（《抗癌植物药及其验方》）

270 地胆草

地胆草 (*Elephantopus scaber*)，别名地斩头、毛连菜、地胆头，为菊科直立草本植物。根状茎平卧或斜升，茎直立，密被白色贴生长硬毛；基部叶花期生长，莲座状，匙形或倒披针状匙形，茎叶少而形小，倒披针形或长圆状披针形；头状花序多数，在茎或枝端成束生的团球状复头形花序，基部被 3 个叶状苞片所包围，花 4 朵，淡紫色或粉红色；瘦果长圆状线形。花期为 7 ~ 11 月。

【生境 分布】多生长于山坡草地、河岸、路边；潮汕各地均有分布。

【主要化学成分】含豆固醇、地胆草亭、地胆草素、去氧地胆素、羽扇豆醇、氯化钾等。

【抗癌药理作用】地胆草内酯及地胆草新内酯在体内外均对 KB 细胞有细胞毒作用，地胆草内酯对小白鼠白血病 P388 有显著抑制作用。地胆草内酯及地胆草新内酯分别以浓度 50 ~ 100mg/kg 对大鼠瓦克癌 W256 有显著抑制作用，在体外对人鼻咽癌 KB 细胞半效抑制浓度为 0.28 ~ 2.0μg/ml。去氧地胆草内酯对大鼠瓦克癌 W256 亦有显著的抑制作用。去氧地胆草素在体内实验中有抑制小鼠瓦克癌 W256 的显著活性，2.5mg/kg 剂量注射时，其对荷瘤小鼠生命延长率为 226%。

【性味归经】苦、辛、寒；入肺、肝、脾经；清热解毒、凉血、利湿；用于治疗黄疸、鼻衄、痈肿、蛇虫咬伤、疔疮、水肿。

【毒性】无毒。

【抗癌应用】

1. 用法用量：0.5 ~ 1 两；外用：鲜草适量，捣烂敷患处。(《全国中草药汇编》)

2. 药剂药方：

（1）治疗各种癌症。

地胆草 6 ~ 9g，泡水服，每日 3 次。(《肿瘤的诊断与防治》)

（2）治疗癌症淋巴结转移。

地胆草适量，以盐和醋少许同捣烂，敷于患处。(《抗癌植物药及其验方》)

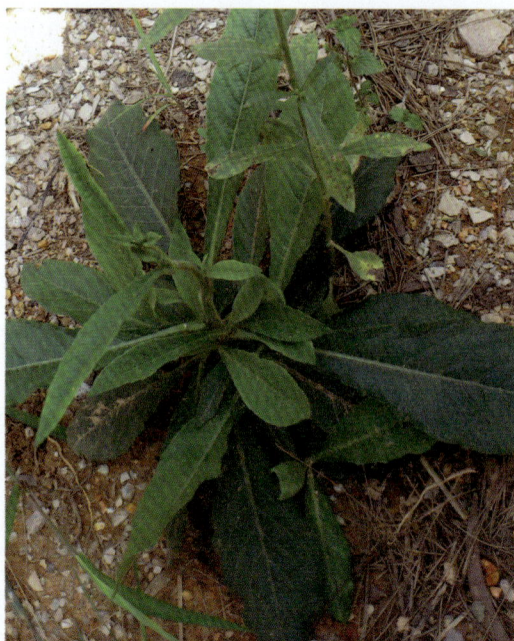

271 一点红

一点红（*Emilia sonchifolia*），别名叶下红、红背叶、紫背草、羊蹄草，为菊科多年生肉质草本植物。根状茎短而肥厚，稍呈块状，节处有明显环纹，断面红色；无茎；基生叶 1~2 片，具长柄，肉质，先端尖，基部斜心形，两侧不对称，掌状主脉 5~7 条；夏季抽出花葶，与叶柄近等长，聚伞状花序着生先端，有花 5~6 朵，花单性同株；雄花具花被片 4 片，雌花具花被片 3 片，浅红色；蒴果无翅。花期为春季至秋季。

【生境　分布】生长于山野、路旁、村边；潮汕各地均有分布。

【主要化学成分】含蓝花楹酮、没食子酸、鞣质、绿原酸、微量氢氰酸、生物碱、酚类等。

【抗癌药理作用】本品成分蓝花楹酮是自然界存在的具有抗癌活性的最简单的化合物，体内体外均有抗癌活性。对小鼠淋巴细胞白血病 P338 剂量为 2mg/kg 时，即有显著抑制作用，生命延长率为 65%。对人体鼻咽癌细胞的 ED50 剂量为 2.1mg/ml 时，即有显著抑制作用。

【性味归经】苦、凉；入肝、胃、肺、大肠、膀胱经；清热解毒、除湿退肿；用于治疗淋证、疮毒。

【毒性】小毒。

【抗癌应用】

1. 用法用量：0.5~1 两；外用适量，鲜品捣烂敷患处。（《全国中草药汇编》）

2. 药剂药方：

（1）治疗乳腺癌。

一点红（鲜）、白英各 60g，杠板归、野牡丹、爵床草各 30g，黄栀子 10g，水煎服，每日 1 剂。（《抗癌治验本草》）

（2）治疗食管癌。

一点红全草（鲜）50g（干品 25g），水煎服，每日 1 剂。（《中国民间单验方》）

被子植物

293

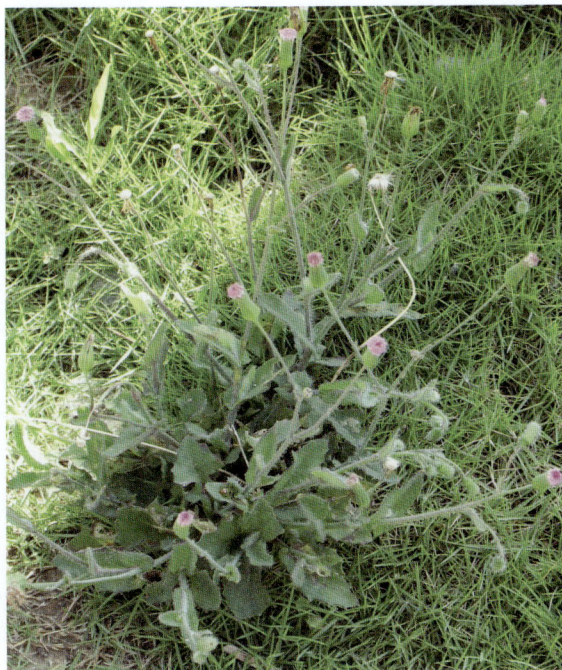

272　佩兰

　　佩兰（*Eupatorium fortunei*），别名兰草，为菊科多年生草本植物。根茎横走，茎直立，绿色或红紫色，下部光滑无毛；叶对生，在下部的叶常枯萎，中部的叶有短柄，叶片较大，通常3全裂或3深裂，长椭圆形或长椭圆状披针形，上部的叶较小，常不分裂；头状花序多数在茎顶及枝端排成复伞房花序，总苞钟状，紫红色，每个头状花序具花4～6朵，花白色，全部为管状花，两性；瘦果圆柱形，熟时黑褐色。花果期为7～11月。

　　【生境　分布】生长于溪边或原野湿地，野生或栽培；潮汕各地均有分布。

　　【主要化学成分】含对—聚伞花素、乙酸橙花醇酯、百里香酚甲醚、蒲公英固醇、蒲公英固醇乙酸酯、蒲公英固醇棕榈酸酯、β-香树脂醇乙醇、β-香树脂醇棕榈酸酯、豆固醇、β-谷固醇、二十八醇、棕榈酸、延胡索酸、琥珀酸、甘露醇、宁德洛菲碱、仰卧天芥菜碱等。

　　【抗癌药理作用】

　　1. 日本佩兰生物总碱在体外实验中表现出一定的抗肿瘤活性。

　　2. 佩兰的乙醇提取物对肿瘤细胞有极强的抑制作用，对小鼠肉瘤S180抑制率达82%；佩兰的热水浸出物对人子宫颈细胞JTC-26抑制率为90%以上。

　　【性味归经】辛、平；入脾、胃经；清疏、辟秽、化湿、调经；用于治疗暑湿、寒热头痛、湿邪内蕴、脘痞不饥、口甘苔腻、月经不调。

　　【毒性】有毒。

　　【抗癌应用】

　　1. 用法用量：3～9g。（《中国药典》）

　　2. 药剂药方：

　　（1）治疗各种癌症。

　　佩兰或花10g，加水200ml煎服。（《抗癌植物药及其验方》）

　　（2）治疗食管癌。

　　佩兰、粉防己、半夏各12g，降香24g，乌梅15g，陈皮9g，炮山甲4.5g，水煎服。（《抗癌中药大全》）

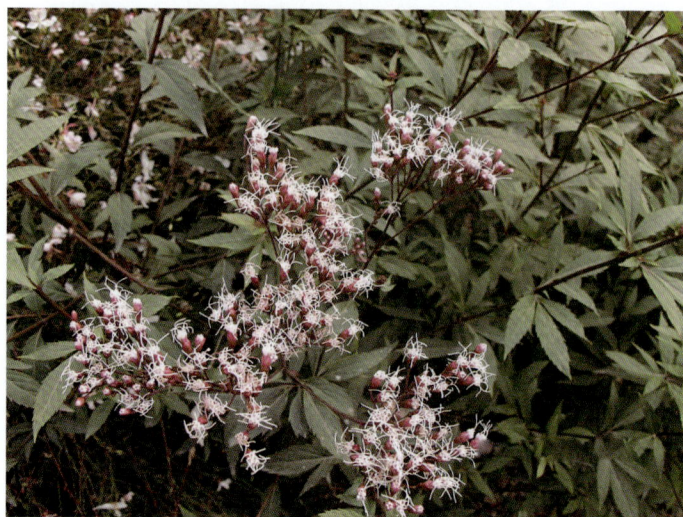

273　向日葵

向日葵（*Helianthus annuu*），别名朝阳花、转日莲、向阳花、望日莲，为菊科一年生草本植物。茎直立，粗壮，中心髓部发达，被粗硬刚毛；叶互生，有长柄，叶片宽卵形或心状卵形；头状花序单生于茎端，雌花舌状，金黄色，不结实，两性花筒状，花冠棕色或紫色，结实；瘦果倒卵形或卵状长圆形，浅灰色或黑色。花期为 6～7 月。

【生境　分布】原产于北美；现潮汕各地均有栽培。

【主要化学成分】含倍半萜类、三萜类、三萜皂苷类、黄酮类、木脂素类、有机酸类、脂肪酸类、绿原酸、异绿原酸、新绿原酸、半纤维素、东莨菪苷等。

【抗癌药理作用】

1. 从向日葵叶和茎端分离得到具有抑制植物生长作用的成分，该物质在艾氏腹水癌细胞 DNA 和 RNA 合成的体内实验中，在 20μg/ml 剂量时，对癌细胞 DNA 的合成抑制率高达 75%。向日葵子仁含有绿原酸，动物实验证明，其对亚硝胺诱发的大鼠肝癌癌前病变有良好的预防作用。

2. 向日葵花盘：从向日葵花盘中提取的半纤维素，对小鼠肉瘤 S180 和艾氏腹水癌实体型有抑制作用。

3. 向日葵茎髓：从向日葵茎髓中提取的半纤维素，对小鼠肉瘤 S180 和艾氏腹水癌实体型有抑制作用，但较向日葵提取物的抑制率低。向日葵秆心煎液能破坏与消化系统肿瘤有密切关系的亚硝胺，此作用可能有利于肿瘤的防治。向日葵茎端分泌的一种成分，对艾氏腹水癌细胞有抑制作用。

【性味归经】淡、苦、甘、平；入肝、胃、肺、肾经；平肝潜阳、消食健胃、清利湿热、止咳平喘、止痛；用于治疗眩晕、头痛、胃脘胀满、嗳腐吞酸、腹痛、风湿热头痛、疮肿、背疽溃烂、流火、牙痛、胃痛、腹痛、月经痛。

【毒性】无毒。

【抗癌应用】

1. 用法用量：根：内服：煎汤，鲜品 0.5～1 两；或研末。外用：捣敷。花：内服：煎汤，2～8 钱（鲜品 1～2 两）。花托：内服：煎汤，0.8～1 两。内服：煎汤，3～5 钱；或煅存性吞服；或捣烂开水冲服。外用：捣敷。壳：内服：煎汤，3～5 钱。向日葵子：内服：煎汤，0.5～1 两。外用：捣敷或榨油涂。（《中药大辞典》）

2. 药剂药方：

（1）治疗肺癌。

葵花子油 100ml，氟尿嘧啶 10 粒，碾碎，化入油中。口服，每次 10ml，每日 2～3 次。（《实用抗癌验方》）

（2）治疗滋养细胞肿瘤。

向日葵花盘 90g，凤尾草、水杨梅全草各 60g，水煎 1～2 小时成半胶冻，口服，每日 1 剂，30～60 剂为 1 疗程。（《抗癌食药本草》）

（3）治疗胃癌。

①向日葵花盘 90g，凤尾草、水杨梅各 60g，水煎 1～2 小时成半胶冻，口服，每日 1 剂，30～60 剂为 1 疗程。或以向日葵盘（秆心亦可）50g，水煎服。（《实用抗癌验方》）

②向日葵茎心 15～60g，水煎，当茶饮，少量多次口服，每日 1 剂。（《抗癌中药大全》）

（4）治疗子宫颈癌、子宫体癌。

①向日葵茎心 4 株，棉花根、藤梨根各 60g，水杨梅根、半边莲各 30g，凤尾蕨、红梅梢根各

15g，水煎服，每日 1 剂。(《抗癌食药本草》)

②向日葵秆髓（白心）、葫芦心、绿豆、小米各 15g，大麦 20g，茶叶 5g，陈皮 10g，水煎服，每日 14 剂，早晚空腹喝。

（5）治疗肝癌。

向日葵秆心适量，切片，开水冲泡代茶频频饮之。(《千家妙方》)

274　马兰

马兰（*Kalimeris indica*），别名路边菊、山菊、鸡儿肠，为菊科多年生草本植物。地下有细长的根茎，匍匐平卧，白色有节；初春仅有基生叶，茎不明显，初夏地上茎增高，基部绿带紫红色，光滑无毛；单叶互生，近乎无柄，叶片卵圆形、椭圆形至披针形；头状花序，着生于上部分枝顶端，总苞半球形，边花舌状，一层，浅紫蓝色，中部花管状，黄色，被密毛。瘦果扁平倒卵状。花期为 5～9 月，果期为 8～10 月。

【生境　分布】多生长于低山区、平坝或丘陵的潮湿地带；潮汕各地均有分布。

【主要化学成分】含乙酸龙脑酯、甲酸龙脑酯、酚类、二聚戊烯、辛酸、倍半萜烯、倍半萜醇等。

【抗癌药理作用】马兰体外实验证明其有抗癌活性，其水浸液在肿瘤组织培养液中对白血病细胞有抗肿瘤作用。

【性味归经】辛、凉；入肺、肝经；凉血、清热、利湿、解毒；用于治疗吐血、衄血、血痢、创伤出血、疟疾、黄疸、水肿、淋浊、咽痛、喉痹、痔疮、痈肿、丹毒、蛇咬伤。

【毒性】无毒。

【抗癌应用】

1. 用法用量：内服：煎汤，3～6 钱（鲜者 1～2 两），或捣汁。外用：捣敷、研末掺或煎水洗。（《中药大辞典》）

2. 药剂药方：

（1）治疗腮腺癌。

马兰头根、野胡葱头各适量捣烂外敷，每日换 1 次。（《食用抗癌验方》）

（2）治疗急性白血病。

马兰、生地黄、马鞭草、白花蛇舌草、葵树子、白花丹各 30g，夏枯草 15g，水煎服。（《抗癌植物药及其验方》）

275 旋覆花

旋覆花（*Inula japonica*），别名金沸花、六月菊、黄熟花，为菊科多年生草本植物。根状茎短，横走或斜升，具须根；茎单生或簇生，绿色或紫色，有细纵沟，被长伏毛；基部叶花期枯萎，中部叶长圆形或长圆状披针形，上部叶渐小，线状披针形；头状花序，多数或少数排列成疏散的伞房花序，总苞半球形，舌状花黄色，管状花有披针形裂片；瘦果圆柱形。花期为6~10月，果期为9~11月。

【生境　分布】生长于山坡、沟边、路旁湿地；潮汕各地均有分布。

【主要化学成分】含蒲公英固醇、槲皮素、异槲皮素、氯原酸、咖啡酸、百里香酚、异丁酸百里香酯、异戊酸百里香酯、桔茗酸等。

【抗癌药理作用】本品经水提液或醇提取所得的旋覆花内酯为抗癌的有效成分，有较强的抑制癌细胞作用，其抗体效价大于常用的化疗药5–Fu。

【性味归经】甘、苦、咸、温；入肺、肝、脾、胃、大肠经；消痰、下气、软坚、行水；用于治疗胸中痰结、胁下胀满、咳喘、呃逆、心下痞硬、噫气不除、大腹水肿。

【毒性】小毒。

【抗癌应用】

1. 用法用量：3~9g。（《中国药典》）

2. 药剂药方：

（1）治疗乳腺癌。

旋覆花、香附、半夏、橘子叶各15g，山慈姑2g，百合10g，水煎服。（《云南抗癌中草药》）

（2）治疗胃癌。

旋覆花、威灵仙、菝葜各15g，代赭石30g，姜半夏、刀豆子、急性子、姜竹茹、冰球子、五灵脂各9g，水煎服。（《抗癌植物药及其验方》）

276 莴苣

莴苣（*Lactuca sativa*），别名莴笋、莴菜、生菜，为菊科一至二年生草本植物。苗期叶片互生于短缩茎上，叶用莴苣叶片数量多而大，以叶片或叶球供食，茎用莴苣随着植株旺盛生长，短缩茎逐渐伸长和膨大，花芽分化后，茎叶继续扩展，形成粗壮的肉质茎。头状花序，花黄色，每一花序有花 20 朵左右，自授粉，有时也会发生异花授粉。瘦果，果褐色或银白色，附有冠毛。花果期为 2～9 月。

【生境　分布】主要为栽培作物，亦有野生；潮汕各地均有分布。

【主要化学成分】含烟酸、蛋白质、脂肪、糖类、维生素 A 原、维生素 B_1、维生素 B_2、维生素 C、钙、磷、铁、钾、镁、锌、硅、胡萝卜素、叶酸等。

【抗癌药理作用】研究发现莴苣的茎叶有一种芳香烃化酯，能够分解食物中的致癌物质亚硝胺，防止癌细胞形成。莴苣含有胡萝卜素等抗癌成分。

【性味归经】甘、苦，凉；入胃、膀胱经清热解毒、利尿通乳；用于治疗小便不利、乳汁不通、尿血。

【毒性】无毒。

【抗癌应用】

1. 用法用量：内服：煎汤，30～60g。外用：适量，捣敷。（《中华本草》）

2. 药剂药方：

（1）治疗眼睑基底细胞癌。

莴苣叶，每日食用200g。（《抗癌植物药及其验方》）

（2）预防癌症。

莴苣、鲜黄瓜、西红柿各适量，分别捣汁，将汁液混合饮用。（《抗癌植物药及其验方》）

277　六棱菊

六棱菊（*Laggera alata*），别名三稔草、六耳苓、百草王，为菊科多年生草本植物。根状茎粗短；茎直立，多分枝，4~6棱，棱上具有绿色翅状附属物，全株密生淡黄色柔毛及腺点，有特殊气味；叶椭圆状披针形或椭圆形；头状花序一至数个单歧聚伞状排列，花管状，紫色，先端5齿裂；瘦果圆柱形，有柔毛，冠毛白色。花期为10月至翌年2月。

【生境　分布】生长于旷野、路旁以及山坡向阳处；潮汕各地均有分布。

【主要化学成分】含4-甲基「3、1、0」双环己烷、1-辛烯-3-醇、桉叶油素、黄酮苷、酚类、有机酸、氨基酸、糖类、蒿黄素、α-葎草烯、β-丁香烯等。

【抗癌药理作用】本品水煎浓缩乙醇提取液对急性淋巴细胞型白血病、急性粒细胞及急性单核细胞型白血病患者白细胞的血细胞脱酶都有较强的抑制作用。对于急性淋巴细胞型白血病患者的呼吸也有明显抑制作用。

【性味归经】辛、温；祛风、除湿、化滞、散瘀、消肿、解毒；用于治疗感冒咳嗽、身痛、泄泻、风湿关节痛、经闭、跌打损伤、疔痈、瘰疬、湿毒瘙痒。

【毒性】无毒。

【抗癌应用】

1. 用法用量：9~15g，鲜品15~30g。（《全国中草药汇编》）

2. 药剂药方：

（1）治疗骨癌。

六棱菊全草25g，水煎服，每日1剂。亦可泡饮，不拘时饮用。（《实用抗癌验方》）

（2）治疗皮肤癌。

六棱菊鲜品适量，捣烂后外敷患处，每日1~2次。（《实用抗癌验方》）

（3）治疗白血病。

六棱菊、猪殃殃鲜品各60g，捣汁饮服，每日1剂。（《抗癌植物药及其验方》）

（4）治疗乳腺纤维腺瘤、乳腺肿瘤。

六棱菊、半枝莲、野菊花各30g，水煎服。（《抗癌植物药及其验方》）

278 千里光

千里光（*Senecio scandens*），别名九里明、金花草、千里及、金素英，为菊科多年生攀缘草本。根状茎木质，粗；茎伸长，弯曲，多分枝，被柔毛或无毛，老时变木质；叶具柄，叶片卵状披针形至长三角形；头状花序有舌状花，多数，在茎枝端排列成顶生复聚伞圆锥花序，舌状花8～10朵，舌片黄色，长圆形，管状花多数，花冠黄色，檐部漏斗状；瘦果圆柱形。花果期为秋冬季至次年春季。

【生境　分布】生长于山坡、疏林下、林边、路旁、沟边草丛中；潮汕各地均有分布。

【主要化学成分】含毛茛黄素、菊黄质、β－胡萝卜素、千里光宁碱、千里光菲灵碱、氢酯、对－羟基苯乙酸、香草酸、水杨酸、焦粘酸、黄酮苷、鞣质、胡萝卜素、香荚兰酸、芳樟醇等。

【抗癌药理作用】

1. 千里光A碱和B碱经瓦克癌W256、肉瘤S180、白血病L615、艾氏腹水癌、子宫颈癌U14和黑色素瘤B16等6种动物移植肿瘤的实验一致证明，有明显的抑瘤作用。

2. 千里光菲灵碱对小鼠肝癌、大鼠肉瘤S45、大鼠瓦克癌W256均有抑制作用。

3. 有报道称千里光生物碱为致癌物质，也有人认为鞣质及其酚类的植物成分，能在体内催化亚硝酸盐和二级胺发生反应，形成有致癌作用的N－亚硝胺。

【性味归经】苦、寒；入肝、肾经；清热解毒、清肝明目、祛风燥湿；用于治疗咽喉肿痛、痈肿疮毒、毒蛇咬伤、肝火目赤、热痹、湿癣、鹅掌风。

【毒性】无毒。

【抗癌应用】

1. 用法用量：内服：煎汤，15～30g。外用：适量，煎水洗；或熬膏搽；或鲜草捣敷；或捣烂取汁点眼。（《中华本草》）

2. 药剂药方：

（1）治疗眼睑腺癌。

千里光、决明子、薏苡仁各30g，夏枯草、黄芩、半夏、辛夷花、羊蹄根各15g，旱莲草10g，水煎服。（《抗癌植物药及其验方》）

（2）治疗鼻咽癌。

鱼腥草、千里光、通光散各30g，辛夷、苍耳、夏枯草、桔梗、马鞭草、蔓荆子、六方藤各15g，水煎服。（《云南抗癌中草药》）

（3）治疗肺癌。

①千里光、蒲公英各30g，百花蛇舌草、叶下珠各15g，水煎服。（《抗癌植物药及其验方》）

②通光散、薏苡仁、枇杷叶、千里光、白花蛇舌草、雀眉藤各30g，牛蒡子15g，水煎服。（《云南抗癌中草药》）

（4）治疗食管癌。

千里光全草水煎液，浓缩后制成冲剂，每次服相当于生药20g的量，每日3次。（《实用抗癌验方》）

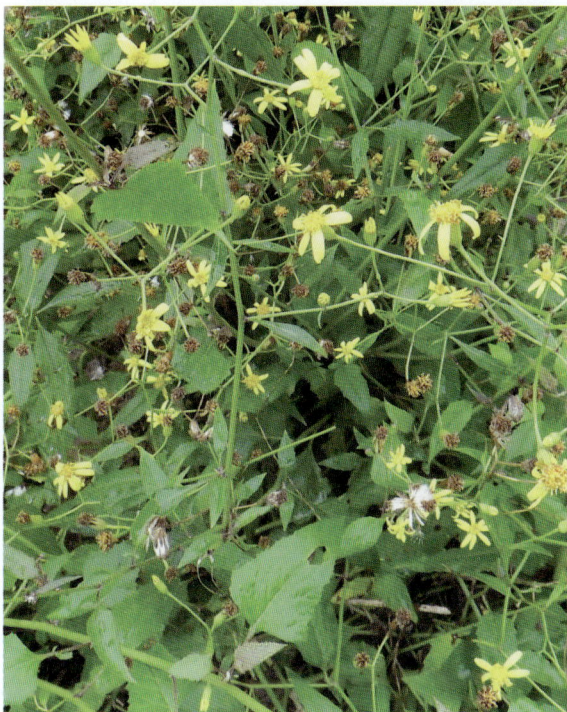

279 一枝黄花

　　一枝黄花（*Solidago decurrens*），别名山厚合、黄花老虎屎、山金汤匙、金花草，为菊科多年生草本植物。茎直立，通常细弱，单生或少数簇生，不分枝或中部以上有分枝；中部茎叶椭圆形、长椭圆形、卵形或宽披针形，向上叶渐小，下部叶与中部茎叶同形，有翅柄，全部叶质地较厚；头状花序，多数在茎上部排列成紧密或疏松的总状花序或伞房圆锥花序，舌状花舌片椭圆形，瘦果无毛。花果期为 4～11 月。

　　【生境　分布】生长于山坡、路旁；分布于潮汕各地。

　　【主要化学成分】含槲皮苷、异鼠李皮苷、芦丁、紫云英苷、山奈酚 – 3 – 芸香糖苷、用一枝黄花酚苷、2，6 – 二甲氧基苯甲酸苄酯、当归酸 – 3，5 – 二甲氧基 – 4 – 乙酰氧基肉桂酯、2，8 – 顺 – 母菊酯、咖啡酸、奎尼酸、绿元酸、矢车菊双苷、挥发油、皂苷、烟酸、乙醇酸、槲皮素等。

　　【抗癌药理作用】应用总细胞容积法，对腹水型肉瘤 S180 进行抑瘤测定，用一枝黄花根茎的甲醇提取物以剂量 100mg/kg，每日 1 次，给肿瘤小鼠腹腔注射，5 日后测定结果，结果显示本品有较强的抗肿瘤活性作用，抑制肿瘤生长率为 82%；乙醇提取物的抑制率为 12.4%。一枝黄花中含有 β – 1，2 结合的果聚糖，也具有抗肿瘤作用。

　　【性味归经】辛、苦、凉；入肝、胆经；疏风清热、消肿解毒；用于治疗感冒头痛、咽喉肿痛、黄疸、百日咳、小儿惊风、跌打损伤、痈肿发背、鹅掌风。

　　【毒性】小毒。

　　【抗癌应用】

　　1. 用法用量：内服：煎汤，9～15g，鲜品 20～30g。外用：适量，鲜品捣敷；或煎汁搽。（《中华本草》）

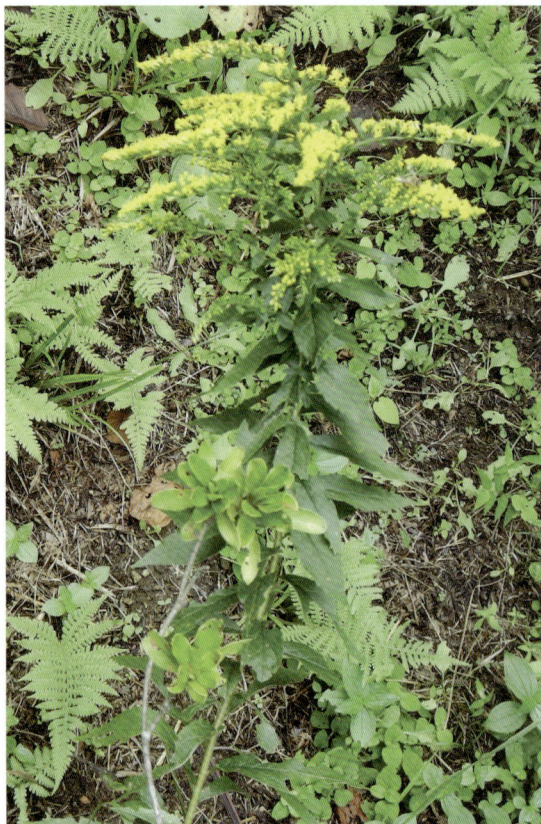

　　2. 药剂药方：

　　（1）治疗甲状腺癌。

　　一枝黄花 15g，韩信草、马兰各 12g，星宿菜 24g，水煎，分 3 次服，每日 1 剂，20 日为 1 疗程。肿物消退后继续服 1～3 个疗程。（《福建药物志》）

　　（2）治疗食管癌。

　　一枝黄花、大蓟根各 100g，鲜玄参 150g，鲜青风藤 100g，水煎服，每日 1 剂。（《实用抗癌验方》）

　　（3）治疗乳腺癌。

　　鲜一枝黄花 120g，黄酒 500ml。将一枝黄花浸入黄酒中，早晚各服 1 次，每次 20～30ml。（《癌症秘方验方偏方大全》）

　　（4）治疗舌癌、喉癌。

　　一枝黄花 15g，加水 500ml，煮沸，每日漱口。（《抗癌本草》）

　　（5）治疗子宫颈癌放射性阴道炎。

　　一枝黄花 250g，加水 2000ml，煎成 1000ml 过滤，冲洗阴道。（《实用抗癌验方》）

280 苣荬菜

苣荬菜（*Sonchus arvensis*），别名苦菜、北败酱，为菊科多年生草本植物。根垂直伸展，多少有根状茎，茎直立，上部或顶部有伞房状花序分枝，花序分枝与花序梗被稠密的头状具柄的腺毛；基生叶多数，与中下部茎叶呈倒披针形或长椭圆形，羽状或倒向羽状深裂、半裂或浅裂；头状花序在茎枝顶端排成伞房状花序，总苞钟状，舌状小花多数，黄色；瘦果梢压扁，长椭圆形，冠毛白色。花果期为 1～9 月。

【生境　分布】生长于地边、路旁、庭园；分布于潮汕各地。

【主要化学成分】含蛋白质、脂肪、17 种氨基酸、铁、铜、镁、锌、蒲公英固醇、甘露醇等。

【抗癌药理作用】本品水煎浓缩乙醇提取液对急性淋巴细胞性白血病、急性及慢性粒细胞性白血病的血细胞脱氢酶都有明显抑制作用。

【性味归经】苦、寒；入肺、脾、大肠经；清热解毒；用于治疗痢疾、咽喉热痛、声哑。

【毒性】无毒。

【抗癌应用】

1. 用法用量：内服：煎汤，0.5～1 两。外用：煎水熏洗。（《中华本草》）

2. 药剂药方：

（1）治疗直肠癌、肛管癌。

苣荬菜 60g，煎汤熏洗患处，每日 1～2 次。（《河北中药手册》）

（2）治疗白血病。

苣荬菜、黄芪、鳖甲、龟板、熟地黄各 15g，急性子、赤芍各 9g，红花、三棱、莪术各 6g，水煎服。（《抗癌植物药及其验方》）

（3）治疗食管癌。

苣荬菜、山豆根、夏枯草、白鲜皮各 120g，黄药子、拳参各 60g，共研为细末，炼蜜为丸，每丸 6g。口服，每次 1～2 丸，温开水送服，每日 2 次。（《抗癌植物药及其验方》）

281 苦苣菜

苦苣菜（*Sonchus oleraceus*），别名苦荬菜、鹅仔菜、鹅公英，为菊科一至二年生草本植物。茎直立，中空，具乳汁；叶互生，长椭圆状广披针形，羽裂或提琴状羽裂，基部叶有短柄，茎上叶无柄、呈耳郭状抱茎；头状花序数枚，顶生，总苞圆筒状，花全部为舌状、黄色；瘦果倒卵状椭圆形，扁平，成熟后红褐色。冠毛白色。花期为 4～6 月。

【生境　分布】生长于田边、山野、路旁；潮汕各地均有分布。

【主要化学成分】含苦苣菜苷 A、苦苣菜苷 B、苦苣菜苷 C、苦苣菜苷 D、葡萄糖中美菊素 C、9 - 羟基葡萄糖中美菊素 A、假还阳参苷 A、毛连菜苷 B、毛连菜苷 C、木犀草素 - 7 - O - 吡喃葡萄糖苷、金丝桃苷、蒙花苷、芹菜素、槲皮素、山奈酚、槲皮黄苷、玫鸠菊酸、维生素 C 等。

【抗癌药理作用】全草含抗肿瘤成分。

【性味归经】苦、寒；入心、脾、大肠经；清热、凉血、解毒；用于治疗痢疾、黄疸、血淋、痔瘘、疔肿、蛇咬。

【毒性】无毒。

【抗癌应用】

1. 用法用量：内服：煎汤，15～30g。外用：适量，鲜品捣敷；或煎汤熏洗；或取汁涂搽。（《中华本草》）

2. 药剂药方：

（1）治疗癌性疼痛。

苦苣菜（带根）100g，白糖 10g。上药洗净，加入白糖，捣烂取汁，将药渣加水煎煮 15～20 分钟，过滤，与上药汁共煎后服用，每日 2～3 次，忌葱。（《偏方秘方大全》）

（2）治疗胃癌、胆囊癌、胰腺癌。

苦苣菜、蒲公英各 30g，水煎服，每日 1 剂。（《抗癌植物药及其验方》）

（3）治疗膀胱癌、肾癌。

苦苣菜 50g，水酒各半煎服，每日 1 剂。（《抗癌植物药及其验方》）

282 蒲公英

蒲公英（*Taraxacum mongolicum*），别名黄花地丁、地丁、黄花草，为菊科多年生草本植物。根圆柱状，黑褐色，粗壮；叶倒卵状披针形、长圆状披针形，边缘有时具波状齿或羽状深裂或大头羽状深裂；花葶1至数个，与叶等长或稍长，上部紫红色，头状花序，总苞钟状，舌状花黄色；瘦果倒卵状披针形，冠毛白色。花期为4~9月，果期为5~10月。

【生境　分布】生长于山坡草地、路旁等；潮汕各地均有分布。

【主要化学成分】含蒲公英固醇、胆碱、菊糖、果胶、蒲公英醇、蒲公英赛醇、β-香树脂醇、豆固醇、β-谷固醇、有机酸、果糖、蔗糖、葡萄糖、葡萄糖苷、树脂、橡胶、叶黄素、蝴蝶梅黄素、叶绿醌、维生素C、维生素D、毛茛黄素、蒲公英素、蒲公英苦素等。

【抗癌药理作用】

1. 本品对移植性人体肺癌细胞有明显抑制作用。

2. 热水浸出物对小鼠肉瘤S180抑制率为43.5%，对小鼠艾氏腹水癌有明显治疗效果。

【性味归经】苦、甘、寒；入肝、胃经；清热解毒、消肿散结、利尿通淋；用于治疗疔疮肿毒、乳痈、瘰疬、目赤、咽痛肺痈、肠痈、湿热黄疸、热淋涩痛。

【毒性】无毒。

【抗癌应用】

1. 用法用量：内服：煎汤，10~30g，大剂量60g，或捣汁；或入散剂。外用：适量，捣敷。（《中华本草》）

2. 药剂药方：

（1）治疗硬腭肿瘤。

蒲公英、金银花、山慈姑各30g，连翘、山茱苓各15g，天花粉9g，水煎服。（《肿瘤的诊断与防治》）

（2）治疗牙龈癌。

蒲公英、夏枯草、白石英、白花蛇舌草各30g，紫花地丁15g，水煎服，每日1剂。（《肿瘤的诊断与防治》）

（3）治疗鼻咽癌颈部淋巴结转移。

新鲜蒲公英、侧柏叶、生地黄各等量，捣烂与蜜调匀，外敷颈部肿块。（《常见肿瘤的防治》）

（4）治疗膀胱癌。

蒲公英、金钱草各30g，泽泻、瞿麦、扁蓄、黄柏、知母、车前子、川楝子各9g，木通、甘草各3g，水煎服。（《抗癌植物药及其验方》）

（5）治疗鼻咽癌、子宫颈癌。

蒲公英、生地黄、侧柏各15~30g，水煎服。（《抗癌食药本草》）

（6）治疗食管癌。

白花蛇舌草、蒲公英各30g，半枝莲12g，山豆根15g，山慈姑、鸦胆子、黄药子、露蜂房各10g，三七粉9g，斑蝥去头足1g，蟾酥0.5g，水煎服，每日1剂。（《内蒙古中医药》1988年第2期）

（7）治疗胃癌。

红参5g（单煎），白术30g，茯苓20g，蒲公英35g，槟榔15g，金银花25g，水煎服，每日1剂。（《实用抗癌验方》）

（8）治疗胰头癌。

丹参、生薏苡仁各 30g，赤芍 15g，蒲公英、白花蛇舌草各 40g，水煎服，每日 1 剂。（《陕西中医》1993 年第 1 期）

（9）治疗乳腺癌。

①蒲公英、全蝎各 50g，大蜈蚣 1 条，血余 25g，雄黄 3.5g，醋泛为丸，梧桐子大，口服，每次 10g，每日 1 次，白酒松送下。（《抗癌良方》）

②龙葵、蜀羊泉、蒲公英各 30g，七叶一枝花、蛇莓、霹雳果各 15g。肿瘤糜烂时加忍冬藤、胡桃夹各 30g；肿块疼痛时加川楝子、延胡索各 15g，乌药 10g。水煎服，每日 1 剂。（《肿瘤的防治》）

（10）治疗恶性淋巴瘤。

半枝莲、蒲公英各 30g，水煎代茶饮。（《肿瘤的防治》）

（11）治疗坏死性恶性肉芽肿。

蒲公英 30g，金银花 15g，紫背天葵子、白菊花、紫花地丁各 10g，水煎服，每日 1 剂。（《成都中医学院学报》1986 年第 3 期）

（12）治疗恶性肿瘤。

蒲公英经水醇法提取制成注射液，每支 2ml，内含药量相当于蒲公英生药 1.5g，口服，每次 2～4 片，每日 3 次。（《抗癌中草药制剂》）

（13）治疗癌性疼痛。

鲜蒲公英捣碎取汁外敷。将药汁直接敷于痛处，外盖 3 层纱布，中间夹一层凡士林纱布，以减缓药汁蒸发。（《浙江中医杂志》1986 年第 11 期）

283 蟛蜞菊

蟛蜞菊（*Wedelia chinensis*），别名黄花蟛蜞草、黄花墨菜、黄花龙舌草、田黄菊、卤地菊、马兰草，为菊科多年生草本植物。茎匍匐，上部近直立，基部各节生不定根；叶对生，矩圆状披针形；头状花序单生于枝端或叶腋，总苞钟形，花异型，舌状花黄色，舌片卵状长圆形，先端2或3齿裂，筒状花两性，较多黄色，花冠近钟形；瘦果，倒卵形。花期为3~9月。

【生境　分布】多生长于沿海地区的水沟边或湿地上；分布于潮汕各地。

【主要化学成分】含蟛蜞菊内酯、异黄酮、三十烷酸、木蜡酸、豆固醇、左旋－贝壳杉烯酸、粗蛋白、粗纤维、粗脂肪、钙、磷等。

【抗癌药理作用】体内实验证明，全草的水提取物腹腔注射对小鼠艾氏腹水癌有一定的抑制作用。蟛蜞菊对标准 Ehrlich 腹水癌和 Schwantz 腹水型白血病肿瘤显示中度活性。动物实验证明，蟛蜞菊糖苷（wedeloside）对由黄曲霉素诱发的肿瘤有抑制作用。

【性味归经】甘、淡、微寒；入肺、肝经；清热解毒、散瘀消肿、清热利湿；用于治疗白喉、跌打损伤、湿热痢疾、痔疮。

【毒性】无毒。

【抗癌应用】

1. 用法用量：0.5~1两。外用适量，鲜品捣烂敷患处。（《全国中草药汇编》）

2. 药剂药方：

（1）治疗喉癌。

蟛蜞菊60g，马勃3g，射干、山豆根、挂金灯各9g，木蝴蝶4.5g，诃子、桔梗各6g，生甘草5g，水煎服，每日1剂。（《中药肿瘤的防治》）

（2）治疗腮腺癌。

马兰草根、野胡葱头各适量，捣烂外敷。（《中草药治疗肿瘤资料选编》）

284 苍耳

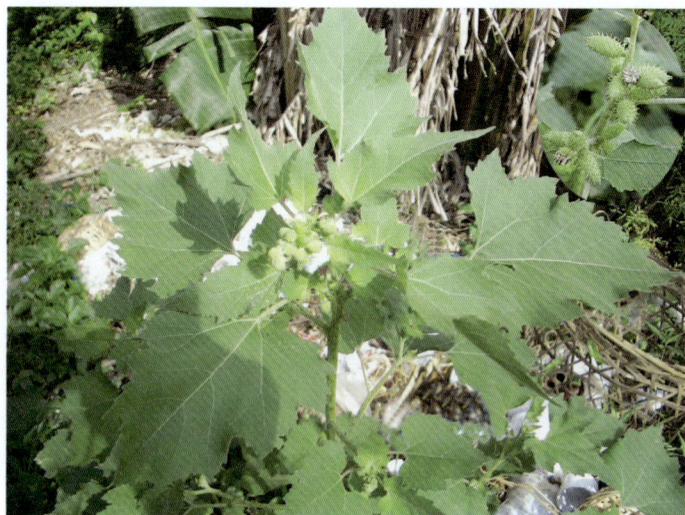

苍耳（*Xanthium sibiricum*），别名猪母带、胶东仔、虱母球，为菊科一年生草本植物。根纺锤状，分枝或不分枝；茎直立不分枝，下部圆柱形，上部有纵沟，被灰白色糙伏毛；叶三角状卵形或心形，上面绿色，下面苍白色，被糙伏毛；雄性的头状花序球形，有多数的雄花，花冠钟形，雌性的头状花序椭圆形；瘦果数量为2个，倒卵形。花期为7~8月，果期为9~10月。

【生境 分布】生长于山坡、草地、路旁；分布于潮汕各地。

【主要化学成分】含苍耳苷、脂肪油、蛋白质、生物碱、维生素C、黄质宁、苍耳明、咖啡酸、苍耳酮衍生物、水溶性苷、葡萄糖、果糖、氨基酸、酒石酸、琥珀酸、延胡索酸、苹果酸、硝酸钾、硫酸钙等。

【抗癌药理作用】本品有抗癌作用，苍耳根的水提取物或甲醇提取物能延长接种艾氏腹水癌小鼠的寿命。苍耳根的甲醇提取物对肉瘤S180、艾氏腹水癌有抑制作用。

【性味归经】苦、辛、寒；入肺、肝经；祛风散热、解毒杀虫；用于治疗头风、头晕、湿痹拘挛、目赤、目翳、疔肿、热毒疮疡、皮肤瘙痒。

【毒性】有毒。

【抗癌应用】

1. 用法用量：内服：煎汤，6~12g，大剂量30~60g；或捣汁；或熬膏；或入丸、散。外用：适量，捣敷；或烧存性研末调敷；或煎水洗；或熬膏敷。（《中华本草》）

2. 药剂药方：

（1）治疗脑肿瘤。

①苍耳草、贯众、蛇六谷（先煎）各30g，蒲黄根、七叶一枝花各15g，水煎服，每日1剂。（《实用抗癌药物手册》）

②火鱼草、苍耳草、薏苡根各30g，蛇六谷、七叶一枝花各30g，水煎服，每日1剂。（《实用抗癌验方》）

（2）治疗鼻咽癌。

①苍耳、露蜂房各10g，壁虎5条，沙参3g，细辛0.5g，水煎服。外用100%青苔甘油滴鼻剂，或鱼脑石粉局部吹上。（《抗癌中药大全》）

②蛇六谷（先煎2小时）、苍耳草、土茯苓、枸骨叶各30g，水煎服。（《癌症秘方验方偏方大全》）

（3）治疗各种癌症。

①苍耳（叶、茎或果实均可）10g，水煎3次，分服，每日1剂。（《抗癌本草》）

②苍耳经提取制丸，每丸重0.2g，内含药量相当于苍耳生药0.4g。口服，每次2~3丸，每日3次。（《抗癌中草药制剂》）

285　泽泻

　　泽泻（*Alisma plantago-aquatica*），别名泽芝、天鹅蛋、天秃，为泽泻科多年生沼生植物。地下有球形块茎，密生须根；叶根生，叶柄基部扩延成鞘状，叶片宽椭圆形至卵形；花茎由叶丛中抽出，花序通常有3~5轮分枝，组成圆锥状复伞形花序，花瓣倒卵形，膜质，较萼片小，白色，脱落；瘦果多数，扁平，倒卵形。花期为6~8月，果期为7~9月。

　　【生境　分布】生长于沼泽地、水稻田及潮湿地带；潮汕各地均有分布。

　　【主要化学成分】含泽泻醇A、泽泻醇B、泽泻醇C、泽泻醇A单乙酸酯、泽泻醇B单乙酸酯、泽泻醇C单乙酸醋、表泽泻醇A、泽泻薁醇、泽泻薁醇氧化物、胆碱、糖、钾、钙、镁等。

　　【抗癌药理作用】体外实验证明泽泻有抑制肿瘤细胞的作用。用荧光显微镜法筛选可得，泽泻抗白血病细胞指数为60.8%。本品所含的泽泻素对白血病L615小鼠的淋巴细胞有明显凝集作用。泽泻制剂能增强机体抗癌的免疫功能，延长荷瘤小鼠的生存期。

　　【性味归经】甘、寒；入肾、膀胱经；利水、渗湿、泻热；用于治疗小便不利、水肿胀满、呕吐、泻痢、痰饮、脚气、淋病、尿血。

　　【毒性】有毒。

　　【抗癌应用】

　　1. 用法用量：本品总灰分不得超过5.0%，酸不溶性灰分不得超过0.5%。（《中国药典》）

　　2. 药剂药方：

　　（1）治疗膀胱癌。

　　泽泻、车前草、生地黄、白英、蛇莓各15g，白花蛇舌草、金钱草、土茯苓各30g，水煎服。（《抗癌植物药及其验方》）

　　（2）治疗肾癌。

　　泽泻、半枝莲、黄药子各15g，山萸肉、山药各15g，茯苓、牡丹皮各9g，熟地黄24g，水煎服。（《抗癌植物药及其验方》）

　　（3）治疗癌性胸腹水。

　　泽泻、车前草、猪苓、木通各12g，牵牛子15g，半边莲18g，甘草梢10g，水煎服，每日1剂，连服7~14剂。（《抗肿瘤中草药彩色图谱》）

286 薏苡

薏苡（*Coix lacryma-jobi* var. *ma-yuan*），别名药玉米、川谷、薏米、苡米，为禾本科一年生草本植物。多分枝；叶片宽大开展，无毛；总状花序腋生，雄花序位于雌花序上部，雌小穗位于花序下部，为甲壳质的总苞所包；颖果大，长圆形，质地粉性坚实，白色或黄白色。花果期为 7～12 月。

【生境　分布】生长于河边、溪流边或阴湿河谷中，多为栽培；分布于潮汕各地。

【主要化学成分】含薏苡仁酯、粗蛋白、三酰甘油、二酰甘油、一酰甘油、固醇酯、游离脂肪酸、葡聚糖、酸性多糖、薏苡多糖、己醛、己酸、壬酸、辛酸、棕榈酸乙酯、亚油酸甲酯、香草醛、亚油酸乙酯等。

【抗癌药理作用】

1. 荷瘤小鼠腹腔注射薏苡仁的乙醇提取物，能抑制艾氏腹水癌（EAC）细胞的增殖，显著延长动物的生存时间。从该提取物进一步分离出来的 2 个组分，其一可引起癌细胞的原生质变性，另一组分能使细胞核的分裂象停止于中期。

2. 荷瘤小鼠腹腔注射薏苡仁的丙酮提取物，也能抑制 EAC 的生长。此种抗肿瘤活性可转移到石油醚可溶的酸性部分中，若将其皮下注射，可使腹水变透明，肿瘤细胞几乎全部消失，但这一部分的毒性也相应较高。薏苡仁的丙酮提取物还对子宫颈癌 U14 及腹水型肝癌（HCA）实体瘤有明显抑制作用。

3. 薏苡仁提取物对动物肉瘤 S180、吉田肉瘤等有抑制作用。薏苡仁酯对子宫颈癌 U14、艾氏腹水癌细胞有抑制作用。还发现薏苡仁 50% 乙醇提取物可促进培养的扁平上皮癌细胞的角化。薏苡仁的抗肿瘤作用与不饱和脂肪酸类衍生物有关。

4. 采用水醇法提取薏苡仁，选择小鼠进行肉瘤 S180 及肝癌 H22 细胞株体内抑癌活性实验，结果表明，薏苡仁对肉瘤 S180 及肝癌 H22 有明显的抑制作用，实验重复多次，抑癌率稳定在 40%～45%。

【性味归经】甘、淡、凉；入脾、胃、肺经；健脾渗湿、除痹止泻、清热排脓；用于治疗水肿、脚气、小便不利、湿痹拘挛、脾虚泄泻、肺痈、肠痈、扁平疣。

【毒性】无毒。

【抗癌应用】

1. 用法用量：内服：煎汤，10～30g；或入丸、散、浸酒、煮粥、作羹。（《中华本草》）

2. 药剂药方：

（1）治疗胃癌、喉癌。

薏苡仁 30～50g 研碎，与粳米或糯米同煮粥，常年服用。（《开卷有益》1984 年第 6 期）

（2）治疗胃癌、食管癌、直肠癌、膀胱癌。

薏苡仁、菱、紫藤瘤、诃子各 20g，水煎服，每日 1 剂，1～2 个月为 1 疗程。（《抗癌食药本草》）

（3）治疗胃癌。

①薏苡仁30g，焙焦，研碎，水煎，每日当茶饮。(《汉方研究》1988年第10期)

②生薏苡仁、冰糖各30g，煮粥晨服，常服。(《癌症秘方验方偏方大全》)

③党参、半夏、白僵蚕、炒白术、九香虫、茯苓各10g，炙甘草、陈皮各6g，生薏苡仁30g，守宫2条，水煎服，每日1剂，连服3~4个月，待病情好转稳定后改间日1剂，并坚持1~2年。(医学教育网)

（4）治疗乳腺癌。

薏苡仁、延胡索各15g，黄酒2盅，煎1盅，空腹服。(《抗癌中药大全》)

（5）治疗肺癌。

白花蛇舌草、猫爪草、黄芪、党参、生半夏（或生南星）各20g，薏苡仁30g，壁虎（或蜈蚣）2条（冲服），水煎服，每日1剂。(《抗癌中药大全》)

（6）治疗鼻窦及鼻旁窦恶性肿瘤。

生薏苡仁煮粥常服。(《癌症秘方验方偏方大全》)

（7）治疗恶性淋巴瘤。

水红花、薏苡仁各30~60g，大黄9g，水煎服，每日1剂。(《抗癌中药大全》)

（8）治疗膀胱癌。

生薏苡仁30g，赤小豆20g，熬粥晨服，常服。(《癌症秘方验方偏方大全》)

（9）治疗阴茎癌。

生薏苡仁50g，鲜藕、冰糖各30g，煮粥适量常服。(《癌症秘方验方偏方大全》)

（10）治疗坏死性恶性肉芽肿。

桃仁10g，红花6g，薏苡仁、败酱草各20g，水煎服，每日1剂。(《抗癌中药大全》)

（11）治疗白血病。

生薏苡仁、龙葵、白花蛇舌草各30g，黄药子15g，乌梅12g，生甘草5g，水煎服，每日1剂，分2次服用。(《抗癌中药大全》)

（12）治疗子宫颈癌、子宫体癌。

①薏苡仁、糯米各60g，共煮稀粥，作早、晚餐服用。(《实用抗癌验方》)

②薏苡仁500g，三七150g，共研为细末，口服，每次5g，每日3次，开水冲服。(《实用抗癌验方》)

（13）治疗子宫肿瘤、子宫肌癌。

薏苡仁500g，三七150g，共研为细末，口服，每次5g，每日3次，开水冲服。(《吉林中医药》1983年第3期)

（14）治疗多种癌症。

①薏苡仁经提取制成口服液，每100ml内含药量相当于薏苡仁生药50g，口服，每次20~40ml，每日3次，儿童酌减。(《抗癌中草药制剂》)

②升麻、青黛、柴胡各10g，薏苡仁、黄芪、白花蛇舌草各30g，当归20g，益母草、旋覆花各15g，田三七粉（冲服）3g，水煎服，每日1剂。(《新中医》1995年第5期)

287 白茅

白茅（*Imperata cylindrical*），别名茅根、地筋、兰根、茅针，为禾本科多年生植物。具粗壮的长根状茎；秆直立，具1~3节，节无毛；叶鞘聚集于秆基，叶舌膜质，秆生叶片窄线形，被白粉；圆锥花序稠密，第一外稃卵状披针形，第二外稃与其内稃近相等；颖果椭圆形。花果期为4~6月。

【生境　分布】多生长于路旁、山坡、草地上；潮汕各地均有分布。

【主要化学成分】含芦竹素、印白茅素、薏苡素、羊齿烯醇、西米杜鹃醇、异山柑子萜醇、白头翁素、豆固醇、β-谷固醇、菜油固醇、蔗糖、葡萄糖、果糖、木糖、枸橼酸、草酸、柠檬酸、苹果酸、淀粉等。

【抗癌药理作用】噬菌体法实验表明本品有抗噬菌体作用，可能对肿瘤细胞有抑制活性的作用。

【性味归经】甘、寒；入肺、胃、膀胱经；凉血止血、清热利尿；用于治疗血热吐血、衄血、尿血、热病烦渴、黄疸、水肿、热淋、血淋。

【毒性】无毒。

【抗癌应用】

1. 用法用量：煎汤，10~30g，鲜品30~60g；或捣汁。外用：适量，鲜品捣汁涂。（《中华本草》）

2. 药剂药方：

（1）治疗食管癌。

① 白花蛇舌草、白茅根各120g，赤砂糖50g，水煎服，每日1剂。（《癌症秘方验方偏方大全》）

② 白茅根30g，喜树果、山楂各15g，半夏10g，共研为细末，炼蜜为丸，每丸6g，早晚各服1丸。（《常见肿瘤诊治指南》）

（2）治疗肺癌鼻咽转移。

川贝母、甘草各10g，鱼腥草、薏苡仁各30g，鸡内金15g，丹参、沙参各20g，白花蛇舌草40g，白茅根50g，水煎分2次服，每日1剂，并用药液送服犀黄丸（每日6g）和小金丹（每日3g）。（《新中医》1988年第10期）

（3）治疗胃癌。

白花蛇舌草、白茅根各9g，飞天蜈蚣6g，水煎服。（《癌症秘方验方偏方大全》）

（4）治疗肝癌。

白茅根180g（以生于黄土内者为最好），枸杞根生粗皮120g，紫苏根30g，瓜子金15g，水煎2次，去渣，再放猪肝120g，炖吃。（《湖南中草药单方验方选编》）

（5）治疗直肠癌。

铁扁担30g，白茅根、白花蛇舌草各12g，红糖6g，水煎服。（《癌症秘方验方偏方大全》）

（6）治疗子宫颈癌。

白花蛇舌草、白茅根、红糖各50g，水煎服，每日1剂。若无白花蛇舌草可用鼠牙半枝莲或马齿苋代替。（《实用抗癌验方》）

288 淡竹叶

淡竹叶（*Lophatherum gracile*），别名野麦冬、金鸡米、山鸡米，为禾本科多年生植物。须根中部膨大呈纺锤形小块根；秆直立，疏丛生，具 5 ~ 6 节；叶鞘平滑或外侧边缘具纤毛，叶舌质硬，叶片披针形；圆锥花序；颖果长椭圆形。花果期为 6 ~ 10 月。

【生境　分布】生长于平地、丘陵或山谷较湿润的灌丛中或疏林下；分布于潮汕各地。

【主要化学成分】含芦竹素、印白茅素、无羁萜、β-谷固醇、豆固醇、菜油固醇、蒲公英萜醇、氨基酸、有机酸、糖类等。

【抗癌药理作用】本品粗提取物剂量为 100g/kg 且连用 14 ~ 20 日时，对肉瘤 S180 的抑制率为 43.1% ~ 45.6%。本品对艾氏腹水癌有抑制作用，并能提高机体免疫力。

【性味归经】甘、淡、寒；入心、胃、小肠经；清热除烦、利尿；用于治疗热病烦渴、小便赤热淋痛、口舌生疮。

【毒性】无毒。

【抗癌应用】

1. 用法用量：内服：煎汤，9 ~ 15g。（《中华本草》）

2. 药剂药方：

（1）治疗肺癌。

淡竹叶、重楼、女贞子、白花蛇舌草各 30g，胡桃枝 60g，水煎服。（《抗癌植物药及其验方》）

（2）治疗胃癌。

淡竹叶、麦门冬各 18g，龙葵、石膏各 30g，制半夏、党参各 9g，粳米 15g，甘草 3g，水煎服。（《抗癌植物药及其验方》）

289 芒

芒（*Miscanthus sinensis*），别名芭茅，为禾本科多年生苇状草本植物。秆无毛或在花序以下疏生柔毛；叶鞘无毛，叶舌膜质，叶片线形；圆锥花序直立，小穗披针形，黄色有光泽，第一颖顶具3～4脉，第一外稃长圆形，膜质，第二外稃明显短于第一外稃；颖果长圆形，暗紫色。花果期为7～12月。

【生境 分布】生长于上坡草地或河边湿地；潮汕各地均有分布。

【主要化学成分】含戊糖、己糖、苜蓿素、洋李苷、芒花苷等。

【抗癌药理作用】芒茎中所含的多糖（主要由戊糖和己糖组成）对小鼠艾氏腹水癌 EAC 和肉瘤 S180 均有抑制作用。

【性味归经】甘、平；入胃、肺、脾、肾、小肠、大肠经；止咳、散血、利尿；用于治疗咳嗽、白带异常、小便不利。

【毒性】无毒。

【抗癌应用】

1. 用法用量：内服：煎汤，60～90g。（《中华本草》）

2. 药剂药方：

（1）治疗肺癌咳嗽。

芒叶 20g，芒根 30g，水煎服，每日 1 剂。（《抗癌植物药及其验方》）

（2）治疗肝癌小便不利。

芒根 50g，田基黄、炒柴胡、黄芩各 20g，甘草梢 10g，水煎服，每日 1 剂。（《抗癌植物药及其验方》）

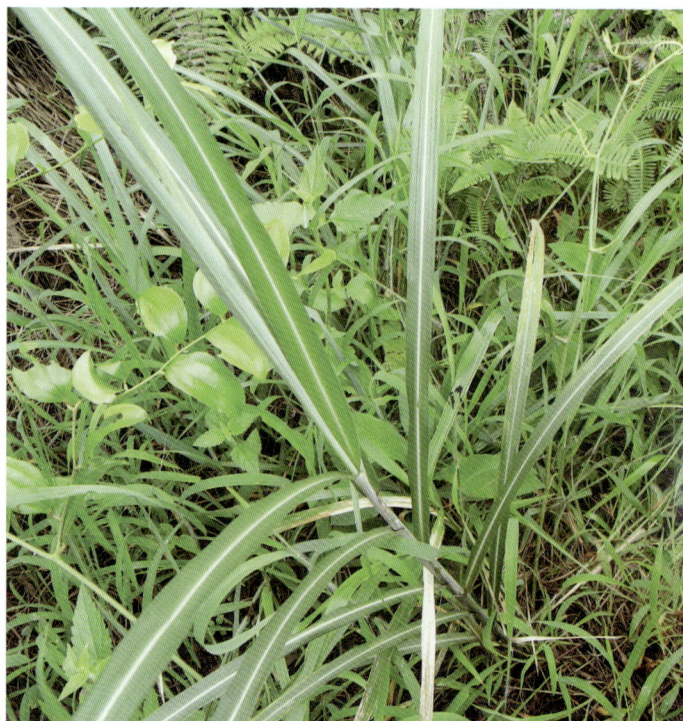

290   稻

稻（*Oryza sativa*），别名稻秆、禾秆，为禾本科多年生水生草本植物。秆直立；叶鞘松弛，无毛，叶舌披针形，两侧基部下延长成叶鞘边缘，具 2 枚镰形抱茎的叶耳，叶片线状披针形，无毛，粗糙；圆锥花序大型疏展，成熟期向下弯垂，小穗含 1 朵成熟花，两侧甚压扁，长圆状卵形至椭圆形；颖果。

【生境　分布】潮汕各地均有栽培。

【主要化学成分】含叶黄素、蛋白质、糖类、膳食纤维、维生素 E、钙、磷、钾等。

【抗癌药理作用】有报道称稻草含有具有抗癌作用的多糖。从稻梗中提取出一种抗癌物质，对移植的小鼠艾氏腹水癌及肉瘤 S180 有抑制效果。

【性味归经】甘、平；入脾、肺经；宽中下气、消食积、温经活络；用于治疗噎嗝、反胃、泄泻、腹痛、伤食、月经不调、妇女白浊、跌打损伤、烫伤、外伤、痔疮。

【毒性】无毒。

【抗癌应用】

1. 用法用量：内服：煎汤，50～150g；或烧灰淋汁澄清。外用：适量，煎水浸洗。（《中华本草》）

2. 药剂药方：

治疗胃癌：稻根 15g，加 300ml 水，煎后分 3 次口服。（《抗癌食药本草》）

291　糯

糯（*Oryza sativa var. glutinosa*），别名江米，为禾本科一年生草本植物，是稻的一个变种。形态与稻大体相似，唯小穗通常呈褐紫色，叶色较淡。稻粒饱满，米粒较白，稍圆，煮熟后黏性较大。

【生境　分布】潮汕各地均有栽培。

【主要化学成分】含玉蜀黍嘌呤及苷、葡萄糖苷、苜蓿素－7－鼠李糖苷、蛋白质、脂肪、糖类、钙、磷、铁、维生素 B_1、维生素 B_2 等。

【抗癌药理作用】应用自然长菌风化陈年（3年以上）的糯米粽子，剔去其发黑部分，80℃焙干，磨粉，做成水混悬液、水提取液及乙醇提取液。给小鼠接种腹水型肝癌后，每日灌服水混悬液，或皮下注射水提取液或乙醇提取液，连续10日，对于腹水型肝癌小鼠的腹水生成均有一定的抑制作用，其抑制率分别为77.6%、56.4%、52.1%。在腹水涂片上看到用药组的癌细胞退变现象都较对照组的显著。

【性味归经】甘、平；入脾、胃经；补中益气、和胃、健脾；用于治疗中气下陷、胃阴不足、泄泻、霍乱、烦渴、夜尿频数。

【毒性】无毒。

【抗癌应用】

1. 用法用量：内服：煎汤，30～60g；或入丸、散；或煮粥。外用：适量，研末调敷。（《中华本草》）

2. 药剂药方：

治疗胃癌：①糯米面适量用牛涎水（牛嘴的涎水）拌后，蒸熟吃。（《实用抗癌验方》）

②牛转草、细稻糖各300g，糯米600g，共研为细末，用黄牛涎拌为龙眼大的丸剂，可以加点红糖，口服，每次1丸，每日2～3次。（《妙药奇方》）

③薏苡仁、糯米各60g，共煮稀粥作早、晚餐服。（《抗癌良方》）

292 芦苇

芦苇 (*Phragmites australis*)，别名苇、芦、芦笋、芦根、水芦，为禾本科多年生植物。根状茎十分发达，秆直立，具20多节，节下被腊粉；叶鞘下部短于上部，叶舌边缘密生一圈短纤毛，叶片披针状线形；圆锥花序大型，着生稠密下垂的小穗；颖果。

【生境　分布】生长于池沼、河岸、河溪边多水地区，常形成苇塘；潮汕各地均有分布。

【主要化学成分】含戊聚糖、薏苡素、蛋白质、脂肪、D-葡萄糖、D-半乳糖、维生素 B$_1$、维生素 B$_2$、维生素 C、天门冬酰胺、多糖类、糠醛、水溶性糖类、纤维、木质素、木聚糖等。

【抗癌药理作用】芦根所含的多糖特别是多聚糖具有显著的抗癌活性，在小鼠体内具有抗肉瘤 S180 的作用，抑制率达90%，毒性很低。

【性味归经】甘、寒；入肺、胃经；清热、生津止渴、除烦、止呕、解毒；用于治疗热病、高热、烦渴、咳喘、胸闷、肺脓肿、胃热呕吐、牙龈出血、尿少、解河豚毒、解酒毒。

【毒性】小毒。

【抗癌应用】

1. 用法用量：内服：煎汤，15～30g，鲜品 60～120g；或鲜品捣汁。外用：适量，煎汤洗。(《中华本草》)

2. 药剂药方：

(1) 治疗食管癌。

芦根汁、人参汁、龙眼肉汁、甘蔗汁、梨汁、人奶、牛乳各等份，加少许姜汁，隔水炖熟，徐徐频服。(《抗癌本草》)

(2) 治疗肺癌。

苇茎、薏苡仁、败酱草、白英、冬瓜仁各30g，桃仁、法半夏各12g，茯苓、瓜蒌、莪术各15g，山慈姑、猪苓各24g，水煎服，每日1剂。(《百病良方》)

(3) 治疗鼻咽癌。

雪梨干、芦根各50g，天花粉、玄参、荸荠各25g，麦冬、生地黄、桔梗各15g，杭白菊各20g，水煎服，每日1剂。(《抗癌中药大全》)

(4) 治疗胃癌。

芦根30g，白花蛇舌草60g，炮姜3g，半枝莲15g，栀子9g，水煎服，每日1剂，并以芦根煎水代茶饮。(《湖南中草药单方验方选编》)

293 甘蔗

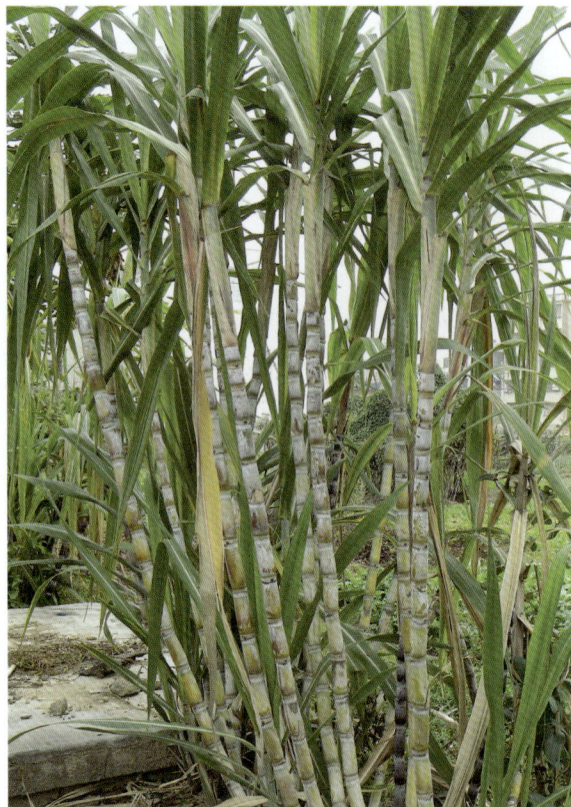

甘蔗（*Saccharum officinarum*），别名干蔗、竿蔗，为禾本科多年生高大实心草本植物。秆直立，粗壮多汁，表面常披白粉；叶鞘长于其节间，除鞘口具柔毛外，其余无毛，叶舌极短，叶为互生，叶片无毛，中脉粗壮，白色，边缘具小锐齿状；复总状花序。

【生境 分布】庭园栽培；分布于潮汕各地。

【主要化学成分】含天冬酰胺、天冬氨酸、谷氨酸、丝氨酸、丙氨酸、缬氨酸、亮氨酸、正亮氨酸、赖氨酸、苏氨酸、谷氨酰胺、脯氨酸、酪氨酸、胱氨酸、γ-氨基丁酸、苯丙氨酸、甲基延胡索酸、延胡索酸、琥珀酸、乌头酸、甘醇酸、苹果酸、枸橼酸、草酸、维生素 B_1、维生素 B_2、维生素 B_6、维生素 C、蔗糖、果糖、葡萄糖、蛋白质、脂肪、钙、磷、铁等。

【抗癌药理作用】

1. 甘蔗糖渣经过精细加工得到的纯多糖对肉瘤 S180 具有很强的抑制作用，对艾氏腹水癌的抑制率为 99%，对艾氏实体癌的抑制率达 100%。

2. 甘蔗所含的富马酸具有抑制小鼠移植性 Ehrlich 肿瘤及硫乙酰胺（TAA）诱发的大鼠肝癌的作用。

3. 甘蔗梢汁对小鼠肉瘤 S180 生长有明显的抑制作用，能延长艾氏腹水癌小鼠的存活期，能明显增加小鼠耐缺氧时间。

【性味归经】甘、寒；入肺、脾、胃经；清热除烦、生津解渴、和中润燥、润肺止咳、解酒提神。

【毒性】无毒。

【抗癌应用】

1. 用法用量：内服：甘蔗汁，30～90g；或榨汁饮。外用：适量，捣敷。（《中华本草》）

2. 药剂药方：

（1）治疗食管癌。

①甘蔗汁、生藕汁、生姜汁、梨汁、萝卜汁、蜂蜜、白果汁、竹沥各 1 杯，和匀。蒸热后随意饮之。（《验方新编》）

②甘蔗汁 1500ml，青粱米 100g，煮粥食。（《抗癌中药大全》）

③梨汁、藕汁、甘蔗汁、韭菜汁、乳汁（人乳或牛乳），不拘量兑服。（《癌症秘方验方偏方大全》）

（2）治疗胃癌、贲门癌。

甘蔗汁 1000ml，生姜汁 120ml，混合，分为 3 次徐徐服之。（《抗癌中药大全》）

294 小麦

小麦（*Tritium aestivum*），别名浮小麦、麦，为禾本科一年或二年生草本植物。秆直立，中空，丛生，具6~7节；叶子宽条形，叶鞘松弛包茎，叶舌膜质；穗状花序直立，小穗含3~9朵小花，外稃长圆状披针形，顶端具芒或无芒，内稃与外稃几等长；颖果大，长圆形，顶端有毛，腹面具深纵沟，不与稃片黏合而易脱落。

【生境　分布】栽培作物；潮汕部分地区种植。

【主要化学成分】含蜀黍苷、淀粉、蛋白质、糖、糊精、粗纤维、油酸、亚油酸、棕榈酸、甘油酯、谷固醇、卵磷脂、尿囊素、精氨酸、淀粉酶、麦芽糖酶、蛋白质酶、微量维生素等。

【抗癌药理作用】

1. 麦麸中提取的麦麸多糖以250mg/kg剂量给小鼠腹腔注射，连续10日，结果显示其对小鼠肉瘤S180抑制率为61.9%。糠麸中所含的水溶性多糖化合物对小鼠艾氏腹水癌有抑制效果。

2. 小麦叶和根的水提取物在Ames实验中，能选择性地抑制致癌物的致突变性。从麦芽中提取的植物血细胞凝集素，可使淋巴瘤细胞、艾氏腹水癌细胞直接凝集，有直接杀伤癌细胞的作用。

3. 麦秆中的多糖物质（β-半纤维素），剂量100~200mg/kg，对小鼠肉瘤S180抑制率可达85%~100%，消瘤率相当高。

【性味归经】甘、凉；入心、脾、肾经；养心益脾、清热润燥、止血散血；用于治疗脏躁、泻痢、烦热、消渴、金疮出血、内损吐血。

【毒性】无毒。

【抗癌应用】

1. 用法用量：内服：小麦煎汤，50~100g；或煮粥；小麦面炒黄，温水调服。外用：适量，小麦炒黑，研末调敷；小麦面干撒或炒黄调敷。（《中华本草》）

2. 药剂药方：

（1）治疗甲状腺癌。

小麦粉与鲜艾叶糅合成饼，蒸熟后，每日服用1个。（《抗癌中药大全》）

（2）治疗鼻下颌窦癌、乳腺癌、白血癌。

小麦嫩叶不拘量捣汁，每日喝2000ml。（《实用抗癌验方》）

（3）治疗大肠癌。

麦糠或麸皮100g，每日开水调冲，分2~3次服。（《实用抗癌验方》）

295　玉蜀黍

　　玉蜀黍（*Zea mays*），别名玉米、玉高粱、薏苡仁，为禾本科一年生高大草本植物。秆直立，通常不分枝，基部各节具气生支柱根；叶鞘具横脉，叶舌膜质，叶片扁平宽大，线状披针形；大型顶生雄性圆锥花序，雌花序被多数宽大的鞘状苞片所包藏，雌小穗孪生，呈 16～30 纵行排列于粗壮之序轴上；颖果球形或扁球形，成熟后伸出颖片和稃片之外。花果期在秋季。

　　【生境　分布】栽培作物；潮汕各地均有栽培。
　　【主要化学成分】含脂肪油、挥发油、树胶样物质、树脂、苦味糖苷、皂苷、生物碱、隐黄素、维生素 C、泛酸、肌酸、维生素 K_3、维生素 E、β-谷固醇、豆固醇、苹果酸、枸橼酸、酒石酸、草酸、玉蜀黍酸、糖类、赤霉酸、蛋白质、淀粉、B 族维生素、玉蜀黍黄素、类胡萝卜素、槲皮素、异槲皮苷等。
　　【抗癌药理作用】
　　1. 玉米所含丰富的镁和谷胱甘肽能使体内致癌物质失去致突变作用。玉米所含的多糖对小鼠艾氏腹水癌和肉瘤 S180 有抑制作用。玉米中含有的大量赖氨酸可抑制大鼠癌细胞的生长。
　　2. 玉米所含的抗癌因子谷胱甘肽，有较强的抗氧化能力，能使致癌物质失去活性；维生素 A 能刺激机体免疫系统，抵御致癌物侵袭，防止多种上皮肿瘤的产生、发展；赖氨酸不仅能抑制、减轻抗癌药物的毒副作用，还有抑制癌细胞生长之效；维生素 E 具抗癌作用。
　　【性味归经】甘、平；入脾、胃、肾、大肠经；调中开胃、益肺宁心、清热利尿；用于治疗食欲不振、气短心悸、淋证、水肿。
　　【毒性】小毒。
　　【抗癌应用】
　　1. 内服：煎汤，30～60g；煮食或磨成细粉作饼。（《中华本草》）
　　2. 药剂药方：
　　（1）治疗胃癌。
　　玉蜀黍种粒 80g，加水 1000g，煎煮 20 分钟，煮成赤褐色液，每日分 4～5 次服用。（《实用抗癌验方》）
　　（2）治疗胰腺癌。
　　玉蜀黍的种子 200g，加水 2000ml，煮 20 分钟，煮成赤褐色液，每日分 4～5 次饮服。（《实用抗癌验方》）
　　（3）治疗原发性肝癌。
　　玉米须 60g，绞股蓝 30g，煎汤代茶，每日 1 剂。（《抗癌植物药及其验方》）
　　（4）治疗膀胱癌。
　　玉米轴、大蓟根、薏苡仁根、蜀羊泉各 30g，蛇莓 15g，水煎服。（《抗癌治验本草》）
　　（5）治疗恶性淋巴瘤。
　　玉米轴、魔芋各 30g，黄药子、天葵子、红木香、七叶一枝花各 15g，水煎服。（《抗癌治验本草》）
　　（6）治疗癌性水肿。
　　玉米须、玉米轴、薏苡仁各 30g，赤小豆 20g，山药、女贞子各 15g，金银花、大黄各 10g，甘草 4g，水煎服。（《抗癌植物药及其验方》）

296　香附子

　　香附子（*Cyperus rotundus*），别名厚香头、厚香草头、草头香，为莎草科多年生草本植物。具匍匐根状茎；秆稍细弱，锐三棱形，平滑，基部呈块茎状；叶较多，短于秆，鞘棕色，常裂成纤维状，叶状苞片2～5枚，常长于花序；花序复穗状，3～6个在茎顶排成伞状，小穗斜展开，线形；小坚果长圆状倒卵形或三棱形。花果期为5～11月。

　　【生境　分布】适生于耕地、旷野、路旁和草地上；分布于潮汕各地。

　　【主要化学成分】含香附烯、β－芹子烯、香附酮、香附醇、广藿香酮、柠檬烯、1，8－桉油素、β－蒎烯、对—聚伞花素、樟烯等。

　　【抗癌药理作用】用抗噬菌体法筛选，证明本品有抗癌活性作用。本品亦有抑制病理性细胞增生的作用。

　　【性味归经】辛、微苦、甘、平；入肝、三焦经；理气解郁、止痛调经；用于治疗肝胃不和、气郁不舒、胸腹胁肋胀痛、痰饮痞满、月经不调、崩漏带下。

　　【毒性】无毒。

　　【抗癌应用】

　　1. 用法用量：内服：煎汤，10～30g。外用：适量，鲜品捣敷；或煎汤洗浴。（《中华本草》）

　　2. 药剂药方：

　　（1）治疗乳腺癌。

　　白鹅草25g，香附根20g，地丁草50g，砂糖、米酒各100g。前3味煎水冲砂糖、米酒，分2次服用；药渣加砂糖、米酒捶敷。同时可另用当归50g，半边莲25～50g，水煎服，每日1剂。（《抗癌良方》）

　　（2）治疗胃癌。

　　制香附、炒柴胡各15g，白芍、枳壳、川芎、生甘草各9g，半枝莲30g，水煎服。（《抗癌植物药及其验方》）

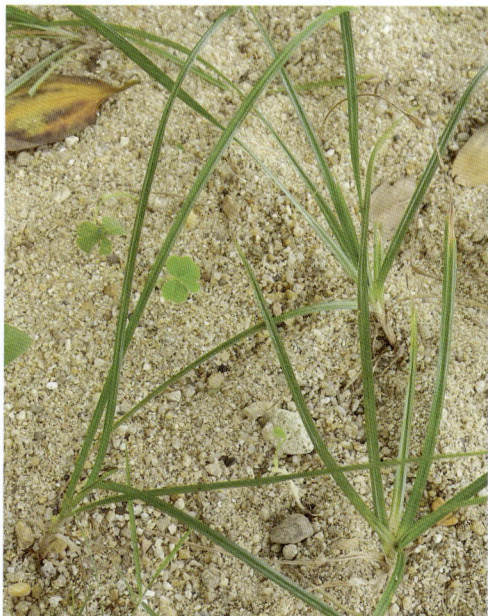

297　荸荠

荸荠（*Eleocharis dulcis*），别名马蹄、钱葱，为莎草科浅水性宿根草本植物。有细长的匍匐根状茎，在匍匐根状茎的顶端生块茎，俗称荸荠；秆多数，丛生，直立，圆柱状；只在秆的基部有 2~3 个叶鞘，鞘近膜质，绿黄色，紫红色或褐色；小穗顶生，圆柱状，有多数花，在小穗基部有两片，鳞片中空无花，抱小穗基部一周；小坚果宽倒卵形。花果期为 5~10 月。

【生境　分布】栽植于水田中；潮汕各地均有分布。

【主要化学成分】含荸荠素、细胞分裂素、淀粉、蛋白质、脂肪、膳食纤维、维生素 A、胡萝卜素、硫胺素、核黄素、烟酸、维生素 C、维生素 E、钙、磷、钾、钠、镁、铁、锌、硒、铜、锰等。

【抗癌药理作用】经实验筛选发现荸荠各种制剂在动物体内均有抑癌效果。本品体外实验证明其对癌细胞生长有抑制作用。

【性味归经】甘、寒；入肺、胃经；清热、化痰、消积；用于治疗温病消渴、黄疸、热淋、痞积、目赤、咽喉肿痛、赘疣。

【毒性】无毒。

【抗癌应用】

1. 用法用量：内服：煎汤，60~120g；或嚼食；或捣汁；或浸酒；或澄粉。外用：适量，煅存性研末，撒于患处；或澄粉点目；或生用涂擦。（《中华本草》）

2. 药剂药方：

（1）治疗食管癌。

① 荸荠 10 只，带皮放在铜锅内煮，每日服食。（《医学卫生普及全书》）

② 荸荠 20g，金银花 25g，连翘、紫花地丁 15g，甘草 5g，水煎服，每日 1 剂。（《实用抗癌验方》）

（2）治疗肺癌。

海蜇、荸荠各 30g，水煎服，每日 3 次，15 日为 1 疗程。（《实用抗癌验方》）

（3）治疗胃癌。

连苗荸荠、藤梨根各 500g，薏苡仁 250g，水煎取药汁，低温浓缩成膏，加适量蔗糖搅匀，口服，每次 2 茶匙，每日 3 次。（《常见肿瘤诊治指南》）

（4）治疗胃癌、肺癌。

荸荠 30~60g，加满月小白兔肉共用水炖汤，经常服用，1 年左右为 1 疗程。（《中国民间单验方》）

298 槟榔

槟榔（*Areca catechu*），别名槟榔子、大腹子，为棕榈科乔木状植物。茎直立，有明显的环状叶痕；叶簇生于茎顶，羽片多数，狭长披针形，上部的羽片合生，顶端有不规则齿裂；雌雄同株，花序多分枝，花序轴粗壮压扁，上部纤细，着生1列或2列的雄花，而雌花单生于分枝的基部，雄花花瓣长圆形，雌花较大，花瓣近圆形；果实长圆形或卵球形，橙黄色，中果皮厚，种子卵形。花果期为3～4月。

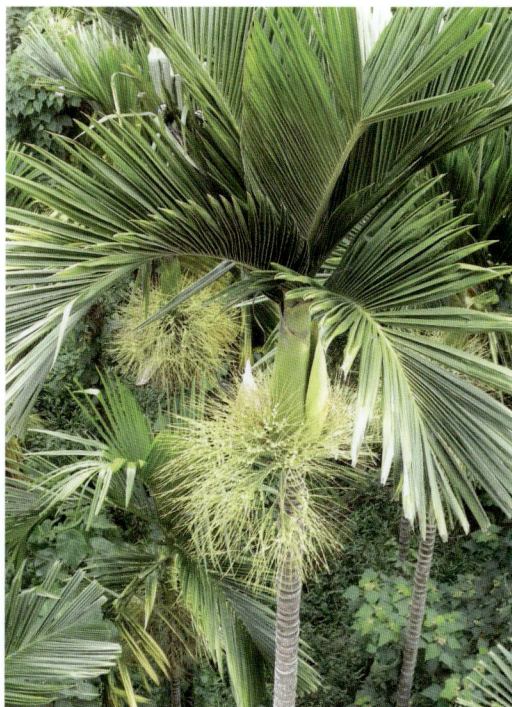

【生境　分布】均为栽培；分布于潮汕各地。

【主要化学成分】含槟榔碱、槟榔次碱、去甲基槟榔碱、去甲基槟榔次碱、异去甲基槟榔次碱、槟榔副碱、高槟榔碱、右旋儿茶精、左旋表儿茶精、原矢车菊素、月桂酸、肉豆蔻酸、棕榈酸、硬脂酸、油酸、脯氨酸、色氨酸、蛋氨酸、酪氨酸、精氨酸、苯丙氨酸、甘露糖、半乳糖、蔗糖、槟榔红色素、皂苷、亚油酸、癸酸、十二碳烯酸、十四碳烯酸等。

【抗癌药理作用】

1. 从槟榔中分离出的聚酚化合物 NPF－86ⅠA、NPE－86ⅠB、NPF－86ⅡA、NPE－86ⅡB 给小鼠腹腔注射，结果显示其对移植性艾氏腹水癌有显著抑制作用。上述成分对艾氏腹水癌株 EAC、人子宫癌 HeLa 细胞和人白血病 HL60 细胞有中等强度的细胞毒作用。NF86H 以剂量 10mg/kg 静脉注射到接种艾氏腹水癌的 ICK 雄性小鼠上，10 天后表明其能显著抑制肿瘤生长。

2. 在腹水型肉瘤小鼠体内实验中表明本品抑制肿瘤生长率达 91.9%（乙醇提取物）和 93.9%（热水提取物），对小鼠肉瘤 S180 抑制率为 50%～70%。体外实验表明本品对 JTC－26 抑制率为 50%～70%。

3. 20 世纪 60 年代末期，科学家已证实槟榔中含有使人致癌的物质。动物实验已证明槟榔对大鼠、田鼠、小鼠有致癌作用。

【性味归经】苦、辛、温；入胃、大肠经；杀虫消积、降气、行水、截疟；用于治疗虫积腹痛、积滞泻痢、里急后重、水肿脚气、疟疾。

【毒性】有毒。

【抗癌应用】

1. 用法用量：内服：煎汤，6～15g，单用杀虫，可用60～120g；或入丸、散。（《中华本草》）

2. 药剂药方：

（1）治疗食管癌。

胡桃、大枣、槟榔各20个。3味均用炭火烧成黑色炭状，加飞铁落250g，共研为细末，炼蜜为丸，共制成30丸。口服，每次2丸，每日3次，用番泻叶50g煎汤送下。（《实用抗癌验方》）

（2）治疗乳腺癌。

槟榔、当归、白芍、人参、桔梗、川芎、枳壳、厚朴、白芷、苏叶、防风、乌药各10g，黄芪20g，官桂、木通各4g，丹参6g，水煎服，每日1剂。（《抗肿瘤中药的临床应用》）

299 蒲葵

蒲葵（*Livistona chinensis*），别名扇叶葵、葵扇叶，为棕榈科乔木状植物。叶阔肾状扇形，掌状深裂至中部，裂片线状披针形，叶柄长 1～2 米，下部两侧黄绿色；花序呈圆锥状，粗壮，总梗上有 6～7 个佛焰苞，每分枝花序基部有 1 个佛焰苞，花小，两性；果实椭圆形（如橄榄状），黑褐色，种子椭圆形。花果期为 4 月。

【生境　分布】栽培植物；分布于潮汕各地。

【主要化学成分】含酚类、还原糖、鞣质、三酰甘油、赖氨酸、丝氨酸、精氨酸、脯氨酸、酪氨酸、缬氨酸、异亮氨酸、苯丙氨酸、维生素 C、油酸等。

【抗癌药理作用】本品对小鼠脑瘤 B22 有明显抑制作用。

【性味归经】甘、淡、涩、平；入肝经；消肿散结、收敛止血；用于治疗症瘕结气、崩漏、跌打损伤、眼底出血。

【毒性】小毒。

【抗癌应用】

1. 用法用量：内服：煎汤，6～9g；或煅存性研末，3～6g。外用：适量，煅存性研末，撒于患处。（《中华本草》）

2. 药剂药方：

（1）治疗各种癌症。

葵树子（干品）30g，水煎 1～2 小时服，或与猪精肉炖服。（《常用中草药手册》）

（2）治疗鼻咽癌、食管癌。

葵树子 60g，水煎服，每日 1 剂；或加猪精肉 30～90g，加水炖熟吃，每日 1 次。（《新编中医入门》）

（3）治疗鼻咽癌。

① 葵树子 250～1000g，捣烂，加水煎 8 小时，每日 1 剂。（《实用抗癌验方》）

② 白茅根、徐长卿、两面针、蛇倒退各 30g，川芎 15g，葵树子 90g，生地黄 24g，山药 20g，茅莓 60g，水煎服，每日 1 剂。（《抗癌中药大全》）

（4）治疗恶性葡萄胎、白血病。

葵树子 30g，红枣 6 枚，水煎服，每日 1 剂，连服 20 剂为 1 疗程。（《常用食物中药》）

（5）治疗绒毛膜癌。

葵树子、半枝莲各 60g，2000ml 水煮成 500ml（煮约 4 小时），分 3 次口服，每日 1 剂。（《癌症秘方验方偏方大全》）

（6）治疗绒毛膜上皮癌、恶性葡萄胎。

蒲葵子、八月札、半枝莲、穿破石各 60g，水煎服，每日 1 剂。（《全国中草药汇编》）

（7）治疗肺癌。

葵树子、半枝莲各 60g，水煎服，每日 1 剂。（《草药手册》）

300 菖蒲

菖蒲（*Acorus calamus*），别名白菖蒲、水菖蒲，为天南星科多年生草本植物。根茎横走，稍扁，分枝，芳香，肉质根多数，具毛发状须根；叶基生，基部两侧膜质叶鞘向上渐狭，至叶长 1/3 处渐行消失、脱落，叶片剑状线形，基部宽、对折，中部以上渐狭，草质，绿色，光亮；花序柄三棱形，叶状佛焰苞剑状线形，肉穗花序斜向上或近直立，花黄绿色；浆果长圆形，红色。花期为 2～9 月。

【生境　分布】生长于池塘、湖泊岸边浅水区或沼泽地中；潮汕各地均有分布。

【主要化学成分】含顺式甲基异丁香油酚、菖蒲大牻牛儿酮、异菖蒲烯二醇、菖蒲混烯、芳樟醇、樟脑、龙脑、α－松油醇、β－榄香烯、甲基丁香油酚、β－古芸烯、β－荜澄茄油烯、白菖烯、水菖蒲酮、异水菖蒲酮、表水甚蒲酮、反式—甲基异丁香油酚、β－愈创木烯、荜澄茄烯、菖蒲新酮、异菖蒲新酮、去二氢菖蒲烯、榄香醇、α－细辛脑、菖蒲烯二醇、菖蒲螺酮烯、菖蒲螺酮、菖蒲螺烯酮、肉豆蔻酸、棕榈酸、棕榈油酸、硬脂酸、油酸、亚油酸、花生酸、麦芽糖、葡萄糖、果糖、β－谷固醇、色氨酸等。

【抗癌药理作用】实验证明菖蒲有抗癌作用。从水菖蒲的挥发油中提制的 α－细辛醚对人胃癌 SGC－7901 细胞株、人肺转移癌 Detroit－6 细胞株、人子宫颈癌 HeLa 细胞株有一定的抗癌活性。其抑制及杀伤作用，不仅与药物的浓度有关，而且与药物作用的时间长短有关。药物浓度越大，作用时间越长，则抑制和杀伤作用越大。

【性味归经】苦、辛、温；化痰、开窍、健脾、利湿；用于治疗癫痫、惊悸健忘、神志不清、湿滞痞胀、泄泻痢疾、风湿疼痛、痈肿疥疮等。

【毒性】有毒。

【抗癌应用】

1. 用法用量：内服：煎汤 3～6g；或入丸、散。外用：适量，煎水洗或研末调敷。（《中华本草》）

2. 药剂药方：

治疗胃癌：水菖蒲、石菖蒲各 10g，灵芝、薏苡仁、仙鹤草、天冬、黄芪各 30g，炮姜、生甘草各 3g，水煎服。（《江苏验方》）

301　石菖蒲

石菖蒲（*Acorus tatarinowii*），别名菖蒲、九节菖蒲，为天南星科多年生草本植物。根茎较短，横走或斜伸，芳香，根肉质，多数，须根密集；根茎上部多分枝，呈丛生状；叶基对折，两侧膜质叶鞘棕色，上延至叶片中部以下，渐狭，脱落，叶片质地较厚，线形，绿色，极狭，先端长渐尖；叶状佛焰苞短，肉穗花序狭，黄绿色，圆柱形，花白色；成熟果穗长 7～8cm，粗可达 1cm，幼果绿色，成熟时黄绿色或黄白色。花期为 5～6 月，果期为 7～8 月。

【生境　分布】野生于谷溪沟中或河边石上；潮汕各地均有分布。

【主要化学成分】含 α-细辛脑、β-细辛脑、γ-细辛脑、欧细辛脑、顺式甲基异丁香油酚、榄香脂素、细辛醛、百里香酚、α-细辛醚、β-细辛醚、黄樟油素、丁香酚等。

【抗癌药理作用】石菖蒲 20% 煎剂能在体外全部杀死小鼠腹水癌细胞。体外实验显示，石菖蒲高浓度浸出液对常见致癌性皮肤真菌有抑制作用。体内实验显示石菖蒲有抗癌活性作用。用肝癌、小鼠肉瘤 S180 和艾氏腹水癌 3 个瘤株进行筛选，发现给实验鼠口服 0.085ml/kg 的石菖蒲挥发油，对小鼠肝癌、小鼠肉瘤 S180 有显著的抗癌作用。腹腔给药 0.063ml/kg 的剂量，对小鼠肉瘤 S180 有显著的抗癌作用。

【性味归经】甘、苦、温；入心、胃经；化湿开胃、开窍豁痰、醒神益智；用于治疗脘痞不饥、禁口下痢、神昏癫痫、健忘耳聋。

【毒性】无毒。

【抗癌应用】

1. 用法用量：内服：煎汤，3～6g，鲜品加倍；或入丸、散。外用：适量，煎水洗；或研末调敷。（《中华本草》）

2. 药剂药方：

（1）治疗脑肿瘤。

石菖蒲、花耳草、蚤休各 12g，远志 4g，水煎服。（《抗癌植物药及其验方》）

（2）治疗食管癌。

红花、石菖蒲、鸡血藤各 10g，儿茶 8g，山慈姑 20g，水煎服，每日 1 剂。（《抗肿瘤中药的临床应用》）

（3）治疗鼻咽癌。

石菖蒲、川楝子各 9g，白芍、玄参各 12g，瓜蒌、皂角刺各 15g，山牡蛎、夏枯草各 30g，硼砂 1.5g（冲服），水煎服。（《抗癌植物药及其验方》）

（4）治疗子宫颈癌。

石菖蒲、破故纸各等份，炒为末，口服，每次 3g，每日 2 次，以菖蒲浸酒调服。（《抗癌植物药及其验方》）

302　天南星

天南星（*Arisaema heteroplyllum*），别名一把伞南星，为天南星科多年生草本植物。块茎近球状或扁球状；叶1片，鸟趾状全裂，裂片9~17枚，长圆形、倒披针形或长圆状倒卵形；佛焰花序，苞绿色，下部筒状，花序轴先端附属物鼠尾状，延伸于佛焰苞外甚多；浆果红色。花期为7~8月。

【生境　分布】生长于阴坡或山谷较为阴湿的地方；分布于潮汕各地。

【主要化学成分】含L-脯氨酰-L-缬氨酸酐、L-缬氨酰-L-缬氨酸酐、L-缬氨酰-L-丙氨酸酐、脲嘧啶、胸腺嘧啶、烟酰胺、L-脯氨酰-L-脯氨酸酐、L-缬氨酰-L-亮氨酸酐、L-苯丙氨酰-L-丙氨酸酐、L-甘氨酰-L-脯氨酸酐、L-酪氨酰-L-亮氨酸酐、L-丙氨酰-L-亮氨酸酐、L-苯丙氨酰-L-丝氨酸酐、L-酪氨酰-L-丙氨酸酐、L-脯氨酰-L-丙氨酸酐、掌叶半夏碱、胡萝卜苷、β-谷固醇、棕榈酸、丝氨酸、缬氨酸、赖氨酸、脯氨酸、镁、铝、锌、铜、硒、钒、钴等。

【抗癌药理作用】

1. 鲜天南星的水提取液经醇沉淀后的浓缩制剂，在体外对人子宫颈癌HeLa细胞有抑制作用，使细胞浓缩成团块，破坏细胞正常结构，致使部分细胞脱落。对小鼠实验性肿瘤如小鼠肉瘤S180、肝瘤实体型、小鼠子宫颈癌U14，每日肌内注射天南星水提取液0.1ml（相当于1g鲜天南星），有明显的抑瘤效果。从鲜天南星中提取出的结晶D-甘露醇有同样的抑瘤作用，可能为其抗癌有效成分之一，但对人子宫颈癌HeLa细胞的抑制效果不明显。

2. 天南星复方（天南星、生川乌、生附片、木香、延胡索、三七）对小鼠Lewis肺癌、肝癌、艾氏腹水癌等多种抑制性肿瘤均有抑制作用。同时对体外培养的人胃癌、肺癌、肝癌细胞亦有杀伤和抑制作用。

【性味归经】苦、辛、温；入肺、肝、脾经；燥湿化痰、祛风镇痉、散结消肿；用于治疗顽固痰咳嗽、风痰眩晕、中风痰壅、口眼歪斜、半身不遂、癫痫、惊风、破伤风；生用外治痈肿，蛇虫咬伤。

【毒性】有毒。

【抗癌应用】

1. 用法用量：内服：煎汤，3~9g，一般制后服用；或入丸、散。外用：生品适量，研末以醋或酒调敷。（《中华本草》）

2. 药剂药方：

（1）治疗子宫颈癌。

① 天南星60g，生半夏、明矾各30g，山豆根15g，蜈蚣10条。上药共研极细末，超过0.08mm筛。将药末平分20份，每次取1份用棉团醮满药末纳入病变部位，每日早晚换药1次，可在棉球上系一细线，以便取出，10日为1疗程。（《江苏中医》1992年第3期）

② 鲜天南星（由15g可渐增至45g）煎汤代茶，须连服3个月。（《抗癌本草》）

③ 天南星栓剂每个含生药50g，塞在宫颈管内；天南星针剂每支2ml，含生药10g，每日或隔日用4ml，注入宫颈及宫旁组织。（《抗癌中药大全》）

④ 鲜天南星、鲜半夏、魔芋各15g。以上3药任选一味，浸于75%的乙醇5ml中，30分钟后取出敲烂，外包纱布，塞于子宫颈内。塞药前，先用过氧化氢溶液（双氧水）冲洗宫颈数次。（《实用抗癌验方》）

（2）治疗食管癌。

① 天南星、石打穿各30g，南沙参、北沙参各15g，生半夏、八月札、丹参、急性子各15g，麦

冬 12g，降香 9g，水煎服。(《当代中医师灵验奇方真传》)

②　天南星 10g，乌头、附子各 5g，木香 15g，水煎服，每日 1 剂，2 次分服。(《实用抗癌验方》)

（3）治疗鼻咽癌。

生天南星 20～30g，石上柏 100g，瓜蒌、苍耳各 15g，沙参 15～50g，水煎服，每日 1 剂。(《实用肿瘤学》)

（4）治疗肾癌疼痛。

生天南星 20g，冰片、藤黄各 3g，麝香 0.3g，共研为细末，酒醋各半调成糊状，外敷于腰部症块区，干则易之。(《江苏中医杂志》1986 年第 10 期)

（5）治疗乳腺癌初起。

生天南星、生草乌、商陆根各等份，以米醋磨细涂患处。(《癌症秘方验方偏方大全》)

（6）治疗肝癌。

生天南星 20～30g，水煎服，每日 1 剂，分多次饮服。(《实用抗癌验方》)

（7）治疗神经系统恶性肿瘤。

天南星、生半夏各 30g，苍耳草、白蒺藜各 15g，生姜适量，水煎服，每日 1 剂。(《实用抗癌药物手册》)

（8）治疗恶性淋巴瘤。

生天南星大者 1 枚，研烂，滴好醋少许；若无鲜者，以干者为末，醋调，贴敷患处。(《实用抗癌验方》)

303　魔芋

魔芋（*Amorphophallus rivieri*），别名雷公统、蒟蒻，为天南星科多年生草本植物。块茎扁球形，颈部周围生多数肉质根及纤维状须根；叶柄光滑，有绿褐色或白色斑块，叶片绿色，3 裂，1 次裂片二歧分裂，2 次裂片二回羽状分裂或二回二歧分裂；花序柄色泽同叶柄，佛焰苞漏斗状，苍绿色，杂以暗绿色斑块，肉穗花序比佛焰苞长 1 倍，雌花序圆柱形，紫色，雄花序紧接（有时杂以少数两性花），深紫色；浆果球形或扁球形，成熟时黄绿色。花期为 4~6 月，果期为 8~9 月。

【生境　分布】生长于疏林下、林缘，或栽培；潮汕各地均有分布。

【主要化学成分】含葡萄甘露聚糖、甘露聚糖、甘油、枸橼酸、阿魏酸、桂皮酸、甲基棕榈酸、二十一碳烯、β-谷固醇、氨基酸、粗蛋白、脂类、多糖等。

【抗癌药理作用】

1. 用白魔芋制品对肉瘤 S180、艾氏（ESC）癌、Heps 肝癌和子宫颈癌 U14 进行了动物移植性肿瘤的抑瘤实验，实验采用两个以上剂量，且经过 2~3 次重复，结果显示 4 种瘤株的抑制率分别为 59.74%、54.02%、52.79% 和 40.86%，荷瘤小鼠经治疗能显著增强单核巨噬细胞的吞噬功能。

2. 魔芋精粉对 MNNG 诱发肺癌可产生不同程度的抑制和预防作用：① 魔芋精粉能非常显著地减少患肺肿瘤或肺癌的鼠数，降低发瘤率和发癌率；② 魔芋能抑制肺癌发生数；③ 魔芋精粉能改变肺腺瘤、腺癌的病理类型构成比，可抑制腺癌的发生和降低腺瘤恶变的百分率。

3. 有预防肝肠癌的作用。

【性味归经】辛、甘、寒；入肺、脾、胃经；清热解毒、消肿散结；用于治疗疟腮、劳瘵、劳疟、瘰疬、症瘕、消渴、痈肿疮毒。

【毒性】有毒。

【抗癌应用】

1. 用法用量：内服：煎汤，9~15g（需煎 2 小时以上）。外用：适量，捣敷；或磨醋涂。（《中华本草》）

2. 药剂药方：

（1）治疗脑肿瘤。

① 魔芋 30g，先煎 2 小时，再加入苍耳草、贯众各 30g，蒲黄根、重楼各 15g，同煎服，每日 1 剂。（《祖国医学基本知识》）

② 魔芋 30g，先煎 2 小时，再加重楼 9g，生甘草 6g，同煎服用。呕吐加姜半夏 9g，鼻塞加石胡荽 9g，出血加黑山栀 15g。（《祖国医学基本知识》）

③魔芋（先煎 2 小时）、通光散各 30g，苍耳 10g，六方藤 15g，重楼 30g，水煎服。（《云南抗癌中草药》）

④魔芋 30g，煎 3 小时，分 3 次服用。（《中医肿瘤学》）

⑤魔芋 30g，苍耳子、七叶一枝花各 12g，远志肉 4g，石菖蒲 6g，水煎服，每日 1 剂，分 3 次服。（《肿瘤的辨证施治》）

（2）治疗鼻咽癌。

魔芋（先煎 2 小时）、地骨皮、鸭跖草各 30g，七叶一枝花 15g，水煎服，每日 1 剂，分 3 次服。（《肿瘤的辨证施治》）

（3）治疗甲状腺癌。

魔芋 30g，先煎 2 小时，再加海藻、蒲黄根、玄参各 15g，苍耳草、贯众各 30g，若瘤质硬可加

生牡蛎60g，水煎服，每日1剂。(《肿瘤中草药制剂》)

（4）治疗腮腺癌。

魔芋、板蓝根各30g，金银花、山豆根各15g，水煎服。(《抗癌中草药制剂》)

（5）治疗淋巴系统肿瘤。

魔芋30g，先煎2小时，再加黄药子、天葵子、木香、重楼各15g，水煎服。(《抗癌本草》)

（6）治疗直肠癌。

把魔芋60g，放于猪大肠头（长约20cm）内，两端用线结扎，煮4小时，吃肠喝汤。(《云南抗癌中草药》)

（7）治疗白血病。

魔芋、大黄、猪殃殃、半枝莲、白花蛇舌草各30g，马钱子0.9g，水煎2次分服，每日1剂。(《抗癌中药大全》)

304　芋

芋（*Colocasia esculenta*），别名芋艿、毛芋，为天南星科多年生草本植物。地下有卵形至长椭圆形的块茎；叶基生，常4～5片簇生，叶身阔大，质厚，卵状广椭圆形，叶柄肉质，长而肥厚，绿色或淡绿紫色，基部呈鞘状；花茎1～4枚，自叶鞘基部抽出，各生1肉穗花序，顺次开放，淡黄色，肉穗花序上部生多数黄色雄花，下部生绿色雄花。花期为8月。

【生境　分布】性喜高温湿润，不耐旱，较耐阴，并具有水生植物的特性，水田或旱地均可栽培；潮汕各地均有栽培。

【主要化学成分】含蛋白质、淀粉、灰分、脂类、钙、磷、铁、葡萄糖、半乳糖、鼠李糖、阿拉伯糖、甘露糖、半乳糖醛酸、硫胺素、核黄素、烟酸、芋头蛋白、苯丙氨酸、亮氨酸等。

【抗癌药理作用】本品有抑制肿瘤细胞的作用，体外实验证明其对癌细胞生长有一定的抑制作用。

【性味归经】甘、辛、平；入胃、肠经；行水止泻、益脾胃、调中气、消肿镇痛；用于治疗瘰疬、牛皮癣、筋骨痛、鸡眼、无名肿痛、蛇虫咬伤、顽癣、胃痛。

【毒性】小毒。

【抗癌应用】

1. 用法用量：内服：煎汤，60～120g；或入丸、散。外用：适量，捣敷或醋磨涂。（《中华本草》）

2. 药剂药方：

（1）治疗乳腺癌、胃癌。

生芋头捣烂后与少量面粉搅拌，贴于肿瘤体表部。（《抗癌食药本草》）

（2）治疗乳腺癌、甲状腺癌。

芋艿适量，用姜汁和水泛制成丸剂，口服，每次9g，每日2次。（《抗肿瘤中草药彩色图谱》）

（3）治疗乳腺癌、肺癌、鼻咽癌。

香梗芋艿切片晒干研末，用陈海蜇、大荸荠煎汤泛丸，如梧桐子大。口服，每次15g，用陈海蜇、荸荠汤送服，每日1～2次。（《抗癌植物药及其验方》）

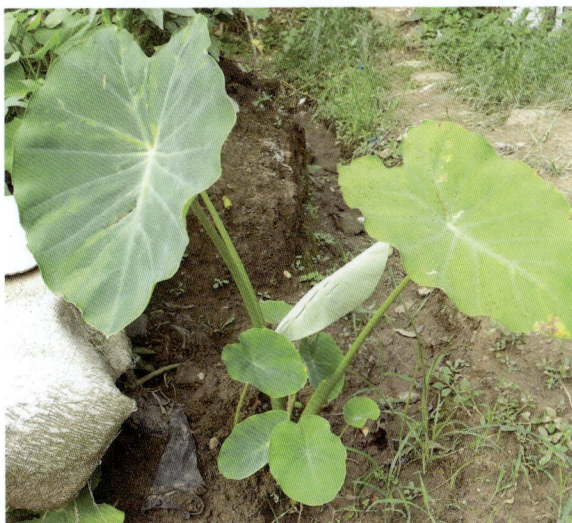

305　葱

葱（*Allium fistulosum*），别名生葱，为百合科多年生宿根草本植物。折断后有辛味之黏液；鳞茎圆柱状，单生或簇生；叶圆筒状，中空；花葶圆柱状，中空，从叶丛中抽出；伞形花序近球形，多花，花白色；种子具6棱，黑色。花果期为2～7月。

【生境　分布】潮汕各地均有栽培。

【主要化学成分】含葡萄糖、果糖、蔗糖、麦芽糖、淀粉、半纤维素、α-纤维素、木质素、蒜素、二烯丙基硫醚、维生素 A、维生素 C、棕榈酸、亚油酸等。

【抗癌药理作用】

1. 葱叶：每日给白血病荷瘤小鼠服用266～600mg/kg 剂量的青葱提取物，荷瘤小鼠平均活期增加20%。本品体外筛选证实其对人子宫颈癌细胞培养株系 JTC－26 有抑制作用，抑制率在90%以上。

2. 葱白：鲜大葱可以显著降低胃液内的亚硝酸盐含量。口服鲜大葱匀浆30分钟后，胃液内亚硝酸盐含量明显减少，从而减少了亚硝胺的合成，表明大葱是预防胃癌的有利保护因素。葱白对人子宫颈癌（JTC－26）有抑制作用，抑制率在90%以上。

【性味归经】辛、温；入肺、胃经；葱叶：祛风发汗、解毒消肿，用于治疗感冒风寒、头痛鼻塞、身热无汗、面目浮肿、疮痈肿痛、跌打损伤；葱白：发表、通阳、解毒，用于治疗伤寒头痛、阴寒腹痛、虫积、二便不通、痢疾、痈肿。

【毒性】无毒。

【抗癌应用】

1. 用法用量：内服：煎汤，9～15g；或酒煎；煮粥食，每次可用鲜品15～30g。外用：适量，捣敷，炒熨，煎水洗，蜂蜜或醋调敷。（《中华本草》）

2. 药剂药方：

（1）治疗子宫颈癌。

葱白、黄芪、补骨脂、枸杞子、女贞子各30g，水煎服，每日1剂。（《云南抗癌中草药》）

（2）治疗肝癌腹水。

葱白7根，冬瓜500g，鲤鱼500g 以上1条，加佐料同煮，每2日1剂，吃肉饮汤。（《实用抗癌验方》）

（3）治疗喉鳞状上皮癌。

巴豆2粒，研末，大枣肉3枚，葱白2根，共捣如泥，大梨1个（去皮），在大梨1/4与3/4交界处切开，下3/4中心挖空，装入药末和药泥后，盖好上1/4置碗内蒸熟，去药嚼梨喝汤。另用蜈蚣5条（去头、足）、全蝎、白僵蚕、蟅虫各30g，分别用新瓦焙干研为细末，混匀分成40包。药粉1包装入鸡蛋内（不去蛋清和蛋黄），摇匀，面糊封口，置碗内蒸熟吃，早晚各服1枚。（《实用抗癌验方1000首》）

（4）治疗各种癌症。

生葱7茎，砒石2g，巴豆（去壳研末）、大枣（去核）各7枚，蒸熟捣烂，制成饼，纱布包敷两手心，每次敷5昼夜，间隔5日再敷。（《中医肿瘤学》）

306 蒜

蒜（*Allium sativum*），别名大蒜、蒜头，为百合科一年生或二年生草本植物。具强烈辛辣味；鳞茎大型，球状至扁球状，通常由多数肉质、瓣状的小鳞茎紧密地排列而成，外面被数层白色至带紫色的膜质外皮；叶基生，叶片宽条形至条状披针形，扁平，先端长渐尖；花葶实心，圆柱状，伞形花序密具珠芽，间有数花，花常为淡红色，花被片披针形至卵状披针形。花期为7月。

【生境　分布】人工栽培；潮汕各地均有分布。

【主要化学成分】主要化学成分有下列几类：

大蒜素、二烯丙基硫醚烯丙基硫代亚磺酸－1－丙烯酯、S－甲基生半胱氨酸亚砜、环蒜氨酸、γ－L－谷氨酸多肽、葫蒜素、槲皮素、山柰酚、糖苷。D－半乳聚糖、D－聚半乳糖醛酸、蛋白质、脂肪、钙、磷、铁，维生素 B_1、维生素 C、胡萝卜素、糖类等。

【抗癌药理作用】

1. 大蒜液及大蒜粗提取物对大鼠腹水肉瘤 MTK－Ⅲ 及小鼠艾氏腹水癌的癌细胞具有抗有丝分裂作用。

2. 用3种大蒜油剂的4个稀释浓度作用于人鼻咽癌细胞、小鼠肉瘤 S180 细胞、海拉癌细胞、人肝癌细胞3日后，能抑制其癌细胞的有丝分裂。

3. 体外实验显示大蒜对人子宫颈癌 JIC－26 细胞抑制率为70%～90%。

4. 用大蒜油制剂和人工合成大蒜素腹腔注射或瘤体局部注射 50～100mg/kg，结果显示其对动物瓦克癌 W256 都有显著抑瘤作用，抑制率为40%～54%。

5. 大蒜滤液、大蒜素和大蒜油皆有抗肿瘤作用，其对小鼠肉瘤 S180 的抑制率分别为41.6%、59.9%、56.2%。

6. 天然蒜油对肝癌腹水型及实体型两种瘤株均有显著延长小鼠生命的作用。

7. 新鲜大蒜液对 C3H 和 DDD 小鼠的自发性乳腺癌的生长亦有抑制作用。

8. 实验证明，大蒜液的抗癌作用可能主要是由于大蒜液间接或直接损伤癌细胞的遗传物质载体即染色体的结构，使染色体发生退行性改变从而导致了癌细胞核的退行性改变，最终导致癌细胞死亡。

【性味归经】辛、甘、温；入脾、胃、肺经；温中健胃、消食理气、解毒杀虫；用于治疗脘腹冷痛、饮食积滞、饮食不洁、食物中毒、呕吐腹泻等。

【毒性】无毒。

【抗癌应用】

1. 用法用量：内服：煎汤，1.5～3钱；生食、煨食或捣泥为丸。外用：捣敷、作栓剂或切片灸。（《中华本草》）

2. 药剂药方：

（1）治疗肺癌。

口服大蒜压榨出的液汁，每次 10～30ml，每日2次。（《抗癌本草》）

（2）治疗肺癌、胃癌、子宫颈癌。

采用当年产之紫皮大蒜，在无菌操作下捣成糊状后用蒸馏水搅拌，沉淀后取其上清液 0.5～1.0ml，在环跳穴肌内注射，隔2日1次，左右交替，5次为1疗程。（《抗癌中药大全》）

（3）治疗肺癌、大肠癌、子宫颈癌。

大蒜 9～15g，水煎服。（《实用抗癌药物手册》）

（4）治疗胃癌。

① 生大蒜 250g，去外皮，浸普通白干酒或金门高粱酒 2 瓶半，酒必须高出大蒜面 1/3，约浸 1 年，越陈越好。早晚空腹各饮 1 小杯。（《汉方总集》）

② 大蒜注射液 4～5ml（1ml 约含 1g 生药），1% 普鲁卡因 1ml 混合肌内注射，每日 2～3 次，30 日（400～450g）为 1 疗程。（《抗癌食药本草》）

（5）治疗胃癌、食管癌。

大活鲫鱼 1 尾，去肠留鳞，大蒜切细，填入鱼腹，纸包泥封，烧存性，研成细末，每服 3g，以米送下，每日 2～3 次。（《抗癌食物中药》）

（6）治疗食管癌。

以炭火煨红皮大蒜至熟，去皮，再加鲜生姜、红糖各 250g，捣烂如泥，装瓷罐内，埋入地下，7 日后取出应用。每次服 50g，早晚各 1 次。（《实用抗癌验方》）

（7）治疗鼻咽癌。

提取大蒜成分制成注射液，每支含生药 1g。大蒜注射液静脉滴注，每次 6～10g，每日 1 次，10～15 次为 1 疗程。（《现代治癌验方精选》）

（8）治疗皮肤癌。

大蒜头适量，将蒜头捣烂，放在纱布上，外敷于患处，每日换 1 次。（《浙江中医杂志》1989 年第 8 期）

（9）治疗肝癌。

大蒜 8 枚，丁香、砂仁、高良姜各 10g，生姜 15g，食盐 5g，同捣如泥贴中脘、足三里（双）穴位上，每日 1～2 次。（《抗癌良方》）

（10）治疗腹腔癌症。

独头紫皮大蒜 1 枚，大红凤仙花 30g，雄黄 3g，共捣烂拌和，敷腹部痞块处。（《抗癌食物中药》）

（11）治疗多种癌症。

①大蒜经干燥制粉打片，每片重 0.5g，内含大蒜干粉 0.4g。口服，每次 2～3 片，每日 3 次。（《抗癌中药大全》）

②大蒜经压榨提取制成大蒜口服液，每 100ml 内含药量相当于大蒜生药 50g，口服，每次 10ml，每日 2～3 次。（《抗癌中药大全》）

③大蒜经蒸馏法提取制成肌内注射液，每支 2～5ml，内含药量相当于大蒜生药 2～5g。肌内注射，每次 2～5ml，每日 2 次。（《抗癌中药大全》）

④三七、蚤休、延胡素、黄药子各 10g，芦根 20g，川乌头 6g，冰片 8g，紫皮大蒜 100g，麝香经钴 60 照射灭菌后用，单位剂量 3g。用法：贴敷，隔日 2 贴，敷于痛点或经络压痛部位；口服，每次 1 丸，每日 2 次。（《抗癌中药大全》）

307　洋葱

　　洋葱（*Allium cepa*），别名北葱、大头葱，为百合科多年生草本植物。具强烈的香气；鳞茎大，球形或扁球形，外包赤红色皮膜；叶圆柱形，中空，绿色，有白粉；花葶高可达1m，圆柱形，中空，中部以下膨大，伞形花序，球形，花粉红色或近于白色；蒴果，室背裂开，含有多数种子，种子扁形，黑色。花期为6~7月。

　　【生境　分布】栽培；潮汕各地均有分布。

　　【主要化学成分】含硫醇、二甲二硫化物、二烯丙基二硫化物、二烯丙基硫醚、三硫化物、硫代亚磺酸盐、柠檬酸盐、苹果酸盐、咖啡酸、阿魏酸、芥子酸、对—羟基桂皮酸、原儿茶酸、多糖A、多糖B、槲皮素、槲皮素3，4-二葡萄糖苷、槲皮素7，4-二葡萄糖苷、胸嘧啶、氨基酸、山奈酚、胡萝卜素、蛋白质、脂肪、糖类、膳食纤维、硫胺素、核黄素、烟酸、维生素A、维生素C、维生素E、钙、磷、钠、镁、铁、锌、硒、铜、锰、钾等。

　　【抗癌药理作用】

　　1. 洋葱提取物和它的主要成分催泪因子对小鼠S180肉瘤细胞显示体外细胞毒作用。洋葱成分虫草素对人体鼻咽癌KB细胞的生长有抑制作用。实验发现给瓦克癌W256的荷瘤小鼠口服或腹腔注射0.25ml洋葱液即显示出其明显的抗肿瘤活性。

　　2. 在用二甲基苯蒽诱发仓鼠颊窝部皮肤癌变的同时，于诱变部位涂以洋葱油，或给动物口服洋葱油，结果显示仅有少数小鼠口腔黏膜发生肿瘤，且肿瘤体积小。组织学观察显示对照组小鼠口腔黏膜局部出现许多浸润性癌灶，组织细胞发育不良；实验组小鼠口腔黏膜角化程度较轻，组织发育亦较差，并间有少量乳头状肿瘤。体外观察还进一步证实了洋葱油对仓鼠颊窝表皮肿瘤细胞的增殖有抑制作用。

　　【性味归经】辛、温；入心、脾经；解毒消肿、杀虫；用于治疗创伤、溃疡、滴虫病、阴道炎、动脉硬化症、消渴、肠无力症、痢疾、泄泻。

　　【毒性】无毒。

　　【抗癌应用】

　　1. 用法用量：内服：洋葱汁，20~30ml。外用：适量。可入汤剂、糖浆剂、糊剂、敷剂等制剂。（《中华本草》）

　　2. 药剂药方：

　　治疗大肠癌：薏苡仁、山药、胡萝卜各60g，洋葱30g，水煮食用。另用白花蛇舌草90g，水煎服。（《江苏验方》）

308　韭菜

韭菜（*Allium tuberosum*），别名壮阳草、扁菜，为百合科多年生宿根草本植物。具特殊强烈气味；根茎横卧，鳞茎狭圆锥形，簇生，外皮黄褐色；叶基生，条形，扁平；总苞2裂，比花序短，宿存，伞形花序簇生状或球状，多花，花白色或微带红色；蒴果具倒心形的果瓣。花果期7～9月。

【生境　分布】适合种植在结构适宜、理化性状良好的土壤环境；潮汕各地均有栽培。

【主要化学成分】含甲基烯丙基二硫化物、二甲基二硫化物、2－丙烯基（烯丙基）二硫化物、山柰酚葡萄糖苷、槲皮素葡萄糖苷、芹菜素葡萄糖苷、异鼠李素葡萄糖苷、山柰酚、L－酪氨酸、类胡萝卜素、β－胡萝卜素、大蒜辣素、蒜氨酸、丙氨酸、谷氨酸、天冬氨酸、缬氨酸、蛋白质、脂肪、纤维素、核黄素、烟酸、维生素C、钙、磷、铁等。

【抗癌药理作用】实验结果表明韭菜的水溶性提取物有抗突变能力。韭菜里所含的挥发性酶能激活巨噬细胞，预防癌细胞转移。韭菜能防止和延缓上皮细胞的癌前病变。

【性味归经】辛、温；入肝、胃、肾经；温中、行气、散血、解毒；用于治疗胸痹、噎膈、反胃、血证、痢疾、消渴、脱肛、跌打损伤。

【毒性】无毒。

【抗癌应用】

1. 用法用量：内服：捣汁饮，1～2两；或炒熟做菜食。外用：捣敷、取汁滴注、炒热熨或煎水熏洗。（《中华本草》）

2. 药剂药方：

（1）治疗食管癌、贲门癌、胃癌。

① 生韭叶或根，洗净捣汁，每次以韭汁一匙，和入牛奶半杯，煮沸后，待温缓缓咽下，每日数次。（《中医肿瘤学》）

②韭菜汁2杯，入姜汁、牛乳各1杯，细细温服；或取生韭菜（根也可）2500g，捣汁服之；或用韭菜叶每次50g，水煎服，每日3次。（《实用抗癌验方》）

（2）治疗食管癌。

①韭菜挤汁20ml，蒸鸡蛋2枚，每日分2次服用，常服。（《癌症秘方验方偏方大全》）

②韭黄、猪肉各50g，共煮熟食，吃肉喝汤。（《癌症秘方验方偏方大全》）

③生韭菜100g，蜜蜂适量。将生韭菜捣烂取汁，用蜂蜜调服，每日2次。（《上海中医杂志》1993年第3期）

（3）治疗胃癌。

韭菜30g，大蒜15g，猪精肉45g，煮熟食，常服。（《癌症秘方验方偏方大全》）

（4）治疗恶性骨肿瘤。

韭菜250g挤汁约100ml，新鲜鹅血200ml，将韭菜汁与鹅血混合，边搅边匀喝，每日或隔日服1次。（《当代妙方》）

309 芦荟

芦荟（*Aloe vera* var. *chinensis*），别名劳兜、劳头、油葱，为百合科多年生草本植物。茎短或无茎；叶簇生，螺旋状排列，直立，肥厚，叶片狭披针形，边缘有刺状小齿；花茎单生或分枝，总状花序疏散，花黄色或有紫色斑点，具膜质苞片，花被筒状；蒴果三角形。花期为 7~8 月。

【生境　分布】潮汕各地庭园栽培。

【主要化学成分】含芦荟苦素、芦荟宁、月桂酸、肉豆蔻酸、棕榈酸、硬脂酸、棕榈油酸、十六碳二烯酸、油酸、亚油酸、亚麻酸、葡萄糖酸、β-胡萝卜素、维生素 B_1、维生素 B_2、维生素 C、维生素 D、维生素 E、甘露聚糖、葡萄甘露聚糖等。

【抗癌药理作用】

1. 芦荟醇提取物及从中分离出的芦荟素 A 和 halomicin 均具有抗肿瘤作用。芦荟醇提取物对肝癌、艾氏腹水癌、肉瘤 S180 及黑色素瘤 B16 等移植性肿瘤均有抑制效果。芦荟苦素对实体瘤有抑制作用。

2. 芦荟素 A 能抑制小鼠甲基胆蒽诱发的纤维肉瘤。芦荟素 A 的抗肿瘤活性对具有同源肿瘤，如 Meth A 甲基胆蒽所致的纤维肉瘤和 P388 淋巴细胞有抑制作用，并有延长小鼠生存时间的作用。

【性味归经】苦、寒；入肝、胃、大肠经；清肝热、通便；用于治疗便秘、小儿疳积、惊风。

【毒性】小毒。

【抗癌应用】

1. 用法用量：内服：入丸、散，或研末入胶囊，0.6~1.5g；不入汤剂。外用：适量，研末敷。（《中华本草》）

2. 药剂药方：

（1）治疗白血病。

① 芦荟 20g，青黛 40g，天花粉 30g，牛黄 10g，共研为细末，制成丸。口服，每次 1.5g，每日 2 次。（《抗癌中药大全》）

② 青黛、龙胆草、芦荟、大黄各 15g，当归、栀子、黄连、黄柏、黄芩各 30g，木香 5g，麝香 1.5g，共研为末，水泛为丸，口服，每次 2 丸，温开水送下。（《抗癌良方》）

（2）治疗肺癌。

芦荟 9g，金银花、荆芥、牛蒡子各 12g，蚤休、猪苓各 24g，败酱草、半枝莲、白花蛇舌草各 30g，水煎服，每日 1 剂。（《百病良方》）

310 天门冬

天门冬（*Asparagus cochinchinensis*），别名天冬、门冬，为百合科多年生常绿植物。块根肉质；茎细，木质化，多分枝丛生下垂；叶状枝 2~3 枚簇生叶腋，线形，扁平，叶退化为鳞片，主茎上的鳞状叶常变为下弯的短刺；花 1~3 朵簇生叶腋，黄白色或白色，下垂；浆果球形，熟时红色，球形种子黑色。花期为 6~8 月。

【生境　分布】生长于阴湿的山野林边、山坡草丛或丘陵地带灌木丛中；潮汕各地均有分布。

【主要化学成分】含天冬呋固醇寡糖苷、甲基原薯蓣皂苷、伪原薯蓣皂苷、雅姆皂苷元、薯蓣皂苷元、菝葜皂苷元、异菝葜皂苷元、葡萄糖、鼠李糖、果糖、蔗糖、β-谷固醇、瓜氨酸、天冬酰胺、丝氨酸、苏氨酸、脯氨酸、甘氨酸、丙氨酸、缬氨酸、蛋氨酸、亮氨酸、异亮氨酸、苯丙氨酸、酪氨酸、天冬氨酸、谷氨酸、精氨酸、组氨酸、赖氨酸、天冬多糖等。

【抗癌药理作用】用天冬水提醇沉物进行小鼠肉瘤 S180 抑瘤实验，结果表明从天门冬中提取得到的 80% 乙醇沉淀物对小鼠肉瘤 S180 的抑制效果最明显，抑瘤率可达 35%~45%。体外实验显示天门冬对白血病细胞的脱氢酶有一定的抑制作用。

【性味归经】甘、苦、寒；入肺、肾经；养阴润燥、清肺生津；用于治疗肺燥干咳、顿咳痰粘、咽干口渴、润燥便秘。

【毒性】无毒。

【抗癌应用】

1. 用法用量：内服：煎汤，6~15g；熬膏，或入丸、散。外用：适量，鲜品捣敷或捣烂绞汁涂。（《中华本草》）

2. 药剂药方：

（1）治疗乳腺癌。

① 鲜天门冬 30g，剥皮，加适量黄酒，隔水蒸约 30 分钟，药与黄酒共服，每日 3 次；或鲜天门冬 30g，剥皮后生吃，每日 3 次，用适量黄酒送服。（《肿瘤的防治》）

② 鲜天门冬 30~90g，榨汁内服，每日 3 次。（《一味中药巧治病》）

（2）治疗恶性淋巴瘤。

① 天门冬、白花蛇舌草各 250g，每次加水 750ml，浓煎 3 次，得汤液 750ml，1 日内分多次服完，每日 1 剂，连服 10~20 剂。（《实用抗癌验方》）

② 天门冬、山苦瓜、扁腰藤各等份，各取鲜品适量捣烂取汁，加白糖冲服，每日 2 次。（《抗癌中药大全》）

（3）治疗多种癌症。

天门冬经提取制片，每片重 0.3g，内含药量相当于天门冬生药 3g。口服，每次 6 片，每日 3 次。（《抗癌中药大全》）

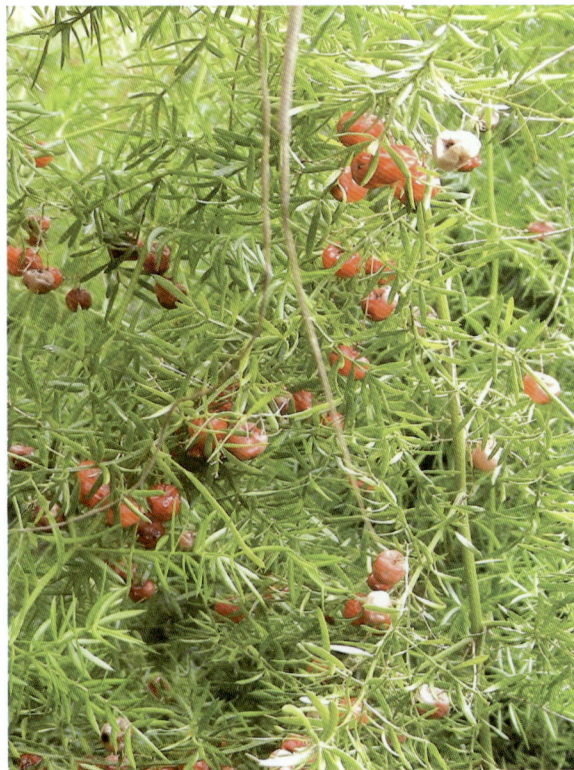

311　朱蕉

朱蕉（*Cordyline fruticosa*），别名宋竹、红叶铁树，为百合科灌木状植物。茎粗，有时稍分枝；叶聚生于茎或枝的上端，矩圆形至矩圆状披针形，绿色或带紫红色，叶柄有槽，抱茎；圆锥花序，每朵花有 3 枚苞片，花淡红色、青紫色至黄色，外轮花被片下半部紧贴内轮而形成花被筒，花被管状；果实为浆果。花期为 11 月至次年 3 月。

【生境　分布】庭园栽培；分布于潮汕各地。

【主要化学成分】含酚类、氨基酸、糖等。朱蕉的酸性醇提取物溶解在含水碱液中，用正丁醇提取、分离，可以得到抗肿瘤物质，主要成分包括硝基化合物和生物碱。

【抗癌药理作用】朱蕉叶碱体外实验证明其对胃癌细胞敏感，有抗胃癌的作用。

【性味归经】甘、淡、凉；入脾、胃经；清热、止血、散瘀；用于治疗痢疾、吐血、便血、胃痛、尿血、月经过多、跌打肿痛。

【毒性】无毒。

【抗癌应用】

1. 用法用量：内服：煎汤，15～30g，鲜品 30～60g；或绞汁。（《中华本草》）

2. 药剂药方：

（1）治疗肝癌。

铁树叶、半枝莲、白花蛇舌草、党参各 15g，三棱、莪术、地鳖虫、当归、白芍各 9g，白术 12g，枳实 6g，薏苡仁 30g，水煎服。（《抗肿瘤中药的临床应用》）

（2）治疗肺癌。

铁树叶、木芙蓉叶各 30g，泽漆 15g，水煎服，每日 1 剂。（《抗肿瘤中药的临床应用》）

（3）治疗胃癌。

铁树叶、薏苡仁、半边莲、白英各 30g，水煎服，每日 1 剂。（《抗肿瘤中药的临床应用》）

312 玉簪

玉簪（*Hosta plantaginea*），别名棒玉簪、御玉簪，为百合科多年生草本植物。具粗根茎，叶根生，叶片卵形至心状卵形；花葶于夏秋两季从叶丛中抽出，具1枚膜质的苞片状叶，总状花序，花白色，芳香；蒴果圆柱形，种子黑色，有光泽，边缘有翼。花期为7~8月，果期为8~9月。

【生境　分布】生长于阴湿地区，庭园栽培；分布于潮汕各地。

【主要化学成分】含香豆精类、三萜成分、多糖、氨基酸、花生酸、棕榈酸-α-单甘油酯、山奈酚、槲皮素、山奈酚-3-O-芸香糖苷、山奈酚-7-O-β-D-葡萄糖苷等。

【抗癌药理作用】本品乙醇浸膏剂量为0.26g/kg，口服或腹腔注射，连续6日，对小鼠白血病L615有一些抑制作用，抑制率为28.5%。玉簪花根中含有细胞毒小分子化合物，对子宫颈癌HeLa细胞的半数有效剂量（ED50）为10.7 μg/ml。

【性味归经】甘、寒；入心、肝、肺、肾经；清热解毒、软坚散结、凉血止血；用于治疗乳痈、痈肿疮疡、瘰疬、咳嗽、血证。

【毒性】有毒。

【抗癌应用】

1. 用法用量：内服：煎汤，鲜品15~30g；或捣汁和酒。外用：适量，捣敷；或捣汁涂。（《中华本草》）

2. 药剂药方：

（1）治疗食管癌。

玉簪花根压研成粉，装入胶囊中，每次服2~3个胶囊，每日2次。（《实用抗癌验方》）

（2）治疗乳腺癌。

玉簪花根捣烂，浸酒服，其渣外敷患处。（《实用抗癌验方》）

（3）治疗肝癌。

玉簪花根1.5g，石见穿、半枝莲、薏苡仁各30g，小叶金钱草60g，水煎服。（《抗癌植物药及其验方》）

（4）治疗恶性淋巴瘤。

玉簪花头500g，捣烂，白醋煮成流膏，外涂，每日5~7次。（《实用抗癌验方》）

313　萱草

萱草（*Hemerocallis fulva*），别名金针菜、黄花菜，为百合科多年生宿根草本植物。根茎极短，丛生多数肉质纤维根及膨大呈纺锤形的块根；叶基生，线形，先端渐尖，基部抱茎，全缘，主脉明显，在背面凸出；花茎圆柱状，自叶丛中抽出，高出叶面；花 6～10 朵，集成伞房花序，两歧，苞片短卵状三角形，花大，橘红色或黄红色，无香味，花被下部管状，上部钟状，6 裂；蒴果长圆形，种子有棱角，黑色，光亮。花期为 6～7 月。

【生境　分布】生长于山地湿润处，多处人工栽培；潮汕各地均有分布。

【主要化学成分】含 γ - 羟基谷氨酸、赖氨酸、琥珀酸、β - 谷固醇、维生素 A、维生素 B、维生素 C、蛋白质、脂肪、天门冬素、秋水仙碱、海藻糖、酪氨酸、精氨酸、乳酸、无羁萜、苯甲酸乙酯等。

【抗癌药理作用】金针菜中含有天门冬素、秋水仙碱、花粉、胡萝卜素等多种抗癌物质。本品对癌细胞生长有抑制作用。

【性味归经】甘、凉；入肝、肾经；利湿热、宽胸膈；用于治疗小便赤涩、黄疸、胸膈烦热、夜少安寐、痔疮便血。

【毒性】无毒。

【抗癌应用】

1. 用法用量：内服：煎汤，6～9g。外用：适量，捣敷。（《中华本草》）

2. 药剂药方：

（1）治疗大肠癌便下脓血。

① 黄花菜、马齿苋各 30g，水煎煮服。（《抗癌食物中药》）

② 黄花菜 30g，木耳 15g，血余炭 6g，先煎黄花菜和木耳，煮约 1 碗水后，冲血余炭服，每日 1 剂。（《实用抗癌验方 1000 首》）

（2）治疗胃癌。

黄花菜 30g，水煮熟，加红糖适量服食。（《抗癌植物药及其验方》）

314 麦冬

麦冬（*Ophiopogon japonicus*），别名麦门冬、韭叶麦冬、沿阶草，为百合科多年生草本植物。地下具细长匍匐枝，节上被膜质苞片，须根常有部分膨大成肉质的块根；叶丛生，窄线形，先端钝或锐尖，基部狭窄，叶柄鞘状；花茎，总状花序顶生，苞片膜质，每苞腋生 1～3 朵花，花淡紫色，偶为白色；浆果球状，成熟时深绿色或黑蓝色。花期为 7 月，果期为 11 月。

【生境　分布】生长于溪沟岸边或山坡树林下；分布于潮汕各地。

【主要化学成分】含罗斯考皂苷元、β－谷固醇、豆固醇、β－谷固醇－β－D－葡萄糖苷、沿阶草苷、氨基酸、维生素 A、葡萄糖、麦冬皂苷 B、麦冬皂苷 D 等。

【抗癌药理作用】麦冬能增强网状内皮系统吞噬功能，抑制癌细胞生长。麦冬对人肺腺癌细胞增殖指数抑制率为 17.54%。麦冬须水溶液能明显提高肉瘤 S180 和艾氏腹水癌小鼠的白细胞和 T 淋巴细胞水平。麦冬皂苷 B 浓度 100mg/kg 对小鼠肉瘤 S180 的抑制率为 44%，麦冬皂苷 D 的抑制率为 51%。

【性味归经】甘、微苦、微寒；入肺、胃、心经；养胃生津、润肺养阴、清心除烦；用于治疗肺燥干咳、虚痨咳嗽、津伤口渴、心烦失眠、内热消渴、肠燥便秘、咽白喉。

【毒性】无毒。

【抗癌应用】

1. 用法用量：6～12g。（《中国药典》）

2. 药剂药方：

（1）治疗鼻咽癌。

北沙参、白花蛇舌草、野菊花、生地黄、赤芍、藕节、夏枯草各 15g，川石斛、玉竹、海藻、苍耳子、玄参各 12g，龙葵、白茅根、麦冬各 30g，辛夷花、焦山栀、象贝母各 10g，桃仁 6g，大枣 7 枚，水煎服。（《上海中医药杂志》1989 年第 1 期）

（2）治疗肺癌。

麦冬、百合、诃子、重楼、通光散各 15g，天冬、对节疤各 30g，水煎服。（《云南抗癌中草药》）

（3）治疗口腔癌。

沙参、麦冬各 12g，天花粉、黄精各 10g，桑叶 20g，水煎服，每日 1 剂。（《新编抗肿瘤药物手册》）

315 七叶一枝花

七叶一枝花（*Paris polyphylla*），别名蚤体、重楼，为百合科多年生直立草本植物。根状茎粗壮，圆锥状或圆柱状，具多数环状结节，棕褐色，具多数须根；茎直立，圆柱形，不分枝，基部常带紫色；叶7～10片，轮生于茎顶，长圆形、椭圆形或倒卵状披针形，先端急尖或渐尖，基部圆形；花单生于茎顶，在轮生叶片上端，外轮花被片（萼片）4～6个，形大，似叶状，椭圆状披针形或卵状披针形，绿色，内轮花被片（花瓣）退化呈线状，先端常渐尖，等长或长于萼片2倍；蒴果近球形，3～6瓣裂，种子多数。花期为7～8月，果期为9～10月。

【生境　分布】生长于山区上坡、林下或溪边湿地；分布于潮州、饶平等地。

【主要化学成分】含七叶一枝花皂苷（A、C、D、E、F、G、H）、蚤休皂苷（A、B）、薯蓣皂苷、蚤休固酮、甲基原薯蓣皂苷、丙氨酸、天冬酰胺、3 - 葡萄糖苷、3 - 鼠李糖葡萄糖苷、3 - 鼠李糖阿拉伯糖葡萄糖苷、3 - 四糖苷等。

【抗癌药理作用】七叶一枝花对小鼠肉瘤 S180、肉瘤 S37、实体型肝癌均有抑制作用。七叶一枝花正丁醇提取液（总皂苷）体内实验显示其对动物肿瘤有抑制效果。本品对小鼠艾氏腹水癌有抑制作用。水煎剂腹腔注射对小鼠肉瘤抑制率为 40% ～ 50%，对实体型肝癌等瘤株抑制率为 30% ～40%。

【性味归经】苦、微寒；入肝、心经；清热解毒、消肿止痛、解痉定惊；用于治疗痈疮、瘰疬、无名肿毒、惊痫。

【毒性】小毒。

【抗癌应用】

1. 用法用量：3～9g。外用适量，研末调敷。（《中国药典》）

2. 药剂药方：

（1）治疗鼻咽癌。

七叶一枝花50～100g，钩藤15g，生南星20g，龙胆草、太子参、夏枯草各12g，泽泻10g，茅莓100g，水煎服，每日1剂。（《实用肿瘤学》）

（2）治疗脑肿瘤。

① 七叶一枝花30g，田螺肉10枚，同捣如泥，加冰片1g，贴敷肝区，每日1次，连用3日。（《浙江中医杂志》1984年第10期）

② 七叶一枝花、威灵仙各30g，田三七、木瓜各3g，水煎服。（《实用抗癌药物手册》）

（3）治疗食管癌。

七叶一枝花12g，炒大黄、木鳖子各9g，马牙消10g，半夏30g，共研为细末，炼蜜为丸，每丸3g重，每日徐徐含化3～4丸。（《常见肿瘤的防治》）

（4）治疗食管癌、胃癌。

生地、熟地、当归、制半夏、白花蛇舌草、七叶一枝花各30g，桃仁、厚朴、枳实各15g，红花、炙甘草、升麻、大黄各10g，水煎并浓缩至300ml，然后兑入生姜汁、韭菜汁各6g，每日1剂，分6～8次频服。（《陕西中医》1990年第11期）

（5）治疗胃癌。

七叶一枝花根50～100g，水煎服，每日2～3次。（《实用抗癌验方》）

（6）治疗肺癌。

疗毒豆（即七叶一枝花）切极细碎装入胶囊之中，视体质强弱而定，每次2～5枚胶囊不等，

每日 2 次，白开水、黄酒送下。(《抗癌食药本草》)

（7）治疗乳腺癌。

七叶一枝花 9g，生姜 3g，水煎，兑酒少许为引内服。另用芹菜适量，捣烂敷患处。(《草药手册》)

（8）治疗多种癌症。

① 将七叶一枝花制成散剂，每克中含生药 0.8g。口服，每次 3 ~ 5g，每日 3 次，1 ~ 2 个月为 1 疗程。(《抗癌中药大全》)

② 独角莲（即七叶一枝花），鲜品去皮，捣成泥糊状，敷于肿瘤部位，若肿瘤部位较深，敷于肿瘤相应体表部位（与肿瘤最近的皮肤上）。敷药面积略大于肿物，厚度 2 ~ 3mm，然后在药物表面覆盖一层塑料薄膜，包扎固定，以防药物蒸发，24 ~ 48 小时更换 1 次。如在 48 小时内药物已干燥，可将药物取下加适量温水重新调敷于原处。14 ~ 21 日为 1 个疗程。效果不明显或肿物未完全消退时，可继续敷于原处，也可休息 3 ~ 4 日，再进行第 2 个疗程。如为干独角莲，则将独角莲加工成细粉末用盐水调成糊状。用法及疗程同鲜独角莲。(《抗癌食药本草》)

316　华重楼

华重楼（*Paris polyphylla* var. *chinensis*），别名金线重楼、七叶一枝花，为百合科多年生草本植物。茎直立；叶5～8片轮生于茎顶，叶片长圆状披针形、倒卵状披针形或倒披针形；花梗从茎顶抽出，通常比叶长，顶生一花，萼片为4～6片，叶状，绿色，花被片细线形，黄色或黄绿色；蒴果球形，种子有红色肉质假种皮。花期为5～7月，果期为8～10月。

【生境　分布】生长于森林、竹林、灌丛、山坡林荫下；分布于潮州、饶平等地。

【主要化学成分】含多种固体皂苷，其中有重楼皂苷（Ⅰ、Ⅱ）、偏诺皂苷元的皂苷、薯蓣皂苷、纤细薯蓣皂苷等。

【抗癌药理作用】七叶一枝花对小鼠肉瘤S180、肉瘤S37、实体型肝癌均有抑制作用。七叶一枝花正丁醇提取液（总皂苷）体内实验显示其对动物肿瘤有抑制效果。本品对小鼠艾氏腹水癌有抑制作用。水煎剂腹腔注射对小鼠肉瘤抑制率为40%～50%，对实体型肝癌等瘤株抑制率为30%～40%。

【性味归经】苦、微寒；入肝经；清热解毒、消肿止痛、凉肝定惊；用于治疗疔疮痈肿、咽喉肿痛、毒蛇咬伤、跌扑伤痛、惊风抽搐。

【毒性】小毒。

【抗癌应用】

1. 用法用量：本品按干燥品计算，含重楼皂苷Ⅰ（$C_{51}H_{82}O_2$）和重楼皂苷Ⅱ（$C_{44}H_{70}O_{16}$）的总量，不得少于0.80%。3～9g。外用适量，研末调敷。（《中国药典》）

2. 药剂药方：

（1）治疗鼻咽癌。

华重楼50～100g，钩藤15g，生南星20g，龙胆草、太子参、夏枯草各12g，泽泻10g，茅莓100g，水煎服，每日1剂。（《实用肿瘤学》）

（2）治疗脑肿瘤。

① 华重楼30g，田螺肉10枚，同捣如泥，加冰片1g，贴敷肝区，每日1次，连用3日。（《浙江中医杂志》1984年第10期）

② 华重楼、威灵仙各30g，田三七、木瓜各3g，水煎服。（《实用抗癌药物手册》）

（3）治疗食管癌。

华重楼12g，炒大黄、木鳖子各9g，马牙消10g，半夏30g，共研为细末，炼蜜为丸，每丸3g重，每日徐徐含化3～4丸。（《常见肿瘤的防治》）

（4）治疗食管癌、胃癌。

生地、熟地、当归、制半夏、白花蛇舌草、华重楼各30g，桃仁、厚朴、枳实各15g，红花、炙甘草、升麻、大黄各10g，水煎并浓缩至300ml，然后兑入生姜汁、韭菜汁各6g，每日1剂，分6～8次频服。（《陕西中医》1990年第11期）

（5）治疗胃癌。

华重楼根50～100g，水煎服，每日2～3次。（《实用抗癌验方》）

（6）治疗肺癌。

疔毒豆（即华重楼）切细碎装入胶囊之中，视体质强弱而定，每次2～5枚胶囊不等，每日2次，白开水、黄酒送下。（《抗癌食药本草》）

（7）治疗乳腺癌。

华重楼9g，生姜3g，水煎，兑酒少许为引内服。另用芹菜适量，捣烂敷患处。（《草药手册》）

（8）治疗多种癌症。

① 将华重楼制成散剂，每克中含生药0.8g。口服，每次3～5g，每日3次，1～2个月为1疗程。（《抗癌中药大全》）

② 独角莲（即华重楼），鲜品去皮，捣成泥糊状，敷于肿瘤部位，若肿瘤部位较深，敷于肿瘤相应体表部位（与肿瘤最近的皮肤上）。敷药面积略大于肿物，厚度2～3mm，然后在药物表面覆盖一层塑料薄膜，包扎固定，以防药物蒸发，24～48个小时更换1次。如在48小时内药物已干燥，可将药物取下加适量温水重新调敷于原处。14～21日为1个疗程。效果不明显或肿物未完全消退时，可继续敷于原处，也可休息3～4日，再进行第2个疗程。如为干独角莲，则将独角莲加工成细粉末用盐水调成糊状。用法及疗程同鲜独角莲。（《抗癌食药本草》）

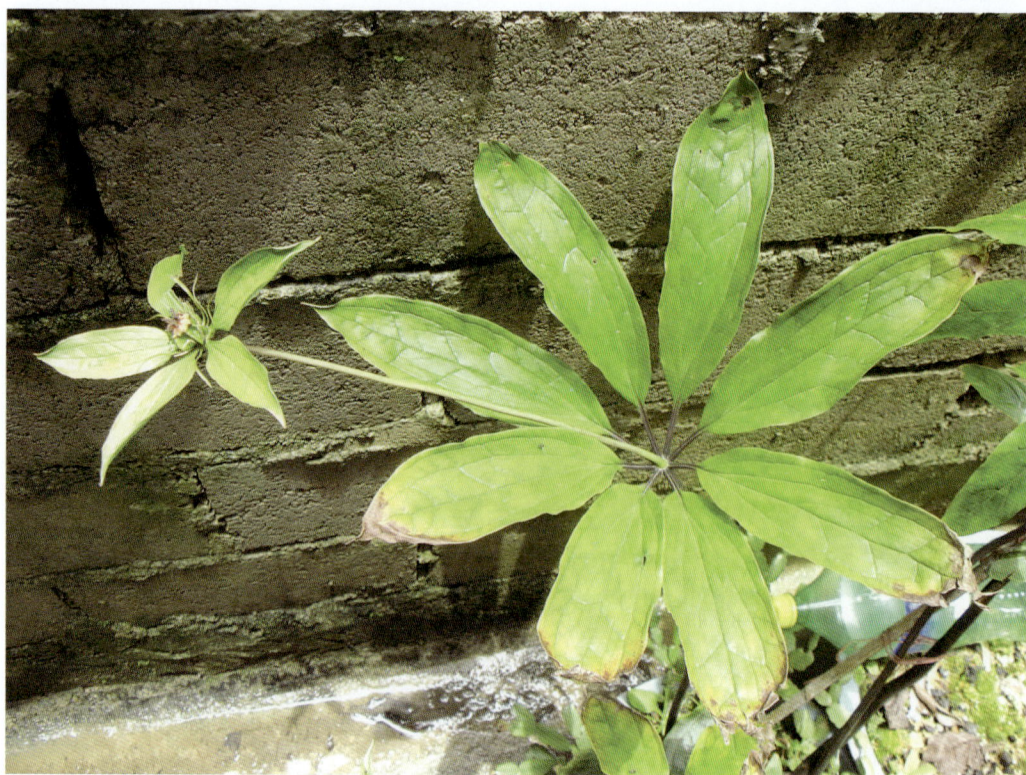

317 多花黄精

多花黄精（*Polygonatum cyrtonema*），别名囊丝黄精、黄精，为百合科多年生草本植物。根茎常结节状膨大；叶片长椭圆形；花序腋生，呈伞形状，花绿白色；浆果球形，黑色。花期为4~5月，果期为8~9月。

【生境 分布】生长于山地林缘、灌木丛或沟谷两旁的阴湿肥沃的土壤中，或人工栽培；分布于潮汕各地。

【主要化学成分】含2个呋甾烯醇型皂苷、2个螺甾烯醇型皂苷、黄精多糖（A、B、C）、黄精低聚糖（A、B、C）等。

【抗癌药理作用】本品可增强机体抗恶性肿瘤的免疫力，可刺激体内淋巴细胞转化为杀瘤细胞。热河黄精提取物体外实验显示其对子宫颈癌 HeLa 细胞有抑制作用。

【性味归经】甘、平；入脾、肺、肾经；补中益气、润心肺、强筋骨；用于治疗虚损、肺痨、体虚少食、筋骨软弱、风湿疼痛、风癞癣疾。

【毒性】无毒。

【抗癌应用】

1. 用法用量：内服：煎汤，10~15g，鲜品30~60g；或入丸、散。外用：适量，煎汤洗；或熬膏涂；或浸酒搽。（《中华本草》）

2. 药剂药方：

（1）治疗食管癌。

川朴花15g，黄精、陈仓米各50g，牛反草1团（用牛涎最好）。水煎服，每日1剂。（《实用抗癌验方》）

（2）治疗子宫颈癌。

黄精、黄芪、太子参、茯苓各15g，生龙骨、生牡蛎各30g，橘皮6g，木香、香附各9g，升麻3g，水煎服。（《抗肿瘤中药的临床应用》）

318 菝葜

菝葜（*Smilax china*），别名金刚藤、马甲头，为百合科攀缘状灌木。根茎横走，不规则弯曲，肥厚质硬，疏生须根；茎硬，有倒生或平出的疏刺；叶互生，革质，圆形乃至广椭圆形；花单性，雌雄异株，伞形花序，腋生，花黄绿色；浆果球形，红色。花期为 2～5 月，果期为 9～11 月。

【生境　分布】生长于山坡、灌木丛林缘；潮汕各地均有分布。

【主要化学成分】含菝葜素、异内杞苷、齐墩果酸、山奈素、二氢山奈素、β-谷固醇、β-谷固醇葡萄糖苷、薯蓣皂苷的原皂苷元 A、薯蓣皂苷、纤细薯蓣皂苷、甲基原纤细薯蓣皂苷、甲基原薯蓣皂苷、生物碱、酚类、氨基酸、有机酸、糖类等。

【抗癌药理作用】菝葜生药对小鼠肉瘤 S180、脑瘤 B22、吉田肉瘤腹水型、肉瘤 S37 有抑制作用。

【性味归经】甘、温；入肝、肾、膀胱、小肠经；祛风除湿、温肾缩泉、解毒消肿、温肠止泻、化气通淋；用于治疗风痹、腰背寒痛、小便滑数不禁、消渴、恶疮虫毒、时疾瘟瘴、泄泻、寒痢、石淋。

【毒性】无毒。

【抗癌应用】

1. 用法用量：内服：煎汤，10～30g；或浸酒；或入丸、散。(《中华本草》)

2. 药剂药方：

（1）治疗食管癌、胃癌、直肠癌、鼻咽癌、子宫颈癌。

取干品 250～500g，加 3000～3500g 水浸 1 个小时，再文火煮 3 个小时，去渣后，药液加入猪肥肉 30～60g，再煮 1 小时，浓缩至 2 小碗（约 500ml），于 1 日内分多次饮服完。(《中药大辞典》)

（2）治疗食管癌。

① 菝葜根 1000g，加水 2500g，熬成浓汁 400g，加米酒 200g，再煎半小时。口服，每次 20ml，早晚各 1 次。(《癌症秘方验方偏方大全》)

② 菝葜片（每片 0.5g，相当于含菝葜上药约 5g），口服，每次 6～8 片，每日 3 次。(《抗癌本草》)

（3）治疗食管癌、贲门癌完全性梗阻。

菝葜 500g，乌梅 200g，浸泡 24 小时后，加水 2000ml，再加入经镇江醋淬后的古文钱 50 枚，煎 30 分钟后，将天萝水 500ml，盐胆水 2000ml，加入煮沸的液体中，慢火浓缩，最后加入血竭 50g，冷却后备用。口服，每次 10ml，每日 3 次。(《新中医》1990 年第 8 期)

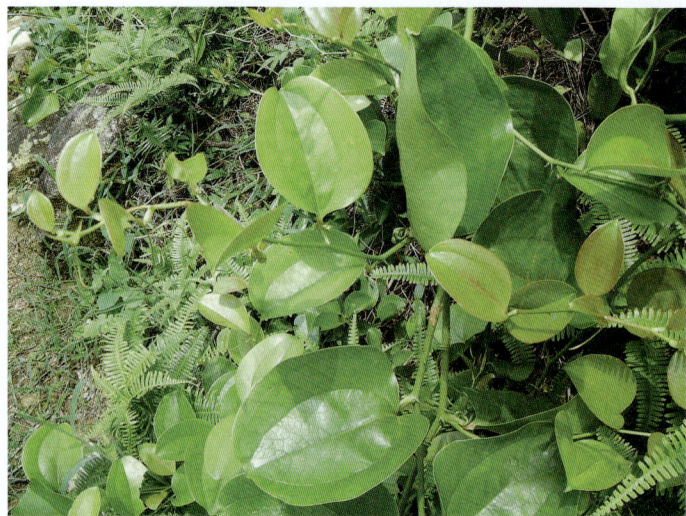

（4）治疗胃癌。

黄毛耳草 100g，菝葜 200g，水煎服，每日 1 剂。(《实用抗癌验方》)

（5）治疗结肠癌、直肠癌。

菝葜、白花蛇舌草各 60g，垂盆草、土茯苓各 30g，水煎服，每日 1 剂。(《肿瘤的辨证施治》)

（6）治疗多种癌症。

菝葜经提取制片，每片重 0.5g，内含药量相当于菝葜生药 5g，口服，每次 6～8 片，每日 3 次。(《抗癌中药大全》)

319 土茯苓

土茯苓（*Silex glabra*），别名光叶菝葜、土萆薢，为百合科多年生常绿攀缘状灌木。茎无刺，根状茎横生于土中，细长，生多数须根，每隔一段间距生一肥厚的块状结节，质坚实，外皮坚硬，褐色，凹凸不平，内面肉质粉性，黄白色，密布淡红色小点；单叶互生，薄革质，长圆形至椭圆状披针形；花单性异株，腋生伞形花序，花小，白色，花被片6枚，2轮；浆果球形，熟时紫红色，外被白粉。花期为7～8月，果期为9～10月。

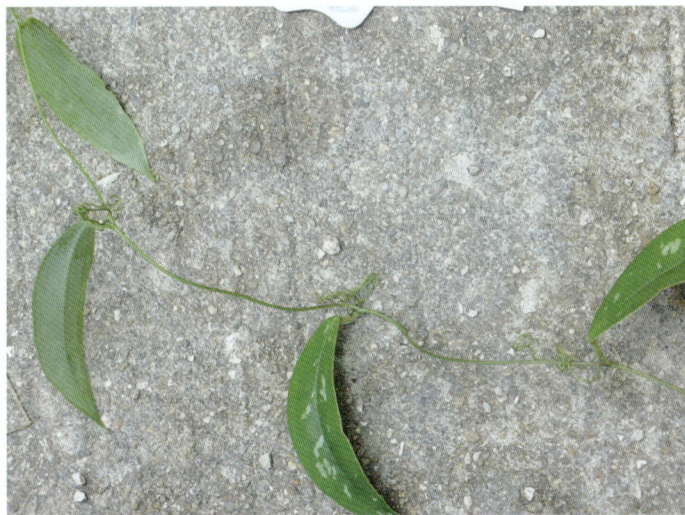

【生境　分布】生长于山坡或林下；潮汕各地均有分布。

【主要化学成分】含落新妇苷、黄杞苷、3－O－咖啡酰莽草酸、莽草酸、阿魏酸、β－谷固醇、葡萄糖等。

【抗癌药理作用】以人子宫颈癌 JIC－26 做体外筛选实验，土茯苓热水浸出物在 500μg/ml 浓度时，对人子宫颈癌 JIC－26 抑制率达 100%；对小鼠肉瘤 S180 有抑制作用。土茯苓在试管内筛选实验中对肿瘤细胞的抑制率为 70%～90%。

【性味归经】甘、淡、平；入肝、胃经；除湿、解毒、通利关节；用于治疗湿热淋浊、带下、痈肿、瘰疬、疥癣、梅毒及汞中毒所致的肢体拘挛、筋骨疼痛。

【毒性】无毒。

【抗癌应用】

1. 用法用量：内服：煎汤，10～60g。外用：适量，研末调敷。（《中华本草》）

2. 药剂药方：

（1）治疗脑膜瘤。

土茯苓75g，何首乌、钩藤各25g，草决明20g，菊花、桃仁各15g，川芎10g，当归50g，水煎服，每日1剂，随症加减。（《抗癌本草》）

（2）治疗阴茎癌。

土茯苓60g，金银花12g，威灵仙、白鲜皮各9g，甘草6g，苍耳子15g，水煎服，每日1剂。另用茶叶加食盐适量煎汁后，供局部冲洗。（《抗癌中药大全》）

（3）治疗白血病。

龙葵、半枝莲、紫草根各60g，土茯苓120g，水煎服，每日1剂。（《抗癌中药大全》）

（4）治疗鼻咽癌。

土茯苓30g，水煎代茶饮；或薏苡仁50g，水煎服，每日1剂，连服2个月。（《一味中药巧治病》）

（5）治疗子宫颈癌。

土茯苓15g，金银花12g，黄连10g，水煎服。（《当代中医师灵验奇方真传》）

320 仙茅

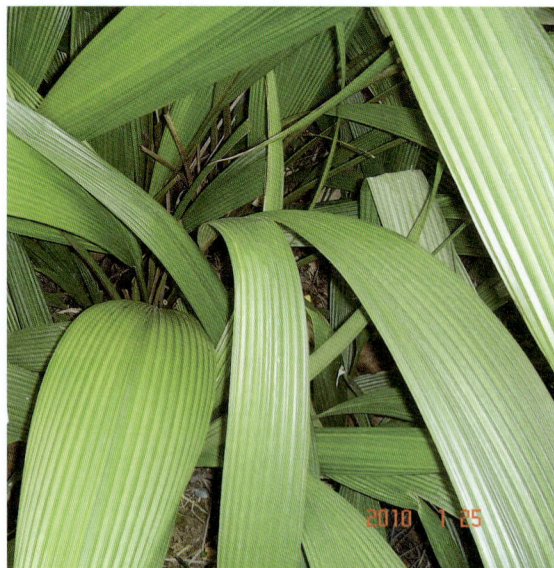

仙茅（*Curculigo orchioides*），别名蟠龙草、独脚仙茅，为仙茅科多年生草本植物。根茎延长，圆柱状，肉质，外皮褐色；根粗壮，肉质，地上茎不明显；叶3～6片从根出，狭披针形，绿白色；花腋生，花杂性，上部为雄花，下部为两性花，花被里面黄色，外面白色；浆果椭圆形，稍肉质，种子稍呈球形。花期为6～8月。

【生境　分布】野生于平原荒草地向阳处，或混生在山坡茅草及芒箕骨丛中；潮汕各地均有分布。

【主要化学成分】含仙茅苷（A、B）、地衣二醇葡萄糖苷、地衣二醇-3-木糖葡萄糖苷、仙茅皂苷（A、B、C、D、E、F、K、L、M）、仙茅素（A、B、C）、仙茅皂苷元（A、B、C）、仙茅萜醇、丝兰苷元、石蒜碱、N-乙酰基-N-羟基-2-氨基甲酸甲酯、环木菠萝烯醇、β-谷固醇、豆固醇、三十一烷醇、4-甲基十七烷酸、甘露糖、葡萄糖、葡萄糖醛酸、生物碱等。

【抗癌药理作用】仙茅的丙酮提取物对艾氏腹水癌、实体型肿瘤有抑制作用。仙茅根茎的醇提取物具有降血糖作用和抗癌活性。仙茅成分石蒜碱能抑制小鼠腹水癌细胞的无氧酵解，但不影响其氧化及呼吸。由于癌细胞一般以无氧酵解为能量的主要来源，可以认为仙茅对癌细胞的糖代谢有一定干扰功效。仙茅醇浸液有较强的抗突变能力。

【性味归经】辛、热；入肝、脾、肾三经；补肾阳、强筋骨、祛寒湿；用于治疗阳痿精冷、筋骨痿软、腰膝冷痹、阳虚冷泻。

【毒性】有毒。

【抗癌应用】

1. 用法用量：内服：煎汤，3～10g；或入丸、散；或浸酒。外用：适量，捣敷。（《中华本草》）

2. 药剂药方：

（1）治疗大肠癌。

白花蛇舌草、仙茅各120g，水煎服。（《中医肿瘤学》）

（2）治疗子宫颈癌、子宫体癌。

仙茅、仙灵脾、巴戟天、知母、黄柏、当归各100g，浓煎成稠膏状。口服，每次15～30g，每日2次。（《抗癌中药大全》）

（3）治疗肺癌。

仙茅12g，仙灵脾、冬虫夏草各15g，水煎服，每日1剂。（《抗癌植物药及其验方》）

（4）治疗肝癌。

仙茅、白花蛇舌草各120g，水煎，分2次服，每日1剂。（《抗癌植物药及其验方》）

（5）治疗阳虚型乳腺癌。

仙茅25g，白芥子、鹿角胶（烊化）各10g，炙甘草5g，炙麻黄3g，天龙2条，水煎服。（《抗癌植物药及其验方》）

321 文殊兰

文殊兰（*Crinum asiaticum var. sinicum*），别名罗裙带，为石蒜科多年生粗壮草本植物。鳞茎粗壮，圆柱形；茎粗大，肉质；叶多枚，肉质，舌状披针形或带状披针形，反曲下垂；夏季从叶腋间生出直立的肉质花葶，伞形花序顶生，佛焰苞片披针形，花白色，芳香；蒴果，种子大，绿色。花期在夏季。

【生境　分布】生长于滨海地区、河旁沙地、山涧林下阴湿地；分布于潮汕各地。

【主要化学成分】含石蒜碱、多花水仙碱等多种生物碱，鳞茎中含量较高。

【抗癌药理作用】文殊兰所含的石蒜碱对小鼠腹水淋巴瘤、肉瘤 S37 和大鼠淋巴肉瘤、肝细胞癌有显著抑制作用；对人子宫颈癌 HeLa 细胞、肉瘤 S180、艾氏腹水癌、腹水肝癌和吉田肉瘤也有抑制作用。

【性味归经】辛、凉；活血散瘀、消肿止痛、止咳化痰；用于治疗咽喉肿痛、肺热咳嗽、跌打损伤、痹证、头痛、痈肿疮毒、蛇咬伤。

【毒性】有毒。

【抗癌应用】

1. 用法用量：1～3 钱；外用适量，鲜品捣烂敷患处。（《全国中草药汇编》）

2. 药剂药方：

治疗乳腺癌：鲜文殊兰鳞茎，捣烂敷患处。（《抗癌植物药及其验方》）

322　石蒜

石蒜（*Lycoris radiata*），别名老鸦蒜、蒜头草，为石蒜科多年生草本植物。鳞茎广椭圆形，或近球形，外被紫褐色鳞茎皮；叶丛生，线形或带形，肉质，上面青绿色，下面粉绿色，全缘；花茎先叶抽出，实心，伞形花序，顶生4~6朵花，花两性，通常红色或有白色边缘；蒴果背裂，种子多数。花期为9~10月，果期为10~11月。

【生境　分布】生长于阴湿山地或丛林下，也有栽培；潮汕各地均有分布。

【主要化学成分】含高石蒜碱、石蒜伦碱、多花水仙碱、石蒜胺碱、石蒜碱、伪石蒜碱、雪花莲胺碱、雨石蒜碱、去甲雨石蒜碱、去甲基高石蒜碱、小星蒜碱、表雪花莲胺碱、条纹碱、网球花定、淀粉、石蒜西定醇、石蒜西定、糖类等。

【抗癌药理作用】

1. 石蒜碱能抑制小鼠艾氏腹水癌细胞。体内实验表明，石蒜碱能抑制小鼠艾氏腹水癌细胞的无氧酵解，在试管实验中则能抑制其有氧酵解，还能使癌细胞变得肿大、溶解。石蒜碱及其盐酸盐对大鼠瓦克癌 W256 的生长有明显抑制作用。石蒜碱和石蒜所含的加兰他敏对大鼠腹水肝癌（AH130）及吉田肉瘤有抑制作用。石蒜碱对小鼠肉瘤 S180 有抑制作用，抑制率为 40%~50%。

2. 将石蒜碱结构进行改造，制成石蒜碱内铵盐（AT-1840），腹腔注射对大、小鼠多种瘤株的疗效明显优于石蒜碱。它不仅能抑制癌细胞生长，而且还能杀死癌细胞。石蒜碱内铵盐不仅对小鼠肉瘤 S180 有抑制作用，且对艾氏腹水癌有更明显的抑制作用，可延长艾氏腹水癌小鼠的生命。体外实验证明，AT-1840 对小鼠艾氏腹水癌、白血病 L1210 及 P388、Lewis 肺癌等均有明显抑制作用；对不同程度的胃癌细胞具有直接杀伤作用，其作用强度比 5-Fu 更大，最低有效浓度的 AT-1840 和细小病毒 H-1（PVH-1）联合，对胃癌细胞杀伤作用呈相加效应。

3. 石蒜所含伪石蒜碱（秋水仙中也含有此成分），对大鼠瓦克癌 W256 有明显的抑制作用，游离碱和盐酸盐的抑制率为 55%~76.5%，抑制人体子宫颈癌 HeLa 细胞生长的浓度范围为 1~10mmol/L。对 Rauscher 氏白血病具有显著的对抗活性，而且长期使用不影响白血病鼠体液抗体的产生。石蒜所含水仙克拉辛具有抗癌活性，对白血病 P388 细胞也有一定抑制作用。

【性味归经】辛、甘、温；入肝、胃经；解毒消肿、祛痰平喘、利尿、催吐；用于治疗喉风、疮毒、痰喘、水肿、食物中毒。

【毒性】无毒。

【抗癌应用】

1. 用法用量：内服：煎汤，1.5~3g；或捣汁。外用：适量，捣敷；或绞汁涂；或煎水熏洗。（《中华本草》）

2. 药剂药方：

（1）治疗消化道癌症。

以石蒜碱内铵盐静脉滴注，每次 100~150mg，用 5%~10% 葡萄糖注射液 250~500ml 稀释后滴注，每日或隔日 1 次，总量 1500mg 为 1 疗程，间隔 1 周后可继续使用。（《抗癌本草》）

（2）治疗体表癌。

取石蒜一定量，与葱、姜、红糖混合，捣烂如泥，用一层纱布轻轻包裹成团，外敷于肿瘤局部创面。（《抗癌中草药制剂》）

（3）治疗卵巢癌。

石蒜碱内铵盐（AT-1840）片剂，每片 50mg，口服，每次 100mg，每日 3 次，14 日为 1 疗程，

一般用 4~10 个疗程（两疗程间隔 10 日）。(《新药与临床》1985 年第 3 期)

(4) 治疗癌性胸腹水。

石蒜、蓖麻子各等份，共捣烂，拌和，摊纸上，敷两足心，外用布包扎，每日 1 次。久敷若起水疱，停药后涂蜂蜜可消失。(《中医肿瘤的防治》)

323 水仙

水仙（*Narcissus tazetta* var. *chinensis*），别名水仙花，为石蒜科多年生草本植物。鳞茎卵圆形；叶基生，扁平直立，质厚；花茎扁平，约与叶等长，佛焰苞膜质，披针形，管状，花4~8朵，排列成伞形花序，芳香，花被高脚碟状，下部呈管状，白色，副花冠浅杯状，淡黄色；蒴果胞背裂开，由绿色转至棕色，种子多数，扁平，椭圆形。花期在冬季，果期为次年4~5月。

【生境　分布】多为人工栽培。

【主要化学成分】含α-香树脂醇、β-谷固醇、硬脂酸、亚麻酸、亚油酸、芸香苷、石蒜碱、甘露糖、蔗糖、葡萄糖、果糖、丁香油酚、苯甲醛、苄醇、桂皮醇、乙酸苄酯、吲哚、3,5-二甲氧基甲苯、水仙苷、胡萝卜素、高石蒜碱、多花水仙碱等。

【抗癌药理作用】

1. 从漳州水仙离析的总生物碱，以20~30mg/kg剂量腹腔注射，对大鼠 Jensen 肉瘤、小鼠 Crocker 肉瘤、小鼠 Ehrlich 腹水癌有明显疗效。

2. 从水仙鳞茎中分离出的水仙克辛碱（Narcilassine）是一种植物生长抑制剂，具有很强的抗细胞分裂作用，能抑制肉瘤 S180 的细胞分裂。每日皮下注射可耐受量的水仙生物碱，可明显延长白血病小鼠的寿命。与环磷酰胺或6-氢硫嘌呤合用时，效果比单独使用这两种药物要好。虽然动物实验证明水仙具有一定的抗癌作用，但因其毒性较大，故目前还很少应用于临床。

3. 利用石蒜碱为原料进行结构改造，合成3-系列化合物，从中发现石蒜碱内铵醋酸盐（AT-1840）及其盐酸盐对小鼠艾氏腹水癌的抑制作用十分明显。

【性味归经】辛、苦、寒；入心、肺经；清热解毒、散结消肿；用于治疗腮腺炎、痈疖疔毒、百虫咬伤、鱼骨鲠喉、乳痈。

【毒性】有毒。

【抗癌应用】

1. 用法用量：内服：煎汤，9~15g；或研末。外用：适量，捣敷或研末调涂。（《中华本草》）

2. 药剂药方：

治疗乳腺癌（未溃）：水仙鳞茎适量捣烂，外敷于病灶表面，厚1cm，上覆盖纱布，每日换药1次，连用1周。（《抗肿瘤中草药彩色图谱》）

324　黄独

　　黄独（*Dioscorea bulbifera*），别名头风子、霜降子、黄药子，为薯蓣科多年生缠绕草本植物。地下茎球形或逐年增大为圆柱形，外皮棕黑色，密生须根；茎圆柱形，平滑，淡绿色，稍带红紫色，叶腋内常生球形或卵圆形珠芽；叶互生，心状卵形；花单性，雌雄异株，穗状花序腋生，雄花序纤弱，花被6片，雌花序下垂；蒴果下垂，长圆形，有3翅，3瓣裂，种子菱形，呈镰刀状，褐色。花期为8~9月，果期为9~10月。

　　【生境　分布】多生长于河谷杂木林边缘；分布于潮汕各地。
　　【主要化学成分】含黄药子素 A－H、8－表黄药子素 E 乙酸酯、薯蓣皂苷元、D－山梨糖醇、2，4，6，7－四羟基－9－10－二氢菲、2，4，5，6－四羟基菲、二氢薯蓣碱、蔗糖、还原糖、淀粉、皂苷、鞣质等。
　　【抗癌药理作用】黄药子对小鼠肉瘤 S180 有抑制作用。黄药子油对人子宫颈癌 U14、小鼠白血病 L615 有抑制作用。本品所含固体皂苷对动物实验性、移植性肿瘤有抑制作用。
　　【性味归经】苦、平；入肺、肝经；清热、凉血、解毒、消瘿；用于治疗咽喉肿痛、吐血、咯血、咳嗽气喘、百日咳、瘿瘤结肿、疮疖、无名肿毒、蛇虫咬伤。
　　【毒性】小毒。
　　【抗癌应用】
　　1. 用法用量：内服：煎汤，6~15g；或磨汁、浸酒。外用：适量，切片贴或捣敷。（《中华本草》）
　　2. 药剂药方：
　　（1）治疗食管癌、贲门癌。
　　黄药子、北重楼各60g，广豆根、夏枯草、白鲜皮、苣荬菜各120g，共研为细末，炼蜜为丸，每丸重6g。口服，每次1~2丸，每日2次，温开水送服。（《抗癌中草药制剂》）
　　（2）治疗直肠癌、贲门癌、食管癌。
　　黄药子300g，白酒1500ml。将黄药子切碎浸入酒内，装入陶罐，用石膏封口。将罐放锅内隔水慢火蒸2小时，将罐提出，稍冷后，放入冷水中浸7昼夜，过滤后即成黄药子酒Ⅰ号（内服酒）。视病人酒量大小酌情服用，少量多次，以口内不离酒味而不醉为度，一般每日服50~100ml。黄药子酒Ⅱ号（外用酒）制法同上，唯黄药子用600g，浓缩成不同浓度，加等量甘油，配制成不同浓度的甘油制剂，供外用。（《抗癌食药本草》）
　　（3）治疗食管癌。
　　①黄药子300g，高度数白酒1500ml浸泡，每日服用50~100ml，分数次少量勤饮。（《中草药资料》）
　　②守宫粉30g，薏苡仁、奶母子、黄药子各90g，用清水洗去泥沙，然后加入曲酒，密封浸泡2周后，口服，每次15~20ml，每日3次，空腹或进餐时吞服。有嗜酒者，可适当增加药量，但每日不超过150ml。（《抗癌中药大全》）
　　（4）治疗胃癌。
　　①黄药子300g，虻虫、全蝎、蜈蚣各30g，白酒1000ml。上药用白酒密封浸泡，埋在地下7日后，口服，每次10~30ml，每日3次。（《肿瘤病》）
　　②黄药子、天葵子、算盘子各500g，黄药子粉碎，与天葵子、算盘子同煎煮，浓缩成浸膏状，加入辅料制片。口服，每次5~10片，每日3次。（中国癌症医生在线）

（5）治疗肺癌。

干黄药子 100g，研粉，加 95% 乙醇 300～500ml，浸 24～48 小时，每日振荡数次。过滤后，蒸干，配成 2%～5% 的黄药子甘油剂。气管内注射或滴入，每次 2～4ml。（《实用抗癌验方》）

（6）治疗鼻咽癌。

黄药子研为末，口服，每次 6～10g，每日 3 次。或黄药子 50g，水煎服。（《实用抗癌验方》）

（7）治疗甲状腺癌。

①黄药子 200g，用生酒 3 大壶煮 1 小时半，置 7 日后，早晚任饮，服完为度。（《一味中药巧治病》）

②用未经炮制的黄药子炖服，每日 15g，连服 5～8 周。（《福建药物志》）

325　薯蓣

　　薯蓣（*Dioscorea opposita*），别名山药、淮山，为薯蓣科多年生缠绕草本植物。块茎肉质肥厚，略呈圆柱形，垂直生长，外皮灰褐色，生有须根；茎细长，蔓性，通常带紫色，有棱，光滑无毛；叶对生或3叶轮生，叶腋间常生珠芽，叶片形状多变化，三角状卵形至三角状广卵形；花单性，雌雄异株，花极小，黄绿色，成穗状花序，雄花序直立，2至数个聚生于叶腋，雌花序下垂，每花基部各有2枚大小不等的苞片，苞片广卵形，花被6枚；蒴果有3翅，果翅长几等于宽，种子扁卵圆形。花期为7~8月，果期为9~10月。

　　【生境　分布】栽培植物；分布于潮汕各地。
　　【主要化学成分】含薯蓣皂苷元、多巴胺、盐酸山药碱、多酚氧化酶、尿囊素、止杈素Ⅱ、糖蛋白、赖氨酸、组氨酸、精氨酸、天冬氨酸、苏氨酸、丝氨酸、谷氨酸、脯氨酸、甘氨酸、丙氨酸、缬氨酸、亮氨酸、异亮氨酸、酪氨酸、苯丙氨酸、蛋氨酸、胱氨酸、γ-氨基丁酸、甘露糖、葡萄糖、半乳糖、钡、铍、铈、钴、铬、铜、镓、镧、锂、锰、铌、镍、磷、锶、钍、钛、钒、钇、镱、锌、锆、氧化钠、氧化钾、氧化铝、氧化铁、氧化钙、氧化镁、儿茶酚胺、胆固醇、麦角固醇、菜油固醇、豆固醇、β-谷固醇、植酸、甘露多糖、山药素、胆甾烷醇等。
　　【抗癌药理作用】山药水浸液的体外实验表明，其具有促进干扰素生成和增加T细胞数量的作用，可升高肿瘤细胞cAMP的水平，抑制肿瘤细胞增殖，有一定的抗癌功效。
　　【性味归经】甘、平；入肺、脾、肾经；健脾补肺、固肾益精；用于治疗脾虚泄泻、久痢、虚劳咳嗽、消渴、遗精、带下、小便频数。
　　【毒性】无毒。
　　【抗癌应用】
　　1. 用法用量：内服：煎汤，15~30g，大剂量60~250g；或入丸、散。外用：适量，捣敷。补阴，宜生用；健脾止泻，宜炒黄用。（《中华本草》）
　　2. 药剂药方：
　　（1）治疗食管癌。
　　① 白砒2mg，山药粉98g，水泛为丸，如绿豆大。口服，每次4粒，每日3次。（《癌症秘方验方偏方大全》）
　　② 白砒20g，三七100g，山药粉200g，共研为细末，水泛为丸，如绿豆大。口服，每次3丸，每日3次。（《实用抗癌验方》）
　　③ 山药、山萸肉各40g，熟地黄80g，泽泻、牡丹皮、茯苓各30g，共研为细末，药粉与等量炼蜜掺和制丸，每丸重10g。口服，每次2丸，每日3次，3个月后改为减半服用，连服6个月为1疗程。（《抗癌中药大全》）
　　（2）治疗乳腺癌。
　　淮山药粉50g，每日晨起冲服。（《癌症秘方验方偏方大全》）
　　（3）治疗骨肿瘤。
　　鲫鱼肉、鲜山药各30g，麝香0.6g，共捣如泥，外敷患处，5~7日换药1次。（《实用抗癌验方》）
　　（4）治疗胃癌呕吐。
　　生山药（捣碎）、清半夏各30g。先用温水淘洗半夏数次，使之无矾味，煎取清汤200ml，去渣，加入山药粉调匀，再煎煮成粥，加白砂糖调味服之。（《抗癌食物中药》）

（5）治疗肺癌呛咳。

生山药60g（捣烂），入甘蔗汁120g，炖热饮之。或生山药45g，甘蔗汁30g，酸石榴汁18g，生鸡子黄4只。先将山药煎取一大碗，再加入后3味调匀，分3次温服。（《抗癌食物中药》）

326 射干

射干（*Belamcanda chinensis*），别名较剪草、鬼仔扇，为鸢尾科多年生草本植物。根状茎横走，稍呈结节状，外皮黄色，生多数须根；茎直立，下部生叶，叶2列，嵌叠状排列，宽剑形或条形；聚伞花序伞房状顶生，花橘黄色，花被片6枚，散生暗红色斑点，花丝红色；蒴果倒卵圆形至三角状倒卵形，种子近球形，黑色，有光泽。花期为7~9月，果期为8~9月。

【生境　分布】生长于山地、干草地、沟谷及河滩地，也有栽培供观赏；分布于潮汕各地。

【主要化学成分】含草酸钙、鸢尾苷、鸢尾黄酮苷、鸢尾黄酮（鸢尾黄素）、次鸢尾黄素、射干定、鸢尾甲苷A、鸢尾甲苷B、鸢尾甲黄素A、鸢尾甲黄素B、二甲基鸢尾黄酮、紫檀素、射干宁定、鼠李柠檬素、去甲基次野鸢尾黄素、异—德国鸢尾醛、异—德国鸢尾醛单乙酸酯、脂肪酰基异—德国鸢尾醛单乙酸酯、射干醛、去乙酰射干醛、脂肪酰基射干醛、苯丙酮衍生物、罗布麻宁、射干酮、草夹竹桃苷、草夹竹桃双糖苷、射干酚甲、射干酚乙、镁、钨、铬、锰、钴、镍、铜、锌、镉、硼、锗、锡、铅等。

【抗癌药理作用】体外实验表明，本品对人子宫颈癌细胞株培养系 JTC－26、小鼠肉瘤 S180、人子宫颈癌 U14、小鼠淋巴肉瘤 1 号腹水型（L1）均有抑制作用。

【性味归经】苦、寒；入肺经；清热解毒、消痰、利咽；用于治疗热毒痰火郁结、咽喉肿痛、痰涎壅盛、咳嗽气喘。

【毒性】小毒。

【抗癌应用】

1. 用法用量：内服：煎汤，6~15g；或绞汁，或研末。外用：适量，捣敷；或煎汤洗。（《中华本草》）

2. 药剂药方：

（1）治疗肺癌。

射干、半夏各15g，薏苡仁、猪苓、通光散各30g，水煎服。（《云南抗癌中草药》）

（2）治疗鼻咽癌。

射干60g，水煎服，或捣敷或醋磨搽敷患处。（《癌症秘方验方偏方大全》）

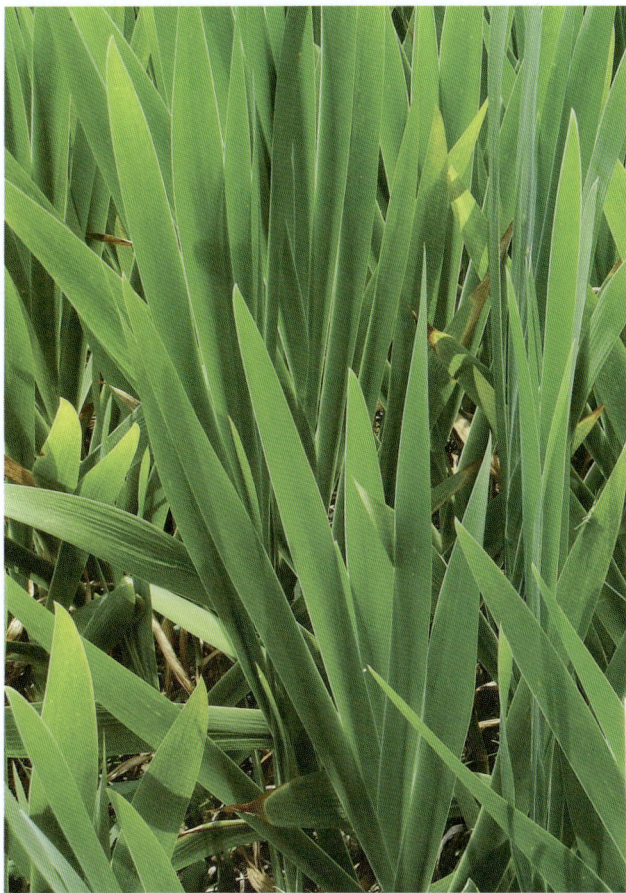

327 鸢尾

鸢尾（*Iris tectorum*），别名蓝蝴蝶、燕子花，为鸢尾科多年生草本植物。根茎匍匐多节，节间短，浅黄色；叶互生，2列，剑形；花青紫色，1～3朵排列成总状花序，花柄基部有一佛焰花苞；蒴果长椭圆形，种子多数，圆形，黑色。花期为4～5月，果期为10～11月。

【生境　分布】生长于林下、山脚及溪边的潮湿地；分布于潮汕各地。

【主要化学成分】含十四酸、己酸、3-甲基丁酸、戊酸、庚酸、3-甲基戊酸、辛酸、2，4'-二羟基-3'-甲基苯乙酮、肉豆蔻酸乙酯、棕榈酸、月桂酸乙酯、亚油酸乙酯、棕榈酸乙酯、油酸乙酯、鸢尾烯、鸢尾酮、肉豆蔻酸甲酯、射干醌等。

【抗癌药理作用】本品所含的鸢尾醌腹腔注射3～7mg/kg剂量，对小鼠肿瘤U14的抑制率为44%～55.5%，对肝癌实体型抑制率为38%；剂量为3mg/kg时对淋巴肉瘤抑制率为33.3%；剂量为5mg/kg时对肝癌腹水型小鼠生命延长率为158%，对艾氏腹水癌小鼠生命延长率为83%。口服给药，剂量为180mg/kg时对小鼠肿瘤U14抑制率为30.6%；剂量为200mg/kg时对小鼠淋巴肉瘤抑制率为41%～48%。鸢尾醌对非特异性免疫吞噬功能有增强作用，对细胞免疫有促进作用，同时对急性白血病有治疗效果。

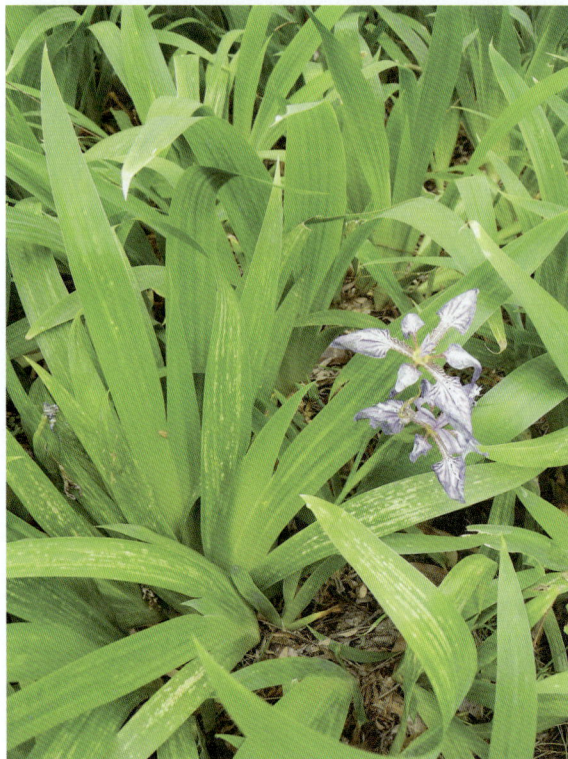

【性味归经】甘、微苦、寒；活血祛瘀、祛风利湿、解毒、消积；用于治疗跌打损伤、风湿疼痛、咽喉肿痛、食积腹胀、疟疾、痈疖肿毒、外伤出血。

【毒性】小毒。

【抗癌应用】

1. 用法用量：内服：煎汤，0.3～1钱；或研末。外用：捣敷。（《中华本草》）

2. 药剂药方：

（1）治疗胃癌、大肠癌。

鸢尾根鲜汁10ml，饮用，每日1次。（《抗癌良方》）

（2）治疗膀胱癌。

紫花鸢尾根，研取天然汁液，每次20ml，顿服，每日1次。（《实用抗癌草药》）

（3）治疗肝癌。

鸢尾根、绞股蓝各30g，柴胡、黄芩各20g，人参5g，天龙2条，水煎服，每日1剂。（《常氏抗癌验方》）

328 香蕉

香蕉（*Musa nana*），别名甘蕉、芎蕉，为芭蕉科多年生草本植物。茎直立，由粗厚的叶鞘包围而成假茎；叶直立或稍上举，长圆形；穗状花序下垂，苞片佛焰苞状，紫红色，披针形或卵状披针形，花单性，花束基部为雌花，上部为雄花，花瓣卵形；果序由 7~8 段至数十段的果束组成，浆果肉质，长圆形，有三钝棱，熟时黄色，无种子。全年都是花果期。

【生境　分布】 多为栽培；主要分布于潮州。

【主要化学成分】 含己糖、糖醛酸、乙酸异戊酯、多马胺、肾上腺素、去甲肾上腺素、5－羟色胺、枸橼酸、β－谷固醇、淀粉、蛋白质、脂肪、糖类、维生素 A、维生素 B、维生素 C、维生素 E 等。

【抗癌药理作用】 香蕉的提取液对黄曲霉毒素 B1、4－硝基喹啉－N－氧化物、苯并（a）芘 3 种致癌物有明显的抑制其致突变（致癌）作用。香蕉含有丰富的镁，而镁有预防癌症的作用。

【性味归经】 甘、寒；入脾、胃经；清热、润肠、解毒；用于治疗热病烦渴、便秘、痔血。

【毒性】 无毒。

【抗癌应用】

1. 用法用量：内服：生食或炖熟，1~4 枚。（《中华本草》）

2. 药剂药方：

（1）治疗膀胱癌。

香蕉、大枣适量常食。（《一味中药巧治病》）

（2）治疗大肠癌。

香蕉 1~2 根，每日早晨空腹食用。（《抗癌植物药及其验方》）

329 红豆蔻

红豆蔻（*Alpinia galanga*），别名山姜子、红扣，为姜科多年生草本植物。叶2列，狭长椭圆形，叶柄细短，叶鞘抱茎；圆锥花序顶生，花序轴密生短毛，花绿白色，花萼筒状；蒴果椭圆形，肉质，熟时橘红色。花期6~7月，果期为7~8月。

【生境　分布】生长于山谷草丛或林下；分布于潮汕各地。

【主要化学成分】含挥发油、黄酮、皂苷和脂肪酸等；挥发油中含1′-乙酰氧基胡椒酚乙酸酯、1′-乙酰氧基丁香酚乙酸酯、丁香烯环氧物、丁香醇Ⅰ、丁香醇Ⅱ等。

【抗癌药理作用】从果实的甲醇提取物中分得多种化合物，将其中1′-乙酰氧基胡椒酚乙酸酯和1′-乙酰氧基丁香酚乙酸酯给小鼠腹腔注射10mg/kg，连续5日，发现这两种物质有很强的抗癌活性。后者的毒性比前者的低。与其他合成成分比较，1′-乙酰氧基对抗癌活性很重要，估计其作用机制与亲核攻击有关。

【性味归经】辛、温；入脾、肺经；燥湿散寒、醒脾消食；用于治疗脘腹冷痛、食积胀满、呕吐泄泻、饮酒过多。

【毒性】无毒。

【抗癌应用】

1. 用法用量：内服：煎汤，0.8~1.5钱。外用：研末搐鼻或调搽。（《药性论》）

2. 药剂药方：

治疗食管癌：红豆蔻、荜茇、桂心、白术、当归、人参、干姜各25g，制附子50g，白豆蔻、陈皮、川椒各1.5g，共研为末，炼蜜丸如梧桐子大。口服，每次3~4g，每日3次，以生姜汤送服。（《实用抗癌本草》）

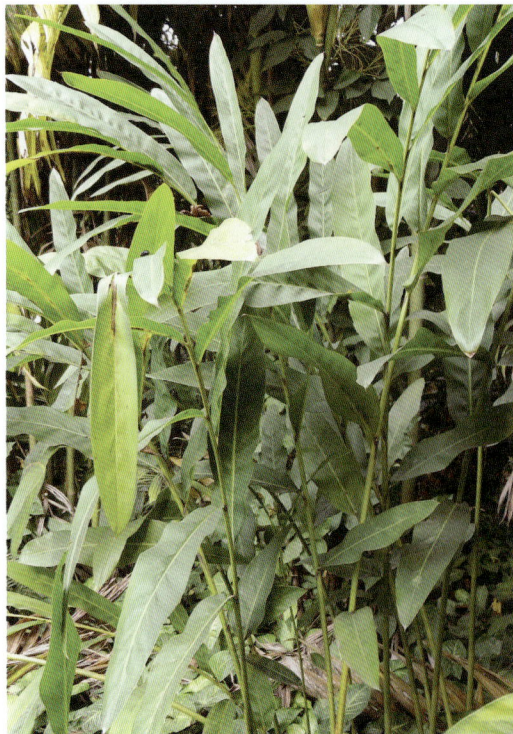

330 姜黄

姜黄（*Curcuma longa*），别名黄姜，为姜科多年生草本植物。根茎发达，成丛，分枝呈椭圆形或圆柱状，橙黄色，极香；根粗壮，末端膨大成块根；叶基生，5~7片，2列，叶片长圆形或窄椭圆形；花葶从叶鞘中抽出，穗状花序圆柱状，上部无花的苞片粉红色或淡红紫色，中下部有花的苞片嫩绿色或绿白色，卵形至近圆形，花萼筒绿白色，花冠管漏斗形，淡黄色；蒴果膜质，球形，3瓣裂，种子卵状长圆形，具假种皮。花期为8~11月。

【生境 分布】栽培或野生于平原、山间草地或灌木丛中；分布于潮汕各地。

【主要化学成分】含姜黄、双去甲氧基姜黄素、去甲氧基姜黄素、二氢姜黄素、姜黄新酮、姜黄酮醇（A、B）、大牻牛儿酮-13醛、4-羟基甜没药-2，10-二烯-9-酮、4-甲氧基-5-羟基甜没药-2，10-二烯-9-酮、2，5-二羟基-甜没药-3，10-二烯、原莪术二醇、莪术双环烯酮、去氢莪术二酮、α-姜黄酮、异原莪术烯醇、莪术奥酮二醇、原莪术烯醇、表原莪术烯醇、姜黄酮、芳香姜黄酮、姜黄烯、大牻牛儿酮、芳香姜黄烯、桉叶素、松油烯、莪术醇、莪术呋喃烯酮、莪术二酮、α-蒎烯、β-蒎烯、柠檬烯、芳樟醇、丁香烯、龙脑、菜油固醇、豆固醇、β-谷固醇、胆固醇、脂肪酸、钾、钠、镁、钙、锰、铁、铜、锌、阿拉伯糖、果糖、葡萄糖、脂肪油、淀粉、草酸盐等。

【抗癌药理作用】

1. 用鼠 Dalton 氏淋巴腹水瘤细胞进行组织培养及在体实验，姜黄醇提物能抑制癌细胞生长，其活性成分主要是姜黄素。

2. 在巴豆油促进下，7，12-二甲基苯蒽能诱发小鼠产生乳头癌，姜黄素可明显降低在此情况下乳头癌产生的几率，也能抑制由 2O-甲基氯蒽诱导的肿瘤形成。

3. 姜黄对小鼠肉瘤 S180 肿瘤动物模型有抑制作用。从山姜黄提得的多糖，对小鼠肉瘤 S180 的抑制率为 61%。

【性味归经】辛、苦、温；入脾、肝经；破血行气、通经止痛；用于治疗胸胁刺痛、闭经、症瘕、风湿肩臂疼痛、跌扑肿痛。

【毒性】无毒。

【抗癌应用】

1. 用法用量：3~9g；外用适量。（《中华本草》）

2. 药剂药方：

（1）治疗肝癌。

姜黄、枳壳、桂心、当归、大血藤、厚朴、蜈蚣、郁金、柴胡、丹参各30g，制天南星、半夏、大黄各18g，白芍60g，炙甘草12g，共研为细末，口服，每次12g，每日3次。（《著名中医治疗癌症方药及实例》）

（2）治疗皮肤癌疼痛。

姜黄粉适量，米醋调和，外敷患处。（《抗癌植物药及其验方》）

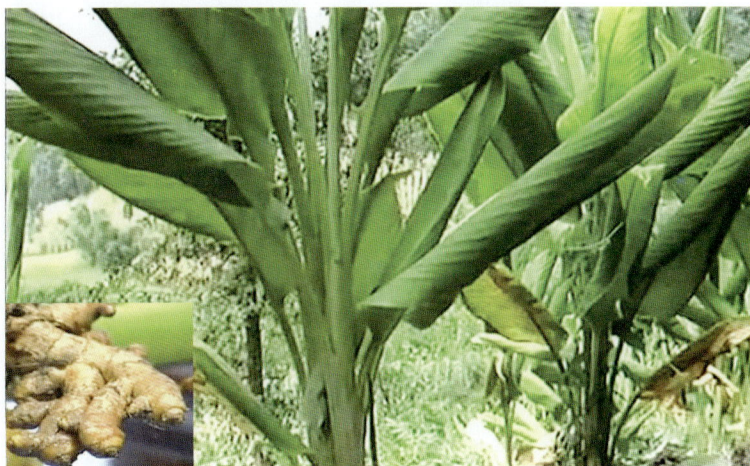

331 沙姜

　　沙姜（*Kaempferia galanga*），别名山柰、参利，为姜科多年生宿根草本植物。块状根茎，单生或数枚连接，淡绿色或绿白色，芳香，根粗壮，无地上茎；叶2枚，几无柄，平卧地面上，圆形或阔卵形；穗状花序自叶鞘中生出，具花4～12朵，芳香，苞片披针形，绿色，花萼与苞片等长，花冠管细长，花冠裂片狭披针形，白色；蒴果。花期为8～9月。

　　【生境　分布】生长于山坡、林下、草丛中，现多为栽培；分布于饶平、普宁、揭阳、揭西等地。

　　【主要化学成分】含对—甲氧基桂皮酸乙酯、顺式及反式桂皮酸乙酯、龙脑、樟烯、3－蒈烯、对—甲氧基苏合香烯、α－侧柏烯、α－蒎烯、β－蒎烯、苯甲醛、香桧烯、α－水芹烯、β－水芹烯、对—聚伞花素、柠檬烯、1，8－桉叶素、4－松油醇、α－松油醇、优葛缕酮、茴香醛、乙酸龙脑酯、百里香酚、α－松油醇乙酸酯、β－榄香烯、δ－芹子烯、十五烷、γ－荜茄烯、十六烷、十七烷、山柰酚、山柰素、维生素P等。

　　【抗癌药理作用】从山柰根茎中分得的反式—对甲氧基桂皮酸酯是一种细胞毒素成分，对人宫颈癌传代细胞（Helacells）具有较强的抑制作用。

　　【性味归经】辛、温；入胃经；行气温中、消食、止痛；用于治疗胸膈胀满、脘腹冷痛、饮食不消。

　　【毒性】无毒。

　　【抗癌应用】

1. 用法用量：内服：煎汤，1～2钱；或入丸、散。外用：捣敷，研末调敷或吹鼻。（《中华本草》）

2. 药剂药方：

（1）治疗恶性淋巴瘤。

　　生山柰、生川乌、生草乌各等份，研成粉末，烧酒调搽肿瘤处，每日3次。（《江西中医药》1987年第5期）

（2）治疗胃癌。

　　山柰12g，仙鹤草、石斛、半枝莲、薏苡仁各15g，紫苏梗10g，水煎服，每日1剂。（《抗癌中药大全》）

332 生姜

生姜（*Zingiber officinale*），别名姜、姜母，为姜科多年生宿根草本植物。根茎肉质，肥厚，扁平，有芳香和辛辣味；叶披针形至条状披针形，先端渐尖，基部渐狭，平滑无毛，有抱茎的叶鞘；花茎直立，被覆瓦状疏离的鳞片，穗状花序卵形至椭圆形，苞片卵形，淡绿色，花冠3裂，裂片披针形，黄色；蒴果长圆形。花期为6~8月。

【生境　分布】潮汕各地均有栽培。

【主要化学成分】含α-姜烯、β-檀香萜醇、β-水芹烯、β-甜没药烯、α-姜黄烯、姜醇、紫苏醛、橙花醛、牻牛儿醛、樟烯、β-罗勒烯、α-香柑油烯、β-金便欢烯、月桂烯、β-蒎烯、2-龙脑、柠檬醛、异小茴香醇、α-金合欢烯、高良姜萜内酯、3-姜辣醇、4-姜辣醇、5-姜辣醇、6-姜辣醇、8-姜辣醇、10-姜辣醇、12-姜辣醇、6-姜辣二醇、4-姜辣二醇、8-姜辣二醇、10-姜辣二醇、6-甲基姜辣二醇、6-姜辣烯酮、呋喃大牻牛儿酮、天冬氨酸、谷氨酸、丝氨酸等。

【抗癌药理作用】生姜汁液能在一定程度上抑制癌细胞生长。在一些抗肿瘤药物中加入生姜提取物能减轻抗肿瘤药物的副作用。生姜对小鼠艾氏腹水癌有抑制作用。生姜水煎液对小鼠肉瘤S180抑制率达82.2%。

【性味归经】辛、微温；入肺、脾、胃经；解表散寒、温中止呕、化痰止咳；用于治疗风寒感冒、胃寒呕吐、寒痰咳嗽。

【毒性】无毒。

【抗癌应用】

1. 用法用量：内服：煎汤，3~10g；或捣汁冲。外用：适量，捣敷；或炒热熨；或绞汁调搽。（《中华本草》）

2. 药剂药方：

（1）治疗脑肿瘤。

老生姜、雄黄各等份。取老生姜除掉叉枝，挖一洞。姜的四周留约0.5cm厚，然后装入雄黄粉。再用挖出的生姜末封住洞口，放在陈瓦上，用炭火慢慢焙7~8小时，焙到金黄色，脆而不焦，一捏就碎，即可研粉，过80目筛后备用。另用芝麻油6.3kg，铅粉2.25kg制膏药烘软，再撒上生姜雄黄粉，贴在脑部患侧位置上。敷贴时间每2日换1次，一般以1~3个月为1疗程，疗程间隔1周。（《实用抗癌验方》）

（2）治疗食管癌。

①硼砂、沉香各4.5g，青黛3g，共研为细末。取白萝卜500g，生姜250g，捣碎压汁，荸荠汁500g，调匀，口服，每次3匙，每日3次，加上药末0.2g一起冲服。（《癌症秘方验方偏方大全》）

②生姜不拘多少，压汁服。或用陈姜末1g，加麝香0.1g，用白开水送下。（《实用抗癌验方》）

③姜汁、饴糖水3碗煎至半碗，温后徐徐饮用。（《抗癌中药大全》）

④平胃散（苍术12g，厚朴9g，陈橘皮6g，甘草3g）5g，入硇砂、生姜各2.5g，共研为末。每次温开水冲服2g，每日2~3次。（《抗癌良方》）

（3）治疗食管癌、贲门癌。

取鲜鹅血、鲜牛奶、生姜汁各1杯，混合均匀，温服。（《抗癌食物中药》）

（4）治疗乳腺癌。

老生姜、雄黄各等份。将雄黄置于老姜内，放陈瓦上文火焙干至金黄色，研末备用。用时撒于

膏药上外贴，2～3日更换1次。(《浙江中医杂志》1987年第9期)

（5）治疗胃癌。

生姜、红糖各250g，同捣烂，放入罐内将口封好，埋入干土内深约0.7m，过7日后食用。每日早晨开水冲服15g。(《实用抗癌验方》)

（6）治疗睾丸癌。

老丝瓜皮、老生姜皮各50g，一起放入锅内烧热，每次以白酒送服5～10g。(《实用抗癌验方》)

（7）治疗消化道癌症。

人参、炙甘草各6g，干姜5g，白术9g，水煎去渣，温服，每日分3次服，服后可饮适量热粥以助药力。(《抗癌良方》)

（8）治疗胰腺癌疼痛。

川椒、干姜、白术、茯苓、猪苓、藿香、佩兰各10g，党参、白芍各15g，百合、白花蛇舌草各30g，水煎服。(《抗癌中草药大辞典》)

333 白及

　　白及（*Bletilla striata*），别名紫兰、苞舌兰，为兰科多年生草本植物。根茎（或称假鳞茎）三角状扁球形或不规则菱形，肉质，肥厚，富黏性，常数个相连，茎直立；叶片3~5片，披针形或宽披针形；总状花序顶生，花3~8朵，苞片披针形，花紫色或淡红色，萼片和花瓣等长，狭长圆形，唇瓣倒卵形，白色或具紫纹；蒴果圆柱形，两端稍尖，具6纵肋。花期为4~5月，果期为7~9月。

　　【生境　分布】生长于山野、山谷较潮湿处；分布于潮州、惠来、普宁、揭阳等地。

　　【主要化学成分】含3，3′-二羟基-2′，6′-双（对—羟苄基）-5-甲氧基联苄4，7-二羟基-1-对—羟苄基-2-甲氧基-9，10-二氢菲白及联菲醇、白及双菲醚、白及二氢菲并吡喃酚、白及菲螺醇、3，7-二羟基-2，4-二甲氧基菲-3-O-葡萄糖苷、2，7-二羟基-1-（4′-羟苄基）-9，10-二氢菲-4-O-葡萄糖苷、山药素、大黄素甲醚、对—羟基苯甲酸、原儿茶酸、桂皮酸、对—羟基苯甲醛、白及甘露聚糖等。

　　【抗癌药理作用】实验证明白及对肿瘤的抑制率可达70%以上。2%含量的白及羟甲淀粉对艾氏腹水癌转皮下实体型、小鼠肉瘤S180、子宫颈癌U14、肝癌实体型等均有明显的抑制作用。2%含量的白及注射液可明显抑制对二甲氨基偶氮苯诱发的大鼠肝癌的发生。

　　【性味归经】苦、甘、涩、微寒；入肺、肝、胃经；收敛止血、消肿生肌；用于治疗咯血、吐血、外伤出血、疮疡肿毒、皮肤皲裂、肺结核、溃疡病出血。

　　【毒性】无毒。

　　【抗癌应用】

　　1. 用法用量：内用：煎汤，3~10g；研末，每次1.5~3g。外用：适量，研末撒或调涂患处。（《中华本草》）

　　2. 药剂药方：

　　（1）治疗肺癌。

　　① 半枝莲、鱼腥草、生地黄、芦根各30g，白及、玄参、魔芋、北沙参、血余炭、败酱草各15g，金银花、天花粉、干蟾皮、大血藤、太子参、天南星、壁虎各9g，水煎服。（《中国中医秘方大全》）

　　② 白及、百合、北沙参、紫菀各10g，水煎服。（《抗癌植物药及其验方》）

　　（2）治疗恶性肿瘤出血。

　　白及、地榆各1000g，仙鹤草5000g。将白及、地榆研粉，仙鹤草熬膏混合制成颗粒压片，每片含药0.3g。口服，每次3片，每日3次。（《抗肿瘤中草药彩色图谱》）

　　（3）治疗原发性肝癌。

　　白及粉粒0.3g，加泛影葡胺进行肝动脉栓塞。（《抗癌植物药及其验方》）

　　（4）治疗鼻咽癌。

　　白及15g，仙鹤草30g，雷公藤10g，冬虫夏草5g，水煎服。（《抗癌植物药及其验方》）

　　（5）治疗子宫颈癌。

　　白及、儿茶、血竭、青黛、冰片各9g，生石膏60g，共研为细末，制成粉剂外用，撒于子宫颈癌患处。（《抗癌中药大全》）

334　石斛

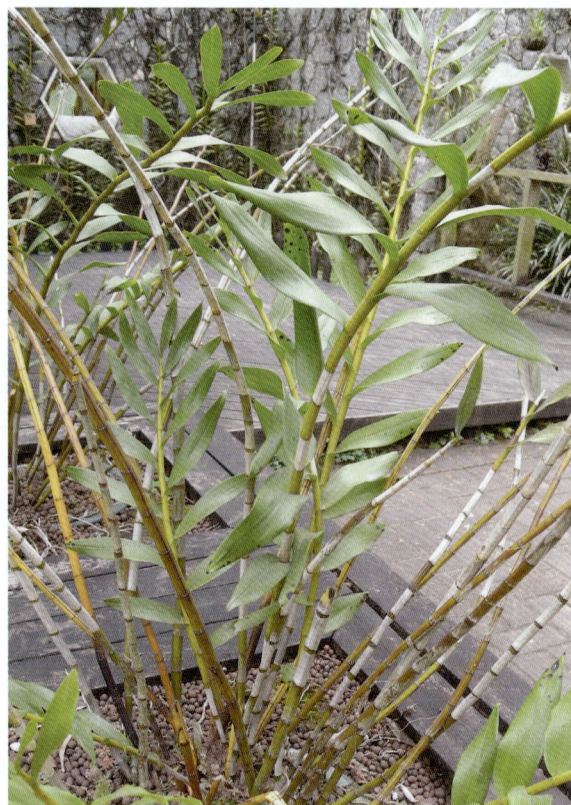

石斛（*Dendrobium nobile*），别名吊兰花、金钗石斛，为兰科多年生附生草本植物。茎丛生，直立，黄绿色，多节；叶2列，互生，革质，长圆形或长圆状披针形；总状花序自茎节生出，通常具1~4朵花，花大，下垂，苞片卵形，花萼及花瓣白色，花瓣卵状长圆形或椭圆形，与萼片几等长；蒴果。花期为5~6月。

【生境　分布】附生于高山岩石或森林中的树干上；分布于潮汕各地。

【主要化学成分】含石斛碱、石斛酮碱、6-羟基石斛碱、石斛胺、石斛醚碱、4-羟基石斛醚碱、6-羟基石斛醚碱、石斛酯碱、3-羟基-2-氧-石斛碱、N-甲基石斛季铵碱、N-异戊烯基石斛季铵醚碱、石斛碱N-氧化物、N-异戊烯基-6-羟基石斛醚季铵碱、亚甲基金钗石斛素、金钗石斛菲醌、β-谷固醇、胡萝卜苷、多糖等。

【抗癌药理作用】本品在体外实验中对肿瘤细胞有抑制作用，抑制率为50%~70%。本品有升白细胞和抗血小板的作用。

【性味归经】甘、淡、微咸、寒；入肺、胃、肾经；生津益胃、清热养阴；用于治疗热病伤津、口干烦渴、病后虚热、阴伤目暗。

【毒性】无毒。

【抗癌应用】

1. 用法用量：内服：煎汤6~15g，鲜品加倍；或入丸、散；或熬膏。鲜石斛清热生津力强，热津伤者宜用之；干石斛用于胃虚夹热伤阴者为宜。（《中华本草》）

2. 药剂药方：

（1）治疗胃癌。

石斛、鲜生地、麦冬、太子参、藤梨根、重楼各30g，蜣螂、鸡内金、干蟾皮、生白术各10g，八月札15g，水煎2次，早晚分服，每日1剂。（《浙江中医杂志》1981年第12期）

（2）治疗肺癌。

石斛、南沙参各50g，玉竹、玄参各25g，竹茹、瓜蒌、桃仁、杏仁、佩兰、桔梗、银柴胡各15g，水煎服。（《抗肿瘤中药的临床应用》）

（3）治疗鼻咽癌。

石斛、北沙参、玄参、黄芪、白术、紫草各25g，麦冬、女贞子、卷柏、苍耳子、辛夷、白芷、菟丝子各15g，知母、山豆根、淮山药、石菖蒲各10g，水煎服。（《抗癌植物药及其药方》）

参考文献

［1］国家药典委员会. 中华人民共和国药典. 北京：化学工业出版社，2000.

［2］《全国中草药汇编》编写组. 全国中草药汇编（上、下）. 北京：人民卫生出版社，1996.

［3］《中华本草》编委会. 中华本草. 上海：上海科学技术出版社，1999.

［4］江苏新医学院. 中药大辞典（上、下）. 上海：上海科学技术出版社，1986.

［5］《中国植物志》编委会. 中国植物志. 北京：科学出版社，2004.

［6］吴修仁. 潮汕生物资源志略. 广州：中山大学出版社，1997.

［7］吴修仁. 潮汕植物志要. 汕头：广东省汕头市生物学会，1993.

［8］吴修仁. 广东药用植物简编. 广东：广东高等教育出版社，1989.

［9］潘鸿江. 潮汕青草药彩色全书. 汕头：汕头大学出版社，2002.

［10］谢国材等. 潮汕百草良方. 汕头：汕头大学出版社，1998.

［11］章永红. 抗癌中药大全. 南京：江苏科学技术出版社，2000.

［12］［日］永川祐三. 抗癌食品事典. 唐德权译. 北京：中国轻工业出版社，2002.

［13］陈仁寿. 中医抗癌100讲. 南京：江苏科学技术出版社，2007.

［14］张庆荣等. 有毒中草药彩色图鉴. 天津：天津科技翻译出版公司，1996.

［15］佘自强. 疗效植物手册. 汕头：汕头大学出版社，2007.

［16］全世建等. 蔬菜食法便典. 广州：广东科技出版社，2007.

［17］颜素珠. 新经济植物学. 广州：暨南大学出版社，1995.

［18］顾奎琴等. 花卉营养保健与食疗. 北京：农村读物出版社，2002.

［19］严泽湘等. 野菜菌菇食疗菜点与验方. 上海：上海科学技术文献出版社，2002.

［20］郭文场. 野菜的识别与食疗保健. 北京：中国林业出版社，2002.

［21］朱立新. 中国野菜开发与利用. 北京：金盾出版社，1996.

［22］张哲普. 野菜的食用及药用. 北京：金盾出版社，1997.

［23］江西省卫生局革命委员会. 江西草药. 江西：新华书店，1970.

［24］汪红等. 近十年抗肿瘤中药的研究进展. 中国野生植物资源，2000，19（3）：7~10.

［25］吴修仁. 广东汕头地区药用植物资源及其保护与利用. 韩山师专学报（自然科学版），1988（9）：124~134.

［26］冯建灿等. 中国抗癌高等植物资源. 经济林研究，1999，17（1）：38~41.

［27］陈树思等. 潮汕地区的木本抗癌高等植物自然概况及开发利用. 时珍国医国药，2007，18（5）：1277~1279.

［28］陈树思等. 潮汕地区草本抗癌高等植物. 韩山师范学院学报，2006，27（6）：55~60.

［29］邹向阳等. 裙带菜多糖诱导人肝癌HepG-2细胞凋亡的研究. 营养学报，2007（5）：470~472.

［30］孙杰等. 石花菜醇提物抑菌活性和抗氧化活性研究. 食品科学，2007，28（10）：53~56.

［31］余杰等. 海萝多糖抗突变与抗肿瘤作用的研究. 汕头大学学报（自然科学版），2007，22（2）：59~63.

［32］杨永利等. 鹿角海萝多糖的流变性研究. 食品工业科技，2007，28（7）：103~106.

［33］严君等. 蜈蚣藻中一种硫酸半乳聚糖的分离纯化、结构鉴定及其抗新生血管生成活性. 高等学校化学学报，2008，29（9）：1755～1759.

［34］芮雯等. 带形蜈蚣藻硫酸多糖的提取、分析及其抗病毒活性. 中国海洋药物，2006，2（2）：12～16.

［35］刘慧燕等. 江蓠硫酸酯多糖的体外抗肿瘤和免疫活性研究. 现代食品科技，2007，23（1）：28～29.

［36］许忠能，林小涛. 江蓠的资源与利用. 中草药，2000，32（7）：654～657.

［37］马岩，水野卓. 凤尾菇抗肿瘤活性多糖的研究. 白求恩医科大学学报，1997（1）：36～37.

［38］周玲. 石花菜的药用食疗. 四川烹饪高等专科学校学报，2006（2）：43.

［39］陈必链等. 坛紫菜的营养评价. 中国海洋药物，2001（2）：51～53.

［40］李宪璀等. 中国黄、渤海常见大型海藻的脂肪酸组成. 海洋与湖沼，2002，33（2）215～213.

［41］芮雯等. 蜈蚣藻和带形蜈蚣藻脂肪酸成分和无机元素含量分析. 广东药学院学报，2010，26（1）：48～50.

［42］赵谋明，刘通讯等. 江蓠藻的营养学评价. 营养学报，1997（1）：64～69.

［43］杨焱等. 猴头菌子实体和固体培养菌丝体提取物化学组成及生物活性的比较. 菌物研究，2006，4（3）：15～19.

［44］赵东旭等. 灵芝孢子研究进展. 中草药，1999，30（4）：305～307.

［45］张雪等. 茯苓的化学成分和药理作用研究进展. 郑州牧业工程高等专科学校学报，2009，29（4）：19～21.

［46］吴淳涛等. 石莼提取物抗氧化及抗菌活性研究. 中国民族民间医药，2011（6）：33～35.

［47］王艳梅，李智恩，徐祖洪等. 孔石莼化学组分和药用活性研究进展. 海洋科学，2000，24（3）：25～28.

［48］蔡海莹. 石花菜提取物对宫颈癌细胞凋亡及 Caspase－3 活性的影响. 广东医学，2011，32（18）：2388～2389.

［49］方玉春，赵峡，王顺春等. 蜈蚣藻药用研究进展. 中国海洋药物，2011，30（2）：58～61.

［50］李雅琪，张朝晖，潘俊芳等. 蜈蚣藻抗肿瘤活性及其化学成分研究. 中国海洋药物，2010，29（6）：29～33.

［51］喻乾明，季莉莉，施松善等. 蜈蚣藻多糖抗肿瘤作用机制研究. 第十届全国中药和天然药物学术研讨会论文集，2009（9）：408～413.

［52］王亚飞，孟庆勇. 粗江蓠多糖对辐射损伤小鼠 NK 细胞的影响. 放射免疫学杂志，2009，22（6）：557～559.

［53］刘名求，杨贤庆，戚勃等. 江蓠活性多糖与藻胆蛋白的研究现状与展望. 食品工业科技，2013（13）：338～341.

［54］唐清秀，程国权，郭红云. 平菇、凤尾菇多糖对 C_{57} BL/6 小鼠免疫功能的影响. 甘肃中医，1996，9（5）：42～43.

［55］金静君，魏一生，李卉等. 凤尾菇提取物的抗癌活性及其对免疫功能的影响. 福建医药杂志，1992，14（1）：30～31.

［56］巩婷. 白花油麻藤和香花崖豆藤化学成分及生物活性研究. 中国协和医科大学，2010.

［57］卫生部药典委员会. 中国药典. 北京：中国医药科技出版社，2010.

［58］常敏毅. 抗癌本草. 长沙：湖南科学技术出版社，1987.

［59］睢文发等. 实用抗癌验方 1000 首. 北京：中医古籍出版社，1993.

［60］周国平. 癌症秘方验方偏方大全. 北京：中国医药科技出版社，1997.

［61］胡熙明. 中国中医秘方大全（下）. 上海：文汇出版社，1999.

［62］董汉良. 新编中医入门. 北京：金盾出版社，2000.

［63］上海市肿瘤防治研究办公室. 实用抗癌药物手册. 上海：上海市肿瘤防治研究办公室，1977.

［64］南京中医药大学. 中药大辞典. 上海：上海科学技术出版社，2006.

［65］程剑华，李以镔. 抗癌植物药及其验方. 南昌：江西科学技术出版社，2011.

［66］刘春安，彭明. 抗癌中草药大辞典. 武汉：湖北科学技术出版社，1994

［67］杨济秋，杨济中. 贵州民间方药集. 贵阳：贵州人民出版社，1978.

［68］常敏毅. 实用抗癌药膳. 北京：中国医药科技出版社，1996.

［69］李军德. 抗癌中草药彩色图谱. 北京：中国中医药出版社，1996.

［70］常敏毅，蔡红. 实用抗癌验方. 北京：中国医药科技出版社，1996.

［71］朴哲. 妙药奇方. 哈尔滨：黑龙江朝鲜民族出版社，1999.

［72］曾淑君，沈宝莲等. 复方云芝糖肽对裸鼠人鼻咽癌抗癌作用的研究. 中医药理与临床，1994（5）：35～37.

［73］薛文忠，刘改凤. 一味中药巧治病. 北京：中国中医药出版社，2004.

［74］常敏毅. 抗癌良方. 长沙：湖南科学技术出版社，1993.

［75］李振，李洪涛. 香菇多糖改善晚期或复发恶性肿瘤患者生活质量的初步评价. 中国肿瘤临床，1994，21（9）：695.

［76］金有景. 抗癌食药本草. 北京：中国食品出版社，1989.

［77］季光等. 现代治癌验方精选. 南京：东南大学出版社，1992.

［78］实用肿瘤学编辑委员会. 实用肿瘤学. 北京：人民卫生出版社，1978.

［79］上海中医学院. 辨证施治. 上海：上海人民出版社，1972.

［80］《常见肿瘤的防治》编写小组. 常见肿瘤的防治. 广州：广东人民出版社，1972.

［81］李文亮，齐强. 千家妙方. 北京：中国人民解放军出版社，1982

［82］孙锡元. 原发性肝癌治效一例. 江苏中医药，1985（10）.

［83］中国药材公司. 中国民间单验方. 北京：科学出版社，1994.

［84］杨今祥. 抗癌中草药制剂. 北京：人民卫生出版社，1981.

［85］金有豫，陈新谦等. 新编药物学. 北京：人民卫生出版社，2011.

［86］《上海常用中草药》编写组. 上海常用中草药. 上海：上海市出版革命组，1970.

［87］张民庆，龚惠明. 抗肿瘤中药的临床应用. 北京：人民卫生出版社，1998.

［88］郭爱廷. 实用单方验方大全. 北京：北京科学技术出版社，2001.

［89］李时珍. 濒湖集简方. 武汉：湖北科学技术出版社，1986.

［90］胡月英，宣明盛. 云南抗癌中草药. 昆明：云南人民出版社，1982.

［91］卢祥之，张年顺. 著名中医治疗癌症放药及实例. 北京：科学技术文献出版社，1990.

［92］福建中医研究所中药研究室. 福建民间草药. 福州：福建人民出版社，1960.

［93］赵学敏. 纲目拾遗. 公元 1765 年（清乾隆三十年）.

［94］张俊庭. 中医诊疗特技精典. 北京：中医古籍出版社，1994.

［95］贾堃. 中医癌瘤证治学. 陕西中医，1989（8）.

［96］高令山. 肺癌的临床分型及用药方法. 上海中医药杂志社，1979（3）：21.

［97］张民庆. 肿瘤良方大全. 合肥：安徽科技出版社，1994.

［98］郭仁旭，张立业等. 癌痛灵口服液对癌症疼痛的镇痛效果观察. 中国中西医结合杂志，

1992（12）：746.

[99] 福州市革命委员会. 福州中草药临床手册. 福州市革命委员会，1970.

[100] 陕西省革命委员会卫生局商业局. 陕西中草药. 北京：科学出版社，1971.

[101] 中华中医药学会. 中医肿瘤学. 广州：广东高等教育出版社，2007.

[102] 兰茂. 滇南本草. 昆明：云南人民卫生出版社，1959.

[103] 常敏毅. 实用抗癌草药. 北京：中国医药科技出版社，1995.

[104] 叶橘泉. 近世妇科中药处方集. 上海：千顷堂书店，1954.

[105] 饶燮卿，郁仁存等. 升血汤配合化疗治疗中晚期胃癌的远期疗效观察. 中国中西医结合杂志，1994，14（6）：366.

[106] 广西中医药编辑部. 广西中医药. 广西中医药编辑部，1983.

[107] 陈四传. 癌症家庭防治大全. 上海：上海科学技术文献出版社，1991.

[108] 广西区中医药研究所. 广西药用植物名录. 南宁：广西人民出版社，1986.

[109] 胡明根. "以毒攻毒"法治喉癌. 四川中医，1985（9）：16.

[110] 李景顺，申蔓莉. 子宫颈癌临床治验举隅. 上海中医药杂志，1984（9）：9.

[111] 刘继林. 食疗本草学. 成都：四川科学技术出版社，1987.

[112] 广西壮族自治区革命委员会卫生管理服务站. 广西中草药. 南宁：广西人民出版社，1970.

[113] 钱伯文等. 肝癌证治. 中医杂志，1985（12）：884.

[114] 易仲杰，张远全. 雷公藤镇痛试验及对顽固性疼痛40例镇痛的观察. 上海中医药杂志，1987（2）：46～47.

[115] 卓斌. 乳康汤治疗36例乳腺癌术后或放、化疗后的临床观察. 湖南中医学院学报，1995（2）：23～24.

[116] 顾松筠，黄达明等. 中药信枣散治疗颜面皮肤癌22例. 中西医结合杂志，1986（3）：146.

[117] 兰茂. 湖南中草药单方验方选编. 昆明：云南人民卫生出版社，1959.

[118] 陈健民，张萍. 锦棉片对癌症患者免疫功能的影响. 中成药研究，1981（1）.

[119] 福建省龙溪专区中医研究所. 闽南民间草药. 福建省龙溪专区中医研究所，不详.

[120] 浙江药用植物志编写组. 浙江药用植物志. 杭州：浙江科学技术出版社，1980.

[121] 林吉品. 郁文骏教授诊治乳腺癌多处转移一例记实. 四川中医，1995（10）：19.

[122] 叶桔泉等. 食物中药与便方. 南京：江苏科学技术出版社，1980.

[123] 叶桔泉. 有关治癌的中药方剂和草药介绍. 江苏中医，1959（1）：29～33.

[124] 刘继林. 补药乌灵参. 成都中医学院学报，1983（2）：54～55.

[125] 岳泽民. 脑肿瘤一例治验. 四川中医，1986（5）：51.

[126] 李园. 李佩文治疗原发性肝癌经验. 中医杂志，1989（7）.

[127] 林博夫. 中药W、T、T、C治疗胃癌获显效. 广西中医药，1983（4）：48.

[128] 林胜友，刘鲁明. 马钱子治疗癌性疼痛35例. 辽宁中医杂志，1993（2）：41～42.

[129] 李岩. 肿瘤临证备要. 北京：人民卫生出版社，1980.

[130] 郭晓庄. 有毒中草药大辞典. 天津：天津科技翻译出版公司，1992.

[131] 萧步丹. 岭南采药录. 广州：广东科技出版社，2009.

[132] 广东省中医药研究所，华南植物研究所. 岭南草药志. 上海：上海科学技术出版社，1961.

[133] 刘言正. 食疗本草学. 成都中医学，1991.

[134] 潘敏求，黎月恒等. 肺复方与化疗对照治疗中晚期原发性支气管肺鳞癌80例报道. 中

国医药学报，1990（3）：19～21.

[135] 兰州后勤部卫生部. 陕甘宁青中草药选. 兰州后勤部卫生部，1971.

[136] 周昌安，王明义. 自拟消瘤丸治疗脑干肿瘤13例临床观察. 山西中医，1992（6）：28.

[137] 陈长义. 三宝功德丹治疗中晚期胃癌182例. 湖南中医杂志，1992（3）：39.

[138] 柳兰城. 黄芪抗癌汤治疗癌症. 四川中医，1990（7）：20.

[139] 郁增明. 开关饮加减治疗食道癌二例报告. 吉林中医药，1983（2）：26.

[140] 河南省革命委员会文教卫生局中草药调查组. 河南中草药手册. 河南省卫生局，1970.

[141] 湖南省中医药研究所. 湖南中草药单方验方选编. 长沙：湖南科学技术出版社，1982.

[142] 《浙南本草新编》编写组. 浙南本草新编. 浙江温州地区卫生局，1975.

[143] 孙一民. 临证医案医方. 郑州：河南科学技术出版社，1981.

[144] 马明珠. 青黛治疗慢性粒细胞性白血病的疗效观察. 中级医刊，1979（4）：22～25.

[145] 王庆才，李苏. 应用南星半夏汤加味缓解食管贲门癌梗阻——附36例临床报告. 辽宁中医杂志，1991（1）：27～28.

[146] 南京市卫生局. 中草药单方验方新医疗法选编. 南京市卫生局，1971.

[147] 安徽革命委员会卫生局. 安徽单方验方选集. 合肥：安徽人民出版社，1972.

[148] （清）赵濂. 医门补要. 上海：上海科学技术出版社，1957.

[149] 《中草药通讯》编辑部. 中草药通讯. 湖南医药工业研究所，1974.

[150] 汤新民. 丝瓜络汤治疗甲状腺腺瘤——附30例临床疗效观察. 辽宁中医杂志，1986（1）.

[151] 《中级医刊》编辑部. 中级医刊. 北京：人民卫生出版社，1986.

[152] 李智，季茂林. 神效止痛膏治疗肝癌疼痛68例. 天津中医，1994（1）：35.

[153] 林胜友，刘鲁明，吴良村. 马钱子治疗癌性疼痛35例. 辽宁中医杂志，1993（2）：41～42.

[154] 沈建平. 三草汤加减治疗癌性出血50例. 南京中医学院报，1994（5）：59.

[155] 杨云乾，胡本书. 健脾滋肾汤治疗食管癌78例. 陕西中医，1995（1）.

[156] 陈健民. 中医中药对恶性肿瘤患者免疫状态的影响. 上海中医药杂志，1979（3）：23～27.

[157] 李世文，康满珍. 当代妙方. 北京：人民军医出版社，2007.

[158] 曾德寰，李穆堂老中医治疗甲状腺腺瘤经验. 新中医，1980（1）.

[159] 盛展能. 抗癌治验本草. 重庆：重庆出版社，1994.

[160] 张学泽，韩素梅. 河北中药手册. 北京：科学出版社，1970.

[161] 李培. 中药治疗食道癌一例获效. 内蒙古中医药，1988（2）：46.

[162] 安徽省人民医院肿瘤科. 中草药治肿瘤资料选编. 合肥：安徽人民出版社，1971.

[163] 祁坤. 外科大成. 上海：上海科学技术出版社，1958.

[164] 吉林中医药杂志编辑部. 吉林中医药. 吉林中医药杂志编辑部，1983.

[165] 贾河先. 百病良方. 重庆：科学技术文献出版社重庆分社，1986.

[166] （清）鲍相璈. 验方新编. 天津：天津科学技术出版社，1997.

[167] 上海第一医学院《医学卫生普及全书》修订小组. 医学卫生普及全书. 上海：上海人民出版社，1965.

[168] 《医学卫生普及全书》修订小组. 祖国医学基本知识. 上海：上海人民出版社，1971.

[169] 陈荣芳. 食道癌的中医防治. 上海中医杂志，1993（3）：41.

[170] 李和根. 鼻咽癌洽验1例. 上海中医杂志，1989（1）：27.

[171] 上海市卫生局. 中医研究工作资料汇编. 北京：科技卫生出版社，1958.

[172] （唐）甄权撰，尚志钧辑. 药性论. 合肥：安徽科学技术出版社，2006.

[173] 朱子梅，朱国强. 恶性淋巴肉瘤治验. 江西中医药，1987（5）：35.

［174］吴英. 外用镇痛散治疗癌痛 30 例. 中国中西医结合杂志，1993（12）：752.

［175］时长才. 加减海藻玉壶汤治疗子宫肌瘤. 吉林中医药，1983（3）：37.

［176］南宁市中医药研究所. 南宁市药物志. 南宁市中医药研究所，1960.

［177］广东省食品药品监督管理局. 广东中药材标准. 广州：广东科技出版社，2011.

［178］李平. 治疗噎食病验方. 医学文选，1990（3）：58.

［179］楼一层，刘莹，谢周涛等. 抗癌复方中药——抗癌散. 湖北中医杂志，2005，27（10）：52~53.

［180］潘敏求. 中华肿瘤治疗大成. 石家庄：河北科学技术出版社，1996.

［181］上海第二医科大学. 内科手册. 上海：上海科学技术出版社，1981.

［182］程剑华. 食物防癌指南. 南昌：江西科学技术出版社，1993.

［183］四川医学院. 中草药学. 北京：人民卫生出版社，1979.

［184］迟钝. 民间方. 北京：能源出版社，1986.

［185］胡莹，梅全喜. 广东地产药材入地金牛的药理作用及临床应用研究. 今日药学，2011，3：142~145.

［186］郎伟君，孟立春. 抗癌中药一千方. 北京：中国医药科技出版公司，1992.

［187］杨士瀛. 直指方. 上海：第二军医大学出版社，2006.

［188］叶橘泉. 实用经效单方. 南京：江苏人民出版社，1963.

［189］贵州省中草药新医疗法展览会. 实用经效单方. 贵州省中草药新医疗法展览会，1963.

［190］赵君英. 七叶莲的研究进展. 光明中医，2009，24（11）：2224~2226.

［191］尹靖先. 久负盛名的草药——朱砂莲. 四川中医，1985（1）：32.

［192］曹香山. 治愈脑干肿瘤一例. 新中医，1985（4）：31~32.

［193］江西省卫生局革命委员会. 江西草药. 江西省新华书店，1970.

［194］胡国臣. 中药现代临床应用手册. 北京：学苑出版社，1993.

［195］黄永昌. 枯矾散加减外治皮肤鳞癌验案. 陕西中医，1984（4）：17.

［196］叶桔泉. 有关治癌的中药方剂和草药介绍. 江苏中医，1962（1）：29~33.

［197］意古中医. http：//www. tcmlib. com/？s=&t=al&SearchPattern=0.

［198］医学全在线. http：//www. med126. com/.

［199］中医药—中国中医大全—医药网. http：//www. pharmnet. com. cn/tcm/.

［200］中药材百科. http：//www. yaocai123. com/.

［201］中华中医网. http：//www. zhzyw. org/.

［202］中药创新网. http：//www. tcm120. com/tcm/q_ pres_ su. asp.

［203］阿里医药网. http：//aizheng. aliyiyao. com/azfl/nl/nlzl/337665. html.

［204］中国日报网. http：//sp. chinadaily. com. cn/spkp/20130918/79024. html.

［205］廊坊新闻网. http：//health. lfnews. cn/html/zlk/zgnma/zgnmahl/.

［206］百度百科. http：//baike. baidu. com/.

［207］39 健康网. http：//jbk. 39. net/keshi/zhongliu/aftertreat/9d78c. html.

［208］好大夫在线. http：//www. haodf. com/zhuanjiaguandian/jqzyrx_ 77476432. htm.

［209］中国癌症网. http：//www. cm99. cn/.

［210］医学教育网. http：// www. med66. com/html/ziliao/ 07/44/ 6c03774b093e 79107a3afbe 73df8a 4a3. htm.

［211］豆丁网. http：//www. docin. com/.

［212］寻医问药网. http：//az. xywy. com/baixuebing/10492_3. html.

［213］中国癌症医生在线. http：//www. ca - doctor. com/Article/254. html.

后 记

　　本书为广东省科技计划项目"潮汕地区抗癌植物资源研究及数据库的建立"（项目编号：2008B080701018）的课题内容之一。自 2008 年立项以来，编者笔耕不止，力求书籍早日出版，课题早日结项。为保证本书图片的原创性，编者在教学、科研工作之余，跟随着四季的节律，踏遍了广东、广西、湖北、云南、上海、浙江、福建、台湾等省区，在为植物应时而生、不畏艰辛、茁壮成长感动之余，及时捕捉它们美丽的身影。因此，除少数照片受本人精力、学识之限而求助于北京植物所之外，其余均为原创。

　　在本书的完成过程中，韩山师范学院生物系的学生方俊杰、陈家润、黄炯洲、郑晓璇、林晓丽、蔡海文、刘晓静、黄锡锋、池少芳、林剑伟等同学积极参与，在文献资料的查找，照片的拍摄，文字的编辑、录入、校对等方面做了大量的工作；湖北黄冈师范学院的项俊教授、方元平教授提供了部分图片；中国植物图像库（Plant Photo Bank of China）授权使用部分作者的图片作品，这些作者分别为：王茂桦、周繇、饶军、孔令峰、刘冰、宋鼎、陈又生、张治、李敏、喻勋林、徐晔春、徐亚幸、刘坤、林广旋、徐锦泉、王良珍、李西贝阳、徐克学、苏丽飞、刘军、徐永福、孙观灵、周建军、辛宇明。在此一并表示感谢！

后
记

编者

2014 年 1 月于韩师东丽湖